Im Banne der Mathematik

Rik Verhulst

Im Banne der Mathematik

Die kulturellen Aspekte
der Mathematik in Zivilisation,
Kunst und Natur

Rik Verhulst
Mortsel, Belgien

Aus dem Niederländischen übersetzt von Karl Hans van Ditzhuyzen, Nettetal, Deutschland

ISBN 978-3-662-58797-3   ISBN 978-3-662-58798-0 (eBook)
https://doi.org/10.1007/978-3-662-58798-0

Die Deutsche Nationalbibliothek verzeichnet diese Publikation in der Deutschen Nationalbibliografie; detaillierte bibliografische Daten sind im Internet über http://dnb.d-nb.de abrufbar.

Springer Spektrum
© Springer-Verlag GmbH Deutschland, ein Teil von Springer Nature 2019
Original Dutch edition published by Garant Uitgevers, 2006
Das Werk einschließlich aller seiner Teile ist urheberrechtlich geschützt. Jede Verwertung, die nicht ausdrücklich vom Urheberrechtsgesetz zugelassen ist, bedarf der vorherigen Zustimmung des Verlags. Das gilt insbesondere für Vervielfältigungen, Bearbeitungen, Übersetzungen, Mikroverfilmungen und die Einspeicherung und Verarbeitung in elektronischen Systemen.
Die Wiedergabe von allgemein beschreibenden Bezeichnungen, Marken, Unternehmensnamen etc. in diesem Werk bedeutet nicht, dass diese frei durch jedermann benutzt werden dürfen. Die Berechtigung zur Benutzung unterliegt, auch ohne gesonderten Hinweis hierzu, den Regeln des Markenrechts. Die Rechte des jeweiligen Zeicheninhabers sind zu beachten.
Der Verlag, die Autoren und die Herausgeber gehen davon aus, dass die Angaben und Informationen in diesem Werk zum Zeitpunkt der Veröffentlichung vollständig und korrekt sind. Weder der Verlag, noch die Autoren oder die Herausgeber übernehmen, ausdrücklich oder implizit, Gewähr für den Inhalt des Werkes, etwaige Fehler oder Äußerungen. Der Verlag bleibt im Hinblick auf geografische Zuordnungen und Gebietsbezeichnungen in veröffentlichten Karten und Institutionsadressen neutral.

Planung/Lektorat: Annika Denkert

Springer Spektrum ist ein Imprint der eingetragenen Gesellschaft Springer-Verlag GmbH, DE und ist ein Teil von Springer Nature
Die Anschrift der Gesellschaft ist: Heidelberger Platz 3, 14197 Berlin, Germany

Vorwort

Warum dieses Buch?

Wissenschaftliche Erkenntnisse anschaulich und verständlich darzustellen, steht mittlerweile im Mittelpunkt des allgemeinen Interesses, und so berichten Zeitungen, Zeitschriften und audiovisuelle Medien von Zeit zu Zeit über neuere Entwicklungen in der Forschung. Zumeist bezieht sich das dann aber auf den Bereich der angewandten Wissenschaften. Mathematik, Königin der Wissenschaften, kommt dabei selten zum Zuge. Das hat zahlreiche Gründe. Vorsichtig ausgedrückt, besteht bei einem großen Teil der intellektuellen Öffentlichkeit eine bestimmte Trägheit dem Buhmann der schulischen Vergangenheit gegenüber. Mit herausforderndem Stolz ohne irgendeine Angst vor einem Ansehensverlust erklären bekannte Persönlichkeiten der Unterhaltungsindustrie mit Mathematik nichts am Hut zu haben. Zusätzlich besteht auch eine weit verbreitete Allergie gegen Symbole und Formeln: „Erkläre mir das mal genau, aber bitte keine Gleichungen!" Die meisten populärwissenschaftlichen Werke beschränken sich dann auch auf gewisse Themen in erzählender oder anschaulicher Form: Geschichte der Mathematik, teils chronologisch, teils in der Darstellung berühmter Gelehrter, Themen, die sich umfangreich illustrieren lassen wie Fraktale und Chaostheorie, Computeranwendungen, Zahlenrätsel usw. Wenige Autoren haben es sich bis heute zugetraut, ein umfangreicheres Bild vom Wesen der Mathesis für eine breite Öffentlichkeit zu entwerfen. Dieses Buch versucht, die Lücke zu schließen. Zugleich wird ein Zusammenhang mit Kultur im weitesten Sinne des Wortes hergestellt, wie im Folgenden beschrieben wird.

So wie es nicht möglich ist, eine Berglandschaft ohne Bergspitzen als schön darzustellen, so ist es auch nicht möglich, das wahre Antlitz der Mathematik zu enthüllen, ohne sich mit konkreten Inhalten näher zu befassen. Die geringe Anstrengung, die vom motivierten Bergsteiger gefordert wird, wird durch die Aussicht reichlich belohnt werden. Jeder Pfad ist daher auch für den Normaltouristen begehbar gemacht. Wir wünschen ihm und ihr viel Spaß auf ihrer Expedition, die in der Tat nicht in einem Zug durchgeführt werden muss, und heißen sie auf dem Fest der „Königin" willkommen.

Für wen ist dieses Buch gedacht und was kann man darin finden?

Dieses Buch richtet sich vor allem an diejenigen, die sich mit einer eigenartigen Schadenfreude und zur eigenen Erleichterung in der Öffentlichkeit gern als mathematische Laien bezeichnen. Eine Zielgruppe also, die vielleicht etwas größer ist als die der Berufsmathematiker. Hoffentlich weckt es jedoch auch das Interesse von tiefer mathematisch Gebildeten, die sich der Förderung dieses Fachs verbunden fühlen.

Drei Ziele werden verfolgt.

Zunächst wollen wir die negative Voreingenommenheit diesem Fach gegenüber, vielfach die Folge frustrierender Erfahrungen in der Schule und von Unverständnis, beseitigen. Auch der normale gesunde Menschenverstand erweist sich ja im Denken von Natur aus stets als rational. Selbst Irrationalisten verteidigen ihren Standpunkt mit logischen Argumenten und sind dann ebenso entgeistert, wenn das Verständnis dafür fehlt.

Danach zeigen wir, dass demjenigen, der die Mathematik links liegen lässt, auch ein beträchtlicher Teil der allgemeinen Kultur entgeht. Wer will denn keinen Anteil haben an dem Gedankengut all dieser schöpferischen Geister, denen die Mathematik so viel verdankt und die das Aussehen unserer Welt für immer verändert haben? Oder kennen Sie von Archimedes nur seine Erlebnisse in der Badewanne, von Descartes die Beobachtungen einer Fliege und von Newton die Inspiration durch den fallenden Apfel?

Zum Schluss erklären wir anhand von einzelnen Beispielen das Spezifische der mathematischen Methode. Überdies wollen wir zeigen, wie die Freude an Erkenntnis sich letzten Endes aus der kreativen Tätigkeit in Analogie, Verallgemeinerung und Modifikation ergibt. Auch fehlt es dem Aufbau und der Entwicklung der mathematischen Sprache nicht an einer gewissen Eleganz und einer freien poetischen Ausdrucksweise. War es nicht Paul Valéry, der sagte: „Weil ich nicht genug Phantasie besaß, um ein Mathematiker zu sein, bin ich Dichter geworden."?

Auf diese Weise erreichen wir vielleicht, dass Mathematik nicht mehr gleichgesetzt wird mit trockenen Rechenaufgaben und Techniken aus den Zeiten der Schulbank. Der Mathematiklehrplan für den Unterricht beschränkt sich in der Tat häufig auf eine Einführung in die Differenzial- und Integralrechnung, bevorzugtes Werkzeug der Ingenieure und anderer Mathemtikanwender.

Zugegeben, vielleicht ist es ein frommer Wunsch, dass jemand, der diese mathematischen Aspekte nicht bemerkt hat, noch einmal anfängt zu lesen und zu studieren. Dass er hierbei noch überzeugt wird, selbständiges Studium eines fesselnden Problems könne zu Erkenntnissen führen, ist möglicherweise ein gänzlich utopischer Traum. Wer sagte doch noch: „Die Mathematik ist eine Geliebte, die uns nie langweilt und uns niemals betrügt."?

Angesichts der rasanten Entwicklung, welche die gegenwärtige Wissenschaft und ihre Fachsprachen genommen haben, ist es eher ein undankbare Aufgabe darüber allgemeinverständlich schreiben zu wollen. Das gilt sicher für ein so abstraktes Gebiet wie das der Mathematik. Es ist dennoch wünschenswert, Versuche in der Richtung zu unternehmen, sei es auch nur um zu verhindern, dass eine unüberbrückbare Kluft zwischen spezialisierten Forschungsbereichen und dem Bewusstsein des Zusammenhangs entsteht bei denjenigen, die von ihren Anwendungen Gebrauch machen. Mathematiker, die dieses Buch durchsehen, sollten sich möglichst nicht über die Beschränkungen und Vereinfachungen ärgern, die hierbei notwendig sind.

Im Banne der Mathematik   VII

Bei einer geistigen Tätigkeit wie der Beschäftigung mit Mathematik gibt es unvermeidlicherweise Berührungspunkte mit Philosophie, Zivilisation und Kultur. Grundsätzliche Fragestellungen und historische Gegebenheiten können wir dabei nicht ausklammern. Im Rahmen dieses Buches können die Themen jedoch nur verkürzt angesprochen werden. Jeder Abschnitt wird jeweils ein wenig Stoff zum Nachdenken und zur Diskussion geben. Wir hoffen jedoch, dass durch die Kürze die Relevanz keinen Schaden nehmen muss.

Häufig wird der Kulturbegriff eng gefasst als der Bereich der Künste. Allerdings ist es nicht schwierig, Beispiele zu finden für die Rolle der Mathematik in der Baukunst, in der bildenden Kunst, in der Musik und selbst in der Literatur. Sowohl die Struktur wie das Versmaß und die wiederholte Verwendung von Wörtern eines Textes unterstützen neben dem Stil seine inhaltliche Entwicklung.

Ursprünglich versteht man unter Kultur (colere = bebauen, hervorbringen, machen,...) die Gesamtheit aller Artefakten (künstliche Erzeugnisse), die der menschliche Erfindergeist der Realität hinzugefügt hat. Sowohl auf dem Gebiet des alltäglichen Komforts wie auf dem der Freizeitgestaltung und des Geisteslebens können hier zahlreiche Beispiele genannt werden. Mathematik ist, genau genommen, entstanden aus praktischen Problemen der Viehzucht, Landvermessung, Bewässerung, Zeitrechnung, Navigation und des Tauschhandels usw. Im Laufe der Zeiten erwies sie sich auch stets als technisches Hilfsmittel, das neue Anwendungen hervorbrachte. Allerdings wissen nur wenige Zeitgenossen, wie viel Mathematik sie jeden Tag benutzen, wenn sie z.B. ihre Bankkarte verwenden oder einer CD lauschen.

Im weiteren Sinne umfasst der Begriff „Kultur" jedoch auch die gesamte Zivilisationsgeschichte der Völker, ihre Auseinandersetzung mit der Realität an unterschiedlichen Orten und zu verschiedenen Zeiten. Das Lebensgefühl hat nach dem Wegfall der geistigen Bevormundung von Generation zu Generation vor allem in der westlichen Zivilisation eine enorme Evolution durchgemacht. Zu den Strömungen der Kulturgeschichte hat die Entwicklung der Mathematik ebenfalls einen wesentlichen Beitrag geliefert. Die Übergänge von der Nomadenkultur zur agrarischen, später dann von der agrarischen zur industriellen Kultur, und schließlich von der industriellen zur heutigen informationsbestimmten Kultur fallen jedes Mal zusammen mit wesentlichen Veränderungen in der Mathematik. Die Entwicklungen sind mit den Namen von Gelehrten und Philosophen verknüpft, die vor allem auch Mathematiker waren. Alle diese Gesichtspunkte werden in diesem Buch zur Sprache kommen, wenn auch in einem engen Rahmen.

Wir versuchen dieses Vorhaben in vier Kapiteln zu verwirklichen, wobei die Abfolge einer eigenen Logik folgt. Die Kapitel können jedoch unabhängig voneinander gelesen werden. Der Leser, der nicht unmittelbar bereit zu einer inhaltlichen Anstrengung ist, sollte am besten mit den Kapiteln 3 und 4 beginnen. Dadurch kann er dann einen Blick für die Rolle und die Bedeutung der anderen Kapitel entwickeln. Für ein allgemeinverständliches, wissenschaftliches Werk, das nicht trivial sein will, gibt es jedoch keine Alternative zur Notwendigkeit, hin und wieder konkrete Ergebnisse anzuführen. Es ist wenig befriedigend, sich mit der sinngemäßen Bemerkung zufrieden zu geben: „Glaube mir, dass das, was hier behauptet wird, wichtig und sinnvoll ist."

Im ersten Kapitel zeigen wir, wie die Mathematik funktioniert und sich entwickelt. Im zweiten Kapitel geben wir einzelne Beispiele von der Art und Weise, wie der Mathematiker Erkenntnisse in verschiedenen Problemgebieten erwirbt und die Erkenntnisse dann in Anwendungen und kreativen Neuerungen fruchtbar werden lässt. Im dritten Kapitel skizzieren wir den Zusammenhang zwischen den großen Kulturperioden und den charakteristischen Entwicklungen innerhalb der Mathematik, die dabei eine wichtige Rolle gespielt haben. Im vierten und letzten Kapitel beleuchten wir die Anwesenheit von Mathematik in Naturphänomenen und verschiedenen Gebieten der Kunst.

Dankeswort

Für ihren Beitrag bei der Verwirklichung dieser Ausgabe möchte ich mich gerne bei folgenden Personen bedanken. Zunächst bei Karl Hans van Ditzhuyzen für seine sorgfältige Übersetzung und den großen Einsatz, mit dem er diese Aufgabe durchgeführt hat. Des weiteren bei meinem Kollegen und Freund Dirk Van Hemeldonck, der die Übersetzung begleitet und dafür gesorgt hat, dass die Absichten des ursprünglichen Textes gewahrt blieben. Zudem hat er sich mit großer Sorgfalt der Aufgabe unterzogen, ein neues Layout für den deutschen Text zu erstellen. Schließlich bedanke ich mich bei Annika Denkert vom Springer Verlag für ihre freundliche Unterstützung beim Verlag und die konstruktiven Bemühungen, diese Veröffentlichung zu ermöglichen.

Selbstverständlich bin ich auch noch immer denen zu Dank verpflichtet, die am Zustandekommen der erfolgreichen ursprünglichen niederländischen Ausgabe beigetragen haben.

Rik Verhulst

Paul Valéry (1871–1945)

Französischer Schriftsteller und Dichter. Nach einem Jurastudium veröffentlichte er einzelne literarische Werke, u.a. eine Studie über Leonardo da Vinci. Nach seiner großen existentiellen Krise im Jahre 1892, in der er mit der abgöttischen Bewunderung der Literatur brach, widmete er sich nur noch dem, was er selbst „das Leben des Geistes" (*la vie de l'esprit*) nannte. Unter dem Einfluss von André Gide kehrte er zur Dichtung zurück, u.a. mit *La jeune Parque*, *Le cimetière marin* und *Charmes* (*carmina*). In seinem Tagebuch (*Cahiers*) notierte er neben wissenschaftlichen und mathematischen Überlegungen auch viele berühmte Aphorismen mit einem skeptischen und zynischen Unterton.

Inhaltsverzeichnis

Kapitel 1 Wie funktioniert Mathematik? — 1

1 Mathematik und das menschliche Denkvermögen — 2
2 Mathematik und Sprache — 6
3 Woher kommen die mathematischen Begriffe? — 8
   3.1 Definierte Begriffe — 8
   3.2 Grundbegriffe — 9
   3.3 Termklassen — 10
   3.4 Abstrakte Erzeugung von Begriffen — 19
   3.5 Die Anzahl der Begriffe, die mit einer endlichen Menge verbunden sind — 23
   3.6 Der Universalienstreit — 27
4 Wahrheit und Widerspruchsfreiheit — 29
   4.1 Wahr und falsch — 29
   4.2 Junktoren — 32
   4.3 Lösungen logischer Probleme — 35
   4.4 Tautologien — 39
   4.5 Argumentationen und Beweise — 40
   4.6 Substitutionsprinzip — 41
   4.7 Kontradiktion und Widerspruch — 42
   4.8 Widerspruchsbeweis — 45
   4.9 Von der Logik zum Computer — 46
   4.10 Eleganz in der Sprache — 52
5 Theorie und Modell — 54
6 Strukturen — 60
7 Metatheorie und der Gödelsche Unvollständigkeitssatz — 68
   Zum Abschluss — 75

Kapitel 2 Wie arbeitet Mathematik? — 77

1 Der königliche Weg zur mehrdimensionalen und nichteuklidischen Geometrie — 78
   1.1 Der Schnellzug der analytischen Geometrie — 78
   1.2 Die Welt der Inzidenzgeometrie — 96
   1.3 Geodäten auf einer gekrümmten Fläche — 101
   Schlussbemerkung — 102
2 Vom leeren Nichts zu absonderlichen Unendlichkeiten — 103
   2.1 Die unendliche Folge der natürlichen Zahlen — 103
   2.2 Eine unendliche Prozession von Kardinalzahlen — 104
   2.3 Transfinite Ordinalzahlen — 112
   Schlussbemerkung — 113

3	**Erstaunliche Geburtstage und Garderobenverhältnisse**	**114**
	3.1 Happy birthday to you and you	115
	3.2 Ist das mein Hut oder ist es der von Euler?	118
	3.3 Paradoxien in der Wahrscheinlichkeitsrechnung	122
	Schlussbemerkung	125
4	**Vom Abendspaziergang zu operationalen Netzwerken**	**126**
	4.1 Die sieben Brücken von Königsberg	126
	4.2 Eulerwege	127
	4.3 Probleme aus der Graphentheorie	130
	Schlussbemerkung	133
5	**Ideale Maße für Miss Blecheimer und Mr. Pommestüte**	**134**
	5.1 Zylinder mit gegebenem Volumen und minimaler Oberfläche	134
	5.2 Kegel mit vorgegebenem Inhalt und minimaler Mantelfläche.	136
	Schlussbemerkung	138
6	**Ende gut, alles gut!**	**139**
	6.1 Prüfzahlen	140
	6.2 Fehlerkorrektur mit Hamming-Codes	144
	Schlussbemerkung	148
7	**Der Zauber der Fraktale und das deterministische Chaos**	**149**
	7.1 Iteration als Rezept für Fraktale	151
	7.2 Chaotisches Verhalten deterministischer Systeme	160
	Schlussbemerkung	169
8	**Reduktive Algorithmen für das Wurzelziehen**	**170**
	8.1 Teilungen eines Intervalls mit dem Parallelografen	170
	8.2 Rekursionsformeln und Nomogramme für das Wurzelziehen	175
	Schlussbemerkung	182
	Zum Abschluss	**183**

Kapitel 3 Mathematik und Kultur 185

1	**Vom Nomadentum zur Agrarkultur**	**188**
	1.1 Steinalte Zahlen	189
	1.2 Die ägyptischen Landmesser	190
	1.3 Die babylonischen Astronomen	193
	1.4 Das dezimale Zahlsystem der Hindus	197
	1.5 Chinesische Rechenstäbchen	199
	1.6 Die Kalender der Maya	201
	Schlussbemerkung	203
2	**Die Revolution durch den theoretischen Geist der Griechen**	**204**
	2.1 Thales von Milet	205
	2.2 Die Schule des Pythagoras in Kroton	207
	2.3 Die Paradoxien des Zenon von Elea	212
	2.4 Die fünf platonischen Körper	213

		2.5 Die aristotelische Logik	219
		2.6 Das rationale Modell der **Elemente** des Euklid	222
		2.7 Die olympische Erscheinung des Archimedes	227
		Schlussbemerkung	230
	3	**Von einer agrarischen zu einer industriellen Kultur**	**231**
		3.1 Die geniale Erfindung der Dezimalbrüche	235
		3.2 Der Rechenkomfort der „wundersamen" Logarithmen	237
		3.3 Ein neues Weltbild	240
		3.4 Die Geburt der Mechanik	242
		3.5 Die innige Umarmung von Algebra und Geometrie	243
		3.6 Die Wege des Zufalls	246
		3.7 Die Enträtselung der „Himmelsmechanik"	250
		Schlussbemerkung	257
	4	**Eintritt in die Moderne**	**258**
		4.1 Der abstrakte Sprung in eine nichteuklidische Geometrie	258
		4.2 Die Geburt der modernen Algebra	261
		4.3 Die eingehende Grundlegung der Analysis	264
		4.4 Die Faszination des Unendlichen	265
		4.5 Der Quell der Informatikflut	269
		Zum Abschluss	**272**

Kapitel 4 Mathematik in Natur und Kunst   275

1	**Mathematik in den Formen der Natur**	**278**
	1.1 Die Gleichungen des Kosmos	278
	1.2 Die Formen der Dinge in unserer Nähe	287
	Schlussbemerkung	301
2	**Mathematische Strukturen in der Kunst**	**302**
	2.1 Die Formen und Techniken der Baukunst	302
	Schlussbemerkung	318
	2.2 Bildende Künste	319
	Schlussbemerkung	333
	2.3 Mathematik und Musik	334
	Schlussbemerkung	353
	2.4 Mathematik und Literatur	354
	Schlussbemerkung	363
	Zum Abschluss	**364**

Epilog	**365**
Bildnachweisen	**366**
Literaturverzeichnis	**374**
Register	**377**

Kapitel 1

Wie funktioniert Mathematik?

> „Alle unsere Erkenntnis hebt von den Sinnen an, geht von da zum Verstande, und endigt bei der Vernunft."
>
> **Immanuel Kant**

Im ersten Kapitel streifen wir durch die verschiedenen Gebiete der heutigen Mathematik, die ihre besondere Form und ihr spezifisches Aussehen bestimmen.

In erster Linie manifestiert sich das mathematische Denken als eine angeborene Eigenschaft des menschlichen Verstandes. Die Verstandeslogik ist womöglich nichts anderes als eine verfeinerte Form der Anpassung an die Realität, in der sie, mehr mit Scharfsinn als mit Instinkt, zu überleben trachtet.

Außerdem verwendet die Mathematik eine eigene Kunstsprache. Mittels dieser Sprache kommuniziert die Wissenschaft offensichtlich auch erfolgreich mit den realen Phänomenen. So wie jede Sprache arbeitet die Mathematik mit Begriffen und Aussagen über diese Begriffe. Woher kommen diese abstrakten Begriffe? Woher nehmen wir die Eingebung, um darüber „wahre" Aussagen zu machen?

Das Wichtige an mathematischen Aussagen ist nicht ihre „Wahrheit" im Sinne einer Übereinstimmung mit bestimmten Ausprägungen der Realität, sondern ihr innerer Zusammenhang in einem deduktiven Netzwerk, gestrickt mit den Stricknadeln logischer Schlussfolgerungen. Behauptungen und Beweise machen denn auch das Wesen der Mathematik aus.

Wie vermeiden wir hierbei, eine Masche fallen zu lassen, d.h. das Auftreten von Widersprüchen. Um die Widerspruchsfreiheit einer Theorie zu gewährleisten, müssen wir sie mit einem Modell verbinden, das die Theorie verkörpert. Absolute Widerspruchsfreiheit in dem Sinne, dass eine Theorie ihre eigene Widerspruchsfreiheit garantieren kann, hat sich hierbei als eine Illusion erwiesen.

Was ist letztlich wesentlich für die Struktur einer mathematisch deduktiven Theorie? Wie können wir ohne Schwierigkeiten in einem Archipel mit einer Unzahl von Inseln unabhängiger mathematischer Strukturen navigieren?

Zum Schluss: Was lernen wir daraus, wenn wir aus einem metatheoretischen Elfenbeinturm auf die Feldarbeit mit unseren mathematischen Methoden herabblicken? Wie gehen wir mit Fragen um wie „Ist diese Behauptung, obwohl wahr, dennoch unbeweisbar?" oder „Können wir beweisen, dass wir nicht alles beweisen können?"

© Springer-Verlag GmbH Deutschland, ein Teil von Springer Nature 2019
R. Verhulst, *Im Banne der Mathematik*, https://doi.org/10.1007/978-3-662-58798-0_1

1 Mathematik und das menschliche Denkvermögen

Was ist der Ursprung des menschlichen Verstandes?
Worin unterscheiden sich menschliche Gehirne von denen der Tiere?
Wie arbeiten sie und was sind ihre charakteristischen Merkmale?
Haben nur wir die Fähigkeit zur Sprache und zu bewusster Reflexion?

Das sind Fragen, mit denen sich erlauchte Geister in den verschiedenen Gebieten der Wissenschaft befasst haben und noch befassen. Die abschließenden Antworten hierauf sind noch nicht gefunden. Nicht jedem verschlagen diese Probleme die Sprache, aber dennoch gebrauchen wir jeden Tag unseren Verstand ohne zu verstehen, was dabei genau geschieht.

Wenn wir sprechen, rufen wir dann zuerst Bilder auf? Suchen wir danach irgendwo in einer Wortliste die damit übereinstimmenden Lautzeichen für die Begriffe, die zu diesen Bildern gehören? Verwenden wir dann Regeln einer vereinbarten Grammatik, um bedeutungsvolle Sätze zu bilden? Geben wir schließlich irgendwelche motorischen Befehle, damit unsere Sinnesorgane mittels der Stimmbänder sie zu Lauten formen? Nuancieren wir das eine oder andere noch durch einen Hauch von Mimik und Emotion, den wir aus einem verborgenen Arsenal hinzufügen? Wir haben keine Vorstellung davon, wie das alles abläuft. Trotz allem wird, wo Menschen zusammenkommen, kräftig gequasselt und getratscht.

Wenn wir Informationen ordnen und Schlüsse ziehen, die der Gesamtheit der Information ein neues Aussehen geben, verwenden wir dann bewusst logische Schlussformen wie Syllogismus, *modus ponens* oder das Gesetz vom ausgeschlossenen Dritten? Offensichtlich nicht! Trotzdem schließen wir aus der Nachricht, dass bei einer kürzlichen Geburt kein Mädchen geboren wurde, dass es dann wohl ein Junge gewesen ist. Ein Widerspruchsbeweis macht genau dasselbe. Bei einem normalen gesunden Verstand ist das jedoch viel eher ein Reflex als ein bewusstes formales Schema.

So schwimmen die Fische und fliegen die Vögel ohne zu grübeln, warum das Erste am besten mit Flossen und das Zweite am besten mit Flügeln gelingt. Sicher ist, dass

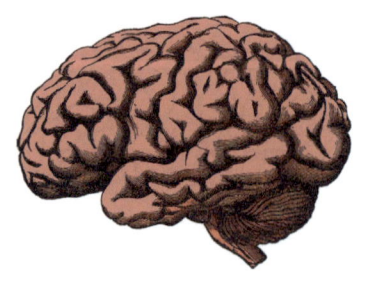

Das menschliche Gehirn unterscheidet sich in seiner Struktur in einer Anzahl von wichtigen Punkten von dem der Tiere. Das ist besonders im Neocortex der Fall, wo sich die Zentren für kognitive Fähigkeiten befinden. Der präfrontale Cortex ist beim Menschen auch größer als bei jeder anderen Tierart.

Flossen und Flügel das Resultat einer langen evolutionären Entwicklung sind, bei der die Anpassung an die spezifische Lebenswelt von Wasser und Luft optimalisiert wurde, ohne anzunehmen, dass dieser Prozess schon zu einem bestimmten Ende gekommen ist. Flossen sagen im Wesentlichen etwas über Wasser aus und Flügel etwas über Luft und umgekehrt.

Auch das menschliche Gehirn ist das Ergebnis eines langen schwindelerregenden Evolutionsprozesses. Die Entwicklung von Größe und Struktur des Gehirns kann man bestimmten Stadien dieses Prozesses zuordnen. Die Komplexität des Gehirns hängt mit dem erfolgreichen Anpassen und Überleben zusammen. Möglicherweise trägt das menschliche Gehirn ebenso die spezifischen Merkmale der Welt, in der es lebt, in sich. Die Vernunft verweist auf das Universum und das Universum aber auch auf die Vernunft. Descartes hatte seinerzeit für die nicht evidente Harmonie (die Evolutionslehre war da noch kein Gesprächsthema) noch die gekünstelte Konstruktion des Okkasionalismus nötig. Gemäß dieser Lehre bewirkt die göttliche Güte bei jeder Gelegenheit das Wunder des Zusammenwirkens von Wirklichkeit und Denken. Auch heute noch fragen sich viele Wissenschaftler und Philosophen mit Verwunderung, wie die Verstandestätigkeit einen so erfolgreichen Zugriff auf die Erscheinungswirklichkeit haben kann. Warum fügt sich das Universum scheinbar freiwillig der formalen Strickerei unserer logischen Schlussfolgerungen?

Bei gegebenem Volumen ist im Rahmen der dreidimensionalen euklidischen Geometrie die Kugelform die Verpackung mit dem größten Inhalt und der kleinsten Oberfläche. Das kann man mit der Technik der Extremwertprobleme in der Differentialrechnung theoretisch ableiten, ohne Experimente durchzuführen. Warum nimmt ein frei fallender Wassertropfen, um die Oberflächenspannung und damit seine potentielle Energie zu minimieren, tatsächlich die Kugelform an?

Zahlreiche Naturerscheinungen sind theoretisch erklärbar mit solchen Optimalisierungsprinzipien wie dem Streben nach einem minimalen Energieverbrauch oder nach einem maximalen Ertrag. Wir alle kennen das Phänomen des scheinbar geknickten Stabes, der in Wasser getaucht wurde. Das ist eine Auswirkung des Brechungsgesetzes von Snellius für den Übergang von Licht in ein anderes Medium. Es ist theoretisch vorhersagbar, wie das genau geschieht. Der Sinus des Einfallswinkels und der Sinus des Brechungswinkels bezüglich des Einfallslotes verhalten sich wie die jeweiligen Lichtgeschwindigkeiten v_1 und v_2 in den beiden Medien.

Als Ausgangspunkt für die Minimierung nimmt man die Laufzeit und nicht die durchlaufene Strecke.

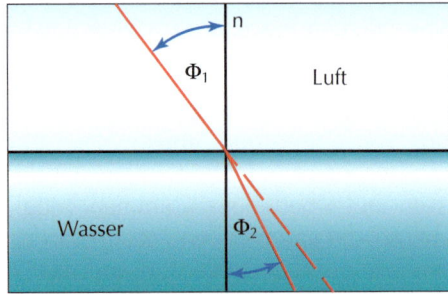

$$\frac{\sin \Phi_1}{\sin \Phi_2} = \frac{v_1}{v_2}$$

Aber warum zieht das Licht die schnellere Ortsveränderung der kürzeren Ortsveränderung vor und ist dabei noch so raffiniert, Sinuswerte zu verwenden? Selbst Aristoteles hat es nicht gewusst.

Wir besitzen offensichtlich einen Verstand, der in hohem Maße geeignet ist, das „Wie" zu beschreiben, aber weniger, das „Warum" der Dinge zu hinterfragen. Diese Fragewörter beschreiben dann auch präzise einen der Unterschiede zwischen den Einstellungen der alten Griechen und denen der Wissenschaft des 17. Jahrhunderts. Die angewandte Denkweise war jedoch im Grunde dieselbe.

Hinsichtlich der westlichen Denkweise im Allgemeinen und in der westlichen Wissenschaft im Besonderen fehlte es nicht an Skepsis und Relativierung. Bei den Griechen selbst, den Begründern dieser Denkweise, der Logik, der Philosophie und der Mathematik finden wir unmittelbar bedeutende Zeugnisse hierfür und das nicht nur bei den sogenannten Sophisten.

> *Ist objektives, einsichtsvolles Wissen möglich?*
> *Was können wir wissen und was nicht?*
> *Wie zeigt sich die Wirksamkeit dieses Wissens?*

Alle großen Denker haben dazu durch die Jahrhunderte wechselnde und scharfsinnige Standpunkte vertreten. Realisten, Nominalisten und andere Abélards, überzeugt von der Unvereinbarkeit ihrer Ausgangspositionen, erreichten dann auch in ihrem Streit über die Universalien (allgemeine Begriffe) keine Synthese.

Es fällt auf, dass Skepsis und Relativismus im täglichen Leben nicht so fanatisch verfolgt werden wie in dem intellektuellen Sport des unverbindlichen Philosophierens. Wir überleben, weil wir unseren Sinnesorganen vertrauen, ungeachtet unserer Erfahrung, dass sie nicht immer uneingeschränkt funktionieren. Wenn wir einen Baum auf unserem Weg sehen, den Wind in den Blättern rauschen hören, seine Rinde fühlen und seine Früchte riechen, dann gehen wir davon aus, dass der Baum wirklich existiert. Wir laufen dann auch, sehr zu unserem eigenen Vorteil, vorsichtshalber lieber um ihn herum.

In gleicher Weise hängen wir aus Bequemlichkeit an der manchmal in Verruf geratenen Wissenschaft. Wenn ein skeptischer Postmodernist sich rasieren will und kein Wasser fließt, obwohl der Hahn aufgedreht ist, dann nimmt auch er viel eher an, dass das Wasser abgestellt oder irgendwo ein Leck ist, als auszurufen: „Da seht ihr's doch, dass das Gesetz der kommunizierenden Röhren ein Märchen ist."

Wenn wir, um überleben zu können, notgedrungen unseren Sinnesorganen vertrauen und unseren Organfunktionen – Atmen, Herzschlag, Verdauung und Drüsensekretion –, die wir nicht willentlich beeinflussen können, ruhig ihren Lauf nehmen lassen, warum können wir dann nicht dasselbe Vertrauen und dieselbe Hingabe für unsere Verstandestätigkeit aufbringen? Es zeugt von wenig Konsequenz, den Verstand in eine andere Kategorie zu verweisen. Sowohl leben, als auch bewusst leben haben sich doch in dem gleichen Prozess von zunehmender Komplexität und Optimierung entwickelt.

Damit wollen wir keinesfalls das Problem von Materialismus oder Dualismus in der einen oder anderen Richtung entscheiden, noch das von Realismus oder Nominalismus. Diese strittigen Fragen haben mit dem Vertrauen nichts zu tun. Sowohl Plato als auch Hilbert waren Teil unserer realen Welt, ebenso wie ihr Denken. Kein einziger Philosoph kann sich außerhalb des Universums stellen, um es zu ergründen. Der Prozess seiner Gedankenkonstruktionen ist notgedrungen ein Prozess von und in diesem Universum.

Auch in dem Zwiespalt zwischen Determinismus und Zufall treffen wir keine abschließende Entscheidung. Beide spielen offensichtlich eine Rolle in dem großen Abenteuer, das wir in diesem Kosmos mit freudiger Genugtuung erleben dürfen.

Ebenso wenig ist es die Absicht, selbstzufrieden unsere anthropologische Arroganz als Champions der Evolution noch ein wenig höher zu schrauben. Unsere eingeschränkten Möglichkeiten müssen deswegen aber unsere Begeisterung nicht beeinträchtigen. Was ein Maikäfer mit seinen Fühlern von der Welt wahrnimmt, können wir uns nicht vorstellen. Unter Umständen verarbeitet er das dann auch noch mit einer alternativen Logik, um Erfolg zu haben. Aber wie es aussieht, sind Fühler und die alternative Logik dann ebenfalls geeignete Mittel zum Überleben.

Unsere Ausführungen in diesem Abschnitt lauten zusammengefasst: „Fühle dich nicht nur in deiner Haut wohl, sondern auch mit deinem Verstand."

Abélard und Héloïse. Pierre Abélard (1079–1142)

Französischer Theologe und Philosoph. Er mischte sich in die scholastische Diskussion zwischen Realisten und Nominalisten ein und bemühte sich, ihre Standpunkte zu versöhnen. Die dramatische Liebesgeschichte mit seiner Schülerin Héloïse ist bekannt aus ihrem berühmten Briefwechsel.

2 Mathematik und Sprache

Worin besteht die Fähigkeit zur Sprache?
Was ist Sprache?
Was ist die Funktion von Sprache?

Keine einfachen Fragen. Selbst ein so scharfsinniger Analytiker wie Wittgenstein hat seine anfänglich einfachen Antworten hierzu nuanciert und ihre Unzulänglichkeit erkannt.

Wenn jemand zu einem anderen sagt: „Jan hat es wieder getan", dann empfängt dieser Ausspruch seine Bedeutung nicht nur von den Wörtern, den konventionellen Begriffen und der Konstruktion, sondern gleichermaßen vom sozialen Kontext und der gemeinsamen Geschichte und von den Erfahrungen von dem „jemand", dem „anderen", und „Jan". Und dabei haben wir noch nicht über die Betonung, die Mimik und die Gemütslage gesprochen, die mit „es" und „wieder" verbunden sind.

Sprache ist somit nicht nur ein Mittel zur eindeutigen Abbildung von realen Gegebenheiten auf Laut- und Schriftzeichen. Trotzdem hat der Sender eine bestimmte Nachricht vor Augen und verwendet die historisch gewachsenen Konventionen seiner sozialen Gruppe, um die Nachricht bestmöglich zu verpacken. Dabei erwartet er vom Empfänger, dass dieser sich umgekehrt möglichst adäquat verhält. Ein absoluter Test für das Ergebnis dieses Vorgangs scheint nicht möglich. Trotzdem sind wir erfolgreich darin, einander etwas mitzuteilen und zu lehren, nicht zuletzt die Sprache selbst.

Auffällig ist, dass das Sprachvermögen nicht an die spezielle Sprache gebunden ist, wohl aber im Prinzip an die Verknüpfung abstrakter bedeutungsvoller Zeichen. Man stelle sich vor, ein chinesischer Säugling wird unmittelbar nach der Geburt in ein anderes Land gebracht, beispielsweise Dänemark oder Portugal, um dort aufzuwachsen, dann wird er nicht seine ursprüngliche Muttersprache zu sprechen lernen, sondern doch wohl Dänisch oder Portugiesisch. Seine genetische Abstammung legt ihn somit nicht auf das Chinesische fest. Er besitzt jedoch die Gabe des Sprechvermögens.

Das macht es möglich, dass Menschen sogar eine künstliche Sprache erschaffen können. Ihre Konstruktion wird dabei auf spezifische Bedürfnisse und Ziele abgestimmt. Sowohl Esperanto als auch Mathematik sind solche Sprachen. Darüber hinaus scheint die Mathematik eine Sprache zu sein, in der der Mensch auch mit der Natur „sprechen" kann. Diesbezügliche Erfolge in den verschiedenen Zweigen der Wissenschaft sind nicht zu leugnen. Das liegt natürlich nicht an den Symbolen, die Mathematiker zu diesem Zweck gewählt haben, sondern es ist den Begriffen und der Universalität der Methoden inhärent, die bei der Entwicklung der Mathematik in allen Kulturen stets auf eine analoge Weise zu Tage getreten sind.

Ägypter, Babylonier, Chinesen, Hindus, Griechen, Araber, Azteken und Inkas haben unterschiedliche Muttersprachen. Diese können nicht mal so eben durch Übersetzung umgewandelt werden. Das, was sie im Gebiet der Zahlen und Formen aufgezeichnet haben, ist jedoch bei allen im Wesentlichen dasselbe, sowohl beim Erschaffen von Hilfsmitteln für die praktischen Probleme ihrer Agrarkultur als auch für mystische Ziele und Zwecke der Erholung. Eins und eins ist stets zwei, und die Seiten und Winkel in einem Quadrat sind stets untereinander gleich.

Die Universalität der Mathematik hat zur Folge, dass heutzutage Mathematiker in der ganzen Welt keine Mühe damit haben, dieselben Symbole für die gleichen mathematischen Inhalte zu verwenden. Sie verstehen sich dann auch bestens. Und obwohl das Anwachsen mathematischen Wissens auch historisch bedingt ist, sind die meisten von ihnen (innerhalb desselben Spezialgebiets) auf der Höhe der schon erreichten Ergebnisse und arbeiten zumeist an den gleichen Fragestellungen (Vermutungen und Behauptungen).

Die Einheit von Denken und Sprache hat sich zwischen den verschiedenen Völkern in anderen Gebieten der Zivilisation und Kultur noch nicht vollzogen. Man muss schon sehr böswillig sein, um den ausgezeichneten Platz und die besondere Rolle der mathematischen Sprache nicht zu erkennen.

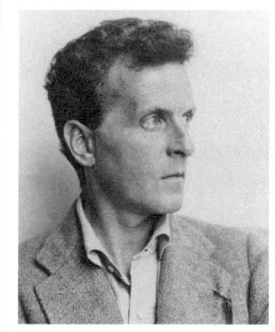

Ludwig Wittgenstein (1889–1951)

Österreichischer Philosoph. Nach seinem Ingenieursstudium ging er nach England, wo er mit Bertrand Russell in Kontakt kam. Er wurde Hochschullehrer in Cambridge als Nachfolger von G. E. Moore.
In seinem *Tractatus logico-philosophicus* analysierte er die Rolle der Sprache in der Philosophie. Berühmt ist der Schlusssatz diese Werkes: „Wovon man nicht sprechen kann, darüber muss man schweigen." (1918)

3 Woher kommen die mathematischen Begriffe?

Das hört sich so an, als sollten Sie aufgeklärt werden!

Wissen Sie, was ein „Dreieck" ist? Beschreiben Sie es mal selbst. Der zahlentheoretische Begriff „Drei" wird darin möglicherweise vorkommen. Aber kommt auch der äußerst schwierige geometrische Begriff „Winkel" darin vor?

Haben Sie vielleicht „Punkte" und „Strecken" verwendet? Denken Sie dabei an die Figur aus Strecken oder an das von ihr bestimmte Flächenstück? Gehören die Strecken auch zum Flächenstück oder nicht?

Obwohl es Ihnen gelingen wird, aus einer Menge von Figuren ein Dreieck herauszufinden, ist es trotzdem nicht so einfach davon eine genaue Definition zu geben. Ebenso ist es auch nicht einfach zu beschreiben, was genau die Farbe „Blau" ist, und das ist nicht als politischer Witz gemeint.

Nach Aristoteles können Begriffe nur durch Vermittlung der Sinnesorgane zustande kommen, und zwar durch den Prozess des Wahrnehmens, des Analysierens, des Abstrahierens und Definierens. Alle späteren Empiristen stimmen mit ihm darin überein. Für viele Begriffe scheint das auch so zu funktionieren. Begegnen wir in der Natur Figuren, die in uns die Abstraktion eines Dreiecks suggerieren? Offensichtlich müssen wir auch noch andere Wege in Betracht ziehen. Wir werden versuchen, die gebräuchlichen Methoden anhand von Beispielen zu analysieren.

3.1 Definierte Begriffe

Was ist eine Primzahl? Diese Definition gelingt uns besser: "Eine Primzahl ist eine natürliche Zahl mit genau zwei verschiedenen Teilern (nämlich eins und die Zahl selbst). Die Zahl „Eins" genügt dieser Definition nicht (nur ein Teiler) und ist daher keine Primzahl. Wohl aber „zwei", „drei", „fünf", „sieben" usw.

Beachten Sie, dass diese Definition mithilfe des sogenannten „Spezifikationsprinzips" festgelegt wird. Wir wählen aus der Menge der natürlichen Zahlen die Zahlen aus, die das besondere Merkmal haben, genau zwei Teiler zu besitzen. Der Begriff „Primzahl" nimmt also Bezug auf zwei andere Begriffe, nämlich „natürliche Zahl" (u.a. auch „zwei") und „Teiler von". Diese Begriffe müssen dann in der Reihe der bekannten Begriffe vorangehen.

Was bedeutet die Beziehung „Teiler von" in der Menge der natürlichen Zahlen? Auch das können wir mithilfe wieder eines anderen vorausgehenden Begriffs definieren, nämlich der Multiplikation natürlicher Zahlen: a ist Teiler einer Zahl b dann und nur dann, wenn eine dritte Zahl c existiert, derart dass die Multiplikation mit a das Produkt b liefert.

Beispiele

„Drei" ist ein Teiler von „sechs", denn es existiert die natürliche Zahl „Zwei", für die gilt, dass das Produkt von „zwei" und „drei" gleich „sechs" ist.

„Drei" ist jedoch kein Teiler von „sieben", denn es existiert keine natürliche Zahl c, die multipliziert mit „drei" das Produkt „sieben" liefert.

Jetzt müssen wir jedoch wieder definieren, was „multiplizieren" bedeutet. Es ist klar, dass wir die Reihe von einander abhängigen Begriffen nach diesem Prinzip nicht immer weiter unendlich rückwärts entwickeln können. Wenn wir jemals etwas begreifen wollen, dann müssen wir die Reihe mit Begriffen beginnen lassen, die wir nicht auf diese Weise definieren. Wir müssen daher mit sogenannten „Grundbegriffen" beginnen („nicht definierten Ausdrücken oder *Termen*").

Auch bei der Einführung geometrischer Begriffe finden wir diese Vorgehensweise. So kommen wir dadurch, dass wir uns rückwärts auf immer elementarere Begriffe beziehen, schließlich bei „Punkten" und „Geraden" als Grundbegriffen aus.

3.2 Grundbegriffe

Wie können wir den Grundbegriffen „Punkt" und „Gerade" eine Bedeutung geben, wenn wir die Definitionsmethode der Spezifikation fallen lassen müssen? Wenn die Grundbegriffe keinen Sinngehalt besitzen, dann leider auch nicht alle davon abgeleiteten Begriffe.

Beim Schachspiel ist ein „Läufer" eine der elementaren Figuren. Versuchen Sie einmal jemandem, der noch nie vom Schachspiel gehört hat, zu erklären, was ein „Läufer" ist. Sie können sich schwerlich auf die Äußerlichkeiten der Figur stützen. Bei vielen Schachspielen unterschiedlicher ethnischer Machart, beispielsweise orientalischer oder afrikanischer, sind jedoch sowohl Material wie Aussehen der Figuren verschieden. Aber wodurch ist der „Läufer" unter all diesen Schachfiguren implizit (indirekt) festgelegt? Das geschieht durch die Regeln von Position und Bewegung, die für ihn gelten, und durch die Beziehung zu den anderen Figuren. Der „Läufer" ist somit in der Tat nicht anderes als Zusammenfassung dieser Regeln und Beziehungen.

Englische Schachfiguren

Deutsche Schachfiguren

So werden wir auch vorgehen, um „Punkte" und „Geraden" durch ihre Beziehungen festzulegen, die zwischen ihnen bestehen.

Beispiele

„Eine Gerade besitzt unendliche viele Punkte."

„Zwei verschiedene Punkte gehören zu genau einer Geraden."

Beachten Sie, dass wir damit nicht explizit (ausdrücklich) sagen, wie ein „Punkt" oder eine „Gerade" aussieht, sondern dass wir stattdessen implizit sagen, wie wir damit umgehen. Dieses Vorgehen verschafft uns nicht nur die Möglichkeit, das Spiel der Geometrie zu beginnen, sondern lässt uns auch die Freiheit später, wenn wir es interessant finden, die Vorstellungen von „Punkten" und „Geraden" nach Belieben in „orientalische" oder „afrikanische" Versionen zu verändern, um mit ihnen, anders gesagt, in unterschiedlichen Modellen zu arbeiten. Wir können „Punkte" und „Geraden" auf diese Weise sinnvoll mit einer Menge anderer Vorstellungen verbinden, und nicht nur mit den üblichen Punkten und Linien. Wir kommen hierauf später noch einmal zurück.

Neben der expliziten Definitionsmethode der Spezifikation verfügen wir so auch über die Methode, mathematische Begriffe durch Beziehungsregeln festzulegen. Nach einem Wort von Poincaré sind Axiome somit nichts anderes als verkappte Definitionen.

Wie formulieren wir nun diese Beziehungsregeln und wie können wir sie verstehen? Und wie passt das mit unserer Abstraktionstätigkeit zusammen?

3.3 Termklassen

Um den vagen intuitiven Boden, auf dem im Laufe der Geschichte alle mathematischen Pflänzchen wachsen mussten, durch ein gemeinsames Fundament zu ersetzen, wurde am Ende des 19. Jahrhunderts eine Theorie entwickelt, die die Mutter aller mathematischen Theorien geworden ist. Das ist die sogenannte Mengenlehre von Georg Cantor (1845–1918). Ihre Entwicklung ist nicht ohne Schwierigkeiten und Kontroversen abgelaufen, aber die Mathematik ist aus dieser schmerzlichen Wachstumsperiode inzwischen gekräftigt hervorgegangen. Diese Theorie stützt sich auf zwei Grundbegriffe, nämlich „Menge" und die Beziehung „Element sein von".

Beachten Sie, dass wir bei den Beziehungsregeln zwischen „Punkten" und „Geraden" genau diese mengentheoretische Terminologie verwendet haben. „Geraden" fassen wir hierbei auf als Mengen und „Punkte" als Elemente. Das hat den Vorteil, dass alle für die Mengenlehre festgelegten Spielregeln auch auf diese sogenannten „Inzidenzaxiome" der Geometrie anwendbar sind. Es ist nicht möglich, hier eine umfassende Konstruktion der Mengentheorie zu skizzieren. Wir beschränken uns zunächst auf einige Gesichtspunkte, die für die Begriffsbildung in Betracht kommen.

Angenommen, ein Kleinkind hat einen farbigen Baukasten bekommen mit einfachen Klötzen, die sich in Farbe, Gestalt und Größe unterscheiden. Vielleicht hat es überhaupt noch keine Kenntnis von den Begriffen „Gestalt", „Farbe", „groß" und „klein", Wie kann das Kleinkind dann mithilfe dieser faszinierenden Menge Bauklötze selbständig diese Begriffe finden? Nun denn, anstatt mit den Klötzen zu bauen, ist es sinnvoller, die Klötze in unterschiedliche Teilmengen aufzuteilen. Hierbei kann es sich auf gemeinsame Merkmale der Klötze stützen, die in dieselbe Teilmenge eingruppiert werden. Hierfür geben wir einige Beispiele mit einem der Einfachheit halber stark reduzierten Baukasten. Hier eine Menge mit sechs Bauklötzen:

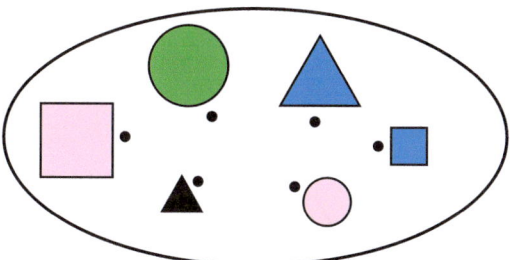

Die einzelnen Bauklötze sind alle unterschiedlich. Aber unser menschliches Bewusstsein besitzt die Fähigkeit, mittels unserer Sinneseindrücke zwischen bestimmten Klötzen eine Beziehung wahrzunehmen, „etwas", was sie gemeinsam besitzen, ohne dabei vollkommen identisch zu sein. Das kann je nach Laune unserer Fantasie natürlich auf verschiedene Weise geschehen. Wir geben drei Beispiele:

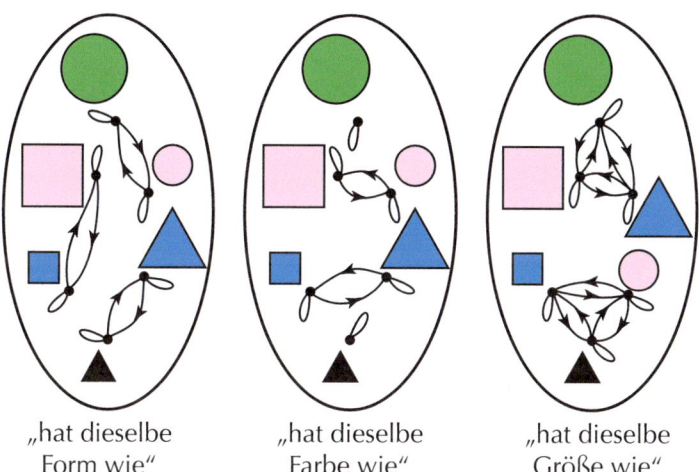

„hat dieselbe Form wie"   „hat dieselbe Farbe wie"   „hat dieselbe Größe wie"

Indem wir die Gegenstände auf diese Weise in Beziehung setzen, erklären wir sie für gleichwertig (äquivalent) bezüglich des „etwas"-Merkmals, das sie verkörpern (repräsentieren). Auf der Basis dieses Merkmals gruppieren wir sie in Teilmengen ein.

Für die drei Beispiele erhalten wir entsprechend:

$$\{\{\bullet, \circ\}, \{\blacktriangle, \blacktriangle\}, \{\square, \blacksquare\}\}$$
$$\{\{\bullet\}, \{\triangle, \blacksquare\}, \{\square, \circ\}, \{\blacktriangle\}\}$$
$$\{\{\bullet, \triangle, \square\}, \{\blacksquare, \circ, \blacktriangle\}\}$$

Wir machen jetzt, zusammen mit den Nominalisten, einen dritten Schritt und kleben ein Namensschild an jede Klasse der so gewonnenen Teilmengen. Dabei darf die Mutter ruhig helfen. Das führt zu dem folgenden Schema für die Bildung der Begriffe „Kreis", „Dreieck" und „Viereck" gemäß der Dreischrittmethode: in Beziehung setzen, einteilen, benennen. Selbstverständlich müssen wir dabei die Beschränkungen beachten, die die gewählten Bauklotzmengen besitzen.

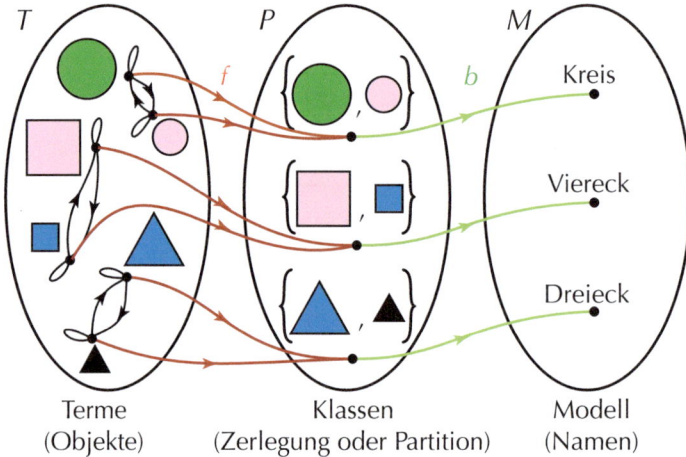

Terme (Objekte)   Klassen (Zerlegung oder Partition)   Modell (Namen)

Als Aha-Erlebnis und Übung können Sie entsprechende Darstellungen entwerfen, beispielsweise für die Begriffe „grün", „blau", „rot" und „schwarz", wie für die Begriffe „groß" und „klein".

Die Dreischrittmethode ist gewissermaßen die Wiege der meisten mathematischen Begriffe. Die Menge T der Bauklötze ist hierbei eine Menge von Termen. Die Relation R zwischen diesen Termen ist eine Äquivalenzrelation in T. Die Menge P der hierdurch erzeugten Teilmengen ist eine Zerlegung (Partition) von T. Die Abbildung f ist die sogenannte „kanonische Abbildung" von T in P. Die Menge M der assoziierten Begriffe ist eine Darstellung (Modell) durch Namen oder Symbole. Die eineindeutige Abbildung b von P auf M ist eine Bijektion.

Beachten Sie, dass keine zwei Terme identisch sind und dass jeder Term unzweideutig genau eine Klasse der konstruierten Partition bestimmt. Sowohl der Ausdruck „die Klasse von ◯ " wie der Name „Kreis" bestimmen bei der Aufteilung der Figuren dieselbe Klasse, nämlich $\{\bullet, \circ\}$.

Unterschiedliche Terme können jedoch die gleiche Klasse bestimmen. So sind in dem gegebenen Beispiel

„die Klasse von ○" und „die Klasse von ● " gleich.

Wir illustrieren jetzt die Geburt einzelner wichtiger mathematischer Begriffe mithilfe dieser Instrumente.

Beispiel 1 Natürliche Zahlen

Eine Mutter von zwei Kindern bittet ihr dreijähriges Kind, für die Familie den Tisch zu decken. Wie kann der Sprössling die korrekte Anzahl Teller auf den Tisch stellen ohne zu zählen; denn das kann er noch nicht? Seltsamerweise gelingt ihm die theoretische Lösung besser als die praktische Seite. Er kann nämlich verstehen, was „gleich viel" bedeutet, indem er eine Eins-zu-eins-Zuordnung zwischen den Familienmitgliedern und den notwendigen Tellern herstellt. Er sagt sich nämlich: „ein Teller für Mama", ein Teller für Papa", „ein Teller für meine Schwester" und ein Teller für mich" und fertig ist die Laube. Mehr als das Erkennen der Relation „gleich viel" ist für das Erfassen von „natürliche Zahl" nicht erforderlich.

Wir behandeln eine solche Eins-zu-eins-Relation (Bijektion) in einer Menge von Mengen. Die Mengen beschreiben wir mithilfe von Buchstaben anstelle der üblichen „Äpfel" und „Birnen". Unter ihnen müssen wir jetzt die Mengen mit der gleichen Anzahl von Elementen herausfinden.

Auf diese Weise gelangen die Mengen mit nur einem Element in ein und dieselbe Klasse, die das Etikett „eins" erhält, die Paare in eine andere Klasse mit dem Etikett „zwei" usw.

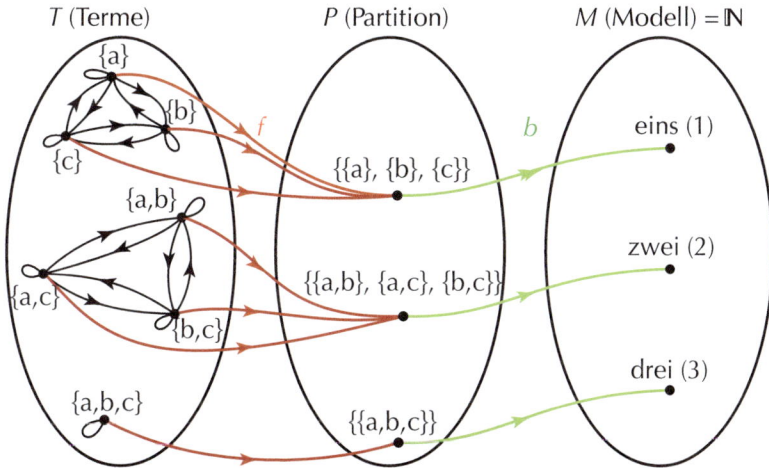

Beispiel 2 Rationale Zahlen

Bruchrechnung wird in allen Ländern mithilfe des Prinzips der Aufteilung einer Größe in eine Anzahl gleich großer Teile (Nenner) unterrichtet. Davon wird dann eine bestimmte Anzahl Teile (Zähler) genommen. Mithilfe zweier natürlicher Zahlen wird so aus dieser Größe eine Teilgröße konstruiert. Das ultimative und motivierende didaktische Hilfsmittel hierbei scheint das Hantieren mit Torten zu sein. Wir geben uns dennoch der Einfachheit halber zufrieden mit dem Beispiel eines Rechtecks, das sehr wohl auch etwas Leckeres darstellen kann.

Das nachstehende Rechteck ist zunächst in sechs gleiche Teile zerlegt, von denen dann zwei Teile genommen werden. Das gefärbte Rechteck stellt auf diese Weise den Bruch 2/6 dar hinsichtlich des ursprünglichen Rechtecks.

Das gefärbte Rechteck ist so einer Größe zugeordnet, und zwar einem geordneten Paar natürlicher Zahlen (6, 2), mit dem die Konstruktion durchgeführt wurde. Weil man mit dem geordneten Zahlenpaar (3, 1) ein und dieselbe Teilgröße erhält wie mit dem geordneten Paar (6, 2), nennen wir die Terme (3, 1) und (6, 2) äquivalent und die Brüche 1/3 und 2/6 gleich. Man sagt auch, dass die Brüche 1/3 und 2/6 dieselbe rationale Zahl bezeichnen. Beachten Sie, dass für die äquivalenten Terme (3, 1) und (6, 2) $3 \times 2 = 1 \times 6$ gilt (Überkreuzprodukt $\genfrac{}{}{0pt}{}{3}{6} \genfrac{}{}{0pt}{}{1}{2}$).

Das gibt uns die Möglichkeit, die Äquivalenzrelation auf beliebige geordneten Paare ganzer Zahlen (auch negative) auszudehnen und diese Relation auf die Multiplikation ganzer Zahlen zu stützen anstatt auf gleiche Teilgrößen. Um den Nenner null zu vermeiden, darf die erste Komponente eines geordneten Paares nicht gleich null sein.

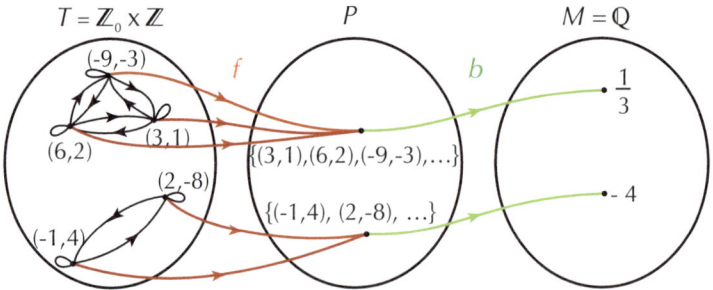

- $\mathbb{Z}$ ist die Menge der ganzen Zahlen (positive und negative).
- $\mathbb{Z}_0$ ist die Menge der ganzen Zahle ohne null.
- $\mathbb{Z}_0 \times \mathbb{Z}$ ist die Menge der geordneten Paare ganzer Zahlen, deren erste Komponente von null verschieden ist. Das ist die Menge der Terme T.

P ist die Menge der Klassen äquivalenter Terme (geordnete Paare mit gleichen Überkreuzprodukten).

Die Klassen bestimmen die Menge der rationalen Zahlen ℚ, dargestellt in Form von Brüchen. Die Brüche liefern so ein Modell M für ℚ.

Beispiel 3 Reelle Zahlen

Bei der Dezimalbruchentwicklung des Bruches 1/3 durch wiederholtes Teilen erhalten wir 0,33333... .Die Pünktchen deuten darauf hin, dass noch unendlich viele Ziffern 3 zu erwarten sind. Wir nennen das einen periodischen Dezimalbruch mit Periode 3. Jeder Bruch kann auf diese Weise in einen periodischen Dezimalbruch umgeformt werden. Die jeweils auftretenden Reste beim Teilen des Zählers durch den Nenner müssen jedoch kleiner sein als dieser Nenner und sind daher endlich in Zahl. Erscheint der Rest 0, dann sind alle folgenden Ziffern der Dezimalbruchentwicklung Nullen, die dann meistens nicht geschrieben werden.

Beispiel $\frac{7}{20}$ = 0,35000... = 0,35 = 0,350 = 0,3500 usw.

Ist jedoch kein einziger der auftretenden Reste gleich 0, dann muss einer dieser Reste früher oder später wieder auftreten und von da an auch alle folgenden Quotienten und Reste. Die Dezimalbruchentwicklung wird somit periodisch.

Beispiel $\frac{10}{7}$ = 1,42857 42857 42857 ... .

Umgekehrt können wir einen periodischen Dezimalbruch jederzeit in einen Bruch umwandeln.

Beispiel

Wenn a = 4,257 57 57...,

dann gilt   1000a = 4257, 57... und 10a = 42,57...,

also   1000a − 10a = 4215 woraus folgt $a = \frac{4215}{990} = \frac{281}{66}$

So ist denn auch a = 0,999... gleich 1,000...,

denn aus   10a − a = 9,99... − 0,99... = 9

folgt $a = \frac{9}{9}$ = 1 = 1,000... .

Ein periodischer Dezimalbruch mit Periode 9 kann somit stets in einen periodischen Dezimalbruch mit der Periode 0 umgeformt werden, und zwar indem man alle Neunen der Periode wegstreicht, die Ziffer davor um eins vergrößert und anschließend die ursprünglichen Neunen durch Nullen ersetzt. Die Nullen dürfen natürlich auch weggelassen werden.

Beispiel   34,723999... = 34,724000... = 34,724

Andererseits gibt es auch nichtperiodische Dezimalbrüche.

Beispiel   0,101001000100001...

Die drei Punkte bedeuten hier, dass das Konstruktionsprinzip für die Folge der Dezimalstellen (jeweils eine Null mehr einschieben zwischen zwei Einserziffern) unbegrenzt wiederholt wird.

Die Zahlen, die durch solche nichtperiodischen Dezimalbrüche dargestellt werden, nennen wir irrationale Zahlen. Die rationalen und irrationalen Zahlen zusammen bilden die reellen Zahlen.

Jeder reellen Zahl kann man einen Punkt einer Geraden zuordnen. Dazu müssen wir die Gerade eichen, d.h. zwei verschiedene Punkte als 0 und 1 auszeichnen. So bekommen wir eine Zahlengerade.

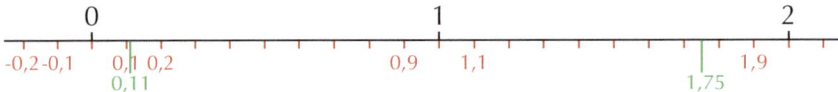

Manche Dezimalbrüche mit unterschiedlicher Darstellung bestimmen hierbei denselben Punkt der Zahlengeraden und sind damit Repräsentanten derselben reellen Zahl. Das kann bei Dezimalbrüchen mit einer Periode 0 oder 9 oder mit einer endlichen Anzahl von Dezimalstellen der Fall sein. So bestimmen zum Beispiel 1,799... und 1,800... und 1,8 denselben Punkt. Zwei in der Darstellung unterschiedliche nichtperiodische Dezimalbrüche bestimmen jedoch stets zwei verschiedene Punkte der Geraden und sind damit Repräsentanten von zwei ungleichen reellen Zahlen.

Wir können den Begriff reelle Zahl deshalb mittels der Dezimalbrüche als Terme definieren, wobei die Äquivalenzrelation „bestimmt denselben Punkt auf einer Zahlengeraden" diese in Klassen einteilt, die genau mit den reellen Zahlen übereinstimmen. Eine Zahlengerade ist denn auch ein perfektes Modell für die Menge der reellen Zahlen $\mathbb{R}$.

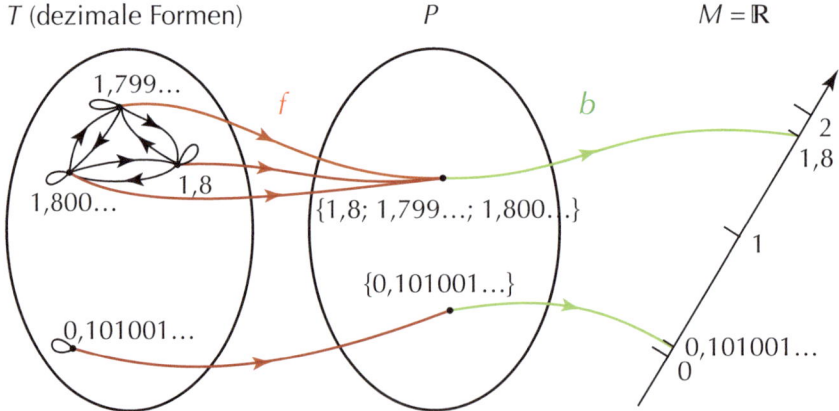

Beispiel 4   Reelle Zahlen Modulo 1

In diesem Beispiel illustrieren wir eine doppelte Besonderheit. Zunächst die Tatsache, dass man die Begriffe, die wir mit der Dreischrittmethode als Klassen von Termen erhalten, wiederum selbst als neue Terme verwenden kann. Anschließend kann man dann durch die Definition einer beliebigen neuen Äquivalenzrelation die Methode wiederholen. So entstehen Türme von Klassen und Klassen von Klassen, die jedoch immer komplexere Begriffe erzeugen.

Anschließend stellen wir fest, dass aus zahlentheoretischen Begriffen auch geometrische Konzeptionen entstehen können und umgekehrt. Für die „reellen Zahlen Modulo 1" stellt sich dabei heraus, dass sie mit „orientierten Winkeln" übereinstimmen.

Indem die Mathematik über ihre eigenen Denkmuster nachdenkt, gewinnt sie Instrumente, die unerwartete kreative Möglichkeiten bieten. Wir werden das später mehrmals aufzeigen.

Wir wählen die reellen Zahlen als Terme und nennen zwei solche Terme äquivalent dann und nur dann, wenn ihre Differenz eine ganze Zahl ist. Das bedeutet, dass sich ihre dezimalen Anteile gegenseitig aufheben müssen, mit anderen Worten, dass sie sich nur in dem ganzzahligen Anteil vor dem Komma unterscheiden können. Die reellen Zahlen mit demselben Schwanz (Mantisse) und unterschiedlichem Kopf (Zeiger) kommen so in dieselbe Klasse.

Beispiel $a = 7{,}3495$ und $b = 2{,}3495$ sind äquivalent, denn $a - b = 5$ und 5 ist eine ganze Zahl.

Wir interessieren uns jetzt offensichtlich nur für die „enthaupteten reellen Zahlen" wie 0,3495. Ein gutes Modell für die Menge der neuen Klassen, die man auf diese Weise erhält, ist das halboffene Intervall $[0, 1[$.

Dieses Intervall können wir auf einem Kreis von der Länge 1 abrollen. Jede reelle Zahl der Form 0,... bestimmt einen Punkt dieses Kreises und so zusammen mit dem Ursprungspunkt, der mit 0 gekennzeichnet wird, einen Bogen oder, anders ausgedrückt, einen Winkel.

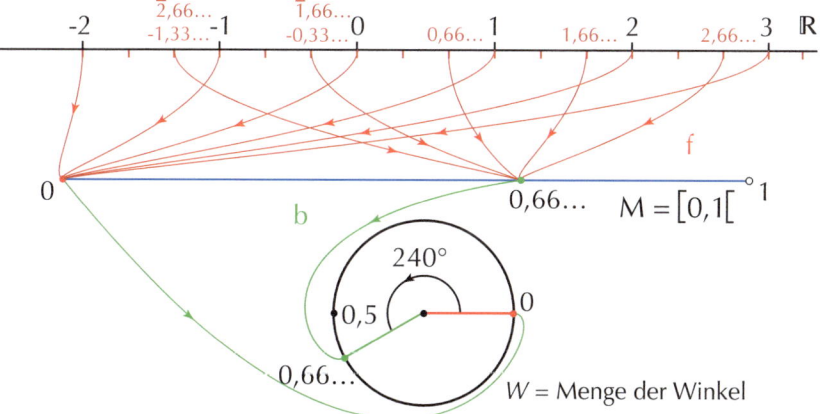

$\overline{2}$,66... ist die logarithmische Schreibweise von $-1,33...$ Hierin ist $\overline{2} = -2$ der Zeiger und ‚66... = +0,66... die Mantisse. Tatsächlich gilt: $-2 + 0,66... = -1,33...$.

Indem man reelle Zahlen als Terme durch Enthaupten äquivalent macht, entstehen die (orientierten) Winkel als neue Begriffe. Höchst außergewöhnlich: eine Guillotine, die neues Leben schafft!

Es klingt seltsam, dass man aus zahlentheoretischen Termen einen geometrischen Begriff gewinnen kann. Das hat allerdings wiederum etwas zu tun mit Äußerlichkeiten wie, sagen wir, „asiatischen" oder „afrikanischen" Versionen, die nicht mit der wesentlichen Struktur der erzeugten Begriffe zusammenhängen.

Wir werden später sehen, dass ein Mathematiker diese Struktur „bis auf einen Isomorphismus nach" in verschiedenartigen Modellen verwirklichen kann, je nachdem, wie seine dichterische Inspiration und der Kontext ihn dazu anregen. So wird sich später zeigen, dass man mit orientierten Winkeln, mit enthaupteten reellen Zahlen, mit komplexen Zahlen vom Betrag 1, mit Matrizen einer bestimmtem Form, mit Drehungen um einen Punkt usw. auf dieselbe Weise rechnen kann, und dass es im Grunde stets um ein und dieselbe Gruppenstruktur geht. Die unterschiedlichen Ausformungen ein und derselben Struktur (isomorphe Strukturen) bieten nicht nur einen semantischen Reichtum, sondern machen es auch möglich, alle Ergebnisse, die man in einem der Modelle erhält, unmittelbar auch in diesen anderen Modellen zu interpretieren.

Auf den ersten Blick erscheint dies trivial, aber dass man auf diese Weise in der Tat auf überraschende Ergebnisse stoßen kann, dürfte sich schon an dem folgenden einfachen Beispiel zeigen. Ein orientierter Winkel hat auf dem Kreis zwei klar voneinander verschiedene Hälften, die sich um 180° (d. h. um einen Halbkreis) voneinander unterscheiden.

Das ergibt sich aus seiner Konstruktion mithilfe der Winkelhalbierenden.

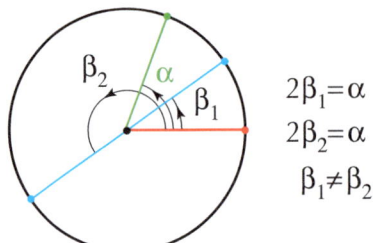

Dann muss eine enthauptete reelle Zahl auch zwei unterschiedliche Hälften haben, die sich um 0,5 (eine halbe Intervalllänge) unterscheiden. In der Tat sind zum Beispiel die Zahlen 0,15 und 0,65 die beiden Hälften von 0,3, denn sowohl $2 \cdot 0,15$ wie auch $2 \cdot 0,65$ sind (nach Enthauptung) gleich 0,3.

So können Sie jetzt schon ohne jegliche Mühe feststellen, auch ohne die Begriffe zu kennen, dass eine komplexe Zahl mit Betrag 1, die erwähnten speziellen Matrizen und Drehungen ebenfalls zwei verschiedene Quadratwurzeln haben (es werden in diesem Zusammenhang Ausdrücke der Multiplikation anstelle der Addition verwendet). In Abschnitt 5 kommen wir darauf ausdrücklich zu sprechen.

3.4 Abstrakte Erzeugung von Begriffen

Der Heilige Geist besitzt nach einer schönen Geschichte in der Bibel Zeugungskraft. Wir zeigen nun, dass auch ein einfacher Geist, wenn auch mathematisch gebildet, dazu nach Belieben imstande ist. Allerdings sind es leider keine Jungfrauen sondern Terme, die befruchtet werden müssen.

Beispiel 5 Das Lebenslicht der Bidezimalzahlen

Als Termmenge nehmen wir Dezimalbrüche, in denen zwei Kommata auftreten, nennen wir sie Bidezimalzahlen.

Beispiele

$$\ldots 431{,}25{,}8666 \ldots$$
$$\ldots 999{,}\overline{135}, 4700 \ldots \text{ mit } \overline{135} = -135$$

Für sich gesehen, sind das aber nur bedeutungsfreie Zeichenreihen. Um damit Begriffe zu verknüpfen, müssen wir eine Äquivalenzrelation definieren. Je nach unserem Erfindungsreichtum können wir das sogar auf unterschiedliche Weise tun und so mit denselben Termen verschiedene Begriffe erzeugen. Wir beschränken uns auf zwei Versionen.

Definition 1

Wir fassen den bidezimalen Term als aus zwei Bestandteilen bestehend auf: den Teil vor dem ersten Komma als enthauptete Dezimalzahl, d.h. als Element des Intervalls $[0, 1[$, und den restlichen Teil als eine normale reelle Zahl, d.h. als Element von $\mathbb{R}$,

also

$$\ldots b_2 b_1, z, a_1 a_2 \ldots \text{ ist äquivalent zu } \ldots b_2' b_1', z', a_1' a_2' \ldots$$

dann und nur dann, wenn

$$0{,}b_1 b_2 \ldots = 0{,}b_1' b_2' \ldots \text{ (in } [0,1[\text{)}$$

und $\quad z, a_1 a_2 \ldots = z', a_1' a_2' \ldots$ (in $\mathbb{R}$).

Äquivalente Bidezimalzahlen der ersten Art bezeichnen dann gleiche neue Objekte der ersten Art.

20 Wie funktioniert Mathematik

Beispiele

$$13, 27{,}99\ldots9\ldots = 13, 28{,}00\ldots0\ldots$$
$$\ldots9\ldots99, 15{,}34 = \ldots0\ldots00, 15{,}34$$
$$\ldots9\ldots9936, \overline{13}{,}99\ldots9\ldots = 46, \overline{12}{,}00\ldots0\ldots$$

Wir suchen eine geeignete Darstellung für diese Objekte. Eine halboffene Strecke ist ein gutes Modell für das Intervall [0, 1[und eine Zahlengerade ein gutes Modell für ℝ. Zunächst können wir unser Objekt als Punkt auf einem unendlichen halboffenen Streifen darstellen, der das mengentheoretische Produkt von [0, 1[und ℝ, d.h. [0,1[× ℝ wiedergibt. Das liefert uns das erste Modell (linke Abbildung).

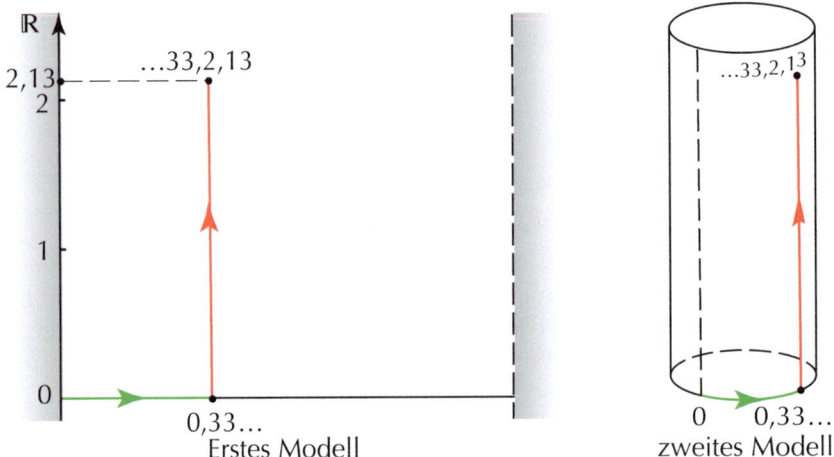

Erstes Modell   zweites Modell

Wir können diesen Streifen jedoch auch zu einer Zylinderfläche aufrollen. Das führt auf eine zweite Darstellung (rechte Abbildung). Hierbei bestimmt die erste Komponente, also eine enthauptete reelle Zahl, eine Drehung auf einem Breitenkreis (Kreis senkrecht zur Zylinderachse). Die zweite Komponente, also eine reelle Zahl, bestimmt eine Verschiebung parallel zur Drehachse. Die Verknüpfung dieser Drehung mit dieser Verschiebung nennen wir eine Schraubung. Diese kann als eine elementare Transformation des Zylinders aufgefasst werden. Jeder Punkt des Zylinders bestimmt dann eine Schraubung, die wiederum eine Bidezimalzahl der ersten Art repräsentiert.

Um mit diesen neuen Begriffen arbeiten zu können, müssen wir die Addition von Bidezimalzahlen der ersten Art so erklären, dass sie mit der Verknüpfung der Schraubungen übereinstimmt. Hierbei addieren wir die ersten Komponenten wie enthauptete reelle Zahlen im Intervall [0, 1[und die zweiten Komponenten wie reelle Zahlen in ℝ.

Beispiel

$$231{,}14{,}564 + 88{,}3{,}27 = 210{,}17{,}834.$$

Denn $0{,}132 + 0{,}88 = 1{,}012 = 0{,}012$ (in $[0,1[$)

und $14{,}564 + 3{,}27 = 17{,}834$ (in $\mathbb{R}$).

Durch Rechnungen in dieser Gruppe von Bidezimalzahlen erster Art finden wir u.a. zwei unterschiedliche Hälften für jede Bidezimalzahl.

Beispiel

$2a = \ldots33{,}2{,}13 \Leftrightarrow a = \ldots661{,}1{,}065$ oder $a = \ldots666{,}1{,}065$

denn $2 \cdot 0{,}166\ldots = 0{,}33\ldots$ und $2 \cdot 0{,}666\ldots = 1{,}33\ldots = 0{,}33\ldots$ (in $[0,1[$)

und $2 \cdot 1{,}065 = 2{,}13$ (in $\mathbb{R}$).

Das bedeutet dann auch, dass jede Schraubung zwei Quadratwurzeln besitzt.

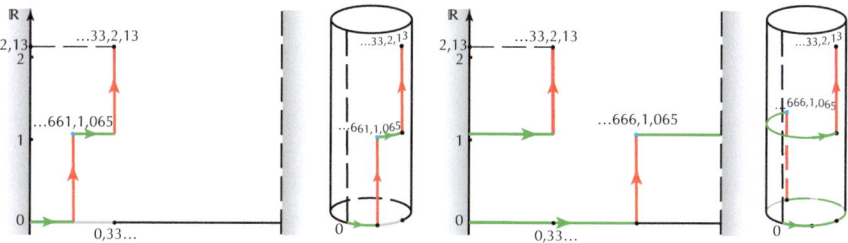

Definition 2

Wir fassen jetzt die bidezimalen Terme als aus drei unterschiedlichen Komponenten bestehend auf: den Teil vor dem ersten Komma als eine enthauptete reelle Zahl, den Teil zwischen den Kommata als eine ganze Zahl und den Teil nach dem zweiten Komma ebenfalls als eine enthauptete reelle Zahl.

Also: $\ldots b_2 b_1,z,a_1 a_2\ldots$ ist äquivalent zu $\ldots b_2' b_1',z',a_1' a_2'\ldots$

dann und nur dann, wenn

$0{,}b_1 b_2 \ldots = 0{,}b_1' b_2'\ldots$ (in $[0,1[$)

und $z = z'$ (in $\mathbb{Z}$)

und $0{,}a_1 a_2\ldots = 0{,}a_1' a_2'\ldots$ (in $[0,1[$).

Äquivalente Terme von dieser zweiten Art bestimmen dann das gleiche Objekt der zweiten Art.

Beispiele

$13, 27, 99\ldots9\ldots = 13, 27, 00\ldots0\ldots$

$\ldots9\ldots99, \overline{13}, 99\ldots9\ldots = 0, \overline{13}, 00\ldots0\ldots$

Wir suchen jetzt nach einer Darstellung für diese Objekte zweiter Art. Die enthaupteten reellen Zahlen können wir mengentheoretisch als das mengentheoretische

Produkt zweier halboffener Strecken darstellen, mit anderen Worten als ein halboffenes Rechteck und die ganzzahlige Komponente als ein Punkt auf der Zahlengeraden. Das führt auf eine erste Darstellung.

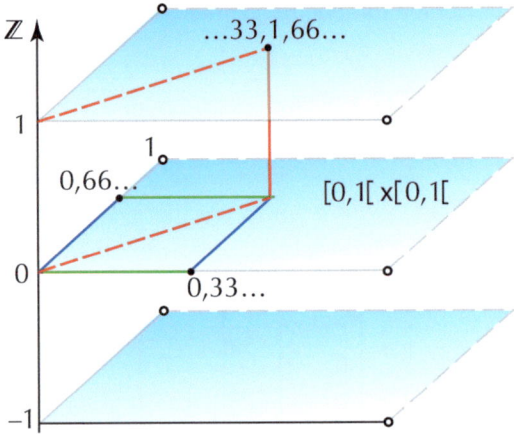

Rollen wir die halboffenen Rechtecke zunächst auf Zylindern ab, dann weiter auf Tori (Autoreifen), dann werden die Bidezimalzahlen zweiter Art als ein Stapel von Tori dargestellt. Auf diesen beschreibt die erste Komponente (eine enthauptete reelle Zahl), eine Drehung auf einem Breitenkreis. Die zweite Komponente (eine ganze Zahl) bestimmt eine Verschiebung in ein Stockwerk des Stapels. Und die dritte Komponente (eine enthauptete reelle Zahl) beschreibt eine Drehung auf einem Längenkreis. Die Verknüpfung der Abbildungen ist dann eine elementare Transformation dieses Torusstapels. Die Reihenfolge der Abbildungen bei dieser Verknüpfung ist beliebig. Auf diese Weise erhalten wir eine zweite Darstellung.

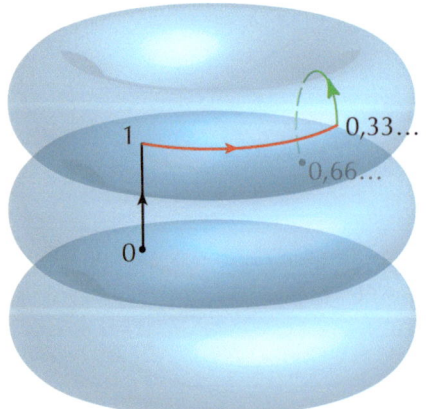 

Indem wir wie bei den Bidezimalzahlen erster Art auf analoge Weise eine Addition erklären, die mit der Verknüpfung der elementaren Transformationen des Torusstapels übereinstimmt, erhalten wir eine Struktur mit überraschenden Ergebnissen.

So besitzt eine Bidezimalzahl zweiter Art mit einer ungeraden ganzzahligen Komponente keine Hälften, während hingegen eine mit einer geraden ganzzahligen Komponente vier verschiedene Hälften besitzt.

Beispiele

$$2x = 723{,}4{,}183 \quad \Leftrightarrow \quad x = 5361{,}2{,}0915$$
$$\text{oder} \quad x = 5366{,}2{,}0915$$
$$\text{oder} \quad x = 5361{,}2{,}5915$$
$$\text{oder} \quad x = 5366{,}2{,}5915$$

Damit zeigt sich, dass wir mit der Technik der Klassifikation äquivalenter Terme auf eine abstrakte Weise beliebig Begriffe erzeugen können. Die künstlichen Geschöpfe, die dadurch entstehen, können durch unsere Fantasie sinnvoll in bedeutungsvollen Kontexten Gestalt annehmen, wo sie nützlich eingebaut werden können. Im Laufe der Geschichte sind so viele mathematische Begriffe entwickelt worden, die oft erst viel später eine nutzbringende Interpretation und Anwendung gefunden haben. Wir werden hierfür später noch Beispiele anführen.

3.5 Die Anzahl der Begriffe, die mit einer endlichen Menge verbunden sind

Indem er sich Klarheit verschafft, wie Begriffe durch Klassifikation neu entstehen, kann der Mathematiker jetzt auch berechnen, wie viele unterschiedliche Begriffe man maximal mit einer endlichen Menge von Termen erhalten kann.

Was dürfen wir auf diesem Gebiet zum Beispiel von dem Kleinkind mit seinem Baukasten aus sechs Klötzen maximal erwarten? Es läuft darauf hinaus, dass wir die Gesamtzahl der möglichen Zerlegungen (Partitionen) der Klötzchenmenge in nichtleere Teilmengen bestimmen. Der Leser, der nicht so gerne zählt, kann das Folgende querlesen und am Ende einen Glaubensakt vollziehen. Aber das Kleinkind hat auf jeden Fall Anspruch auf eine korrekte Erklärung!

a) Bei einer Klasse

Da gibt es nur eine einzige, alle Klötze kommen in dieselbe Klasse. Den zugehörigen Begriff können wir „Baukasten" nennen.

b) Bei zwei Klassen

Wir nummerieren der Einfachheit halber die Klassen mit 1 und 2. Dann entscheiden wir für jeden der sechs Bauklötze, ob wir ihn in die Klasse 1 oder in die Klasse 2 legen. Das führt zu $2 \times 2 \times 2 \times 2 \times 2 \times 2 = 2^6$ unterschiedlichen Abbildungen der Bauklötzchenmenge auf die Menge {1, 2}.

Da keine Klasse leer sein darf, müssen wir die Klötze sowohl auf 1 wie auf 2 abbilden. Wir ignorieren somit zwei Abbildungen, nämlich die, welche alle Bauklötze auf 1 oder alle auf 2 abbilden. Die restlichen $2^6 - 2 = 62$ Abbildungen nennen wir surjektive Abbildungen.

Weil die Reihenfolge der Klassen in einer Partition keine Rolle spielt, ist die Anzahl surjektiver Abbildungen jedoch zweimal so groß wie die Anzahl der Partitionen. (Man kann ja zwei Klassen gegeneinander austauschen). Die Anzahl der Partitionen mit zwei Klassen beträgt somit $62 : 2 = 31$.

Eine davon ist zum Beispiel verbunden mit den Begriffen „groß" und „klein". Beachten Sie, dass diese zu zwei surjektiven Abbildungen gehören, nämlich zu denen, welche die Klötze der „großen" Klasse auf 1 und die der „kleinen" Klasse auf 2 abbilden, und zu denen, die genau das Umgekehrte machen.

c) Bei drei Klassen

Zunächst nummerieren wir die Klassen mit 1, 2 und 3, dann bestimmen wir die Anzahl der Abbildungen der Bauklötze auf die Menge {1, 2, 3}, das sind 3^6.

Die Anzahl nichtsurjektiver Abbildungen (diejenigen, bei denen mindestens eine der drei Ziffern nicht auftritt, und es damit zu einer leeren Menge kommt) beträgt $3 + 3 \times 62$, denn es gibt drei Abbildungen, bei denen alle Bauklötze auf nur eine Ziffer abgebildet werden (somit zwei Ziffern nicht auftreten). Darüber hinaus können wir auf drei Arten eine Ziffer ignorieren, womit noch genau 62 surjektive Abbildungen zu den beiden anderen Ziffern gehören (s. jedoch b).

Die Anzahl surjektiver Abbildungen der Bauklötze auf {1, 2, 3} beträgt somit $3^6 - 3 - 3 \times 62 = 540$. Diese führen aber nicht zu lauter unterschiedlichen Partitionen, da die Klassen untereinander ausgetauscht werden können und das sogar auf $3 \times 2 \times 1 = 6$ verschiedene Weisen. Wir haben ja drei Auswahlmöglichkeiten für die erste Klasse, dann noch zwei Auswahlmöglichkeiten für die zweite Klasse und nur noch eine für die letzte Klasse. Die Anzahl der Partitionen mit drei Klassen beträgt somit $540 : 6 = 90$.

Eine davon ist beispielsweise mit den Begriffen „Kreis", „Quadrat" und „Dreieck" verbunden.

d) Bei vier Klassen

Wir nummerieren die Klassen mit 1, 2, 3, und 4. Die Zahl der Abbildungen der Bauklötze auf {1, 2, 3, 4} beträgt 4^6.

Darunter befinden sich $4 + 4 \times 540 + 6 \times 62$ nichtsurjektive Abbildungen. Bei vier von ihnen tritt nur eine Ziffer auf. Obendrein können wir auf vier Weisen eine Ziffer ignorieren, wobei dann auf die anderen drei Ziffern noch 540 surjektive Abbildungen entfallen (s. c). Schließlich können wir auf sechs verschiedene Weisen zwei Ziffern aus den vier wählen, nämlich die sechs Paare {1,2}, {1,3}, {1,4}, {2,3}, {2,4} und {3,4}, die wir ignorieren, womit noch 62 surjektive Abbildungen zu den restlichen zwei Ziffern gehören (s. b).

Damit bleiben bei vier Ziffern noch $4^6 - 4 - 4 \times 540 - 6 \times 62 = 1560$ surjektive Abbildungen. Da die vier Klassen auf $4 \times 3 \times 2 \times 1 = 24$ Arten untereinander ausgetauscht werden können, beträgt die Anzahl der Partitionen mit vier Klassen somit nur $1560 : 24 = 65$.

Eine davon ist z.B. verbunden mit den Begriffen „grün", „blau", „rot" und „schwarz".

e) Bei fünf Klassen

Wir oder besser Sie könnten das jetzt unbesorgt auf dieselbe Weise berechnen. Es gibt hier jedoch einen kürzeren Weg nach dem sogenannten „Taubenschlagprinzip". Weil keine Klasse leer sein darf, haben wir vier Klassen mit einem Klotz und eine Klasse mit zwei Klötzen.

Wir müssen nur zählen, wie viele verschiedene Paare wir mit den sechs Klötzen bilden können, das sind $5 + 4 + 3 + 2 + 1 = 15$ (s. Methode unter d). Es gibt also 15 Partitionen mit fünf Klassen.

Eine davon ist beispielsweise mit den Begriffen „Dreieck", „großer Kreis", „kleiner Kreis", „großes Quadrat" und „kleines Quadrat" verbunden.

f) Bei sechs Klassen

Es gibt genau eine solche Partition, nämlich jeder Klotz in eine Klasse.

Uff! Es gibt also insgesamt genau $1 + 31 + 90 + 65 + 15 + 1 = 203$ Begriffe, die man mit nur sechs Bauklötzen (Termen) verbinden kann, nicht mehr und nicht weniger. Das Kleinkind sollte seinen kleinen Baukasten aber nicht so schnell wegwerfen. Führen doch zehn Bauklötze schon zu 115.975 Begriffen (Partitionen). Glücklicherweise brauchen Sie das nicht auf die oben stehende Weise nachzurechnen. Wir werden im Anschluss hieran eine einfachere Methode angeben, die auf der Rekursion beruht. Mit ihr können diese Zahlen auch gefunden werden.

Für die Anzahl der möglichen Partitionen in i Klassen für eine Menge mit n Elementen führen wir das Symbol $P(i, n)$ ein. Wir stellen jetzt eine Formel auf, die $P(i, n+1)$ mithilfe von $P(i-1, n)$ und $P(i, n)$ ausdrückt:

$$P(i, n+1) = P(i - 1, n) + i \cdot P(i, n) \qquad (*).$$

Man nennt dies eine Rekursionsformel, weil sie einen Term aus den vorausgehenden Termen zu berechnen gestattet. Wir geben jetzt einen Beweis für diese Formel.

Wenn wir zu einer Menge mit n Elementen ein Element hinzufügen, dann können wir aus jeder Partition der Menge mit n Elementen in $i-1$ Klassen eine neue Partition der Menge mit $n+1$ Elementen in i Klassen erhalten, indem wir das neue Element in eine separate Klasse tun und diese hinzufügen. Aus jeder Partition von n Elementen in i Klassen hingegen können wir auf i Arten eine Partition von $n + 1$ Elementen in i Klassen erhalten, indem wir das neu hinzugefügte Element der Reihe nach zu jeder Klasse hinzufügen.

Beispiel

Angenommen, $n = 3$ und $i = 2$ mit $V = \{a,b,c\}$ und $W = \{a,b,c,d\}$, dann ist $P(i-1, n) = P(1, 3) = 1$ die Anzahl der Partitionen der Menge V in eine Klasse, nämlich $\{\{a,b,c\}\}$, und $P(i, n) = P(2, 3) = 3$ die Anzahl der Partitionen von V in zwei Klassen, nämlich $\{\{a\},\{b,c\}\}$, $\{\{b\},\{a,c\}\}$ und $\{\{c\},\{a,b\}\}$.

Ausgehend von diesen Partitionen konstruieren wir jetzt die Partitionen von W in i (= 2) Klassen:

Erster Typ: $\{\{a,b,c\},\{d\}\}$ Anzahl: ebenso $P(i-1, n) = P(1, 3) = 1$

Zweiter Typ: $\{\{a,d\},\{b,c\}\}$, $\{\{a\},\{b,c,d\}\}$
$\{\{b,d\},\{a,c\}\}$, $\{\{b\},\{a,c,d\}\}$
$\{\{c,d\},\{a,b\}\}$, $\{\{c\},\{a,b,d\}\}$

Anzahl: $i \cdot P(i, n) = 2 \cdot P(2, 3) = 2 \cdot 3 = 6$

Für die Anzahl der Partitionen von W in i (= 2) Klassen gilt also:

$P(2, 4) = P(i, n+1) = P(i-1, n) + i \cdot P(i, n) = P(1, 3) + 2 \cdot P(2, 3) = 1 + 2 \cdot 3 = 7$

Mit Hilfe der Rekursionsformel (*) und weil wir wissen, dass für alle n

$P(1, n) = 1$ und $P(n, n) = 1$

gilt, stellen wir jetzt ein Dreieck auf, in dem die verschiedenen $P(i, n)$ aus dem darüber stehenden Term und seinem linken Nachbar berechnet werden können. Genau wie beim Pferdsprung im Schachspiel.

Beispiel

$P(4, 7) = P(3, 6) + 4 \cdot P(4, 6) = 90 + 4 \cdot 65 = 350$

i \ n	1	2	3	4	5	6	7	8	9	10
1	1									
2	1	1								
3	1	3	1							
4	1	7	6	1						
5	1	15	25	10	1					
6	1	31	90	65	15	1				
7	1	63	301	350	140	21	1			
8	1	127	966	1701	1050	266	28	1		
9	1	255	3025	7770	6951	2646	462	36	1	
10	1	511	9330	34105	42525	22827	5880	750	45	1

Die Summe der Zahlen in der sechsten Reihe ergibt also die Gesamtzahl der Partitionen einer Menge mit sechs Elementen (Bauklötzen).

$1 + 31 + 90 + 65 + 15 + 1 = 203$ (Das stimmt also!)

Die Gesamtzahl von Partitionen einer Menge mit zehn Elementen ist:

$1 + 511 + 9330 + 34105 + 42525 + 22827 + 5880 + 750 + 45 + 1 = 115975$

Der „Querleser" hat womöglich im Laufe des letzten Abschnitts nach Luft geschnappt, aber alles, was er verstehen muss, ist, dass es der Mühe wert ist, darüber nachzudenken, auf welche Weise man nachdenkt. Das Denkmuster wird dann ein Instrument für das Erschaffen neuer Konzepte. Ein solcher Prozess ist typisch für die Mathematik.

3.6 Der Universalienstreit

Auch bei der normalen Begriffsbildung außerhalb der Mathematik findet sich dieses Dreischrittschema (eine Äquivalenzrelation R zwischen Termen, eine Partition dieser Terme, eine Abbildung f der Klassen auf ein Modell M) wieder.

Im Viehbestand eines Bauernhofes beispielsweise können wir Kühe, Schafe, Schweine, Pferde usw. unterscheiden, sei es, dass wir ihre unterschiedlichen anatomischen Merkmale in Beziehung setzen, sei es, dass wir sie voneinander getrennt halten, sei es, dass wir ihnen Namenschilder um den Hals hängen. Es soll uns nicht kümmern, wie der Bauer Ordnung schafft.

Dennoch wurde in der Scholastik mit Schaum vor dem Mund zwischen Realisten, Nominalisten und anderen Geistesverwandten um die Aufstellung der ontologischen Priorität (Rangordnung des Seins) von R, P, f oder M gestritten.

Für die Anhänger Platons – nach Thomas Mann der Philosoph des bestimmten und unbestimmten Artikels – sind die universellen Begriffe (Ideen) wie DAS Pferd transzendent bezüglich der individuellen realen Dinge wie EIN ganz bestimmtes Pferd. Die Ideen existierten also schon vorher, bevor auch nur ein solches Ding erschaffen wurde (*universalia ante res*). Für die Realisten ist also M in der ontologischen Reihenfolge vorrangig. Mittels der Abbildung f verweisen die Dinge, eingeteilt in Klassen der Partition P, nach den „Ideen" in M und nehmen so erst an zweiter Stelle an diesem „Sein" teil. Genau deswegen können wir zwischen den Dingen die Relation R aufdecken.

Für die Anhänger des Aristoteles, die gemäßigteren Realisten, sind die universellen Begriffe den stofflichen Dingen immanent. Erst indem wir die gemeinsamen Merkmale einzelner Pferde analysieren und diese in genau eine Klasse einordnen, entsteht der abstrakte Begriff „Pferd" (*universalia in res*). Es ist also der aktive Intellekt, der aus der schon vorher existierenden potentiellen Realität der Dinge (Terme) mittels Relationen und Klassenbildung die sekundäre Welt der Begriffe aufbaut. Durch diese Immanenz sind wir dann auch in der Lage die Relation R aufzudecken.

Die strengen Nominalisten jedoch behaupten, dass Begriffe einzig durch die sprachlichen Aktivitäten des menschlichen Verstandes entstehen, der an die materiellen Dinge lauter Namen klebt (*universalia post res*). Die Priorität liegt also jetzt bei der Abbildung f, die dann die Klasseneinteilung P der Dinge bewirkt, die denselben Namen erhalten haben.

Es erscheint uns heute ziemlich unglaubhaft, dass man für einen bestimmten Standpunkt bezüglich dieser Ansichten, beispielsweise angewendet auf den Begriff der „Heiligen Dreifaltigkeit", mit dem Kirchenbann belegt wurde. Mathematiker regen sich inzwischen nicht mehr über all diese Prioritäten auf, weil sie verstanden haben, dass diese Komponenten R, P, f und M untrennbar miteinander verbunden sind und sich gegenseitig bestimmen.

Die Rolle dieser Elemente ist jedoch unterschiedlich: die Relation R hat eine analysierende Funktion, die Partition P spielt eine abstrahierende Rolle, die Abbildung f hat eine terminologische Aufgabe und das Modell M besitzt einen semantischen Charakter.

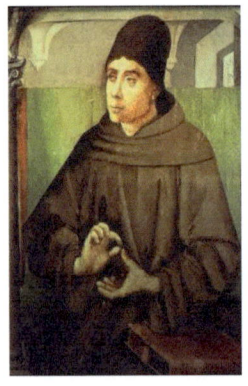

Duns Scotus (1266–1308)

Franziskaner, Theologe und Philosoph. Durch seinen kritischen Kommentar zu *De sententia* des Petrus Lombardus, dem wichtigsten dogmatischen Handbuch seiner Zeit, und zum mittelalterlichen Aristotelismus erwarb er sich Ruhm und Ansehen. Er anerkannte die Existenz von Universalien, sprach ihnen aber neben einer „Washeit" (*quiditas*) auch ein „Sosein" (*haecceitas*) zu, was er für wichtiger hielt. Er stellte auch den freien aktiven Willen über das passive rezeptive Denken. Zusammen mit Wilhelm von Ockham (ca. 1288–1347) wurde er der große Wegbereiter des Nominalismus und des späteren Empirismus.

4 Wahrheit und Widerspruchsfreiheit

Wie kann mit mathematischen Begriffen argumentiert werden?

Woher nehmen Urteile ihren Wahrheitswert und wie überträgt sich dieser mittels logischer Ableitungsregeln?

4.1 Wahr und falsch

Von Sachen sagen wir nicht, dass sie wahr oder falsch sind, höchstens dass sie real oder fiktiv sind (was auch immer das bedeuten soll). „Wahr" oder „falsch" sind Werte, die wir bestimmten sprachlichen Sätzen zuerkennen, die wir Aussagen (Behauptungen, Urteile oder Propositionen) nennen.

Beispiele

>„Jan ist der Bruder von Marlies."
>
>„Der Tisch ist aus Holz."
>
>„Es regnet." (hier und jetzt).

Das sind Sätze, die entweder wahr oder falsch sind, aber nicht beides zugleich, d.h. eine dritte Möglichkeit ist somit ausgeschlossen. Derartige Aussagen sind der Gegenstand der zweiwertigen (binären) Logik.

Nicht alle Sätze sind Aussagen.

Beispiele

>„Gib mir mal das Messer."
>
>„Wer läuft da?"
>
>„Verflixt."

Dies sind genau deswegen keine Aussagen, weil wir von ihnen nicht sagen können, ob sie wahr oder falsch sind. Bei diesen Sätzen geben diese Wahrheitswerte überhaupt keinen Sinn.

Auch in der Mathematik können über eingeführte Begriffe Aussagen gemacht werden, die innerhalb eines bestimmten Modells (struktureller Kontext) wahr oder falsch sind.

Beispiel

„18 plus 9 ist gleich 27" ist wahr im Modell der Addition natürlicher Zahlen, aber unwahr im Modell des Rechnens mit Uhren (Uhrenrechnen Modulo 24), denn in diesem letzten Modell ist 18 plus 9 gleich 3 (18 + 9 = 27 und 27 − 24 = 3).

Die Wahrheit von Aussagen hängt also ab von einem bestimmten Kontext, in dem sie verifiziert werden können. Wenn dieser Kontext nicht vorhanden ist, kann die Wahrheit von einfachen synthetischen Aussagen wie in den angeführten Beispielen dann auch nicht immer ermittelt werden. Das ist jedoch nicht von wesentlicher Bedeutung für die Logik in der Mathematik. Diese beschäftigt sich einzig und allein mit der Frage, wie der Wahrheitswert von einfachen Aussagen sich fortpflanzt auf zusammengesetzte Aussagen, die durch die Verwendung von Bindewörter wie „nicht", „und", "oder", „wenn ... dann" usw. aus den einfachen Aussagen entstehen.

Die Bindewörter bezeichnen wir auch als Junktoren oder logische Operatoren. Die Aufmerksamkeit richtet sich dabei ausschließlich auf die Art und Weise, wie der Wahrheitswert aufgrund der Art der Verknüpfung der Aussagen durch die Junktoren transformiert wird. So ist die Bedeutung des Bindewortes „und" durch die Forderung festgelegt, dass die beiden einfachen Aussagen, die durch „und" verbunden werden, wahr sein müssen, damit die zusammengesetzte Aussage selbst auch wahr ist. In der mathematischen Logik wird das wie folgt dargestellt.

Nehmen wir p und q als einfache Aussagen und bezeichnen den Wahrheitswert „wahr" einer Aussage mit 1 und den Wahrheitswert „falsch" mit 0, dann ist die Definition von „und" durch folgende Schema bestimmt:

p	q	p und q	oder kürzer	p	und	q
1	1	1		1	1	1
1	0	0		1	0	0
0	1	0		0	0	1
0	0	0		0	0	0

Diese Wahrheitstafel ist leicht zu behalten. Man multipliziert die Wahrheitswerte der Aussagen p und q, um diejenigen von „p und q" zu erhalten. Man nennt daher die Konjunktion „und" auch das logische Produkt. Wie bequem solche Wahrheitstafeln sind, wird sich später zeigen. Auf den ersten Blick scheint das alles ziemlich offensichtlich zu sein. Es hat jedoch seit der Begründung der Logik durch Aristoteles (384-322 v. Chr.) noch 23 Jahrhunderte gedauert, bis letztlich Mathematiker in der zweiten Hälfte des 19. Jahrhunderts (George Boole, August de Morgan, Charles S. Peirce, Gottlob Frege, Guiseppe Peano u.Ä.) durch einen mathematischen Ansatz der Aussagenlogik den letzten Schliff gegeben haben. Das „Rechnen" in dieser mathematischen Logik, das heute in der elektronischen Schaltalgebra verwendet wird, hat den Einzug der Computer im 20. Jahrhundert erst ermöglicht.

Warum ausgerechnet Mathematiker auch für sprachliche Probleme, für die offensichtlich eine rein sprachliche Intuition keinen befriedigenden Lösungsansatz besitzt, Lösungen finden, ergibt sich aus der typischen methodischen Sichtweise, mit der sie diese Probleme unter einem abstrakten Blickwinkel betrachten. So wie Goethe schon bemerkte: „Die Mathematiker sind eine Art Franzosen, redet man zu ihnen, übersetzen sie es in ihre Sprache und dann ist es alsobald ganz etwas anderes." (Maximen und Reflexionen, Nachlaß).

Versuchen Sie beispielsweise die folgenden Fragen selbst zu beantworten:

1 Welche der folgenden Aussagen enthalten die gleiche Information?
   a   „Wenn es regnet, dann werde ich nicht mit dem Fahrrad fahren."
   b   „Wenn es nicht regnet, dann werde ich mit dem Fahrrad fahren."
   c   „Es regnet nicht, oder ich werde mit dem Fahrrad fahren."
   d   „Wenn ich mit dem Fahrrad fahren werde, dann regnet es nicht."
   e   „Ich werde mit dem Fahrrad fahren, oder es regnet."
   f   „Es ist nicht möglich, dass ich nicht Fahrrad fahren werde und es zur gleichen Zeit regnet."

2 Wie lautet die Verneinung der folgenden Aussage:

   „Wenn ich zu spät komme, dann hält man mir eine Standpauke."?

3 Wie viele Bindewörter können höchstens existieren, um zwei Sätze so zu verbinden wie mit „und", „oder", „wenn ... dann" usw., sodass der zusammengesetzte Satz etwas Unterschiedliches ausdrückt?

4 Wie viele derartige Bindewörter sind mindestens erforderlich, um durch Wiederholung oder Kombination auch all die anderen Ausdrucksmöglichkeiten abzudecken?

Damit die Antworten auf diese Fragen jedermann möglich sind, geben wir hier, notgedrungen, eine kleine Einführung in die Aussagenlogik.

George Boole (1815–1864)

Englischer Mathematiker und Logiker. 1854 veröffentlichte er sein Buch *An Investigation of the Laws of Thought*, in dem er darlegte, wie die logischen Junktoren als Operationen aufgefasst werden können. Damit wurde der leibnizsche Seufzer nach einer *characteristica universalis* erfüllt. Booles Algebra bildet die theoretische Grundlage für die modernen Computer. Es hat jedoch noch fast ein ganzes Jahrhundert gedauert, bevor die technischen Voraussetzungen für ihre Verwirklichung vorlagen.

4.2 Junktoren

a Unäre Junktoren

Es gibt Bindewörter, die nur auf dem Wahrheitswert einer einzelnen Aussage operieren. Das Bindewort „nicht" ist hier sicher das wichtigste. Vom intuitiven Sprachgebrauch her wissen wir, dass die Verneinung einer Aussage den Wahrheitswert dieser Aussage umschlagen lässt. Die Negation einer wahren Aussage ist falsch und die Negation einer falschen Aussage ist wahr. Das führt zu folgender Wahrheitstafel für die Negation (nicht) als unärem (einwertigem) Junktor.

p	nicht p	oder kürzer	nicht	p
1	0		0	1
0	1		1	0

Kennen Sie in der Sprache noch andere unäre Bindewörter wie „nicht"? Angenommen, wir fragen uns, wie viele unterschiedliche unäre Junktoren existieren können. Wie finden wir auf diese Frage eine Antwort? Müssen wir in Wörterbüchern anfangen zu suchen oder uns selbst etwas ausdenken? Natürlich nicht, wir setzen einfach unsere mathematische Brille auf, und das Problem sieht sofort trivial aus.

Die möglichen Wahrheitswerte einer Aussage sind 0 und 1. Ein unärer Junktor transformiert diese Werte in eine 1 oder eine 0. Wir brauchen also einfach aufzuzählen, auf wie viele Arten diese Transformation durchgeführt werden kann:

    1 in 0 und 0 in 1 war eine der Möglichkeiten (die Negation).
    1 in 1 und 0 in 0 ist eine zweite Möglichkeit (die Bestätigung).
    1 in 1 und 0 in 1 ist eine dritte Möglichkeit (die unäre Tautologie).
    1 in 0 und 0 in 0 ist eine vierte Möglichkeit (die unäre Kontradiktion).

Und *that's all* hinsichtlich der unären Operatoren. Wir mussten also nur überlegen, auf wie viele Weisen wir in der Wahrheitstafel für „ * p" unter das Zeichen * eine Spalte mit zwei Symbolen (1 oder 0) setzen können, nämlich $2 \times 2 = 2^2 = 4$.

*	p	...	p	...	p	...	p
0	1	0	1	1	1	1	1
0	0	1	0	0	0	1	0

b Binäre Junktoren

Mittels Wahrheitstafeln definieren wir noch einige interessante binäre Junktoren, analog zu der Methode in 4.1, die wir für die Konjunktion (Bindewort „und") benutzt haben.

Im Banne der Mathematik   33

Die *Disjunktion*, d.h. das *nichtausschließende* „oder" (lateinisch *vel*)

p	q	p oder q		oder kürzer	p	oder	q
1	1	1			1	1	1
1	0	1			1	1	0
0	1	1			0	1	1
0	0	0			0	0	0

Die Disjunktion ist also wahr, wenn mindestens eine der beiden einfachen Aussagen wahr ist, und nur dann falsch, wenn beide falsch sind.

Das *ausschließende* „entweder ... oder" (lateinisch *aut*)

p	q	entweder p oder q	oder kürzer	p	entweder...oder	q
1	1	0		1	0	1
1	0	1		1	1	0
0	1	1		0	1	1
0	0	0		0	0	0

Das ausschließende „entweder ... oder" ist also dann wahr, wenn genau eine der beiden einfachen Aussagen wahr ist und die andere falsch.

Die *Implikation* „wenn ... dann" (Symbol $\rightarrow$)

p	q	p $\rightarrow$ q	oder kürzer	p	$\rightarrow$	q
1	1	1		1	1	1
1	0	0		1	0	0
0	1	1		0	1	1
0	0	1		0	1	0

In einer Implikation „p $\rightarrow$ q" nennen wir die Aussage p das *antecedens* und die Aussage q das *consequens*. Die Implikation ist somit nur falsch, wenn das Antezedens wahr und das Konsequenz falsch ist. Die Wahrheitswerte in den letzten beiden Reihen sorgen zuweilen für Verwunderung, aber das ist unnötig, wenn man beachtet, dass hier nichts verstanden werden muss; denn es geht ja um eine Definition des betreffenden Junktors. Doch auch historisch scheint das zur logischen Intuition zu gehören. Im Lateinischen wird das durch die Regel *Ex falso sequitur quodlibet* („Aus dem Falschen folgt, was man will") zum Ausdruck gebracht. Also zum Beispiel auch das Wahre.

Die *Äquivalenz* „dann und nur dann ... wenn"(Symbol $\leftrightarrow$)

p	q	p $\leftrightarrow$ q	oder kürzer	p	$\leftrightarrow$	q
1	1	1		1	1	1
1	0	0		1	0	0
0	1	0		0	0	1
0	0	1		0	1	0

Die Äquivalenz ist also nur wahr, wenn beide einfachen Aussagen denselben Wahrheitswert besitzen, mit anderen Worten gleichwertig sind.

Natürlich erhalten wir auch binäre Junktoren, wenn wir die Negation der bereits eingeführten Junktoren bilden. Das bedeutet, dass wir die Wahrheitswerte in den definierenden Spalten jeweils durch den entgegengesetzten Wert ersetzen. Zum Beispiel erhalten wir durch die Verneinung von „und" ein „nicht und", abgekürzt zu „nand" (Sheffersches Gesetz) und durch die Verneinung von „oder" ein „nicht oder" d.h. „weder ... noch", abgekürzt zu „nor" (Peircesches Gesetz). Beachten Sie, dass die Verneinung der Äquivalenz zum ausschließenden „entweder ... oder" führt und umgekehrt.

Charles Sanders Peirce (1839–1914)

Amerikanischer Mathematiker, Chemiker und Wissenschaftsphilosoph. Er hatte schon 1880 nachgewiesen, dass alle logischen Operatoren mit Hilfe des Operators „nor" (Peircesches Gesetz) ausgedrückt werden können. Weil seine Ergebnisse erst 1933 veröffentlicht wurden, bekam Henry Maurice Sheffer (1882–1964), der bereits 1913 zu derselben Erkenntnis kam, die Ehre. 1886 entdeckte Peirce auch, dass man die logischen Arbeitsabläufe in elektronische Schaltungen übersetzen konnte. Das wurde zur Basis für die modernen Computer.

4.3 Lösungen logischer Probleme

Wir verfügen jetzt über die Mittel auf die aufgeworfenen Fragen in unanfechtbarer Weise korrekte Antworten zu geben.

1 Welche der in 4.1 angegebenen Sätze sind logisch äquivalent?

Wenn wir die Aussage „Es regnet" mit p bezeichnen und die Aussage "Ich werde mit dem Fahrrad fahren" durch q, dann können wir die betreffenden Sätze wie folgt formalisieren:

a p → (nicht q)   „Wenn es regnet, dann werde ich nicht mit dem Fahrrad fahren."
b (nicht p) → q   „Wenn es nicht regnet, dann werde ich mit dem Fahrrad fahren."
c (nicht p) oder q   „Es regnet nicht oder ich werde mit dem Fahrrad fahren."
d q → (nicht p)   „Wenn ich mit dem Fahrrad fahren werde, dann regnet es nicht."
e q oder p   „Ich werde mit dem Fahrrad fahren oder es regnet."
f nicht((nicht q) und p) „Es ist nicht möglich, dass ich nicht mit dem Fahrrad fahren werde und es zur gleichen Zeit regnet."

Es genügt nun, die Wahrheitstafeln von jeder dieser zusammengesetzten Aussagen zu berechnen, ausgehend von denselben möglichen Wahrheitswerten der einfachen Aussagen p und q. Wir sehen dann nach, welche von ihnen vollständig übereinstimmen, also äquivalent sind. Hierbei müssen wir die Junktoren zwischen den inneren Klammern zuerst ausführen. Die nachfolgenden Junktoren müssen wir dann auf die so erhaltenen neuen Spalten von Wahrheitswerten anwenden. Das führt auf:

a	p	→	(nicht	q)	b	(nicht	p)	→	q	c	(nicht	p)	oder	q
	1	0	0	1		0	1	1	1		0	1	1	1
	1	1	1	0		0	1	1	0		0	1	0	0
	0	1	0	1		1	0	1	1		1	0	1	1
	0	1	1	0		1	0	0	0		1	0	1	0

d	q	→	(nicht	p)	e	q	oder	p	f	nicht	((nicht	q)	und	p)
	1	0	0	1		1	1	1		1	0	1	0	1
	0	1	0	1		0	1	1		0	1	0	1	1
	1	1	1	0		1	1	0		1	0	1	0	0
	0	1	1	0		0	0	0		1	1	0	0	0

Hieraus ergibt sich, dass a und d dieselbe Information enthalten, ebenso b und e, und auch c und f. Ganz einfach, wenn man weiß, wie man es anstellen muss. Mit intuitivem Erfühlen klappt das nicht so gut.

2 Wie lautet die Verneinung der folgenden Aussage: „Wenn ich zu spät komme, dann hält man mir eine Standpauke."?

Sie lautet: „Ich komme zu spät, und man hält mir keine Standpauke."

Die Verneinung der Implikation „p → q" ist also die Konjunktion „ p und (nicht q)". Das kann man leicht anhand von Wahrheitstafeln zeigen.

nicht (p	→	q)		p	und	(nicht	q)
0	1	1	1	1	0	0	1
1	1	0	0	1	1	1	0
0	0	1	1	0	0	0	1
0	0	1	0	0	0	1	0

Wenn Sie gedacht haben, dass die Verneinung anders aussieht, dann formalisieren Sie Ihre Antwort und bestimmen dann ihre Wahrheitstafel, um sich selbst von der Wahrheit oder Falschheit Ihrer Version zu überzeugen. Viele denken, dass man wieder umformulieren muss in einen Bedingungssatz oder dass „zu spät kommen" verneint werden muss. Was jedoch verneint werden muss, ist die Bedingtheit von „zu spät kommen", damit „mir eine Standpauke gehalten wird". Doch jeder Mathematiker weiß: Um eine Behauptung zu widerlegen, genügt ein Gegenbeispiel.

3 Wie viele Junktoren können in einer Sprache höchstens existieren?

Die möglichen Verteilungen der Wahrheitswerte für zwei einfache Aussagen sind (1, 1), (1, 0), (0, 1) und (0, 0). Das sind $2 \times 2 = 2^2 = 4$ an der Zahl. Ein binärer Junktor bildet diese Werte auf 1 oder 0 ab. Das kann auf $2 \times 2 \times 2 \times 2 = 2^4 = 16$ verschiedene Weisen geschehen. Es existieren also genau 16 binäre Bindewörter.

Diese werden Sie jedoch vergeblich im Wörterbuch suchen, auch nicht in dem einer fremden Sprache. Es gibt keine einzige Sprache, die diese Vollständigkeit an Intuition fertig gebracht hat. Dazu bedurfte es erst eines abstrakten mathematischen Herangehens.

Jetzt, da wir diese abstrakte Brille aufgesetzt haben, gibt es kein Halten mehr. Wir können Bindewörter kreieren, die drei oder selbst n einfache Aussagen verknüpfen können. Etwas, was keine einzige Sprache kennt, es sei denn, es handelt sich um eine formale Sprache oder die Sprache der Computer. Wir können sogar berechnen, wie viele unterschiedliche Junktoren von jeder Art existieren.

Für ternäre Bindewörter (bei drei einfachen Sätzen zugleich) gibt es $2 \times 2 \times 2 = 2^3 = 8$ mögliche Verteilungen der Wahrheitswerte. Diese werden dann durch den ternären Junktor auf 1 oder 0 abgebildet. Es gibt somit $2^8 = 256$ verschiedene Junktoren dieser Art. Für n-näre Junktoren lautet die allgemeine Formel $2^{(2^n)}$.

Hier zeigt sich noch einmal mehr, dass Erkenntnis nicht nur das Verständnis fördert, sondern auch kreativ ist.

4 Wie viele Junktoren braucht man mindestens, um alle logischen Nuancen auszudrücken?

In einem ersten Schritt zeigen wir, dass „nicht", „und" und „oder" ausreichen, um alle unären und binären Junktoren zu beschreiben. Die folgenden Äquivalenzen sind mit Wahrheitstafeln bequem zu bestätigen:

„nicht (nicht p)"	ist äquivalent zu	„ p ",
„p oder (nicht p)"	ist äquivalent zur	unären Tautologie,
„p und (nicht p)"	ist äquivalent zur	unären Kontradiktion,
„(nicht p) oder q"	ist äquivalent zu	„p → q".

Weil

„p ↔ q"	äquivalent ist zu	„(p → q) und (q → p)",
„entweder p oder q"	äquivalent ist zu	„nicht (p ↔ q)",
„p nor q"	äquivalent ist zu	„nicht (p oder q)",
„p nand q"	äquivalent ist zu	„nicht (p und q)"

können mit diesen letzten vier Junktoren zusammengesetzte Aussagen auch ausgetauscht werden gegen solche, die nur „nicht", „und" und „oder" enthalten. Das gilt auch für die neun fehlenden binären Junktoren, die noch nicht eingeführt wurden. Wir überlassen das dem „eifrigen" Leser jedoch als Übung.

In einem zweiten Schritt zeigen wir, dass „nicht", „und" und „oder" unter ausschließlicher Verwendung des Junktors „nor" (oder auch des Junktors „nand") ausgedrückt werden können. Sie können nachrechnen dass:

„p nor p"	äquivalent ist zu	„nicht p",
„(p nor p) nor (q nor q)"	äquivalent ist zu	„p und q",
„(p nor q) nor (p nor q)"	äquivalent ist zu	„p oder q".

Im normalen Sprachgebrauch sagt man „weder ... noch" an Stelle von „nor". All die Bindewörter, die die Sprache reichlich besitzt, können also durch den ausschließlichen Gebrauch des Bindewortes „weder ... noch" ausgedrückt werden, wenn auch durch entsprechende Wiederholung. Um auf diese Art eine Äquivalenz auszudrücken, müssten Sie daher schnell eine lange Reihe von "weder ... noch" schreiben. Unsere Muttersprache ist aber nicht so verrückt. Denn sie stellt eine ausreichende Auswahl von Möglichkeiten zur Verfügung. Damit können wir bequem alle logischen Feinheiten ausdrücken.

Jedoch hat sich die Antwort auf Frage 4 für die Computerwissenschaft als sehr wichtig erwiesen. Alle logischen Gatter können offenkundig als „nor"-Gatter (oder „nand"-Gatter) ausgeführt werden. Mit nur einem Chip, einer Art Basis-chip, können wir so alle komplizierten Funktionen der Informationsverarbeitung durch Schaltungen nachbauen.

Damit ist die Geschichte der Junktoren aber nicht vorbei. Tatsächlich können sie als Verknüpfungen für Aussagen aufgefasst werden. Verknüpfungen für Zahlen wie + und · besitzen ganz bestimmte Eigenschaften.

Beispiele:

$a + b = b + a$ (Kommutativität)

$(a \cdot b) \cdot c = a \cdot (b \cdot c)$ (Assoziativität).

Auch Junktoren können solche Eigenschaften besitzen.

Beispiele:

„p oder q"   ist äquivalent zu   „q oder p"

„(p und q) und r" ist äquivalent zu   „p und (q und r)"

Aber sie besitzen daneben auch mehr spezifische Eigenschaften

Beispiel:

„p und p"   ist äquivalent zu   „p" (Idempotenz)

Im Rahmen dieses Buches ist es jedoch nicht von Bedeutung all diese Eigenschaften aufzuführen.

Die erste integrierte Schaltung, auch Chip oder IC (*Integrated Circuit* - integrierter Schaltkreis) genannt, wurde am 12. September 1958 durch Jack Kilby von Texas Instruments der Öffentlichkeit vorgestellt. Auf einem Siliziumscheibchen werden die elektronischen Schaltungen in miniaturisierter Form aufgebracht und anschließend mit einer Keramik- oder Plastikhülle umgeben. Die Zahl der Transistoren die hierauf untergebracht werden, ist seitdem auf phänomenale Höhen gestiegen und geht bereits in die Millionen. Die Erfindung des Chips ist zweifelsohne einer der wichtigsten Meilensteine in der Geschichte des Computers.

4.4 Tautologien

Eine Tautologie ist eine zusammengesetzte Aussage, die in allen Fällen wahr ist, unabhängig von den ursprünglichen Wahrheitswerten der einfachen Aussagen, aus denen sie aufgebaut ist.

Es sind also Aussagen, die allein auf Grund ihrer Form wahr sind. Sie sind daher auch auf herausragende Art geeignet, um aus wahren Aussagen andere abzuleiten, die dann ebenfalls wahr sind. Wir nennen sie daher auch Argumentationsformen.

Selbstverständlich ist die Äquivalenz von Aussagen mit derselben Wahrheitstafel, d.h. von äquivalenten Aussagen, eine Tautologie. Eine tautologische Äquivalenz schreiben wir mit einem Doppelpfeil $\Leftrightarrow$. Die tautologische Äquivalenz beschreibt also eine Relation zwischen Aussagen, nämlich die Gleichwertigkeit. Die normale Äquivalenz, mit einfachem Pfeil $\leftrightarrow$, ist jedoch eine Verknüpfung von Aussagen und ist nicht in jedem Fall wahr.

Wie alle Rationalisten sind Mathematiker natürlich scharf auf Tautologien, die herausragenden Instrumente für korrekte Argumentation und Beweisführung.

Wir führen einige Beispiele von oft verwendeten Tautologien an:

nicht(nicht p)	$\Leftrightarrow$	p	(doppelte Verneinung),
p $\rightarrow$ q	$\Leftrightarrow$	(nicht p) oder q	(Auflösung einer Implikation),
p $\rightarrow$ q	$\Leftrightarrow$	(nicht q) $\rightarrow$ (nicht p)	(Kontraposition),
nicht(p und q)	$\Leftrightarrow$	(nicht p) oder (nicht q)	(Gesetz von de Morgan),
nicht(p oder q)	$\Leftrightarrow$	(nicht p) und (nicht q)	(Gesetz von de Morgan).

Diese Tautologien können auf einfache Weise mit einer Wahrheitstafel verifiziert werden. Aus bekannten Tautologien kann man jedoch durch Kombination unmittelbar neue Tautologien ableiten, ohne hierfür Wahrheitstafeln aufstellen zu müssen.

Beispiel

Die Regel für die Verneinung einer Implikation kann auch wie folgt angegeben werden:

nicht (p $\rightarrow$ q)	$\Leftrightarrow$	nicht ((nicht p) oder q)	(Auflösung der Implikation)
	$\Leftrightarrow$	(nicht (nicht p)) und (nicht q)	(de Morgan)
	$\Leftrightarrow$	p und (nicht q)	(doppelte Verneinung)

Es gibt auch Tautologien, die nicht die Form von Äquivalenzen haben, sondern zum Beispiel die einer Implikation. Eine tautologische Implikation kennzeichnen wir auch durch einen Doppelpfeil, nämlich $\Rightarrow$.

Beispiel

    p ⇒ p   Wegen der Auflösung der Implikation kann man dies auch „(nicht p) oder p ist eine Tautologie" schreiben. (Das ist das Gesetz vom ausgeschlossenen Dritten.)

    p und q ⇒ p   (Elimination der Konjunktion)

    p und q ⇒ q   (idem)

    p und (p → q) ⇒ q   (Modus ponens oder Abtrennungsregel)

    p ⇒ ((nicht p) → q)   kann man auch schreiben als

(p und (nicht p)) ⇒ q (Widerspruchsgesetz)

Die letzte Argumentationsform sagt aus, dass man alles Mögliche ableiten kann, wenn in einer Theorie eine Aussage und zugleich ihre Verneinung vorkommen. Mit anderen Worten ein Widerspruch lässt die gesamte Theorie absurd werden. Diese Argumentationsform duldet also keine Hegelschen Zustände. Wir kommen darauf in Abschnitt 4.7. zurück.

4.5 Argumentationen und Beweise

Mit den Argumentationsformen können wir aus gegebener (nichtkontradiktorischer) Information neue korrekte Information ableiten. Wir illustrieren das an dem folgenden „geeigneten" Beispiel.

Gegeben: „Wenn dieser Text nicht lesbar ist, dann ist er nicht gut." (1)

und   „Der Text ist zu schwierig, oder er ist nicht schlecht."   (2)

und   „ Der Text ist leicht verständlich."   (3)

Wir formalisieren zunächst die Aussagen, wobei wir von folgenden einfachen Aussagen ausgehen.

    „Der Text ist lesbar" = p

    „Der Text ist gut" = q

    „Der Text ist leicht verständlich" = r

Die gegebenen Aussagen sind dann:

        (nicht p) → (nicht q)   (1)

und   (nicht r) oder (nicht (nicht q))   (2)

und   r   (3)

Wir vereinfachen zunächst die Aussage (2) mithilfe des Gesetzes von der doppelten Verneinung und von der Auflösung einer Implikation:

$$(\text{nicht } r) \text{ oder } (\text{nicht } (\text{nicht } q)) \Leftrightarrow (\text{nicht } r) \text{ oder } q$$
$$\Leftrightarrow r \to q \qquad (4)$$

Wir verwenden dann die Konjunktion aus (3) und diese Implikation im Modus ponens:

$$r \text{ und } (r \to q) \Rightarrow q \qquad (5)$$

Die Aussage (1) schreiben wir um mithilfe der Kontraposition:

$$(\text{nicht } p) \to (\text{nicht } q) \Leftrightarrow q \to p \qquad (6)$$

Anwendung des Modus ponens auf diese letzten zwei Aussagen (5) und (6) ergibt schließlich:

$$q \text{ und } (q \to p) \Rightarrow p$$

Der Text ist also lesbar! Oder haben Sie was anderes erwartet?

Die Gültigkeit einer Argumentationsform kann auch durch eine Wahrheitstafel dargetan werden. Die Implikation ((1) und (2) und (3)) →p erweist sich ja als tautologisch. Aber für das Aufstellen dieser Implikation muss die Konklusion p bereits bekannt sein, was nicht evident ist.

In mathematischen Sätzen wird neben dem Gegebenen (*antecedens*) auch stets das Zubeweisende (*consequens*) formuliert. Aber kein einziger Mathematiker liebt es verzwickte Wahrheitstafeln zu berechnen, ebenso wenig wie das Formalisieren von Argumentationsformen. Gewöhnlich wird also nur informell, „aus dem Kopf" argumentiert, wobei man die zugehörigen Argumentationsformen vage im Hinterkopf hat. Für die mathematische Kreativität ist die Logik, für sich selbst betrachtet, keine Quelle der Inspiration, aber in einem gewissen Sinn doch ihr Gewissen.

4.6 Substitutionsprinzip

Der tautologische Charakter der Argumentationsformen macht sie für die anfänglichen Wahrheitswerte der Aussagen, aus denen sie aufgebaut sind, unempfindlich. Darum können wir in einer Tautologie jede einfache Aussage durch irgendeine (zusammengesetzte) Aussage ersetzen. Dieses Prinzip wird Substitutionsprinzip genannt.

Beispiel

Mit einer Wahrheitstafel kann man nachrechnen, dass

$$(p \to q) \text{ und } (q \to r) \Rightarrow (p \to r)$$

ganz bestimmt eine Tautologie ist, unabhängig davon, welche Aussagen man für p, q oder r auch nimmt.

Ersetzen wir jetzt zum Beispiel p durch „s oder t", q durch „v und nicht w" und r durch „weder u noch s", dann erhalten wir ebenfalls eine Tautologie, und zwar

((s oder t) → (v und nicht w)) und ((v und nicht w) → (weder u noch s)) ⇒

((s oder t) → (weder u noch s))

Dieses Substitutionsprinzip macht die logischen Tautologien universell verwendbar.

4.7 Kontradiktion und Widerspruch

Wenn eine Aussage wahr ist, dann ist ihre Verneinung falsch und umgekehrt. Das genau ist die Definition der Negation. Es ist also klar, dass in der binären Logik eine Aussage und ihre Verneinung nicht beide wahr (oder beide falsch) sein können. Die Aussage „p und (nicht p) ist daher eine Kontradiktion.

p	und	(nicht	p)
1	0	0	1
0	0	1	0

Aber was schlimmer ist: so ein kontradiktorischer Krankheitserreger ist niemals örtlich einzugrenzen. Mit dem Widerspruchsgesetz und dem Modus ponens erweist sich dann nämlich jede beliebige Aussage q ebenso wie ihre Verneinung (nicht q) in der Theorie als ableitbar:

(p und nicht p) und ((p und nicht p) ⇒ q) ⇒ q   (s. 4.4)

Hierbei ist q beliebig und kann daher mithilfe des Substitutionsprinzips ebenso gut durch „nicht q" ersetzt werden.

Wenn wir folglich in einer logisch-deduktiven Theorie auf einen Widerspruch stoßen, werden *subito presto* alle Aussagen kontradiktorisch, d. h., die ganze Theorie wird absurd. Es ist klar, dass Mathematiker und mit ihnen alle leidenschaftlichen Rationalisten vor Widersprüchen eine Heidenangst haben. Eine Art hegelscher Kompromiss wie die dialektische Dynamik von These, Antithese und Synthese kann in diesem Fall nicht erwartet werden.

Es ist schon merkwürdig, dass bereits in den ersten Anfängen der Mathematik und auch noch später während wichtiger Phasen ihrer Entwicklung stets Paradoxien formuliert wurden, die sie in den inneren Grundfesten haben erbeben lassen.

Man erinnere sich an die Verwunderung der Pythagoreer als sie, noch ganz in ihrer Königsrolle, entdeckten, dass im Quadrat das Verhältnis der Diagonale zur Seite nicht rational sein konnte. Das stand in flagrantem Widerspruch zu dem von ihnen stillschweigend akzeptierten Axiom, dass alle Größenverhältnisse mithilfe von ganzen Zahlen angegeben werden könnten. Ihr mystischer Glaube, dass alles im Universum auf ganzen Zahlen aufgebaut sei, erhielt einen verhängnisvollen Knacks. Intellektuell gesehen war es nicht sehr schön, dass sie das anfänglich geheim halten wollten. Doch ein Zeitgenosse von ihnen, Eudoxos nämlich, hat bereits eine Lösung gefunden, wie man den irrationalen Größenverhältnissen in der griechischen Geometrie einen Platz zuweisen kann. Wegen der Probleme mit der Zahlentheorie wurde diese allerdings sicherheitshalber von dem prächtigen Gebäude der Geometrie getrennt gehalten. Das hat die Entwicklung der griechischen Mathematik für lange Zeit in den sehr engen Grenzen des anschaulichen dreidimensionalen Raums gefangen gehalten.

Auch die Paradoxien des Zenon haben den Griechen einen Streich gespielt: Achill, der scheinbar die Schildkröte nicht mehr einholen kann; der Pfeil, der an jeder Stelle seines Fluges still steht und daher scheinbar nicht fliegt, usw. Man muss schon sehr mit dem Kontinuum und den Feinheiten der Infinitesimalrechnung vertraut sein, um diese zu widerlegen.

Auch im 17. und 18. Jahrhundert entstanden Kontroversen auf dem Gebiet der gerade erst entwickelten Differential- und Integralrechnung. Aus der nicht fundierten Verwendung von unendlichen Summen (Reihen) ergaben sich Widersprüche.

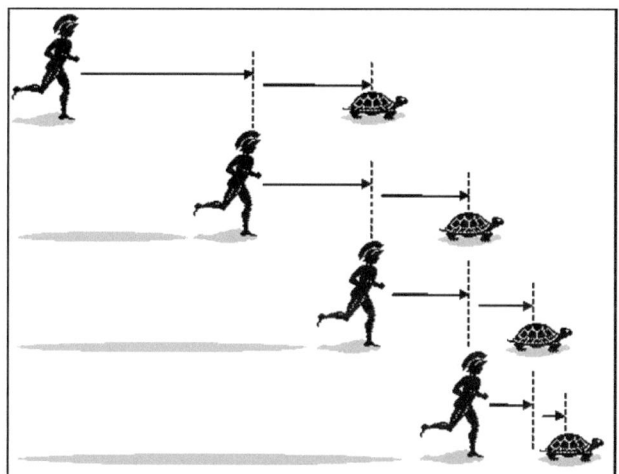

Achill verfolgt die Schildkröte. Nach Zenon kann er jedoch die Schildkröte nicht einholen, denn in der Zeit, in der er seinen anfänglichen Rückstand aufholt, ist die Schildkröte auch schon wieder ein Stück weiter, und das wird sich so immer wiederholen. In der Zeichnung oben werden vier der Phasen dargestellt. Die Zeitgenossen des Zenon verstanden nicht, seine Argumentsation zu widerlegen, weil sie die erforderlichen mathematischen Begriffe nicht besaßen.

Beispiel

Bezeichnet die Reihe $1 - 1 + 1 - 1 + 1 - 1 + \ldots$ eine Zahl? Wenn ja, welche? Durch die Einführung (unerlaubter) Klammern, kann man die Reihe zum einen schreiben als $(1 - 1) + (1 - 1) + (1 - 1) + \ldots$ sodass die Summe gleich 0 zu sein scheint. Zum anderen scheint die Reihe in der Form $1 - (1 - 1) - (1 - 1) - \ldots$ die Summe 1 zu haben.

Es hat noch zwei Jahrhunderte gebraucht, bevor man verstand, wie man mit solchen Reihen umgehen durfte und wie nicht.

Schlimmer waren die Paradoxien, die nicht nur mathematischer, sondern auch logischer Art waren. Diese haben gegen Ende des 19. Jahrhunderts zu einer echten Grundlagenkrise geführt, die viele Mathematiker entmutigt hat. Ein berühmtes Beispiel, das als Russellsche Antinomie bekannt ist, gleicht dem Paradoxon des Kreters, der sagt: „Ich lüge". Von diesem Paradoxon wurden viele Variationen angegeben. „Diese Aussage ist nicht wahr", „der Dorfbarbier, der alle Dorfbewohner rasiert, die sich nicht selbst rasieren", usw.

Die mathematische Welt hatte gerade erst Georg Cantors Mengenlehre als das letzte Paradies, in dem alle mathematischen Theorien ihren Nährboden finden konnten, zur Kenntnis genommen, als plötzlich Paradoxien in dieser Lehre unvermeidlich schienen. Bertrand Russell definierte zum Beispiel eine Menge V von Elementen, welche die Eigenschaft haben, sich nicht selbst zu enthalten.

In Symbolen: $$V = \{x \mid x \notin x\}.$$

Stellt man sich jetzt die Frage, ob V vielleicht auch sich selbst enthält,

d.h. $\quad V \in V,$

dann ist aber dafür Bedingung, dass V sich nicht selbst enthält,

d.h. $\quad V \notin V.$

Und man stellt mit Entsetzen fest, dass $V \in V$ genau dann gilt, wenn $V \notin V$, also ein klarer Widerspruch.

Viele Mathematiker waren überzeugt, dass man das ganze Gebäude der Mathematik und damit auch das all ihrer Anwendungen auf einem Minenfeld errichtet hatte. Abermals war Erfindungsreichtum und scharfsinnige Kopfarbeit erforderlich um das morbide Unheil abzuwenden.

Seitdem haben Mathematikerschulen unterschiedliche Richtungen eingeschlagen. Die Logiker und die Intuitionisten erwiesen sich dabei als nicht so erfolgreich wie die Formalisten. Doch zeigte sich, dass auch der axiomatischen Formalisierung einer Theorie grundsätzliche Einschränkungen zu eigen sind.

Das plötzliche Auftauchen von Paradoxien in einer aufkeimenden Theorie hat jedoch auch positive Seiten. Sie haben sich nämlich immer in Richtung einer Vertiefung der Theorie ausgewirkt. Nach einem Wort von Sylvester: „Paradoxien sind die Schlächter naiver Hypothesen."

4.8 Widerspruchsbeweis

Widerspruchsbeweise werden in der Mathematik an vielen Stellen verwendet. Außenstehende hatten da oft ihre Zweifel, sie hielten das Ganze für eine Trickkiste. Wie kann man eine Behauptung beweisen, indem man von der Verneinung dessen ausgeht, was man beweisen muss, um dann zu der Verneinung dessen zu gelangen, wovon man ausgegangen ist? Nicht umsonst erhielt diese Argumentationsweise den Namen *demonstratio ex absurdo*. Diese Beweistechnik findet jedoch ihre Legitimation in den Tautologien der Kontraposition und vom ausgeschlossenen Dritten:
($p \to q$) $\Leftrightarrow$ (nicht $q \to$ nicht p)   und   „p oder (nicht p) ist eine Tautologie".

Beispiel (in der Menge der natürlichen Zahlen)

„Wenn eine Zahl d kein Teiler eines Vielfachen b der Zahl a ist, dann ist d auch kein Teiler von a."

Beweis:

> Entweder ist d ein Teiler von a oder nicht.
>
> Angenommen, d ist Teiler von a, dann existiert eine Zahl p, sodass $d \cdot p = a$.
>
> Weil b ein Vielfaches von a ist, existiert auch eine Zahl q, sodass $a \cdot q = b$ und damit $(d \cdot p) \cdot q = b$, oder $d \cdot (p \cdot q) = b$. Aus der letzten Gleichung folgt, dass d ein Teiler von b ist im Gegensatz zur Voraussetzung.
>
> Wir müssen also die Hypothese, dass d ein Teiler von a ist, verwerfen. Also ist d kein Teiler von a.

Die sogenannten Intuitionisten, an der Spitze der niederländische Mathematiker L. E. J. Brouwer, verwerfen das Gesetz vom ausgeschlossenen Dritten. Sie wollen und können den Widerspruchsbeweis daher auch nicht verwenden. Damit müssen sie jedoch auch viele liebe Kinder der Mathematik mit dem Bade ausschütten. Und das geht jedoch den meisten Mathematiker zu weit. Sie wählen daher andere fruchtbarere Wege, um den drohenden Paradoxien zu entgehen.

Luitzen E.J. Brouwer (1881–1966)

Niederländischer Mathematiker, Begründer des Intuitionismus. Er leistete bahnbrechende Arbeit in der Topologie, u.a. mit seiner induktiven Definition des Dimensionsbegriffs und seinem Fixpunktsatz. Nach diesem Satz muss ein vollständig behaarter Schädel nach jedem Kämmen irgendwo einen Wirbel haben. In der Vorstellung von Brouwer ist die Mathematik eine freie Schöpfung des Geistes, losgelöst von jeder Erfahrung und unabhängig von Sprache und Logik. In seiner Doktorarbeit „Grundlagern der Mathematik" aus dem Jahre 1907 hat er seine eigenwillige Interpretation der mathematischen, konstruktivistischen intuitiven Methode dargelegt.

4.9 Von der Logik zum Computer

Die Denkprozesse, die in unseren Gehirnen ablaufen, wenn wir einen Beweis führen oder ein Problem lösen, sind noch immer nicht vollständig aufgeklärt. Der deutsche Mathematiker G. W. Leibniz (1646-1716) hoffte, dass eines Tages eine Universalsprache entwickelt würde, die in einen einfachen Kalkül umgesetzt werden könnte. Das Prinzip der Bequemlichkeit des faulen Menschen! Damit hat er sich jedoch, schon mehr als drei Jahrhunderte vor seiner ersten Verwirklichung, mit der Idee eines Computers beschäftigt.

Wie es Mathematikern gelungen ist, die Gesetze der Logik in die Form einer (booleschen) Algebra zu gießen und in elektronische Schaltkreise umzusetzen, das ist eine poetische Geschichte voller Fantasie und Erfindungsreichtum. Wir geben einen kurzen Abriss der Schritte, die dabei gemacht wurden.

Schritt 1: Vom Bindewort zum (booleschen) Polynom

In der binären Logik kann der Wahrheitswert einer Aussage p „wahr" oder „falsch" sein, wiedergegeben durch 1 oder 0. Diese Wahrheitswerte bezeichnen wir symbolisch mit $w(p)$, d. h. $w(p) = 1$ oder $w(p) = 0$.

Beispiel 1 Die Konjunktion „und" als „logisches Produkt".

Aus	p	und	q		ergibt sich
	1	1	1		
	1	0	0		$w(p \text{ und } q) = w(p) \cdot w(q)$ (1)
	0	0	1		
	0	0	0		

In der Formel (1) kann „$\cdot$" als die normale Multiplikation natürlicher Zahlen interpretiert werden, aber auch als „logische Multiplikation" in der zweielementigen booleschen Algebra mit 0 und 1 als Werten.

Beispiel 2 Die Negation „nicht" als „logisches Komplement".

Aus	nicht	p		ergibt sich
	0	1		
	1	0		$w(\text{nicht } p) = 1 - w(p)$ (2)

In der Formel (2) bezeichnet „$-$" die normale Subtraktion der Arithmetik. Weil in der booleschen Algebra diese Operation nicht definiert ist, schreiben wir $w(\text{nicht } p)$ als $\overline{w(p)}$, und nennen es das *logische Komplement* von $w(p)$. Diese Operation setzt also 0 in 1 um und umgekehrt.

Beispiel 3 Die Disjunktion „oder" als „logische Summe"

Auf den ersten Blick stellt der Fall der Wahrheitswerte w(p) = 1 und w(q) = 1 ein Problem dar.

In p oder q gilt für die letzten drei Zeilen

```
1  1  1
1  1  0      w(p oder q) = w(p) + w(q)        (3)
0  1  1
0  0  0
```

Wenn wir in der Formel (3) die Operation „+" als normale Addition natürlicher Zahlen interpretieren, dann gilt die Formel nicht für die erste Zeile.

Damit die Summenformel auch für die erste Zeile funktioniert, müssen wir von einer Addition ausgehen, für die 1 + 1 = 1 gilt. Das ist die Addition in der zweielementigen booleschen Algebra. Diese Algebra ist vollständig definiert durch die Verknüpfungstafeln

+	0	1
0	0	1
1	1	1

·	0	1
0	0	0
1	0	1

und durch die Eigenschaften dieser Verknüpfungen, die mit denen der logischen Junktoren „oder" und „und" übereinstimmen.

Doch auch für die Disjunktion besteht die Möglichkeit, eine allgemeine Formel unter Verwendung der normalen Rechenoperationen +, − und · aufzustellen.

Hierzu schreiben wir „p oder q" als „nicht (nicht p und nicht q).

Mit den Formeln aus den Beispielen 1 und 2 ergibt sich dann:

$$w(p \text{ oder } q) = w(\text{nicht (nicht p und nicht q)})$$
$$= 1 - w(\text{nicht p und nicht q})$$
$$= 1 - w(\text{nicht p}) \cdot w(\text{nicht q})$$
$$= 1 - (1 - w(p)) \cdot (1 - w(q))$$
$$= 1 - 1 + w(p) + w(q) - w(p) \cdot (w(q)$$
$$= w(p) + w(q) - w(p) \cdot w(q)$$

Mit der letzten Formel können Sie mithilfe der normalen Rechenoperationen alle Zeilen in der Wahrheitstafel der Disjunktion verifizieren.

Beispiel

Für w(p) = 1 und w(q) = 1 ergibt dies w(p oder q) = 1 + 1 − 1 · 1 = 1.

Da alle 16 binären Operatoren durch die Operatoren „und", „oder" und „nicht" ausgedrückt werden können, können sie alle als boolesche Polynome oder auch als arithmetische Polynome mit zwei Veränderlichen w(p) und w(q) dargestellt werden. Setzen wir zur Vereinfachung w(p) = x und w(q) = y, dann ergibt sich aus den angeführten Beispielen:

	in der booleschen Algebra	in der normalen Algebra
nicht p	$\bar{x}$	$1 - x$
p und q	$x \cdot y$	$x \cdot y$
p oder q	$x + y$	$x + y - x \cdot y$
p nand q	$\overline{x \cdot y} \; (= \bar{x} + \bar{y})$	$1 - x \cdot y$
p nor q	$\overline{x + y} \; (= \bar{x} \cdot \bar{y})$	$1 - x - y + x \cdot y$

Die binäre Logik wird somit eine Algebra der Polynome.

Schritt 2: Von booleschen Polynomen zu Schaltkreisen

Schaltkreise werden aus Leitungsdraht und Schaltern konstruiert. Wenn in einer elektrischen Leitung Strom fließt, geben wir dies durch den Wert 1 wieder, wenn in dieser Leitung der Stromfluss unterbrochen ist, durch den Wert 0. In solchen elektrischen Leitungen stellen wir eine einfache Aussage p durch einen Schalter dar.

Gilt w(p) = x = 1, dann ist der Schalter „an" (geschlossen).

Gilt w(p) = x = 0, dann ist der Schalter „aus" (offen).

Zusammengesetzte Aussagen werden dann durch Schaltungen mit solchen Schaltern dargestellt.

Beispiele

Der „und"-Operator stimmt überein mit der Serienschaltung, denn der Strom fließt nur, wenn beide Schalter geschlossen sind.

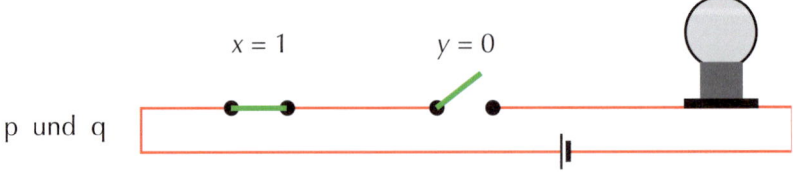

Bei w(p) = x = 1 und w(q) = y = 0 brennt die Lampe nicht.

Der „oder"-Operator stimmt überein mit der Parallelschaltung, da der Strom fließt, wenn wenigstens ein Schalter geschlossen ist.

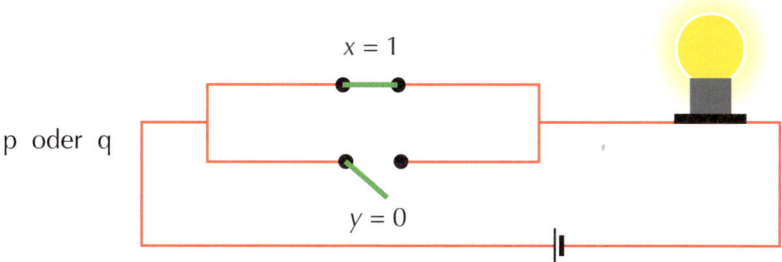

Bei $w(p) = x = 1$ und $w(q) = y = 0$ brennt die Lampe

Der „nicht"-Operator stimmt überein mit einem Wechselschalter, der jedes Mal, wenn er umgelegt wird, den Stromfluss auf den anderen Leitungsdraht legt.

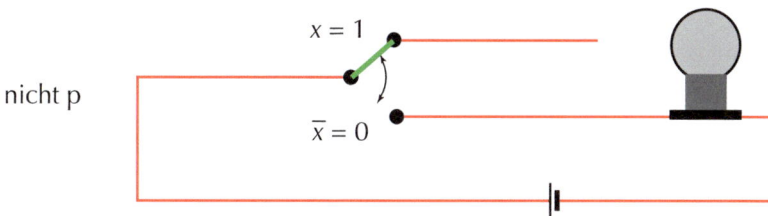

Bei $w(p) = x = 1$ brennt die Lampe nicht.
(also $w(\text{nicht } p) = \overline{x} = 0$)

Alle anderen Operatoren können mit „und" „oder" und „nicht" definiert werden. Sie können also alle durch Kombinationen von Serien- und Parallelschaltungen und Wechselschaltern dargestellt werden.

Schritt 3 Von booleschen Polynomen zu integrierten Schaltungen

Sie erinnern sich, dass alle logischen Operatoren, wie „und", „oder" und „nicht" mithilfe eines einzigen Operators ausgedrückt werden können, nämlich „nor" (oder auch „nand"). Stellen Sie sich vor, dass wir über einen „Basis-Chip" verfügen, der den Operator „nor" darstellt.

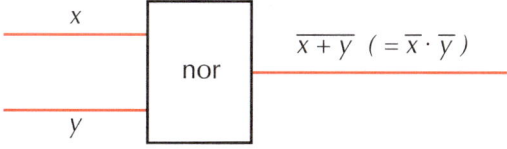

Dann können wir durch mehrfache Verwendung dieses Basis-Chips alle logischen Operatoren in integrierte Schaltungen übersetzen.

Beispiel

Weil „nicht p" ⇔ „p nor p", gilt mit w(p) = x:

Weil „p oder q" ⇔ „(p nor q) nor (p nor q)", gilt mit w(p) = x und w(q) = y:

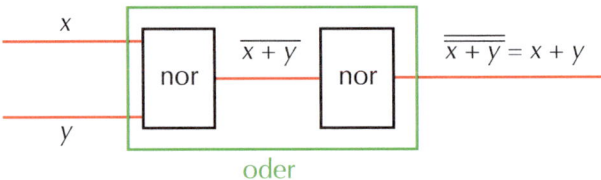

Weil „p und q" ⇔ „(p nor p) nor (q nor q)", gilt mit w(p) = x und w(q) = y:

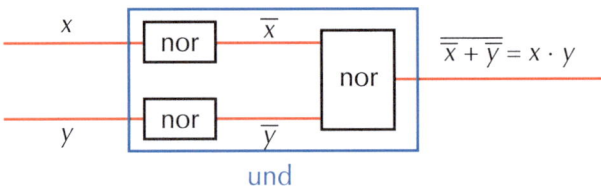

Wie können wir nun mit diesen Bausteinen Information verarbeiten? Hierfür geben wir ein einfaches Beispiel.

In einem dreiköpfigen Gremium wird mit einfacher Mehrheit über einen Vorschlag durch Abstimmung ein Beschluss gefasst. Die Abstimmung erfolgt durch Drücken oder Nichtdrücken eines Knopfes unter der Tischplatte. Drückt man den Knopf, dann ist der Wert 1 (ja), drückt man nicht, ist der Wert 0 (nein).

Welche boolesche Funktion übersetzt diese Situation und wie kann diese in einen elektrischen Schaltkreis umgesetzt werden?

Angenommen, x, y und z sind die Werte (0 oder 1) der drei Knöpfe. Wenn mindestens zwei Knöpfe gedrückt werden, dann muss der Wert der booleschen Funktion $f(x,y,z)$ gleich 1 sein. Die Schaltung muss dann den Strom durchlassen, sodass für den Vorschlag die grüne Lampe aufleuchtet. Also:

Wenn $(x,y,z) = (1,1,1)$, dann gilt $f(x,y,z) = 1$ und $xyz = 1$,

wenn $(x,y,z) = (1,1,0)$, dann gilt $f(x,y,z) = 1$ und $xy\bar{z} = 1$,

wenn $(x,y,z) = (1,0,1)$, dann gilt $f(x,y,z) = 1$ und $x\bar{y}z = 1$,

wenn $(x,y,z) = (0,1,1)$, dann gilt $f(x,y,z) = 1$ und $\bar{x}yz = 1$.

Für alle anderen Werte der Variablen x, y und z ist f(x,y,z) gleich 0. Die betreffende boolesche Funktion lautet also:

$$f(x,y,z) = xyz + xy\bar{z} + x\bar{y}z + \bar{x}yz$$

Mit Hilfe der Eigenschaften können wir diese vereinfachen:

$$\begin{aligned}f(x,y,z) &= (xyz + xyz + xyz) + xy\bar{z} + x\bar{y}z + \bar{x}yz \text{ (Idempotenz)}\\ &= (xyz + xy\bar{z}) + (xyz + x\bar{y}z) + (xyz + \bar{x}yz) \text{ (Kommutativität)}\\ &= xy(z + \bar{z}) + xz(y + \bar{y}) + yz(x + \bar{x}) \text{ (Distributivität)}\\ &= xy \cdot 1 + xz \cdot 1 + yz \cdot 1 \text{ (Komplementgesetz)}\\ &= xy + xz + yz \text{ (neutrales Element)}\end{aligned}$$

Diese Funktion wird durch folgende Kombination von Gattern dargestellt:

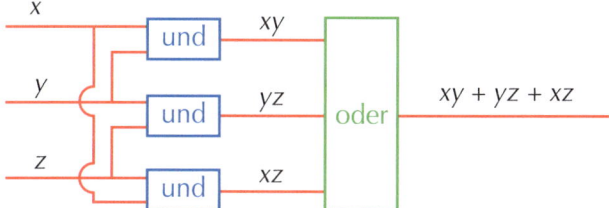

Durch Transformation der logischen Junktoren in Polynome kann somit mit Kontaktschaltungen oder integrierten Schaltungen die Sprache der Logik durch geeignete Technologie ausgedrückt werden.

Der ENIAC (Electronic Numerical Integrator And Computer) war der erste vollwertige elektronische Computer. Er wurde zwischen 1943 und 1946 an der Universität von Pennsylvanien entwickelt, vornehmlich mit dem Ziel ballistische Tabellen zu verarbeiten. Die Schaltungen wurden noch durch Vakuumröhren an Stelle von Transistoren realisiert. Es war eine gewaltige Konstruktion, die 30 Tonnen wog und mit ihren 18 000 Röhren einen Saal von 10 mal 16 Meter füllte.

4.10 Eleganz in der Sprache

Die Symbolik der Sprache können wir auf Wunsch auch effizienter gestalten. Um die Umständlichkeit der normalen Umgangssprache und ihrer Schrift zu vereinfachen, führt der Mathematiker für die Begriffe und Relationen, mit denen er arbeitet, passende Symbole ein. In der Logik werden u.a. für die wichtigsten Bindewörter folgende Symbole verwandt:

¬ (nicht), ∧ (und), ∨ (oder), → (wenn ... dann),
↔ (dann und nur dann ... wenn), ↑ (nand), ↓ (nor).

Es gibt also für nur einen der vier unären Junktoren und für sechs der 16 möglichen binären Junktoren ein Symbol. Auf den ersten Blick spürt man zudem wenig System und Einheitlichkeit bei dieser Wahl. In einer solchen Situation kann dann der poetische Drang des Mathematikers zu besseren und eleganteren Ergebnissen führen. Wir machen einen Versuch.

Ein unärer Junktor bildet die beiden möglichen Wahrheitswerte 1 und 0 einer Aussage auf 1 und 0 ab. Durch zwei halbe Scheiben einer Kreisscheibe, geteilt durch einen (horizontalen) Durchmesser, stellen wir zum Beispiel die ursprünglichen Wahrheitswerte 1 und 0 dar, und zwar so, dass die obere Hälfte den Wert 1 und die untere den Wert 0 darstellt. Also:

Dann verabreden wir, dass der Junktor die gefärbte Hälfte auf 1 abbildet und die nichtgefärbte auf 0.

Beispiel

Durch diese Absprachen ist mit dem Ideogramm

die Abbildung „1 → 0, 0 → 1" vollständig bestimmt. Das Ideogramm liefert also ein Symbol für den Junktor „nicht":

Entsprechend sind dann die Symbole für die vier unärem Junktoren:

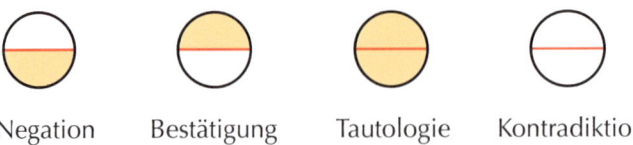

Negation   Bestätigung   Tautologie   Kontradiktion

Dieses System können wir für binäre Junktoren beibehalten. Die vier möglichen Wahrheitswerte bei zwei Aussagen sind (1, 1), (1, 0), (0, 1) und (0, 0). Wir stellen sie dar durch die vier Viertelscheiben einer Scheibe, die durch zwei sich senkrecht schneidende schiefe Durchmesser geteilt ist. Es sei Folgendes vereinbart:

Die gefärbten Viertelscheiben bilden wir auf 1 ab, die ungefärbten auf 0.

Beispiel

Gemäß dieser Vereinbarung stellt das Ideogramm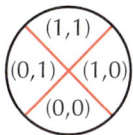

die Abbildung „(1,1) → 1, (1,0) → 0, (0,1) → 0, (0,0) → 0" dar.

Das Ideogramm ist somit ein Symbol für den Junktor „und":

p	und	q
1	1	1
1	0	0
0	0	1
0	0	0

dargestellt durch

Die entsprechenden Ideogramme für die 16 möglichen binären Junktoren sind dann:

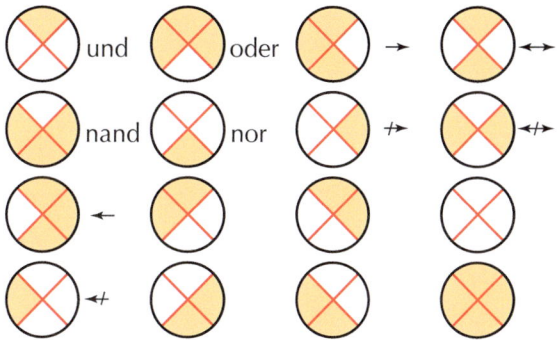

Für Blinde könnten wir kleine Münzen herstellen, auf denen die gefärbten Teile ein erhöhtes Relief erhalten und eine kleine Einkerbung, die „oben" anzeigt.

An dem Vorhergehenden zeigt sich, dass auch in der Mathematik spielerische und effiziente Ausdrucksweisen zusammengehen können. Die meisten der uns vertrauten mathematischen Symbole wie +, =, √ usw. haben in dieser Hinsicht ihre eigene spannende, aber nicht immer offenkundige Geschichte.

5 Theorie und Modell

In Abschnitt 3 haben wir gezeigt, wie mathematische Begriffe entstehen. Wir beginnen mit Grundbegriffen, die für sich gesehen, keine Bedeutung oder eigenen Inhalt besitzen. Anschließend konstruieren wir mithilfe des Spezifikationsprinzips oder durch Klassifikation von Termen abgeleitete Begriffe.

Um mit den Grundbegriffen und abgeleiteten Begriffen arbeiten zu können, müssen wir Grundregeln (Axiome) formulieren. Diese beschreiben Beziehungen zwischen den Grundbegriffen, die dadurch implizit definiert werden. Denken Sie an die Zugregeln für den Läufer beim Schachspiel.

Die Wahrheit dieser Regeln ist kein Thema. So wie es keinen Sinn macht, die Gültigkeit der Regeln des Schachspiels zu bestreiten, so töricht ist es die Axiome des Mathematikspiels abzulehnen.

In Abschnitt 4 haben wir Beispiele für logische Argumentationsformen gegeben, mit denen aus wahren Aussagen „garantiert" neue wahre Aussagen abgeleitet werden können. Mit den Argumentationsformen beweisen wir auf diese Weise, ausgehend von den Axiomen, neue Lehrsätze.

Wie wir in Abschnitt 4.7 gezeigt haben, folgt allerdings aus einem Widerspruch die Kontradiktion aller Aussagen und damit die Absurdität der ganzen Theorie. Es ist daher notwendig, dafür zu sorgen, dass schon die Axiome selbst keine Widersprüche aufweisen. Wie man das erreichen kann, ist eine der Urfragen der Mathematik (wie bei jedem rationalem Spiel). Hierzu sind viele auf hohem Niveau stehende, nicht immer ermutigende Ergebnisse veröffentlicht worden.

Die Widerspruchsfreiheit eines Axiomensystems wird in der Mathematik mithilfe von Modellen oder mithilfe der Darstellungstheorie gezeigt. Hierbei lässt man die Grundbegriffe und Axiome einer Theorie, deren Widerspruchsfreiheit man zeigen will, den Elementen eines Modells entsprechen. Das Modell entlehnt man zumeist einer anderen Theorie, deren Widerspruchsfreiheit dann vorausgesetzt wird. Man versucht also die Widerspruchsfreiheit eines neuen „Mantels" an einem „stabilen Garderobenständer" in einem vertrautem widerspruchsfreien „Flur" aufzuhängen

Die Ergebnisse Kurt Gödels (s. Abschnitt 7) haben gezeigt, dass es leider keine Möglichkeit gibt, mit den eigenen Regeln eines Spiels, das nicht allzu einfach ist, die Widerspruchsfreiheit dieses Spiels aufzuzeigen. Wir versuchen so jedes Mal, um die Sinnhaftigkeit unseres Tuns zu rechtfertigen, das Problem auf ein anderes zu schieben, so wie Anwälte in der Rechtsprechung oder Pädagogen in ihren Publikationen. Um das Gesagte Ihnen verständlich zu machen, geben wir zunächst ein historisches Beispiel aus der Mathematik und danach eine, das sich auf ein neues Spiel bezieht.

Im Banne der Mathematik

In der ersten Hälfte des 19. Jahrhunderts konstruierten C. F. Gauß, J. Bolyai und N .J. Lobatchewsky die ersten Modelle einer nichteuklidischen Geometrie. Dazu verneinten sie das Parallelenaxiom der euklidischen Geometrie. Dieses Axiom behauptet, dass zu einer gegebenen Geraden durch einen Punkt außerhalb dieser Geraden genau eine Gerade existiert, die zu ihr parallel ist. In der sogenannten „hyperbolischen Geometrie" wird dieses Axiom durch die Aussage ersetzt, dass es durch einen Punkt außerhalb einer Geraden unendlich viele parallele Geraden gibt.

Der Glaube daran, dass nur die euklidische Geometrie die einzig wahre sei, war damals noch so stark, dass die Versuche, eine nichteuklidische Geometrie zu entwickeln, als Unsinn abgetan wurden. Außerdem werde sie sich schnell als widersprüchig erweisen, dachten die Gegner. Die überzeugten Anhänger jedoch ersannen einen Trick, um die Widerspruchsfreiheit der neuen Theorie zu zeigen, und zwar mit einem Modell, das der euklidischen Geometrie selbst entnommen wurde. Wenn man überzeugt war, dass die euklidische Geometrie widerspruchsfrei war, dann konnte man auch die Gültigkeit der nichteuklidischen nicht anzweifeln. Ein solches Modell ist beispielsweise das folgende.

Man nehme als Modell für die „Ebene", einer unendliche Menge von Punkten, eine offene Kreisfläche, d. h. die Fläche ohne die Punkte auf der Kreislinie. Als „Gerade" in dieser „Ebene" definiere man jede Kreissehne (ebenfalls ohne die Endpunkte). „Geraden" heißen parallel", wenn die Sehnen keinen Punkt gemeinsam haben. Also:

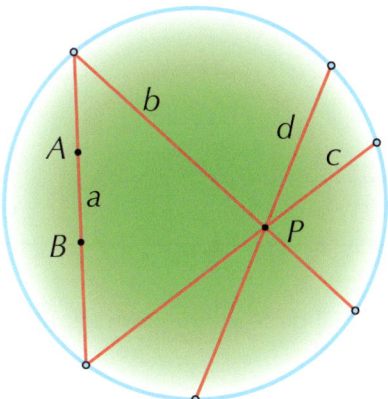

In diesem Modell gilt offensichtlich:

- Durch zwei gegebene Punkte dieser „Ebene", gibt es genau eine „Gerade".
- Durch einen Punkt verlaufen zu einer gegebenen „Geraden" unendlich viele „parallele Geraden".

Zum Beispiel sind die „Geraden" b, c, d durch den Punkt P alle parallel zu a.

Dieses Modell schlägt gewissermaßen zwei Fliegen mit einer Klappe. Zunächst zeigt es, dass die hyperbolische Geometrie widerspruchsfrei ist, vorausgesetzt, dass die euklidische es ist.

Ferner zeigt es, dass das Parallelenaxiom von Euklid unabhängig ist von den anderen sogenannten Inzidenzaxiomen der euklidischen Geometrie. Diese letzten Axiome sind ja in diesem Modell gültig, das Parallelenaxiom jedoch nicht.

Bis zu diesem Zeitpunkt hatten bereits viele Mathematiker vergebens versucht, das Parallelenaxiom aus den anderen Inzidenzaxiomen abzuleiten. An dem obigen Modell zeigt sich, dass dies unmöglich ist. Diese Vorgehensweise ist deshalb auch geeignet, metatheoretische Aussagen wie z.B. „Die Aussage p ist nicht zu beweisen" zu beweisen!

Das Problem wurde jetzt allerdings verschoben zu der Frage: „Ist die euklidische Geometrie widerspruchsfrei?" Für diese Geometrie konnte man auch wieder ein Modell konstruieren, das auf dem der reellen Zahlen beruhte, indem man von Punkten zu Koordinaten und von Geraden zu linearen Gleichungen ersten Grades überging. Das geschieht durch die Einführung eines kartesischen Achsenkreuzes.

Beispiel

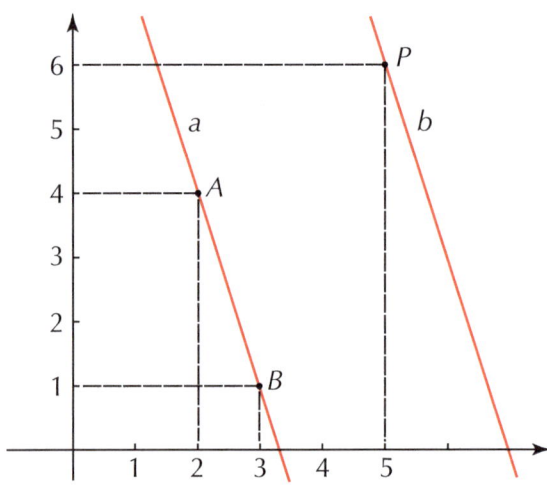

Der Punkt A entspricht hierbei dem Koordinatenpaar (2, 4), der Punkt B (3, 1) und der Punkt P (5, 6).

Die Gerade durch A und B ist bestimmt durch die Gleichung:

$$(3 - 2)(y - 4) = (1 - 4)(x - 2),$$

die man auch wie folgt schreiben kann: $y = -3x + 10$.

Sie können leicht nachrechnen, dass die Koordinaten von A und B die Gleichung erfüllen.

Die Gerade b durch P, parallel zur Geraden a, besitzt die Gleichung:

$$y - 6 = -3(x - 5)$$

oder auch: $\quad y = -3x + 21$

Sie können nachprüfen, dass diese Gleichung denselben Richtungskoeffizienten wie die Gleichung a besitzt, nämlich -3, und dass die Koordinaten von P die Gleichung erfüllen. Diese letzte Gleichung gehört also in diesem Modell zu der eindeutig bestimmten zu a parallelen Geraden b durch P.

Jetzt stellt sich jedoch die Frage nach der Widerspruchsfreiheit der reellen Zahlen. Es zeigt sich, dass man diese an der Widerspruchsfreiheit der natürlichen Zahlen fest machen kann; denn mit den natürlichen Zahlen kann man rationale Zahlen definieren und mit den Letzteren wiederum reelle Zahlen. Aber landen wir so nicht auf einer Straße ohne Ende?

Der deutsche Mathematiker David Hilbert sprach im Jahre 1900 aus Anlass seines Vortrags vor dem Internationalen Mathematikerkongress in Paris, noch die Erwartung aus, dass es gelingen werde, die Widerspruchsfreiheit der Theorie der natürlichen Zahlen mit den Mitteln dieser Theorie selbst nachzuweisen, mit anderen Worten, dass hierfür ein absoluter Widerspruchsfreiheitsbeweis möglich sein werde. Im Jahre 1931 bewies jedoch Kurt Gödel, dass dies eine eitle Hoffnung war. Sowohl für die Mathematiker als auch für die philosophische Welt war dies ein bestürzendes Ergebnis (s. Abschnitt 7).

Um ein besseres Gespür dafür zu bekommen, in welche Lage man gerät, wenn eine Theorie (Spiel) durch die Einführung von Grundbegriffen und Axiomen (Spielregeln) aufgebaut wird, bringen wir hier ein einfaches Beispiel für ein neuen Spiel: das „Trip-Trap-Spiel".

In diesem Spiel gibt es die folgenden Grundbegriffe: Trip, Trap und Bingo. Wir nennen auch die Spielregeln (Axiome):

> „Drei Trips bilden genau ein Trap."
>
> „Zwei Traps bilden genau ein Bingo."
>
> „Es gibt insgesamt 36 Trips, zwölf Traps und vier Bingos."

Wahrscheinlich können Sie sich allein hiermit nicht allzu viel unter diesem Spiel vorstellen.

Sind die Spielregeln überdies auch widerspruchsfrei? Aus dem einfachen Wortlaut ergibt sich das nicht. Wir geben dazu im Folgenden ein Darstellungsmodell. Obwohl Sie noch immer nicht wissen, worum es geht und ob die Spielregeln widerspruchsfrei sind, können Sie dennoch schon einzelne andere Regeln ableiten (Lehrsätze beweisen).

Beispiele

> „Sechs Trips bilden ein Bingo."
>
> „Drei Trips und ein Trap bilden ein Bingo."
>
> „Es können höchstens 16 Bingos gebildet werden" usw.

Im Prinzip befinden wir uns beim Aufbau der Geometrie in derselben Situation:

Punkte, Geraden und Ebenen sind Grundbegriffe, die von sich aus keinen Sinngehalt haben. Durch Einführung von Axiomen wie „zwei verschiedene Punkte bestimmen genau eine Gerade" usw. können wir jedoch Schlussfolgerungen ziehen und neue Lehrsätze beweisen, ohne dazu Vorstellungen oder konkrete „Dinge" zu benötigen. Es ist diese Situation, die Bertrand Russell meinte, als er sagte, dass „Mathematik eine Beschäftigung darstelle, bei der man nicht weiß, worüber man spricht, und ob das, worüber man spricht, wahr ist.". Von anderen pathologischen Aspekten mal ganz zu schweigen.

Wie wir aus der Praxis des Geometrietreibens wissen, kann man mit Punkten, Geraden und Ebenen Vorstellungen derart verbinden, dass die Aussagen darüber verifizierbar sind. Ob man nun Punkte als „Tupfer" und Geraden als „Linien" darstellt oder Punkte als Koordinatenpaare und Geraden als Gleichungen, beide Darstellungen können zu Lehrsätzen inspirieren und Schlussfolgerungen unterstützen.

Das können wir mit dem Trip-Trap-Spiel ebenfalls machen.

Nehmen wir zum Beispiel ein Kartenspiel mit 52 Spielkarten. Wir nehmen an, dass die vier Asse die „Bingos" darstellen, die zwölf Hofkarten die „Traps" und die übrigen 36 Augenkarten die „Trips". Drei Augenkarten können also eingetauscht werden gegen eine Hofkarte und zwei Hofkarten gegen ein Ass. Die Axiome sind hierbei jedoch nicht leicht zu erkennen.

Ein besseres Modell ist ein Stapel von 52 Karten mit folgenden Abbildungen:

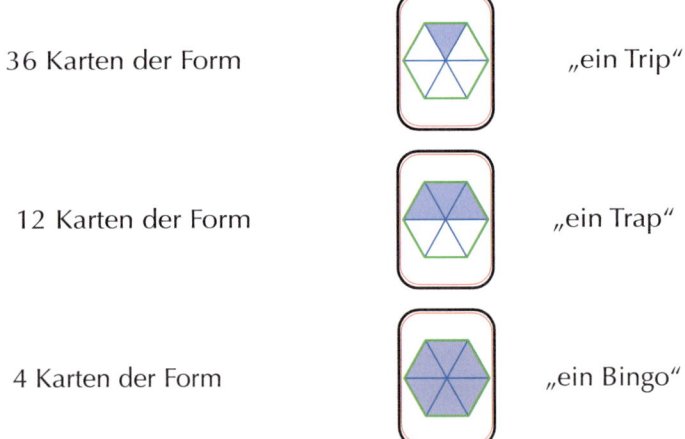

Sowohl die Basisregeln (Axiome) wie die abgeleiteten Regeln (Lehrsätze) werden jetzt anschaulich unterstützt und sind infolgedessen leichter zu behalten.

Um jeden zum logischen Denken anzuregen, kann man dieses Spiel beispielsweise wie folgt spielen:

- Verteile die 52 Karten gleichmäßig an vier Spieler.
- Wer die Karten gibt, darf beginnen und zieht eine Karte bei dem Spieler rechts von ihm.
- Anschließend darf er alle Bingos und neugebildeten Bingos auf der Hand ablegen.
- Der Spieler links von ihm zieht anschließend eine von seinen Karten usw.
- Der Spieler, der als Erster keine Karten mehr hat, hat gewonnen.

Vielleicht können Sie sich für den Mathematiklehrer auch mal so etwas ausdenken, um die Motivation beim Geometriespiel etwas aufzumöbeln. Der Schüler wird es womöglich zu schätzen wissen, wenn Sie sich etwas ausdenken können, bei dem das Spiel früher oder später auch aufhört!

Das ist also das Gesicht der mathematischen Theorien: Grundbegriffe, Axiome, abgeleitete Begriffe (Definitionen), abgeleitete Aussagen (Lehrsätze mit ihren Beweisen). So existiert eine Vielfalt von Theorien (Spielen), die wir Strukturen nennen, und die jede für sich ein unabhängiges rationales Universum bilden.

Felix Klein (1849–1925)

Deutscher Mathematiker, der sich vor allem dem Studium der nichteuklidischen Geometrie und der Gruppentheorie widmete. Er war u. a. Professor in Erlangen und Göttingen. Sein Name ist verbunden mit dem sogenannten „Erlanger Programm", in dem die Geometrie als die Invariantentheorie einer Transformationsgruppe definiert wird. Nachdem Beltrami mit der Pseudosphäre ein Modell angab, aus dem hervorging, dass die Widerspruchsfreiheit der zweidimensionalen nichteuklidischen Geometrie von der der dreidimensionalen euklidischen Geometrie abhing, hat Klein noch andere Modelle entworfen.

6 Strukturen

Wir warnen den arglosen Leser mit einer Allergie gegen Formeln, dass in diesem Abschnitt, in dem die Mathematik sich von ihrer schönsten Seite zeigen wird, auch mal etwas im Arsenal der Schulkenntnisse gestöbert werden muss.

Im Abschnitt 3 haben wir verschiedene Zahlenmengen konstruiert: natürliche Zahlen, rationale Zahlen, reelle Zahlen, „enthauptete reelle Zahlen" usw. In einer solchen Zahlenmenge können wir Verknüpfungen definieren. Zum Beispiel binäre Verknüpfungen, indem wir zwei Zahlen der betrachteten Menge wieder eine Zahl dieser Menge zuordnen. So ist die Addition natürlicher Zahlen eine Verknüpfung, die dem natürlichen Zahlenpaar (3, 5) die Summe 8 zuordnet Man sagt, dass die Verknüpfung + in der Menge der natürlichen Zahlen $\mathbb{N}$ das Paar (3, 5) auf 8 abbildet.

Allgemeiner gesprochen ist die Addition eine Abbildung von der Form

$$\mathbb{N} \times \mathbb{N} \to \mathbb{N}: (a, b) \to a + b$$

Eine solche Abbildung (Verknüpfung) kann Eigenschaften besitzen. Zum Beispiel:

Für alle a, b: $a + b = b + a$ (Kommutativität)

Für alle a, b, c: $(a + b) + c = a + (b + c)$ (Assoziativität)

Für alle a: $a + 0 = a$ (0 ist das neutrale Element)

Die Gesamtheit dieser Grundeigenschaften fungiert als ein Axiomensystem für die Menge $\mathbb{N}$, ausgerüstet mit der Verknüpfung +.

Auf diese Weise erhalten wir eine Struktur, die vollständig durch die Grundeigenschaften charakterisiert ist und in der sich alle Schlussfolgerungen ausschließlich auf die Form der Axiome stützen und nicht auf die Art der Elemente. Das bietet den Vorteil, dass jedes Mal, wenn der Mathematiker auf eine analoge Struktur trifft, deren Elemente auf den ersten Blick ein anderes Aussehen oder eine andere Bedeutung haben, er weiß, dass hierfür dieselben Schlussfolgerungen und Ergebnisse gelten.

Wir illustrieren das am Beispiel der „enthaupteten reellen Zahlen" (s. 3.3, Beispiel 4). Die Menge der Zahlen stellen wir durch das Intervall [0, 1[dar. In dieser Menge definierten wir eine Addition, abgeleitet von der üblichen Addition reeller Zahlen: Wir addieren die Zahlen zuerst wie üblich und setzen dann den Teil vor dem Komma gleich 0. Wir nennen das: Addition Modulo 1.

Beispiele

$0{,}3452 + 0{,}89 = 1{,}2352 = 0{,}2352$ (in [0,1[,+)

$0{,}3452 + 0{,}6548 = 1{,}0000 = 0$ (in [0,1[,+)

Die Addition in der Menge [0, 1[besitzt folgende Eigenschaften:

Für alle a, b:	$a + b = b + a$	(Kommutativität)
Für alle a, b, c:	$(a + b) + c = a + (b + c)$	(Assoziativität)
Für alle a:	$a + 0 = a$	(0 ist das neutrale Element)
Für alle a gibt es ein b:	$a + b = 0$	(inverses Element)

Auf Grund der Gesamtheit dieser Eigenschaften nennen wir [0, 1[, + eine kommutative Gruppe. Diese ist eine der wichtigsten und fruchtbarsten Strukturen in der Mathematik.

In der Gruppe der enthaupteten reellen Zahlen schauen wir uns jetzt eine Besonderheit an. Außer dem neutralen Element 0 gibt es noch ein anderes Element a, mit $a \neq 0$, das zu sich selbst invers ist, d.h. für das gilt: $a + a = 0$.

Dieses Element a ist $a = 0{,}5$, denn $0{,}5 + 0{,}5 = 1{,}0 = 0$ (in [0, 1[, +).

Daraus folgt, dass jede Gleichung der Form $2x = b$ in [0, 1[, + zwei unterschiedliche Lösungen besitzt, die sich um 0,5 voneinander unterscheiden.

Beispiel

$$2x = 0{,}32 \quad \Leftrightarrow \quad x = 0{,}16 \text{ oder } x = 0{,}66$$

denn $\quad 2 \cdot 0{,}16 = 0{,}32$ und $2 \cdot 0{,}66 = 1{,}32 = 0{,}32 \quad$ (in [0,1[, +).

Betrachten wir jetzt die Menge der orientierten Winkel, vertreten durch die Punkte eines Kreises vom Umfang 1, auf dem ein willkürlich gewählter Referenzpunkt O den Nullwinkel bestimmt.

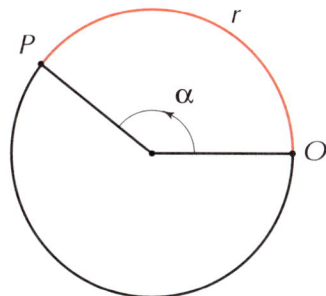

Zu jedem Punkt P des Kreises gehört eine „enthauptete reelle Zahl". Die Länge des Bogens OP ist ja gegeben durch eine Zahl zwischen 0 und 1. Auf diese Weise entsteht eine eineindeutige Beziehung zwischen den orientierten Winkeln W und den Elementen von [0, 1[. Beide Additionen haben dann genau dieselben algebraischen Eigenschaften. Man bezeichnet W, + und [0, 1[, + als isomorphe Gruppen.

Grafisch dargestellt:

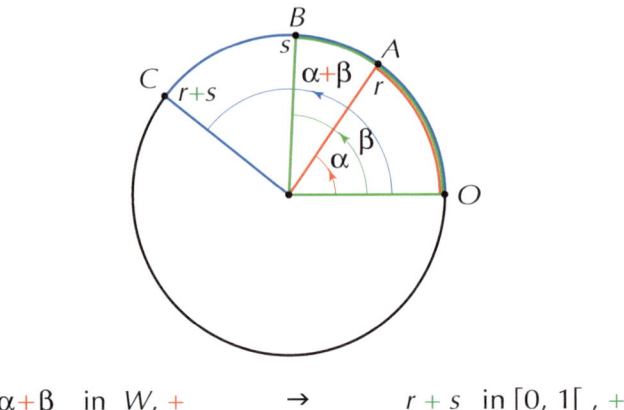

α+β in W, +   →   r + s in [0, 1[, +

In der folgenden Abbildung projizieren wir die Bildpunkte A und B der Winkel α und β auf zwei senkrechte Durchmesser, die als Achsen eines kartesischen Achsensystems aufgefasst werden. Die Koordinatenpaare von A und B in diesem Koordinatensystem sind dann (cosinus α, sinus α) bzw. (cosinus β, sinus β).

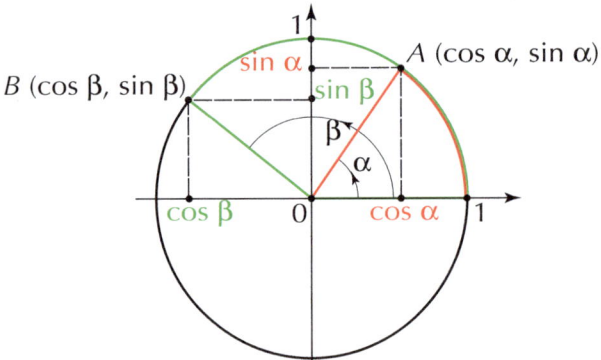

Setzen wir cos α = p, sin α = q, cos β = r und sin β = s dann gelten – horresco referens die Schulmathematik der weiterführenden Schulen – die folgenden Formeln:

$$p^2 + q^2 = \cos^2 \alpha + \sin^2 \alpha = 1$$

$$r^2 + s^2 = \cos^2 \beta + \sin^2 \beta = 1$$

$$\cos(\alpha + \beta) = \cos \alpha \cdot \cos \beta - \sin \alpha \cdot \sin \beta = p \cdot r - q \cdot s$$

$$\sin(\alpha + \beta) = \cos \alpha \cdot \sin \beta + \sin \alpha \cdot \cos \beta = p \cdot s + q \cdot r$$

Bezeichnen wir den Bildpunkt des Winkels α + β mit C, so besitzt der Punkt C in demselben Koordinatensystem die Koordinaten $(p \cdot r - q \cdot s, p \cdot s + q \cdot r)$.

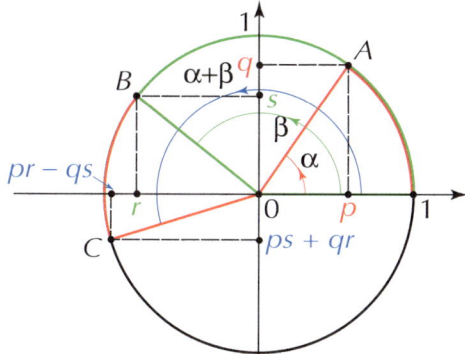

In der Mathematik wird ein geordnetes Paar reeller Zahlen (a, b) auch als komplexe Zahl bezeichnet. Sie wird dann meistens in der Form a + bi geschrieben und durch einen Punkt in der sogenannten Gaußschen Zahlenebene dargestellt. Diese Ebene besitzt ein kartesisches Koordinatensystem, auf dessen zweiter Achse die Vielfachen der imaginären Einheit i abgetragen werden.

Aus diesen Vereinbarungen ergibt sich:

1 + 0i	(= 1)	besitzt den Bildpunkt O, nämlich den des Nullwinkels.
0 + 1i	(= i)	besitzt den Bildpunkt R, nämlich den des rechten Winkels.
−1 + 0i	(= −1)	besitzt den Bildpunkt G, nämlich den des gestreckten Winkels.
p + qi		besitzt den Bildpunkt A, nämlich den des Winkels α.
r + si		besitzt den Bildpunkt B, nämlich den des Winkels β.
$(p \cdot r - q \cdot s) + (p \cdot s + q \cdot r)\,i$		besitzt den Bildpunkt C, nämlich den des Winkels α + β.

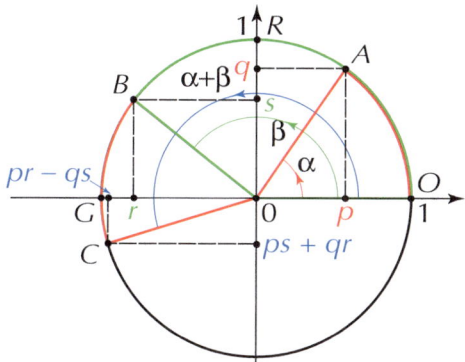

Wenn wir jetzt die Addition der Winkel der Multiplikation der komplexen Zahlen entsprechen lassen (mit Bildpunkten auf dem Kreis), dann erhalten wir u.a. folgende Ergebnisse:

$i \cdot i = i^2 = -1$ denn   90° + 90° = 180°,

G ist ja der Bildpunkt von 180°, und damit auch von i^2.

$(p + qi) \cdot (r + si) = (p \cdot r - q \cdot s) + (p \cdot s + q \cdot r)i,$

denn C ist der Bildpunkt von $\alpha + \beta$ und damit auch von $(p + qi) \cdot (r + si)$.

Es ist bequem, dass wir die Multiplikationsregel für komplexe Zahlen auf die normale Multiplikationsregel für reelle Zahlen zurückführen können unter der Voraussetzung, dass wir zusätzlich $i^2 = -1$ setzen.

Beispiele

$$(2 + 3i) \cdot (1 - 4i) = 2 \cdot 1 + 2 \cdot (-4i) + 3i \cdot 1 + 3i \cdot (-4i)$$
$$= 2 - 8i + 3i - 12i^2$$
$$= 2 - 8i + 3i - 12 \cdot (-1)$$
$$= 14 - 5i$$

$$(p+qi) \cdot (r+si) = p \cdot r + p \cdot (si) + (qi) \cdot r + (qi) \cdot (si)$$
$$= pr + (ps)i + (qr)i + (qs)i^2$$
$$= pr + (ps)i + (qr)i + (qs) \cdot (-1)$$
$$= (pr - qs) + (ps + qr)i$$

Die Menge $\mathbb{C}_1$ aller komplexer Zahlen $a + bi$ mit $a^2 + b^2 = 1$ und der Multiplikation als Verknüpfung ist vollkommen isomorph zu den bereits oben angegebenen Gruppen $W, +$ (orientierte Winkel) und $[0, 1[, +$ (enthauptete reelle Zahlen). Statt additiv (Additions-schreibweise) wie diese beiden ist die Gruppe $\mathbb{C}_1, \cdot$ jedoch multiplikativ (Multiplikations-schreibweise).

Das Zweifache eines orientierten Winkels (oder einer enthaupteten reellen Zahl) entspricht also dem Quadrat einer solchen komplexen Zahl. Und die beiden Hälften dieses Winkels (oder dieser enthaupteten reellen Zahl) entsprechen den beiden Quadratwurzeln dieser komplexen Zahl.

Alle diese isomorphen Gruppen sind nur unterschiedliche Darstellungen von ein und derselben zugrunde liegenden Struktur. Es handelt sich stets um dasselbe mathematische Individuum, auch wenn in verschiedenen Kostümen. Die Garderobe kann natürlich entsprechend den vorliegenden Kontexten noch vergrößert werden. Der Fantasie und der Romantik brauchen wir in diesem Zusammenhang keine budgetären Beschränkungen aufzuerlegen. Zur Illustration geben wir noch zwei andere Darstellungen dieser Gruppe an.

Eine Drehung in der Ebene ist vollkommen bestimmt durch das Zentrum (fester Punkt), um das gedreht wird, und durch den (orientierten) Winkel, um den gedreht wird. Die Zusammensetzung von Drehungen mit demselben Zentrum entspricht der Addition der zugehörigen Drehwinkel. Die Menge D_o der Drehungen um dasselbe Zentrum mit diesem Verkettungs- oder Kompositionsgesetz $\circ$ stellt somit ebenfalls eine multiplikative Version dieser zu $W, +$ isomorphen Gruppe dar.

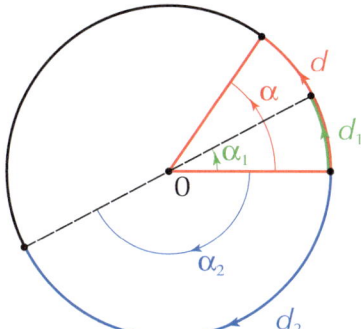

Solch eine Drehung hat dann auch zwei Quadratwurzeln, mit anderen Worten, zu jeder Drehung d existieren zwei unterschiedliche Drehungen d_1 und d_2 derart, dass

$$d_1 \text{ o } d_1 = d \quad \text{und} \quad d_2 \text{ o } d_2 = d.$$

Drehungen um O gehören zu den sogenannten „linearen Transformationen" der Ebene. Hierbei handelt es sich um Transformationen, die durch die Bilder zweier Basiselemente E_1 und E_2 eines Achsensystems vollkommen bestimmt sind (s. die nachstehende Abbildung). Auf eine Drehung um das Zentrum O trifft dies offensichtlich zu.

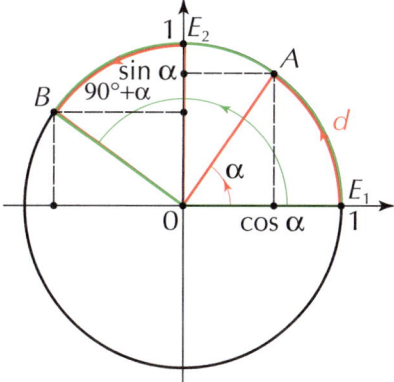

Angenommen, α sei der Drehwinkel der betreffenden Drehung d, dann bildet d den Punkt E_1 mit dem Koordinatenpaar $(1, 0)$ auf den Punkt A mit dem Koordinatenpaar $(\cos \alpha, \sin \alpha)$ ab und E_2 mit dem Koordinatenpaar $(0, 1)$ auf B mit dem Koordinatenpaar $(\cos(90° + \alpha), \sin(90° + \alpha))$.

Mithilfe der oben erwähnten Formeln für $\cos(\alpha + \beta)$ und $\sin(\alpha + \beta)$ und der Deutung von „cos" als Projektion auf die erste Achse und „sin" als Projektion auf die zweite kann man folgende Rechnungen aufstellen:

$$\begin{aligned}\cos(90° + \alpha) &= \cos 90° \cdot \cos \alpha - \sin 90° \cdot \sin \alpha \\ &= 0 \cdot \cos \alpha - 1 \cdot \sin \alpha \\ &= -\sin \alpha\end{aligned}$$

$$\sin(90° + \alpha) = \cos 90° \cdot \sin \alpha + \sin 90° \cdot \cos \alpha$$
$$= 0 \cdot \sin \alpha + 1 \cdot \cos \alpha$$
$$= \cos \alpha$$

Es ist üblich, die Koordinaten der Bilder der Basiselemente, durch welche die Drehung vollkommen bestimmt ist, in Form einer Matrix zu schreiben, d.h.

$$\begin{bmatrix} \cos \alpha & \sin \alpha \\ -\sin \alpha & \cos \alpha \end{bmatrix} \quad \text{mit} \quad \cos^2 \alpha + \sin^2 \alpha = 1$$

Führen wir zwei Drehungen mit den Drehungswinkeln α und β hintereinander aus, dann wissen wir, dass der Drehungswinkel der zusammengesetzten Drehung $\alpha + \beta$ ist. Nennen wir die Abbildungsmatrix der zusammengesetzten Drehung das Produkt der Abbildungsmatrizen der Drehungen, dann erhalten wir folgendes Ergebnis:

$$\begin{bmatrix} \cos \alpha & \sin \alpha \\ -\sin \alpha & \cos \alpha \end{bmatrix} \cdot \begin{bmatrix} \cos \beta & \sin \beta \\ -\sin \beta & \cos \beta \end{bmatrix} = \begin{bmatrix} \cos(\alpha+\beta) & \sin(\alpha+\beta) \\ -\sin(\alpha+\beta) & \cos(\alpha+\beta) \end{bmatrix}$$

$$= \begin{bmatrix} \cos \alpha \cdot \cos \beta - \sin \alpha \cdot \sin \beta & \cos \alpha \cdot \sin \beta + \sin \alpha \cdot \cos \beta \\ -\cos \alpha \cdot \sin \beta - \sin \alpha \cdot \cos \beta & \cos \alpha \cdot \cos \beta - \sin \alpha \cdot \sin \beta \end{bmatrix}$$

In diesem Schema erkennen wir die spezifische Regel für die Zeilen-Spalten-Multiplikation von Matrizen wieder.

$$\begin{bmatrix} a & b \\ c & d \end{bmatrix} \cdot \begin{bmatrix} p & q \\ r & s \end{bmatrix} = \begin{bmatrix} ap+br & aq+bs \\ cp+dr & cq+ds \end{bmatrix}$$

Die Summe der Produkte der Elemente der i-ten Zeile der ersten Matrix mit den entsprechenden Elementen der j-ten Spalte der zweiten Matrix liefert das Element in der i-ten Zeile und j-ten Spalte der Produktmatrix.

Daraus ergibt sich, dass die Menge M der Matrizen von der Form

$$\begin{bmatrix} a & b \\ -b & a \end{bmatrix} \quad \text{mit} \quad a^2 + b^2 = 1,$$

mit der Matrizenmultiplikation als Verknüpfung auch eine multiplikative Gruppe bildet, die isomorph ist zu $\mathbb{C}_1, \cdot$ und D_o, o, ebenso wie zu den additiven Gruppen $W, +$ und $[0, 1[, +$.

Es bringt eine enorme Ersparnis an geistiger Energie und zusätzlich Komfort bei den Anwendungen mit sich, die Isomorphie dieser Strukturen zu erkennen. Das ist nur dadurch möglich, dass man den zugrunde liegenden Eigenschaften (Axiome) solcher Strukturen größere Beachtung schenkt als den Besonderheiten ihrer Elemente.

Ist es auch vielleicht für einen mathematischen Laien nicht einfach, das alles vollständig zu erfassen, so sollte ihm doch deutlich geworden sein, wie die verschiedenen Phasen des Mathematikspiels ablaufen.

1   Wie werden Begriffe eingeführt?
2   Wie werden aus ihnen wahre Aussagen in einem Axiomensystem zusammengestellt?
3   Wie wird mithilfe der Logik darauf geachtet, dass die Weiterentwicklung von Aussagen zu neuen Lehrsätzen korrekt abläuft?
4   Wie wird die Theorie in eine Struktur gegossen?
5   Wie werden solche Strukturen in isomorphen Modellen dargestellt?
6   Wie funktioniert die Übertragung von Eigenschaften und Ergebnissen?

Die Strukturen, welche die Mathematik gemäß dieser Methode entwirft, stehen danach allen Wissenschaftszweigen zur Verfügung, die ihrem Forschungsgebiet eine rationale Basis zu geben versuchen, um ihre Transparenz und Effizienz zu erhöhen. Die Erfolgsgeschichte dieser Zusammenarbeit dauert noch immer an.

Der jung verstorbene französische Mathematiker **Evariste Galois (1811–1832)** betrachtet man als den Begründer der Gruppentheorie und Gleichungstheorie, auch Galoistheorie genannt. Aus Anlass einer Preisfrage hatte er einen Aufsatz „Über die Bedingungen für die Auflösbarkeit von Gleichungen mit Radikalen" über Fourier an die Académie des Sciences eingereicht. Als Fourier kurz danach starb, ging dieser Aufsatz jedoch verloren. Am Vorabend eines Duells, dessen dramatischen Ausgang er befürchtete, schrieb er einen Brief an einen Freund, in dem er seine wichtigen Entdeckungen auf dem Gebiet der Symmetriegruppen von Gleichungslösungen skizzierte. Diese Schriften wurden zur Grundlage einer der tiefsten und fruchtbarsten Theorien der Mathematik.

7 Metatheorie und der Gödelsche Unvollständigkeitssatz

Jede mathematische Struktur bildet ein rationales Miniuniversum, das vollständig in sich ruht, losgelöst von anderen Spielarten, die genauso gut Bestandsrecht fordern. Manchmal ist es möglich, von dem einen Universum zu dem anderen zu reisen oder einige von ihnen in größere Gesamtheiten zu integrieren. Bei anderen ist dies jedoch unmöglich wegen der Widersprüche, die auftreten könnten. Denken Sie beispielsweise an die Unvereinbarkeit der euklidischen mit der nichteuklidischen Geometrie.

Der Mathematiker befindet sich dabei in einer äußerst komfortablen Situation. Er kann sich ohne Scheu in jede dieser Strukturen begeben und dort die Spielregeln beachten, so wie ein Spieler, der Schach, Dame oder Karten spielen kann, ohne dass die verschiedenen Spielregeln ihn hierbei durcheinander bringen. Er kann diese Strukturen jedoch auch von außen betrachten und Aussagen und Fragen auf einem höheren Niveau formulieren.

Beispiele

„Ist dieses Axiomensystem widerspruchsfrei?"

„Ist diese Aussage abhängig von einer bestimmten Menge anderer Aussagen?"

„Kann diese Aussage in dieser Struktur bewiesen werden?"

„Ist die Theorie vollständig? Mit anderen Worten, sind alle wahren Aussagen auch beweisbar?"

Das sind metatheoretische Fragen über die jeweilige Theorie. Um diese Probleme zu lösen, werden meistens andere Mittel herangezogen als die der Theorie selbst. Eines der 23 grundsätzlichen Probleme, die der deutsche Mathematiker David Hilbert im Jahre 1900 dem internationalen Mathematikerkongress in Paris vorlegte, war exakt die metatheoretische Frage, ob es möglich sei, die Frage nach der Widerspruchsfreiheit einer Theorie mit den Mitteln dieser Theorie selbst zu beantworten, mit anderen Worten, ob ein absoluter Widerspruchsbeweis möglich sei.

Bereits im Jahre 1931 veröffentlichte der damals 25-jährige Kurt Gödel einen beachtenswerten Artikel über seine Untersuchungen in diesem Zusammenhang. Weil die erzielten Ergebnisse so bestürzend waren, nicht nur für die Mathematik, sondern auch für die Philosophie, unternehmen wir hier den Versuch, ihre wichtigsten Aspekte in wenigen großen Zügen zu skizzieren.

Die Theorie der natürlichen Zahlen ist die Mutter einer Vielzahl von abgeleiteten Theorien. „Die ganzen Zahlen hat der liebe Gott geschaffen, alles andere ist Menschenwerk" stellte schon L. Kronecker fest. Für die natürlichen Zahlen hat G. Peano (1858 – 1932) ein elegantes Axiomensystem geschaffen.

Es war daher logisch, zunächst einmal zu versuchen, den von Hilbert vorgeschlagenen harten Brocken bezüglich der Theorie der natürlichen Zahlen zu klären.

In den Axiomen von Peano wird die Nachfolgerstruktur der natürlichen Zahlen systematisiert. Der Begriff des Nachfolgers einer natürlichen Zahl zusammen mit dem Prinzip der Vererbbarkeit von Eigenschaften des Vorgängers (Induktionsprinzip) stellt dann auch die Essenz des formalen Aufbaus dieser Theorie dar.

In ihren *Principia Mathematica* versuchten die englischen Mathematiker und Philosophen Bertrand Russell und Alfred North Whitehead zu zeigen, dass die Grundlagen und Methoden der Mathematik und der Logik im Wesentlichen dieselben seien und dass daher die Arithmetik auf die Logik zurückführbar sei. Während sie so emsig damit beschäftigt waren, immer mehr Lehrsätze über die natürlichen Zahlen in ein formales Beziehungsgeflecht einzubauen, in der Hoffnung früher oder später die Theorie zu vollenden, wurde diese Erwartung plötzlich zerstört, als der bereits erwähnte Artikel von Kurt Gödel mit dem Titel „Über formal unentscheidbare Sätze der Principia Mathemtica und verwandter Systeme" erschien.

Im Jahre 1931 waren weder der Inhalt noch die Art der Argumentation des Gödelschen Artikels für die meisten Mathematiker verständlich. Es scheint daher eine unmögliche Aufgabe zu sein, das nun Laien zugänglich machen zu wollen. Aber es ist eine intellektuelle Herausforderung, der Genialität und dem Tiefsinn einer Argumentation – wenn auch nur *grosso modo* – nachzuspüren, die beweist, dass man nicht alle Aussagen beweisen kann. Mit anderen Worten, dass eine formale Beschreibung eines hinreichend starken Systems notwendigerweise unvollständig bleiben muss. Die Ohnmacht der Rationalität, alles in den Griff zu bekommen, und diese Erkenntnis, gewonnen mittels eben dieser Rationalität! Die Postmodernisten schmunzeln vielleicht schon, aber sie werden mitargumentieren müssen, um ihr Vergnügen zu rechtfertigen.

Wir werfen jetzt einen Blick auf Gödels Vorgehen. Dieses läuft, kurz gesagt, auf folgendes hinaus: Drücke alles in Zahlen aus, in sogenannten Gödelzahlen. Sowohl die Begriffe wie die Aussagen einer Theorie als auch die metasprachlichen Aussagen über die Theorie werden in Zahlen ausgedrückt. Beweise, die eine geordnete Folge von Aussagen bilden, werden durch Produkte von Primzahlpotenzen dargestellt, deren Exponenten gleich den Codezahlen der Aussagen sind. Auf diese Weise entsprechen diese Beweise selbst wieder Zahlen. Der größte Einfall ist jedoch die Übersetzung metatheoretischer Aussagen in zahlentheoretische Beziehungen, die dann wieder durch eine Zahl ausgedrückt werden, mithin innerhalb der Theorie selbst. Wir führen dazu ein Minimum an technischen Hilfsmitteln ein, die notwendig sind, um den Gedankengang zu skizzieren.

Erster Schritt: Arithmetisierung der Theorie

a	Begriffe und Symbole		→	Zahlen
	nicht	¬		1
	oder	v		2
	wenn...dann	→		3
	es gibt ein	∃		4
	ist gleich zu	=		5
	Null	0		6
	Nachfolger von	s		7
	Klammer auf	(		8
	Klammer zu	)		9
	Komma	,		10

Wir verwenden hier die Zahlen von 1 bis 10.

b	Numerische Variable	→	Zahlen
	x		11
	y		13
	z		17
	u		19
	…		…

Wir verwenden hier die Primzahlen größer als 10.

c | Aussagen in der Theorie | → | Zahlen

Beispiel

„Jede natürliche Zahl y hat einen Nachfolger x"

(	∃	x	)	(	x	=	s	y	)
8	4	11	9	8	11	5	7	13	9

$$2^8 \cdot 3^4 \cdot 5^{11} \cdot 7^9 \cdot 11^8 \cdot 13^{11} \cdot 17^5 \cdot 19^7 \cdot 23^{13} \cdot 29^9 = a$$

Wir konstruieren also Zahlen die Produkte von Potenzen der Primzahlen in aufsteigender Folge sind.

Die Codezahlen der Symbole in der formalisierten Aussage bilden also die Exponenten der Potenzen mit den Primzahlen in aufsteigender Folge als Basen. Durch Zerlegung der Zahl *a* in Faktoren und Decodierung der Exponenten in der richtigen

Reihenfolge gewinnen wir die gegebene Aussage wieder zurück. Die Zahl a bestimmt somit in unzweideutiger Weise die Aussage.

d   Beweise in der Theorie (Abfolge von Formeln) →   Zahlen

Beispiel

Wenn „jede natürliche Zahl y einen Nachfolger x besitzt",
dann „besitzt die Zahl 0 einen Nachfolger z".

$(\exists x)(x = sy)$ → Codezahl a

$(\exists z)(z = s0)$ → Codezahl b

$\Big\}$ → Codezahl $2^a \cdot 3^b = c$

Wir konstruieren hier ebenfalls Zahlen die Produkte der Potenzen der Primzahlen in aufsteigender Folge sind.

Durch Zerlegung der Gödelzahl c in Faktoren und nachfolgender Zerlegung der Exponenten in Faktoren kann man den gegebenen Lehrsatz unzweideutig zurückgewinnen.

Zweiter Schritt: Arithmetisierung der Metatheorie

Die Idee besteht darin, metatheoretische Aussagen in zahlentheoretische Relationen zu übersetzen, die dann wieder auf die oben angegebene Weise codiert werden.

Beispiel

Metatheoretische Aussage:

Die Folge der Formeln $((\exists x)(x = sy), (\exists z)(z = s0))$ (mit der Codezahl c)

ist ein Beweis für die Formel $(\exists z)(z = s0)$ (mit der Codezahl b).

Da ein Beweis eine Folge von Aussagen ist, deren letzte genau der zu beweisende Lehrsatz ist, tritt die Codezahl des Lehrsatzes als Exponent des letzten Faktors in dem Produkt auf, das die Codezahl des Beweises bildet. Dieser letzte Faktor ist ein Teiler dieses Produktes. Daher:

Zahlentheoretische Relation:

Die Zahl 3^b ist ein Teiler (Faktor) der Zahl $c = 2^a \cdot 3^b$.

Codierung: $(\exists u)(c = u \cdot 3^b)$ → Codezahl d.

Beachten Sie, dass die Wahrheit der metatheoretischen Aussage „ist ein Beweis von" jetzt in der Theorie selbst verifiziert werden kann schon durch das Wahr- oder Nichtwahrsein der Zahlenrelation „ist Teiler von", die in die Codezahl d übersetzt wird. Um die Bedeutung dieser letzten Codezahl – im Hinblick auf ihre metatheoretische Tragweite — besser behalten zu können, bezeichnen wir diese Zahl als bew(c,b).

Auf diese Weise gelang es Gödel die metatheoretische Aussage: „Die Folge von Aussagen mit der Codezahl x liefert einen Beweis für die Aussage mit der Codezahl z", mit anderen Worten „x ist ein Beweis für z", in eine arithmetische Relation zwischen den Zahlen x und z zu übersetzen und dann diese Relation durch eine Zahl wiederzugeben, die wir mit bew(x, z) bezeichnen. Für den Fall, dass die arithmetische Relation, übersetzt in die Codezahl bew(x, z), nicht wahr ist, bezeichnen wir das durch ¬bew(x, z). Auf dem Niveau der Metatheorie bedeutet dies, dass die Folge der Formeln mit Codezahl x kein Beweis für die Formel mit Codezahl z ist.

Die metatheoretische Aussage „z ist unbeweisbar", die wir auch durch „für jede Folge von Formeln mit Codezahl x gilt, dass x kein Beweis ist für die Formel mit Codezahl z" ausdrücken können, wird dann in der Arithmetik übersetzt in die Formel „(x) ¬bew(x,z)".

Dritter Schritt: Substitutionsverfahren

Wenn man in einer bestimmten Formel mit Gödelzahl a eine numerische Variable durch ein Zahlzeichen k ersetzt, dann erhält man eine neue Formel mit möglich anderer Gödelzahl.

Beispiel

$(\exists x)(x = sy)$ → Codezahl a

$(\exists x)(x = sk)$ → Codezahl b

Beachten Sie, dass man die zweite Formel dadurch erhält, dass man in der Formel mit Codezahl a die Variable mit Codezahl 13 (d. h. y) durch das Zahlzeichen k ersetzt. Um zu behalten, wie man an die Codezahl b gekommen ist, schreibt man für b auch der Einfachheit halber sub(a, 13, k).

So bezeichnet zum Beispiel die folgende arithmetische Forme mit Codezahl m:

'(x)¬bew(x, sub(y, 13, y))' → Codezahl m (1)

auf dem Niveau der Metatheorie:

„Die Formel mit Codezahl sub(y, 13, y), entstanden aus der Formel mit Codezahl y, in der die Variable mit Codezahl 13 ersetzt worden ist durch das Zahlzeichen y, ist unbeweisbar".

Vierter Schritt: Konstruktion des Gödelschen Satzes G

Angenommen, wir konstruieren, ausgehend von der Formel (1) mit Codezahl m, die Formel mit Codezahl sub(m, 13, m), also die Formel, die wir aus der Formel mit Codezahl m gewonnen haben, indem wir die Variable mit Codezahl 13 (d. h. y) durch das Zahlzeichen m ersetzen. Das führt auf:

(G):   '(x)¬bew(x, sub(m, 13, m))' → Codezahl sub(m, 13, m)

Die Formel G ist also die arithmetische Übersetzung der metatheoretischen Aussage:

„Die Formel mit Codezahl sub(m, 13, m) ist unbeweisbar".

Aber das ist offensichtlich G selbst, zu sehen an der Gödelzahl!

G besagt also: „Ich bin unbeweisbar".

Das sieht aus wie der Kreter, der sagt: „Ich lüge". Es ist klar, dass sowohl das Wahrsein wie das Nichtwahrsein einer solchen Aussage zu einem Widerspruch führt. Beim Kreter lässt sich dieses Paradox jedoch vermeiden, indem man die Aussage „Ich lüge" auf die metatheoretische Ebene hebt und annimmt, dass diese Aussage sich nur auf eine Menge bereits früher gemachter Aussagen bezieht, wozu die neue Aussage „Ich lüge" selbst nicht gehört.

Aber bei der Formel G liegt die Sache anders. G übersetzt zwar die metatheoretische Aussage „Dieser Satz ist unbeweisbar", ist aber selbst eine Formel der Arithmetik. Das bedeutet, dass sowohl G als auch die Verneinung von G in der Arithmetik wahr sein müssen. Angenommen, G wäre beweisbar, dann wäre wegen der Form von G auch die Verneinung von G beweisbar und umgekehrt. Das würde bedeuten, dass die Arithmetik und ihr Axiomensystem nicht widerspruchsfrei sind.

Wollen wir dagegen weiterhin an die Widerspruchsfreiheit der Arithmetik glauben, dann müssen wir einsehen, dass weder G noch seine Verneinung aus den Axiomen abgeleitet werden können und dass daher diese Axiome nicht in der Lage sind; alle wahren Aussagen der Theorie zu beweisen. Daher wird dieser Satz von Gödel auch der Unvollständigkeitssatz genannt.

In jeder axiomatisch-deduktiven Theorie, die umfassend genug ist, die Arithmetik der natürlichen Zahlen explizit oder implizit zu enthalten, kann die Unvollständigkeit stets auf genau dieselbe Weise gezeigt werden. Ungeachtet, wie man diese Unfähigkeit der ursprünglichen Axiome auch zu ändern sucht, etwa indem man neue Axiome hinzunimmt, stets wird eine solche Aussage G konstruiert werden können. Wir wissen also, dass wir bestimmte Erfahrungsbereiche nicht vollständig rational formalisieren können. Das Gebiet der rationalen Methode unterliegt grundsätzlichen Beschränkungen, und das wird, ironisch genug, nachgewiesen mittels dieser rationalen Methode selbst. Wir können beweisen, dass wir nicht alles beweisen können. Darin liegt die philosophische Tragweite des Satzes von Gödel.

Fünfter Schritt: Die Unentscheidbarkeit der Widerspruchsfreiheit der Arithmetik

Von diesem Ergebnis des Unvollständigkeitssatzes ausgehend konnte Gödel durch weitere Argumentation auch die metatheoretische Aussage „Die Arithmetik ist widerspruchsfrei" in die Arithmetik abbilden und nachweisen, dass diese Formel ebenfalls unentscheidbar ist. Die Widerspruchsfreiheit der Arithmetik ist somit mithilfe der Axiome der Arithmetik selbst nicht beweisbar. Damit war der Traum Hilberts zerschlagen. Wir skizzieren auch diese Überlegungen.

Wenn in einer Theorie eine Kontradiktion auftritt, dann sind alle Aussagen und auch ihre Verneinungen logisch ableitbar (s. 4.7), d.h. die gesamte Theorie ist dann nicht widerspruchsfrei. Folglich (mittels Kontraposition): Wenn mindestens eine Aussage nicht beweisbar ist, dann ist die Theorie widerspruchsfrei. Die Unbeweisbarkeit von Aussagen hat somit auch ihre angenehmen Seiten.

Die metatheoretische Aussage „Die Arithmetik ist widerspruchsfrei" ist also gleichwertig mit „Es gibt in der Arithmetik eine Aussage, die nicht beweisbar ist." Diese letzte Form kann auf die übliche Weise in die Arithmetik abgebildet werden und eine Codezahl erhalten:

$$(C): \ '(\exists y)((x)\neg bew(x,y))' \ \rightarrow \ \text{Codezahl } n$$

Es ist klar, dass diese Formel C in der Arithmetik wahr ist. Es genügt beispielsweise, anstelle von y die Codezahl des Satzes G von Gödel zu nehmen. Aber auch für die Formel C selbst kann es in der Arithmetik keinen Beweis geben. Denn wenn „die Arithmetik widerspruchsfrei ist", dann „gibt es eine Formel, die unbeweisbar ist (z. B. G)". Diese Implikation kann in die Arithmetik abgebildet werden durch: $C \rightarrow G$. Angenommen, C wäre beweisbar, dann würde mittels Modus ponens folgen:

$$C \text{ und } (C \rightarrow G) \Rightarrow G$$

Mit anderen Worten: Dann wäre auch G beweisbar, was gerade unmöglich ist, wenn die Arithmetik widerspruchsfrei sein will. Es ist also unmöglich, die Widerspruchsfreiheit der Arithmetik innerhalb der Arithmetik selbst zu beweisen.

Im Laufe des 20. Jahrhunderts wurden noch andere Aspekte von Unvollständigkeit auf dem Gebiet der Informatik, der diophantischen Gleichungen, der Komplexitätstheorie algorithmisch behandelbarer Probleme u.Ä. nachgewiesen. Im Rahmen dieses Buches können wir jedoch nicht auf alle diese fortgeschrittenen Gebiete eingehen. Hierfür verweisen wir den interessierten Leser auf die spezifische Fachliteratur in dem Literaturverzeichnis am Schluss dieses Buches.

Kurt Gödel (1906–1978)

Mathematiker und Logiker, geboren in Brünn im heutigen Tschechien, das aber damals Teil der Doppelmonarchie Österreich-Ungarn war. Er lieferte unzweifelhaft den wichtigsten grundsätzlichen Beitrag zu den Untersuchungen über die Grundlagen der Mathematik, die in der zweiten Hälfte des 19. Jahrhunderts ihren Anfang nahmen. Im Jahre 1931 bewies er seinen weltberühmten Unvollständigkeitssatz, der auch außerhalb der Mathematik große philosophische Konsequenzen nach sich zog. Ironischerweise hatte er kurz zuvor im Jahre 1929 die Vollständigkeit der Prädikatenlogik erster Stufe nachgewiesen. Daraus ergab sich, dass die Arithmetik, auf welche die Unvollständigkeitsbehauptung zutraf, nicht mit der Logik zusammenfallen konnte. Damit brach das Projekt der *Principia Mathematica* von Russell und Whitehead endgültig zusammen. Später wurde Gödel ein ständiges Mitglied des Institute for Advanced Study in Princeton, mit dem auch Einstein verbunden war.

Zum Abschluss

In diesem Kapitel haben wir einen Einblick in bestimmte charakteristische Züge der mathematischen Methodik gewonnen:
- der Ursprung der rationalen Denkweise im menschlichen Verstand,
- das Spezifische der mathematischen Sprache,
- der Entwurf mathematischer Begriffe,
- die Konstruktion logisch-deduktiver Mittel,
- den Start einer Theorie durch die Wahl einer angemessenen Axiomatik,
- die Schaffung von typischen Strukturen mit ihren semantischen Modellen,
- die Reflexion des Mathematikers über seine eigene Methodik und deren philosophische Tragweite.

Mit all diesen Ausführungen ist natürlich noch nicht gezeigt, wie der *working mathematician* bei seiner täglichen Arbeit nun genau mit den vorliegenden Problemen ringt. Dafür gibt es leider keine systematische Vorgehensweise. Nicht nur Kenntnisse und Fantasie sind gefragt, sondern auch ein „Zusammentreffen von Umständen" und ein wenig Glück. Bestimmte berühmte Vermutungen (wie die Goldbachsche Vermutung, die Riemannsche Hypothese, das Komplexitätsproblem von Algorithmen, die Existenz von ungeraden vollkommenen Zahlen) harren noch des Beweises. So war auch der „Große Fermatsche Satz" mehr als drei Jahrhunderte lang ein faszinierendes ungelöstes Problem, bis es dem englischen Mathematiker A. Wiles im Jahre 1995 gelang, einen Beweis zu liefern, wobei er von der Lösung völlig anderer Probleme ausging.

Hilbert sprach zu Beginn des 20. Jahrhunderts noch voll Vertrauen die Hoffnung aus, dass jedes mathematische Problem früher oder später gelöst werden würde, weil nach seiner Meinung es in der Mathematik kein *ignorabimus* geben könne. Inzwischen wissen wir, dass wegen des Gödelschen Unvollständigkeitssatzes eine bestimmte Vermutung durchaus wahr sein kann, ohne dass sie im Rahmen einer bestimmtem Axiomatik beweisbar ist. Manche Mathematiker sind so ihr Leben lang damit beschäftigt – und oft ohne einen abschließenden Erfolg –, im Ungewissen nach ihrem „Stein der Weisen" zu suchen. Ihre Bemühungen führen jedoch stets zu fruchtbaren mathematischen Ergebnissen, wenn auch nicht notwendigerweise auf dem Gebiet, das sie im Blick hatten. Ungeachtet der von Gödel vorgelegten Perspektive, dass das mathematische Wissen als Projekt niemals vollständig sein wird, wachsen die mathematischen Kenntnisse jedoch ständig an und verschaffen den Eingeweihten eine tief empfundene Freude an jeder neu erworbenen Einsicht.

> *„Gott existiert, weil die Mathematik widerspruchsfrei ist, und der Teufel existiert, weil wir das nicht beweisen können."*
>
> **André Weil**

Kapitel 2

Wie arbeitet Mathematik?

> *„Ein Mathematiker ist eine Maschine, die Kaffee in Theoreme verwandelt."*
> **Paul Erdös**

In diesem Kapitel geben wir eine Anzahl Beispiele für die Art und Weise, wie sich Mathematik entwickelt. Insbesondere wird dabei die Kreativität der mathematischen Methodik in den Blick genommen. Die Beispiele können unabhängig voneinander gelesen werden, ihre Reihenfolge ist somit willkürlich.

Ausgehend von einfachen Problemen oder anschaulicher Intuition führen wir Basiskonzepte und elementare Hilfsmittel ein, mit denen die gewünschten Lösungen erreicht werden können. Durch Analogie und Verallgemeinerung oder auch durch leichte Veränderungen struktureller Elemente erhalten wir ein Panorama neuer Situationen, die den Rahmen der anfänglichen Probleme weit übersteigen. Daraus ergeben sich Einsichten, die mehrmals Wege zu unvermuteten Anwendungen öffnen.

Der arglose Leser sei gewarnt, dass in den folgenden Abschnitten womöglich einige mathematische Anstrengungen erforderlich sein werden, aber es bietet sich dann auch die Gelegenheit, in einem sehr engen Rahmen ein weites Panorama zu bewundern. Wer nicht gern klettert, der wird auf die Aussicht verzichten müssen.

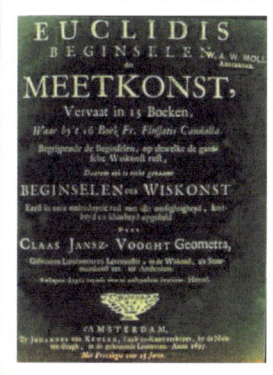 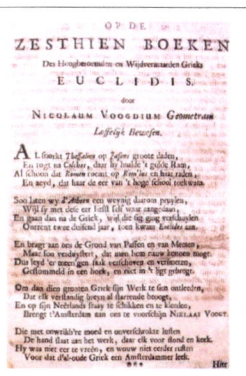

Lobgedicht auf dem Titelblatt der ersten niederländischen Übersetzung der Elemente des Euklids durch Claas Janszoon Vooght, verlegt in Amsterdam im Jahre 1695. Der Verfasser nennt sich selbst „einen vereidigten Landmesser und Lehrmeister der Mathematik, Steuermannskunst usw." Die letzte Strophe des Lobgedichtes verdeutlicht die Bedeutung dieser Übersetzung:

„Mit Mut ans Werk, das staunenswert befand ein jeder,
Ohn' Furcht und voll verlang'nder Lust griff er zur Feder.
Zufrieden war er, gönnte keine Ruhe sich,
erst als der uralt' Griech' 'nem Amsterdamer glich."

1 Der königliche Weg zur mehrdimensionalen und nichteuklidischen Geometrie

Wie können wir, ausgehend von einfachen figürlichen Darstellungen, die wir dem intuitiven zwei- und dreidimensionalen euklidischen Raum entnehmen, eine Vorstellung von einer Geometrie höherer und sogar unendlicher Dimension bekommen?

Wie sollen wir mit unseren scheinbar vertrauten Vorstellungen von Parallelismus (Äquidistanz) und Orthogonalität von Geraden (senkrecht aufeinander stehen) neue Räume betreten, in denen zum Beispiel zu einer gegebenen Geraden keine Parallele existiert, oder in denen es Geraden gibt, die auf sich selbst senkrecht stehen?

Hierzu braucht man keine fortgeschrittenen mathematischen Studien zu betreiben. Es genügt, den Schritten einer optimalisierten Didaktik zu folgen.

1.1 Der Schnellzug der analytischen Geometrie

Schritt 1   Punkte, Geraden, Ebenen

An einem würfelförmigen Block können wir die Grundfiguren der ebenen und räumlichen Geometrie erkennen und die verschiedenen möglichen Lagen zueinander beschreiben.

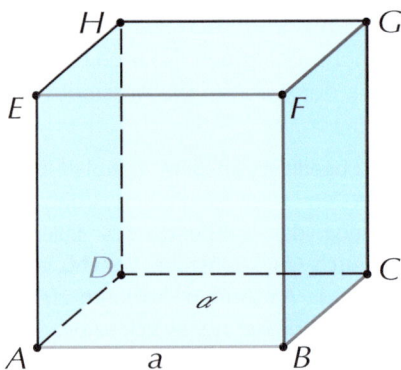

Die Punkte A, B usw. stellen die Eckpunkte dar.

Die Strecken AB, BC usw. stellen die Kanten dar. Diese liegen auf Geraden z.B. AB auf der Geraden a.

Die Quadrate $ABCD$, $BCGF$ usw. stellen die Seitenflächen dar. Diese liegen auf Ebenen, z.B. $ABCD$ auf der Fläche α.

In einer Ebene, z.B. der von ABCD, gibt es nur zwei Möglichkeiten, wie zwei verschiedene Geraden zueinander liegen können:

    schneidend wie AB und BC   (ein gemeinsamer Punkt)

    parallel wie AB und DC   (kein gemeinsamer Punkt)

Im Raum hingegen gibt es drei Möglichkeiten, wie zwei Geraden zueinander liegen können:

    schneidend wie AB und BC   (ein gemeinsamer Punkt)

    parallel wie AB und DC   (kein gemeinsamer Punkt in einer Ebene)

    windschief wie AB und FG   (kein gemeinsamer Punkt und nicht in einer Ebene

Im Raum gibt es nur zwei verschiedene Möglichkeiten, wie zwei verschiedene Ebenen zueinander liegen können:

    schneidend wie ABCD und ABFE   (eine gemeinsame Gerade)

    parallel wie ABCD und EFGH   (kein gemeinsamer Punkt)

Schritt 2   *Koordinaten und Gleichungen*

Um Punkten Koordinaten zuordnen zu können, müssen wir ein Achsenkreuz und darauf Einheiten festlegen.

Wir tun das zunächst in einer Ebene.

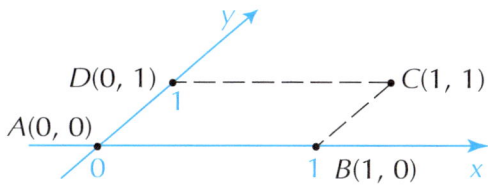

Wir wählen die Geraden AB und CD aus der obigen Figur als x- bzw. als y- Achse.

A ist der Ursprung des Achsenkreuzes, in dem die Punkte B und D die Einheiten festlegen. Auf diese Weise erhalten wir für die Punkte A, B, C und D die folgenden Koordinaten: $A(0, 0)$, $B(1, 0)$, $D(0, 1)$ und $C(1, 1)$.

Mit Koordinatenpaaren rechnen wir wie mit Vektoren, d.h. es sind zwei Verknüpfungen definiert:

    eine Addition: $(a, b) + (c, d) = (a + c, b + d)$

    eine Multiplikation mit einer reellen Zahl: $r(a, b) = (ra, rb)$

Geometrisch stimmt die Addition mit der Parallelogrammregel für die Summe von Vektoren in der Physik überein, z.B.

$$\overrightarrow{AB} + \overrightarrow{AD} = \overrightarrow{AC}$$ wird wiedergegeben durch $(1, 0) + (0, 1) = (1, 1)$

Aus der folgenden Figur ist ersichtlich,

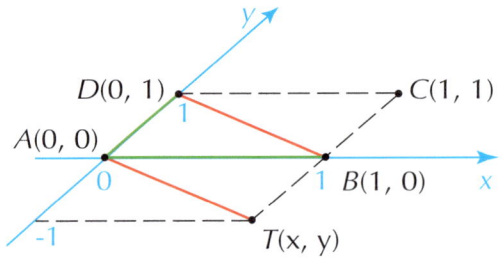

dass $\vec{AD} + \vec{AT} = \vec{AB}$ wiedergegeben wird durch $(0, 1) + (x, y) = (1, 0)$
und $\vec{AT} = \vec{AB} - \vec{AD}$ wiedergegeben wird durch $(x, y) = (1, 0) - (0, 1) = (1, -1)$ (ç).
Wegen $\vec{DB} = \vec{AT}$ gilt dann auch $\vec{DB} = \vec{AB} - \vec{AD}$.

Geometrisch stimmt die Multiplikation eines Koordinatenpaares mit einer reellen Zahl r überein mit der (homothetischen) Vergrößerung des zugehörigen Vektors um den denselben Faktor r, z.B.

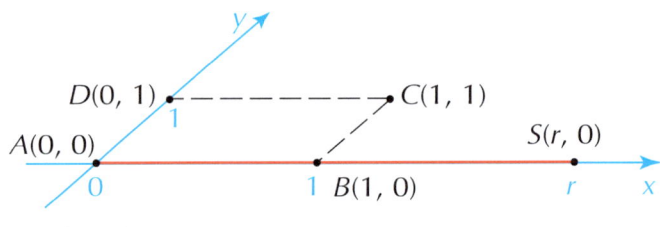

$r\vec{AB} = \vec{AS}$ wird wiedergegeben durch $r(1, 0) = (r, 0)$

Mit Hilfe dieser Verknüpfungen können wir in diesem Koordinatensystem für diese Geraden Gleichungen aufstellen.

Beispiel

Ein Punkt S mit dem Koordinatenpaar (x, y) liegt auf der Geraden AB dann und nur dann, wenn (x, y) ein reelles Vielfaches des Koordinatenpaares von B, also von $(1, 0)$ ist:

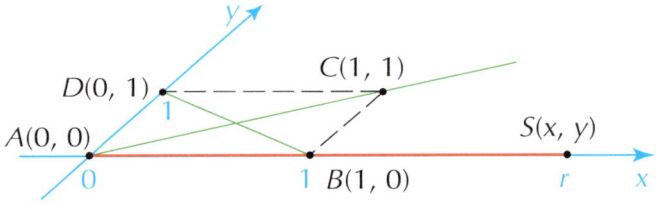

$S(x, y)$ liegt auf $AB \Leftrightarrow$ es gibt eine reelle Zahl r derart, dass $(x, y) = r(1, 0)$ (*)
$\Leftrightarrow (x, y) = (r, 0)$
$\Leftrightarrow x = r$ und $y = 0$ (**)

Wir nennen (*) eine Vektorgleichung und (**) ein System von Parametergleichungen für die Gerade AB, hierin ist r der Parameter (mit variablen reellen Werten). Durch Elimination des Parameters aus dem System der Parametergleichungen erhalten wir die sogenannte kartesische Gleichung, in diesem Fall y = 0.

Im Folgenden werden wir uns stets auf Vektorgleichungen beschränken, da diese auf triviale Weise verallgemeinerungsfähig sind. In der Wissenschaft kommt es darauf an, keine Sackgasse einzuschlagen. Das Gefühl hierfür resultiert oft aus einem historischen Prozess von Versuch und Irrtum, aber wenn einmal der richtige Weg gefunden ist, muss der erfahrene Führer die Neulinge nicht mehr unnötig auf den falschen Weg leiten. Unterricht muss daher nicht immer wieder dem embryonalen historischen Lauf folgen.

Auf analoge Weise wie für die Gerade AB ergibt sich:

AD hat eine Vektorgleichung von der Form (x, y) = r(0, 1).

AC hat eine Vektorgleichung von der Form (x, y) = r(1, 1).

Nun sind AB, AD und AC alle Geraden durch den Ursprung A, deren Richtungen vollkommen durch die Punkte B, D und C bestimmt sind, anders ausgedrückt durch die Koordinatenpaare (1, 0), (0, 1) und (1, 1).

Man sagt, dass die Koordinatenpaare Richtungsvektoren der Geraden bestimmen.

Jedes Vielfache eines Richtungsvektors einer Geraden ist dann ebenfalls ein Richtungsvektor derselben Geraden.

Wie können wir auf diese Weise beliebige Geraden (nicht durch den Ursprung) beschreiben?

Beispiel

Für die Gerade DB:

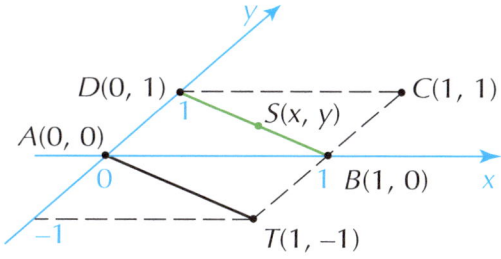

Beachten Sie, dass die Gerade DB parallel zur Geraden AT durch den Ursprung verläuft. Parallele Geraden haben dieselbe Richtung und daher dieselben Richtungsvektoren. Das Koordinatenpaar (1, –1) bestimmt einen Richtungsvektor der Geraden AT und damit auch den der Geraden DB. Dieser Richtungsvektor wurde in (ç) gefunden als Differenz der Koordinatenpaare der Punkte B und D, d.h. (1, 0) – (0, 1) = (1, –1). Andererseits bestimmt (1, 0) einen Punkt von DB.

Wir können jetzt sagen:

$$S(x, y) \text{ liegt auf } DB \Leftrightarrow (x, y) = (1, 0) + r(1, -1)$$
$$\Leftrightarrow (x, y) = (1, 0) + r((1, 0) - (0, 1)) \qquad (\S)$$

Wenn wir die Koordinatenpaare zweier verschiedener Punkte einer Geraden kennen, dann können wir wie in (§) die Vektorgleichung dieser Geraden aufschreiben.

Beispiel

Wenn $P(a, b)$ und $Q(c, d)$ zwei Punkte sind, dann ist
$(x, y) = (a, b) + r((c, d) - (a, b))$ eine Vektorgleichung von PQ.

Dies kann man auch in der Form $(x, y) = (a, b) + r(c - a, d - b)$ schreiben.

Wir können jetzt ohne Schwierigkeiten zum dreidimensionalen Raum übergehen. Hierzu wählen wir drei Achsen versehen mit Einheiten, z.B. AB, AD und AE, als x-, y- bzw. z-Achse, auf denen B, D und E die Einheiten festlegen. Für die Punkte erhalten wir dann jeweils drei Zahlen als Koordinaten:

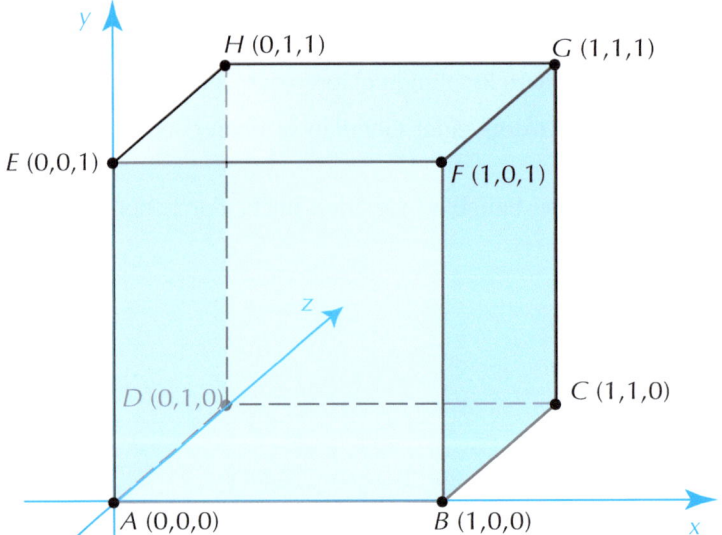

Beispiel

$A(0, 0, 0)$, $B(1, 0, 0)$, $D(0, 1, 0)$, $E(0, 0, 1)$
$C(1, 1, 0)$, $F(1, 0, 1)$, $H(0, 1, 1)$, $G(1, 1, 1)$

Die Koordinatentripel werden auf analoge Weise wie in der Ebene addiert und mit einer reellen Zahl multipliziert:

$$(a, b, c) + (d, e, f) = (a+d, b+e, c+f)$$
$$r(a, b, c) = (ra, rb, rc)$$

Die geometrische Bedeutung dieser Verknüpfungen ist im Raum ebenfalls dieselbe wie in der Ebene.

Im Banne der Mathematik 83

Auf dieselbe Weise wie in der Ebene können wir im Raum mithilfe der Koordinatentripel zweier Geradenpunkte eine Vektorgleichung dieser Geraden aufstellen.

Beispiel

Für $H(0,1,1)$ und $G(1,1,1)$:

$$S(x, y, z) \in HG \Leftrightarrow (x, y, z) = (0, 1, 1) + r((1, 1, 1) - (0, 1, 1))$$
$$\Leftrightarrow (x, y, z) = (0, 1, 1) + r(1, 0, 0)$$

Beachten Sie, dass HG parallel zu AB verläuft und einen Richtungsvektor besitzt, der durch $(1, 0, 0)$ bestimmt ist.

Eine Ebene wird durch drei Punkte bestimmt, die nicht auf derselben Geraden liegen. Um eine Ebene durch den Ursprung festzulegen, müssen wir also noch zwei weitere Punkte wählen. Diese letzteren Punkte bestimmen dann zwei verschiedene Richtungen (Richtungsvektoren) dieser Ebene.

Beispiel

Die Ebene ABD hat als Richtungsvektoren $\overrightarrow{AB}$ und $\overrightarrow{AD}$. Jeder beliebige Punkt P dieser Ebene bestimmt einen Vektor $\overrightarrow{AP}$ der als Summe eines wohlbestimmten Vielfachen von $\overrightarrow{AB}$ und eines wohlbestimmten Vielfachen von $\overrightarrow{AD}$ geschrieben werden kann, nämlich als $\overrightarrow{AP} = r\overrightarrow{AB} + s\overrightarrow{AD}$.

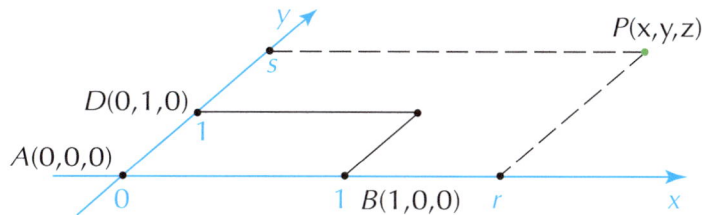

Wenn $P(x, y, z)$, $B(1, 0, 0)$ und $D(0, 1, 0)$ drei Punkte sind, dann nennen wir $(x, y, z) = r(1, 0, 0) + s(0, 1, 0)$ eine Vektorgleichung der Ebene ABD.

Für Ebenen, die nicht durch den Ursprung gehen, müssen wir zuerst auf eine analoge Weise ähnlich wie bei einer Geraden in der Ebene die Richtungsvektoren berechnen (s. vorige Seite).

Beispiel

Für die Ebene EFH mit $E(0, 0, 1)$, $F(1, 0, 1)$ und $H(0, 1, 1)$ sind $\overrightarrow{EF}$ und $\overrightarrow{EH}$ Richtungsvektoren.

Es gilt $\quad \overrightarrow{AF} - \overrightarrow{AE} = \overrightarrow{EF}\quad$ in Koordinaten: $(1, 0, 1) - (0, 0, 1) = (1, 0, 0)$

und $\quad \overrightarrow{AH} - \overrightarrow{AE} = \overrightarrow{EH}\quad$ in Koordinaten: $(0, 1, 1) - (0, 0, 1) = (0, 1, 0)$

Die Ebene *EFH* ist parallel zur Ebene *ABD*, und diese hat ebenfalls Richtungsvektoren, die durch (1, 0, 0) und (0, 1, 0) bestimmt sind. Eine Vektorgleichung der Ebene *EFH* lautet dann:

$(x, y, z) = (0, 0, 1) + r((1, 0, 1) - (0, 0, 1)) + s((0, 1, 1) - (0, 0, 1))$

$(x, y, z) = (0, 0, 1) + r(1, 0, 0) + s(0, 1, 0)$

$(x, y, z) = (r, s, 1)$

Daraus ergibt sich, dass dafür, dass ein Punkt *S(x, y, z)* in der Ebene *EFH* liegt, es zwingende Voraussetzung ist, dass die dritte Koordinate *z* gleich 1 ist. Nach der Elimination der Parameter *r* und *s* ist dann $z = 1$ eine kartesische Gleichung dieser Ebene.

Schritt 3 Verallgemeinerung auf den n-dimensionalen Raum

Was wir in Schritt 2 mit den Koordinatenpaaren und -tripeln von Punkten gemacht haben, können wir jetzt genauso gut mit *n*-Tupeln wiederholen, wobei *n* eine beliebige natürliche Zahl ist. Die Summe solcher *n*-Tupel und ihr Produkt mit einer reellen Zahl sind ebenso einfach zu definieren wie bei den Paaren und Tripeln.

$(a_1, a_2, a_3, a_4, \ldots, a_n) + (b_1, b_2, b_3, b_4, \ldots, b_n) = (a_1+b_1, a_2+b_2, a_3+b_3, a_4+b_4, \ldots, a_n+b_n)$

$r(a_1, a_2, a_3, a_4, \ldots, a_n) = (ra_1, ra_2, ra_3, ra_4, \ldots, ra_n)$

In einem Raum höherer Dimension als drei, z.B. vier, existieren Teilräume von allen kleineren Dimensionen, z.B. eins, zwei und drei.

Eine Gerade ist bestimmt durch zwei verschiedene Punkte und ist ein Teilraum der Dimension eins, der abhängt von einem Parameter und dessen Richtung bestimmt ist durch einen Richtungsvektor.

Eine Ebene ist durch drei Punkte bestimmt, die nicht auf einer Geraden liegen, und ist ein Teilraum der Dimension zwei, der von zwei Parametern abhängt und dessen „Richtung" durch zwei Richtungsvektoren bestimmt ist.

Ein Teilraum der Dimension drei ist durch vier Punkte bestimmt, die nicht in einer Ebene liegen, und hängt von drei Parametern ab und seine „Richtung" ist durch drei Richtungsvektoren bestimmt.

In einem Raum der Dimension *n* kann man so Teilräume bis zu einer Dimension *n* −1 einschließlich beschreiben.

Da die Sprache geometrisch ist, versucht man sich hierbei auch etwas Visuelles vorzustellen, was für Dimensionen größer als drei offensichtlich schwierig ist. Beachten Sie jedoch, dass bei ebenen Darstellungen dreidimensionaler Figuren, wie z.B. bei einem Würfel, vom interpretierenden Verstand auch ein Entgegenkommen gefragt ist, um bestimmte Richtungen als voneinander unabhängig zu „sehen". So kann man auch bei höheren Dimensionen zusätzliche Anstrengungen verlangen, um bestimmte Richtungen als unabhängig zu interpretieren.

Bei drei Dimensionen: Verschieben wir ein Quadrat in eine Richtung, die von der Ebene des Quadrats verschieden ist, so erhalten wir einen dreidimensionalen Würfel.

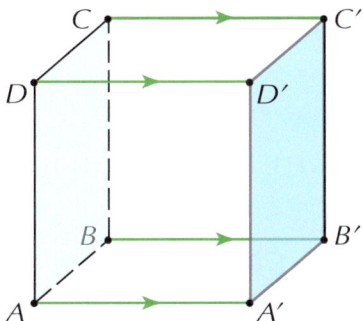

Bei vier Dimensionen: Verschieben wir einen Würfel in eine Richtung, die verschieden ist von denen des räumlichen Würfels, so erhalten wir einen vierdimensionalen Würfel.

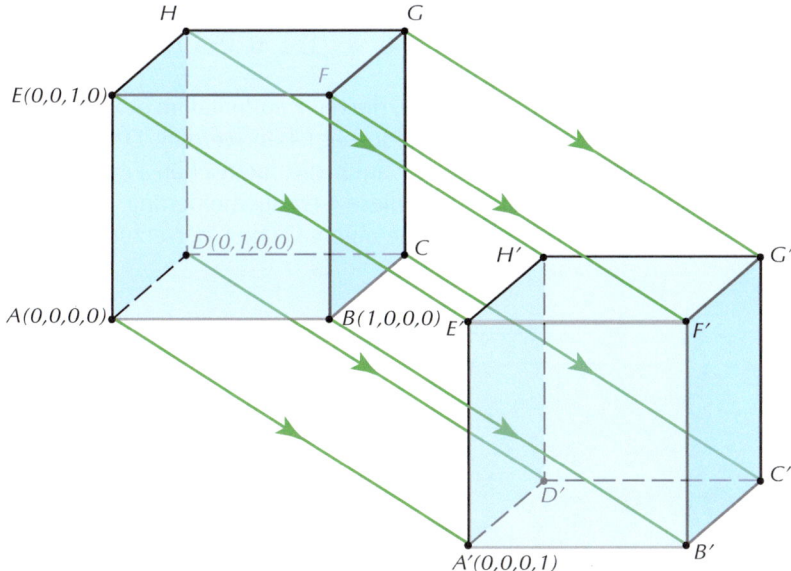

Aus den angegebenen Koordinaten ergibt sich die Unabhängigkeit der angegebenen Richtungen. So sind in der zweiten Abbildung die Richtungen von AB, AD, AE und AA' voneinander unabhängig.

In einem vierdimensionalen Raum können die Vektorgleichungen von Teilräumen auf die gleiche Art bestimmt werden wie bei drei Dimensionen. Das Koordinaten-n-tupel eines jeden Punktes enthält nur eine Zahl mehr als Koordinate.

Beispiel

Die Gerade durch $A'(0, 0, 0, 1)$ und $E'(0, 0, 1, 1)$:

$S(x, y, z, u) \in A'E'$

$\Leftrightarrow (x, y, z, u) = (0, 0, 0, 1) + r((0, 0, 1, 1) - (0, 0, 0, 1))$

$\Leftrightarrow (x, y, z, u) = (0, 0, 0, 1) + r(0, 0, 1, 0)$

Die Ebene durch $B(1, 0, 0, 0)$, $F(1, 0, 1, 0)$ und $C(1, 1, 0, 0)$:

$S(x, y, z, u) \in BFE$

$\Leftrightarrow (x, y, z, u) = (1, 0, 0, 0) + r((1, 0, 1, 0) - (1, 0, 0, 0)) + s((1, 1, 0, 0) - (1, 0, 0, 0))$

$\Leftrightarrow (x, y, z, u) = (1, 0, 0, 0) + r(0, 0, 1, 0) + s(0, 1, 0, 0)$

Der Raum durch $A'(0, 0, 0, 1)$, $B'(1, 0, 0, 1)$, $C'(1, 1, 0, 1)$ und $H'(0, 1, 1, 1)$:

$S(x, y, z, u) \in A'B'C'H'$

$\Leftrightarrow (x, y, z, u) = (0, 0, 0, 1) + r((1, 0, 0, 1) - (0, 0, 0, 1))$
$\quad + s((1, 1, 0, 1) - (0, 0, 0, 1)) + t((0, 1, 1, 1) - (0, 0, 0, 1))$

$\Leftrightarrow (x, y, z, u) = (0, 0, 0, 1) + r(1, 0, 0, 0) + s(1, 1, 0, 0) + t(0, 1, 1, 0)$

Auf diese Weise kann die affine Geometrie, die die Parallelität im euklidischen Sinne behandelt, in jeder gewünschten Dimension betrieben werden. Das ist bereits ein erster Schritt zur Verallgemeinerung. Um auch die metrischen Eigenschaften wie Länge, Winkel und Senkrechtstehen in diese Verallgemeinerung einzubeziehen, müssen wir für diese Begriffe zunächst eine algebraische Übersetzung finden.

Der OCTACUBE im Mc Allister-Gebäude der mathematischen Fakultät der Pennsylvania State University. Dieses Kunstwerk, entworfen von dem Mathematiker Adrian Ocneanu, zeigt dreidimensionale Projektionen (Oktaeder) einer vierdimensionalen Figur. Für ihre Konstruktion musste ein Computerprogramm geschrieben werden, das die 96 Formen entwarf, die in 23 Achsenkreuzungspunkten ineinander eingepasst werden mussten. Ein 24. Kreuzungspunkt liegt dabei im Unendlichen. Ocneanu studiert mehrdimensionale Modelle für die Quantenfeldtheorie.

Schritt 4   Das Skalarprodukt von Vektoren in analytischer Form

Wir analysieren zuerst die Begriffe „Länge" und „Senkrechtstehen" in der Ebene mit einem kartesischen Koordinatensystem.

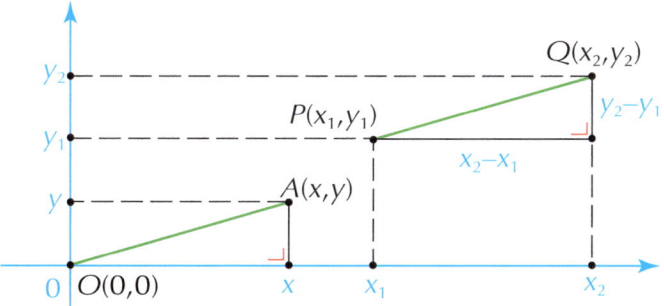

Nach dem Satz des Pythagoras ist der Abstand des Ursprungs O(0, 0) vom Punkt A(x, y) gegeben durch die Formel: $\sqrt{x^2+y^2}$

Auf analoge Weise finden wir für den Abstand des Punktes $P(x_1, y_1)$ vom Punkt $Q(x_2, y_2)$ die Formel: $\sqrt{(x_2-x_1)^2+(y_2-y_1)^2}$

In der nachstehenden Figur stehen die Geraden durch den Ursprung OP und OQ dann und nur dann aufeinander senkrecht, wenn in dem Dreieck OPQ mit PQ als Hypotenuse der Satz des Pythagoras gilt:

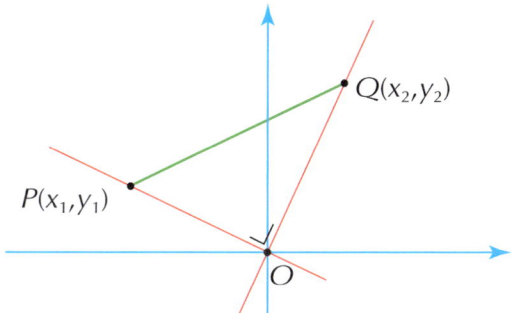

$OP \perp OQ \Leftrightarrow \overline{OP}^2 + \overline{OQ}^2 = \overline{PQ}^2$

$$\Leftrightarrow \left(\sqrt{x_1^2+y_1^2}\right)^2 + \left(\sqrt{x_2^2+y_2^2}\right)^2 = \left(\sqrt{(x_2-x_1)^2+(y_2-y_1)^2}\right)^2$$

$$\Leftrightarrow x_1^2+y_1^2+x_2^2+y_2^2 = x_2^2-2x_2x_1+x_1^2+y_2^2-2y_2y_1+y_1^2$$

$$\Leftrightarrow 2(x_2x_1+y_2y_1)=0$$

$$\Leftrightarrow x_1x_2+y_1y_2 = 0 \qquad (*)$$

Das erste Glied von (*) nennen wir das Skalarprodukt von (x_1, y_1) und (x_2, y_2) und schreiben $(x_1, y_1) \bullet (x_2, y_2) = x_1 x_2 + y_1 y_2$.

Damit ist das Produkt zweier geordneter Paare reeller Zahlen (aufgefasst als Vektoren) eine reelle Zahl.

Aus (*) ergibt sich: Zwei Geraden durch den Ursprung stehen dann und nur dann aufeinander senkrecht, wenn das Skalarprodukt ihrer Richtungsvektoren gleich null ist. Da parallele Geraden dieselben Richtungsvektoren haben, gilt diese Eigenschaft auch für beliebige Geraden.

Insbesondere können wir die folgenden Skalarprodukte berechnen:

$(1, 0) \bullet (1, 0) = 1 \cdot 1 + 0 \cdot 0 = 1$ (Quadrat des ersten Basisvektors)

$(1, 0) \bullet (0, 1) = 1 \cdot 0 + 0 \cdot 1 = 0$ (Produkt des ersten und des zweiten Basisvektors)

$(0, 1) \bullet (1, 0) = 0 \cdot 1 + 1 \cdot 0 = 0$ (Produkt des zweiten und des ersten Basisvektors)

$(0, 1) \bullet (0, 1) = 0 \cdot 0 + 1 \cdot 1 = 1$ (Quadrat des zweiten Basisvektors)

Mit Hilfe von vier Zahlen kann das Skalarprodukt von (x_1, y_1) und (x_2, y_2) auch wie folgt in Matrizenform geschrieben werden:

$$\begin{bmatrix} x_1 & y_1 \end{bmatrix} \begin{bmatrix} 1 & 0 \\ 0 & 1 \end{bmatrix} \begin{bmatrix} x_2 \\ y_2 \end{bmatrix} = \begin{bmatrix} x_1 x_2 + y_1 y_2 \end{bmatrix}$$

Mit diesem Skalarprodukt können alle metrischen Eigenschaften der ebenen analytischen Geometrie im Zusammenhang mit Länge, Winkeln und Senkrechtstehen in die Sprache der Algebra übersetzt werden. Die vier Zahlen 1, 0, 0 und 1 in der 2 x 2-Matrix der vorstehenden Formel charakterisieren somit vollständig die Geometrie.

Dieses Vorgehen ist nun verallgemeinerungsfähig sowohl für dreidimensionale wie n-dimensionale Räume.

Im dreidimensionalen Raum gelten die folgenden Formeln:

Die Länge eines Vektors mit Koordinatentripel (x, y, z) beträgt: $\sqrt{x^2 + y^2 + z^2}$

Der Abstand zwischen zwei Punkten mit den Koordinatentripeln (x_1, y_1, z_1) und (x_2, y_2, z_2) beträgt: $\sqrt{(x_2 - x_1)^2 + (y_2 - y_1)^2 + (z_2 - z_1)^2}$

Das Skalarprodukt zweier Vektoren mit den Koordinatentripeln (x_1, y_1, z_1) und (x_2, y_2, z_2) lautet $\quad x_1 x_2 + y_1 y_2 + z_1 z_2$

in Matrixform: $\begin{bmatrix} x_1 & y_1 & z_1 \end{bmatrix} \begin{bmatrix} 1 & 0 & 0 \\ 0 & 1 & 0 \\ 0 & 0 & 1 \end{bmatrix} \begin{bmatrix} x_2 \\ y_2 \\ z_2 \end{bmatrix} = \begin{bmatrix} x_1 x_2 + y_1 y_2 + z_1 z_2 \end{bmatrix}$

Die neun Zahlen 1, 0, 0, 0, 1, 0, 0, 0 und 1 in der 3 x 3-Matrix der vorstehenden Formel charakterisieren vollständig den dreidimensionalen Raum.

Auf eine analoge Weise wie in der Ebene sind zwei Geraden im Raum (möglicherweise auch windschiefe Geraden) orthogonal dann und nur dann, wenn das Skalarprodukt ihrer Richtungsvektoren gleich null ist.

Beispiel

In der folgenden Figur sind die windschiefen Geraden BF und HG orthogonal,

denn ein Richtungsvektor von BF ist gegeben durch (1, 0, 1) – (1, 0, 0) = (0, 0, 1)

ein Richtungsvektor von HG durch (1, 1, 1) – (0, 1, 1) = (1, 0, 0)

und (0, 0, 1) · (1, 0, 0) = 0 · 1 + 0 · 0 + 1 · 0 = 0

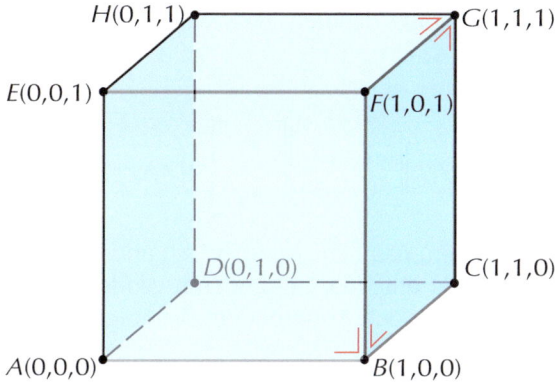

Mit Hilfe des Senkrechtstehens zweier Geraden können wir auch das Senkrechtstehen einer Geraden auf einer Ebene und das zweier Ebenen aufeinander beschreiben. Aber es ist hier nicht das Ziel, die gesamte Raumgeometrie zu entwickeln, wohl aber den Weg zur Verallgemeinerung aufzuweisen. Um analoge Formeln in einem n-dimensionalen Raum zu erhalten, brauchen wir nur n Zahlen als Koordinaten zu schreiben. Damit ist die Überwindung der Dimension eine Tatsache. Diese verlangt keine andere Anstrengung als das Schreiben längerer n-Tupel von Koordinaten. Wir sind also tatsächlich auf einer guten Autobahn ans Ziel gelangt.

Es stellt sich nun die Frage, ob solche Geometrien höherer Dimension auch irgendwo Anwendung finden. Die Antwort lautet, dass dies bei Situationen, bei denen die Zahl der Veränderlichen (Freiheitsgrade) größer als drei ist, vorkommt. Zum Beispiel hat die Raumzeit der Relativitätstheorie vier Dimensionen (drei Raumdimensionen und eine Zeitdimension). Die Stringtheorie (Theorie der allerelementarsten Bestandteile des Universums) hat nach Aussage des Mathematikers und Physikers Schwarz „nur" zehn Dimensionen nötig und nicht 26, wie anfänglich vorgeschlagen. Die angewandten Wissenschaften kennen also überhaupt nicht mehr die Schwellenangst der griechischen

Geometrie, das Kap der drei Dimensionen zu umfahren, wenn dafür eine Notwendigkeit besteht.

Schritt 5   Geometrie einer symmetrischen bilinearen Form (Skalarprodukt)

Wir kommen jetzt an eine verführerische Stelle, die sich in der Mathematik immer im Moment der höchsten Abstraktion ergibt, wo es einen juckt und drängt, an dem ursprünglichen Modell etwas herumzubasteln, um zu sehen, welche neuen Erkenntnisse dabei herauskommen. Wir beschränken uns auf ein einfaches Beispiel in der Ebene.

Die metrischen Merkmale der euklidischen Ebene werden vollständig wiedergegeben durch das Skalarprodukt, verbunden mit der Matrix

$$\begin{bmatrix} 1 & 0 \\ 0 & 1 \end{bmatrix}$$

Wir verändern nun dieses Produkt dadurch, dass wir $\begin{bmatrix} 1 & 0 \\ 0 & -1 \end{bmatrix}$ als definierende Matrix nehmen. Wir erhalten:

$$(x_1, y_1) \blacklozenge (x_2, y_2) = \begin{bmatrix} x_1 & y_1 \end{bmatrix} \begin{bmatrix} 1 & 0 \\ 0 & -1 \end{bmatrix} \begin{bmatrix} x_2 \\ y_2 \end{bmatrix} = \begin{bmatrix} x_1 x_2 - y_1 y_2 \end{bmatrix}$$

Die wesentlichen Eigenschaften, nämlich „symmetrisch und bilinear" zu sein, bleiben bei diesem neuen Produkt erhalten, mit anderen Worten, es ist ebenfalls ein Skalarprodukt. Betrachten wir jedoch insbesondere die Folgen für das „Senkrechtstehen" (Orthogonalität) von Geraden.

In der normalen euklidischen Ebene standen sowohl die Koordinatenachsen mit den Richtungsvektoren (1, 0) und (0, 1) wie die Winkelhalbierenden des Achsenkreuzes mit den Richtungsvektoren (1, 1) und (−1, 1) aufeinander senkrecht, denn:

$$(1, 0) \bullet (0, 1) = 1 \cdot 0 + 0 \cdot 1 = 0 \quad \text{und}$$
$$(1, 1) \bullet (-1, 1) = 1 \cdot (-1) + 1 \cdot 1 = 0$$

In der Ebene mit dem neuen Skalarprodukt bleiben die Koordinatenachsen auch stets orthogonal, aber die Winkelhalbierenden sind zueinander nicht mehr orthogonal, denn:

$$(1, 0) \blacklozenge (0, 1) = 1 \cdot 0 - 0 \cdot 1 = 0 \quad \text{und}$$
$$(1, 1) \blacklozenge (-1, 1) = 1 \cdot (-1) - 1 \cdot 1 = -2 \neq 0.$$

Außerdem stellen wir folgende Besonderheiten fest:

− jede Winkelhalbierende ist zu sich selbst orthogonal, denn

$$(1, 1) \blacklozenge (1, 1) = 1 \cdot 1 - 1 \cdot 1 = 0 \quad \text{und}$$
$$(-1, 1) \blacklozenge (-1, 1) = (-1) \cdot (-1) - 1 \cdot 1 = 1 - 1 = 0.$$

− zwei Geraden, die bezüglich einer der beiden Winkelhalbierenden symmetrisch liegen, wie zum Beispiel die mit den Richtungsvektoren (3, 2) und (2, 3), sind stets orthogonal, denn

$$(3, 2) \blacklozenge (2, 3) = 3 \cdot 2 - 2 \cdot 3 = 0$$

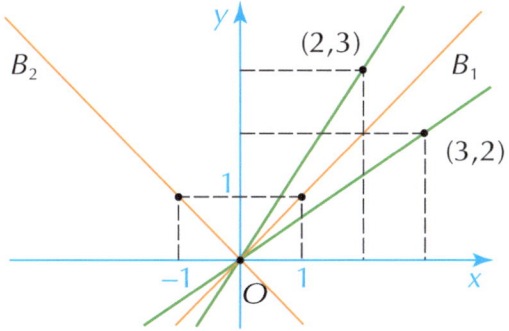

Wer sich fragt, ob all diese Ausschweifungen nur für einen sittsamen Zeitvertreib gut sind, muss jedoch zur Kenntnis nehmen, dass genau solche Räume (von Minkowski) sich als geeignet erwiesen, um bestimmten Aspekten der Relativitätstheorie eine theoretische Basis zu geben. Der Schrumpfeffekt beim Übergang vom ursprünglichen orthogonalen Achsenkreuz zu einem Paar orthogonaler Geraden, die „näher bei" der Winkelhalbierenden liegen, ist als eine Anpassung des Referenzystem zu verstehen, die berücksichtigt werden muss, wenn die Geschwindigkeit des Beobachters bezüglich des beobachteten Objekts sich der Lichtgeschwindigkeit (Winkelhalbierende) nähert. Es kostet Sie vielleicht keine Mühe, in der witzigen Bemerkung Einsteins ein wenig Trost zu finden, der aus diesem Anlass gesagt haben soll: „Seitdem die Mathematiker über meine Theorie hergefallen sind, verstehe ich sie selbst nicht mehr."

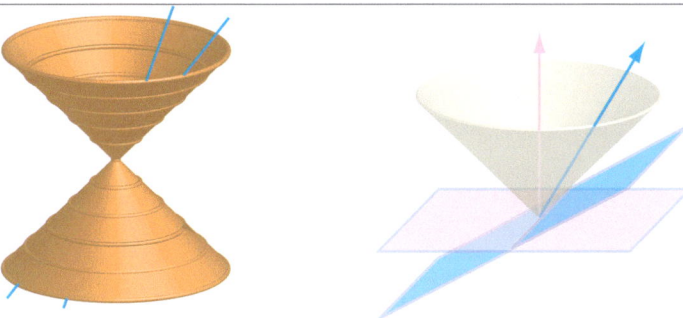

Das Modell der Raumzeit von Einstein und Minkowski dargestellt durch den Lichtkegel. Die obere Kegelhälfte umfasst die Punkte, von denen Lichtstrahlen ausgesandt werden (Zukunft), die untere die Punkte, die Lichtstrahlen empfangen haben (Vergangenheit). In der Figur rechts ist dargestellt, wie für zwei verschiedene Beobachter in Abhängigkeit von ihrer Geschwindigkeit im Vergleich zur Lichtgeschwindigkeit (Lage der Pfeile bezüglich des Lichtkegels) die Gesamtheit der als gleichzeitig erfahrenen Ereignisse verschieden ist. Sowohl der rosafarbene Pfeil wie auch der blaue stehen in der Raumzeit jeweils „senkrecht" auf den gleichgefärbten Ebenen der für sie gleichzeitigen Ereignisse.

Aber Einsteins witzige Bemerkung kann die Kreativität der Mathematiker nicht dämpfen. Man kann zum Beispiel in die definierende Matrix eines Skalarprodukts der Ebene vier beliebige Zahlen a, b, c und d einsetzen. Damit die hiermit verbundene Orthogonalitätsbeziehung symmetrisch ist, d. h., dass aus der Orthogonalität von AB zu CD auch die von CD zu AB folgt, muss man für b und c die gleichen Zahlen wählen. Die definierende Matrix hat dann folgende Form:

$$\begin{bmatrix} a & b \\ b & d \end{bmatrix}$$

Drei Zahlen bestimmen somit eine Geometrie der Ebene, zusammen mit einer symmetrischen bilinearen Form (Skalarprodukt). Viele dieser Geometrien gleichen einander und können dann auch in wohlbestimmte Klassen eingeteilt werden u. a. auf der Basis von Merkmalen wie der definierenden Matrix.

Natürlich kann man das auch in höheren Dimensionen wiederholen, bei der Dimension drei mit einer 3 x 3-Matrix und der Dimension n mit einer n x n-Matrix. Aber da ist schon wieder eine andere Verallgemeinerung in Sicht, sozusagen ein Anschluss auf einer noch breiteren Autobahn.

M.C. Escher (1898 – 1972)

Beim „Wasserfall" erlaubt sich der Graphiker M C. Escher einen Scherz mit der dreidimensionalen Deutung ebener Zeichnungen. Das Wasser scheint nach seinem Fall auf das höchste Niveau zurückzufließen. Bei vielen seiner Werke spielt Escher mit tiefsinnigen mathematischen Begriffen.

Schritt 6 Geometrie eines Vektorraums, in dem ein Skalarprodukt erklärt ist.

Bei den vorhergehenden Schritten haben die Begriffe Punkt, Gerade, Ebene und Raum noch mehr oder weniger eine intuitive geometrische Bedeutung behalten, ungeachtet ihrer Übertragung in die algebraische Sprache. Wir machen jedoch jetzt einen weiteren Schritt zu noch größerer Abstraktion dadurch, dass wir die geometrischen Begriffe auf beliebige Objekte übertragen, auf denen sich eine analoge Struktur finden lässt, d. h. auf Objekte, die man addieren und mit einer reellen Zahl multiplizieren kann. Diese Objekte werden wir dann Vektoren nennen. Für die Vektorraumstruktur genügt es schon, die Schritte 1, 2 und 3 der affinen Geometrie zu wiederholen. Wenn wir zusätzlich für die Vektoren noch ein Skalarprodukt definieren können (bei dem das Produkt von zwei dieser Vektoren eine reelle Zahl ist), dann können wir auch Schritt 4 für die metrischen Eigenschaften wiederholen.

Zur Illustration bringen wir ein wichtiges Beispiel aus der Analysis, nämlich die Klasse der auf einem abgeschlossenen Intervall, z.B. [0, 2], stetigen Funktionen. Die Elemente dieser Klasse werden durch ununterbrochene Graphen dargestellt wie in der folgenden Figur.

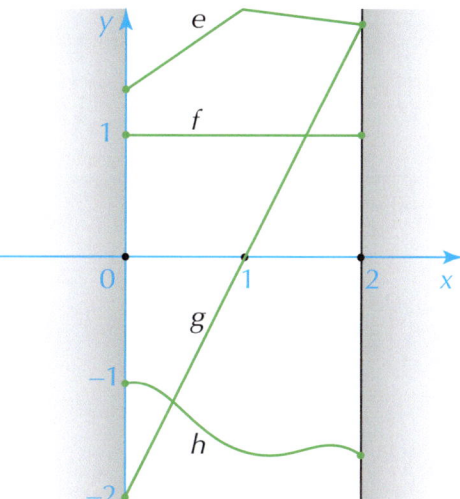

Weil die Summe zweier stetiger Funktionen wieder eine stetige Funktion ist und das Produkt einer stetigen Funktion mit einer reellen Zahl ebenso, kann man die stetigen Funktionen als Vektoren auffassen. Die „Gerade" durch zwei verschiedene Elemente f und g dieses Raums wird dann auf dieselbe analytische Weise notiert wie bei den Koordinaten-n-Tupeln:

Die Funktion x gehört zur „Geraden" durch die Funktionen f und g

$\Leftrightarrow x = f + r(g - f)$

Hierbei ist $g - f$ der Richtungsvektor der „Geraden".

Zwei derartige „Geraden" sind „parallel", wenn ihre Richtungsvektoren (das sind hier Funktionen) reelle Vielfache voneinander sind.

Da der Vektorraum der stetigen Funktionen eine unendliche Dimension hat, können darin Teilräume beliebiger Dimension mithilfe von Vektorgleichungen beschrieben werden.

Das bestimmte Integral einer stetigen Funktion auf einem abgeschlossenen Intervall ist eine reelle Zahl. Wir können daher das bestimmte Integral verwenden um ein Skalarprodukt für stetige Funktionen zu definieren:

$$f \blacklozenge g = \int_0^2 f \cdot g \, dx$$

Mit Hilfe dieses Skalarprodukts können wir jetzt die metrischen Begriffe wie „Länge", „Orthogonalität" usw. auch auf diese Funktionen anwenden.

Beispiele

Angenommen, $f(x) = 1$ und $g(x) = 2x - 2$ (s. die obige Zeichnung).

Die jeweiligen Längen von f und g (bezüglich des Skalarprodukt $\blacklozenge$) werden wie folgt berechnet:

$$\text{Länge von } f = \sqrt{f \blacklozenge f} = \sqrt{\int_0^2 f(x) \cdot f(x) \, dx} = \sqrt{\int_0^2 1 \cdot 1 \, dx} = \sqrt{\int_0^2 1 \, dx}$$

$$\stackrel{(1)}{=} \sqrt{x \Big|_0^2} = \sqrt{2-0} = \sqrt{2}$$

$$\text{Länge von } g = \sqrt{g \blacklozenge g} = \sqrt{\int_0^2 g(x) \cdot g(x) \, dx} = \sqrt{\int_0^2 (2x-2)^2 \, dx}$$

$$= \sqrt{\int_0^2 (4x^2 - 8x + 4) \, dx}$$

$$\stackrel{(2)}{=} \sqrt{\frac{4}{3}x^3 - 4x^2 + 4x \Big|_0^2} = \sqrt{\frac{32}{3} - 16 + 8} = \sqrt{\frac{8}{3}}$$

Für den, der „vergessen" haben sollte, wie ein bestimmtes Integral berechnet wird, hier einige Hinweise, um die Ergebnisse in (1) und (2) verständlich zu machen.

Das bestimmte Integral einer Funktion h über einem Intervall $[a, b]$, nämlich

$\int_a^b h \, dx$, kann mithilfe der Formel $H(b) - H(a)$

(auch kurz $H \Big|_a^b$ geschrieben), berechnet werden.

H ist hier eine Funktion, deren Ableitung h ist, d.h. dass H eine Stammfunktion von h ist.

Da die Ableitung von x gleich 1 ist, ist somit x eine Stammfunktion von 1, daher die Formel (1).

Weil die Ableitung von $\frac{4}{3}x^3 - 4x^2 + 4x$ gleich $4x^2 - 8x + 4$ ist, ist also $\frac{4}{3}x^3 - 4x^2 + 4x$ eine Stammfunktion von $4x^2 - 8x + 4$, daher die Formel (2).

Aber die Bereitwilligkeit zu glauben, ist hier natürlich auch vollkommen ausreichend.

Beachten Sie, dass die so berechneten „Längen" nichts mit den gewöhnlichen euklidischen Längen der Graphen von f und g zu tun haben, denn diese sind 2 bzw. $2\sqrt{5}$. Die „Geometrie", die wir hier betreiben, ist eine spitzfindige Geometrie mit Funktionen als Ortsvektoren.

Auch die Orthogonalität von zwei Funktionen ist ein Begriff, der sich auf das eingeführte Skalarprodukt ♦ bezieht.

Beispiel

Die Funktionen f und g mit $f(x) = 1$ und $g(x) = 2x - 2$ sind orthogonal, denn ihr Skalarprodukt ist gleich 0:

$$f \blacklozenge g = \int_0^2 f(x) \cdot g(x)\, dx = \int_0^2 1 \cdot (2x-2)\, dx = \int_0^2 (2x-2)\, dx$$

$$= x^2 - 2x \Big|_0^2 = (4-4) - (0-0) = 0$$

Es ist offenbar, dass wir mit der Erkenntnis, die wir in Schritt 6 gewonnen haben, derartige algebraische Geometrien mit einfachen Elementen, aufbauen können. Diese können etwas völlig anderes sein als die intuitiven „Punktkringel" anfänglich bei Schritt 1. Zum Beispiel können Kegelschnitte, Kurven höheren Grades, Kugeln usw. als „Punkte" einer bestimmtem Art Geometrie aufgefasst werden. Mit diesen fruchtbaren Überlegungen können wir der Algebra wieder den Rücken zukehren und uns auf eine saubere, synthetisch-geometrische Reise begeben.

1.2 Die Welt der Inzidenzgeometrie

Kehren wir noch einmal zurück zu der braven „Ebene" unserer Jugend mit ihren vertrauten Punkten und Geraden, die uns zusammen mit den alten Griechen so viel „Freude" bereitet haben. Geraden haben wir als Punktmengen aufgefasst und Punkte als Grundelemente. Ein Punkt kann zu einer Geraden gehören und eine Gerade kann einen Punkt enthalten. Die Beziehung zwischen Punkten und Geraden nennen wir Inzidenzrelation. Mit Blick auf Verallgemeinerungen abstrahieren wir jetzt von der spezifischen Bedeutung von Punkten und Geraden und werden, um denen, die weniger Erfahrung im Abstrahieren haben, entgegenzukommen, im folgenden von „Grundelementen" anstelle von Punkten und von „Teilräumen" anstelle von Geraden sprechen.

Jede nichtleere Menge von Grundelementen nennen wir einen Inzidenzraum. Hierin wird eine wohlbestimmte Menge von Teilmengen (als Teilräume) ausgewählt. Die Inzidenzrelation besteht dabei darin, dass die Grundelemente als Elemente dieser Teilräume auftreten können.

Beispiel

Wir wählen als eine Menge von Grundelementen die Menge $\{1, 2, 3, 4\}$ und als Menge von Teilräumen die Menge der Paare, die aus diesen Elementen gebildet werden können, d. h. $\{\{1, 2\}, \{1, 3\}, \{1, 4\}, \{2, 3\}, \{2, 4\}, \{3, 4\}\}$.

Es gelten dann u.a. folgende Inzidenzrelationen:

$$1 \in \{1, 2\} \text{ und } 3 \notin \{1, 2\}.$$

Nikolai Iwanowitsch Lobatschewski (1793–1856)

Russischer Mathematiker, Professor an der Universität Kasan. Er entwickelte eine Geometrie, in der das Parallelenaxiom von Euklid nicht gilt, ebenso wie unabhängig voneinander J. Bolyai und C.F. Gauß. Als er 1826 als erster seine Erkenntnisse von einer hyperbolischen Geometrie veröffentlichte, fand er wenig Gehör. Erst viele Jahre nach seinem Tod wurde die nichteuklidische Geometrie als Alternative zur euklidischen akzeptiert.

Um jedoch in einem Inzidenzraum eine Geometrie einzuführen, müssen wir die Struktur ein wenig mit Axiomen anreichern, die geometrisch klingen und die durch das inspiriert sind, was wir über Punkte und Geraden zu wissen glauben. Mit Axiomen müssen wir vorsichtig umgehen. Eine unerlässliche Forderung ist, dass sie konsistent sind, d.h., dass sie, um ein Erstes zu nennen, nicht widersprüchlich sind und dass wir früher oder später nicht eine Aussage und zugleich ihr Gegenteil ableiten können. Letzteres ist aber nicht immer evident. Deswegen haben die Mathematiker eine Technik entwickelt, um die Theorie in einem konkreten Modell zu verwirklichen, in dem die Axiome verifiziert werden können. Es ist darüber hinaus auch elegant, wenn auch nicht notwendig, dass die Axiome voneinander unabhängig sind, d. h., dass ein bestimmtes Axiom nicht aus den übrigen ableitbar ist.

Für die Inzidenzrelation in einem Inzidenzraum wurden typische Axiome formuliert. Die wesentlichsten von ihnen lauten wie folgt:

Axiom 1   Zwei verschiedene Grundelemente gehören zu genau einem Teilraum.

Um jedoch in solchen Räumen auch etwas Sinnvolles machen zu können und nicht nur in trivialen Situationen stecken zu bleiben, fügen wir das folgende eher banale Axiom hinzu:

Axiom 2   Es gibt mindestens vier verschiedene Grundelemente, von denen keine drei zu demselben Teilraum gehören.

Beachten Sie, dass das oben genannte Beispiel (Modell) diesen Axiomen genügt. Damit ist die Widerspruchsfreiheit der beiden Axiome gezeigt.

Da die Anzahl der Begriffe nicht besonders groß ist, können wir sie etwas anfüllen oder verfeinern, z.B. mit der Definition von parallelen Teilräumen.

Definition: Zwei Teilräume sind parallel dann und nur dann, wenn sie gleich sind oder kein gemeinsames Grundelement besitzen.

In dem angegebenen Beispiel sind {1, 2} und {3, 4} daher parallel, {1, 2} und {1, 3} aber nicht.

Aus dem Vorhergehenden kann auf einfache Weise abgeleitet werden, dass die Relation „parallel" folgende Eigenschaften besitzt. Sie ist:

- reflexiv, d.h., dass jeder Teilraum zu sich selbst parallel ist.
- symmetrisch, d.h., dass aus der Parallelität der Teilräume A und B auch die Parallelität von B und A folgt.

Die Axiome reichen jedoch nicht, um die Transitivität der Parallelrelation abzuleiten, d.h., dass aus der Parallelität von A und B und von B und C auch die von A und C folgt. Ebenso wenig ist es möglich abzuleiten, wie viele parallele Teilräume zu einem gegebenen Teilraum existieren, die ein Grundelement außerhalb dieses Teilraums enthalten.

Wir geben zunächst einige Beispiele, aus denen klar wird, dass unterschiedliche Situationen existieren können. Im Folgenden werden wir zusätzliche Axiome formulieren, die einige dieser Situationen charakterisieren und somit zu einer Klassifikation von Inzidenzräumen Anlass geben.

Beispiel 1

>Grundelemente: {1, 2, 3, 4}
>
>Teilräume: {{1, 2}, {1, 3}, {1, 4}, {2, 3}, {2, 4}, {3, 4}}.

Wir wählen einen Teilraum z.B. {1, 2} und ein Grundelement außerhalb, z.B. 3. Es ist klar, dass dann genau ein paralleler Teilraum existiert, der 3 enthält und zu {1, 2} parallel ist. nämlich {3, 4}. Wir können überprüfen, dass dies für jede Wahl gilt. Dieses Modell illustriert, dass wir mit ruhigem Gewissen ein drittes Axiom hinzufügen können, das besagt:

Axiom 3   Zu jedem Grundelement außerhalb eines Teilraums existiert genau ein Teilraum, der zu dem gegebenen Teilraum parallel ist und dieses Grundelement enthält.

Einen Inzidenzraum, der den Axiomen 1, 2 und 3 genügt, nennen wir einen affinen Raum.

Das angegebene Beispiel ist also ein affiner Raum, so wie es auch die euklidische Ebene mit den üblichen Punkten und Geraden ist.

Beispiel 2

>Grundelemente: die inneren Punkte einer Kreisscheibe (ohne die Punkte auf dem Kreisrand).
>
>Teilräume: die Sehnen der Kreisscheibe (ohne die Endpunkte):

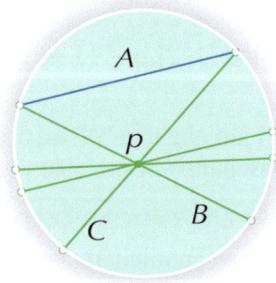

Dieses Beispiel genügt den Axiomen 1 und 2, aber nicht dem Axiom 3; denn wenn wir einen Teilraum, z.B. die Sehne A nehmen und ein Grundelement außerhalb, z.B. p, dann ist klar, dass unendlich viele Teilräume, die p enthalten, existieren und die zu A parallel sind, nämlich die Teilräume B und C und alle anderen Teilräume „dazwischen".

Das gilt für alle gewählten Fälle.

Dieses Modell zeigt, dass das Axiom 3 in der Tat unabhängig ist von den Axiomen 1 und 2 und daher getrost durch das nachfolgende Axiom 3bis ersetzt werden kann, das dann ebenfalls mit den Axiomen 1 und 2 konsistent ist.

Axiom 3bis Zu jedem Grundelement außerhalb eines Teilraums existieren mindestens zwei verschiedene Teilräume, die zu dem gegebenen Teilraum parallel sind und dieses Grundelement enthalten.

Einen Inzidenzraum, der den Axiomen 1, 2 und 3bis genügt, nennen wir einen hyperbolischen Raum.

Das angegebene Beispiel, das Cayley-Klein-Modell, ist also ein hyperbolischer Raum und kein affiner Raum. Dieses Modell hat eine historische Rolle bei der Akzeptanz der Konsistenz nichteuklidischer Geometrien gespielt. Der geniale Einfall, die Konsistenz der hyperbolischen Geometrie an einem Modell festzumachen, das der euklidischen Geometrie entnommen ist, nämlich einer offenen Kreisscheibe mit ihren Sehnen, stellte die Skeptiker vor die Wahl: Entweder akzeptieren, dass die neue Geometrie tatsächlich konsistent ist, oder die Konsistenz der euklidischen Geometrie in Zweifel ziehen, wodurch das Kind mit dem Bade ausgeschüttet würde.

Die hyperbolischen Räume sind die ersten nichteuklidischen Räume, die unabhängig voneinander von dem Ungar János Bolyai (1802–1860), dem Russen Nikolai Iwanowitsch Lobatschewski (1793–1856) und dem Deutschen Carl Friedrich Gauß (1777–1855) erdacht worden sind.

Beispiel 3

Grundelemente: die gegenüberliegenden Punkte eines Kugeldurchmessers (ein Paar Endpunkte stellt also nur ein Grundelement dar).

Teilräume: die Großkreise dieser Kugel.

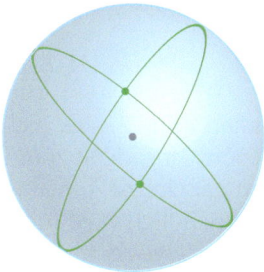

Dieses Modell genügt den Axiomen 1 und 2, aber nicht dem Axiom 3 und ebenso wenig dem Axiom 3bis, denn zwei verschiedene Teilräume (Großkreise) schneiden sich stets in genau einem Grundelement (einem Paar gegenüberliegender Punkte). Wir können daher den Axiomen 1 und 2 ebenso gut auf konsistente Weise das folgende Axiom 3tris hinzufügen:

Axiom 3tris   Zu jedem Grundelement außerhalb eines Teilraums existiert kein Teilraum, der zu dem gegebenen Teilraum parallel ist und dieses Grundelement enthält.

Ein Inzidenzraum, der den Axiomen 1, 2 und 3tris genügt, nennen wir einen elliptischen Raum.

Das angegebene Beispiel ist also ein elliptischer Raum und kein affiner oder hyperbolischer Raum.

Das erste Beispiel eines elliptischen Raumes wurde durch den deutschen Mathematiker Bernhard Riemann (1826-1866), einem Schüler von Gauß, erdacht.

Beispiel 4

Grundelemente: die inneren Punkte von drei Quadranten eines ebenen kartesischen Koordinatensystems.

Teilräume: die Spuren der Geraden (Restanten) in diesen Quadranten.

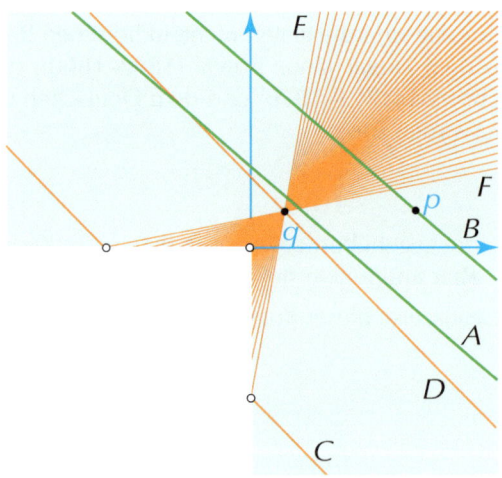

Dieses Modell genügt den Axiomen 1 und 2, aber nicht dem Axiom 3, nicht dem Axiom 3bis und auch nicht dem Axiom 3tris, denn zum Teilraum A und dem Grundelement p existiert nur ein Teilraum parallel zu A, nämlich B, und zum Teilraum C und dem Grundelement q existieren unendlich viele Teilräume parallel zu C, nämlich D, E und F und alle anderen Teilräume „zwischen" E und F.

Das angegebene Beispiel ist daher ein Inzidenzraum, der weder affin noch hyperbolisch noch elliptisch ist.

In dieser Darstellung haben wir auf synthetische Weise Alternativen für Inzidenzräume unter dem Gesichtspunkt der Parallelität untersucht. In der folgenden Darstellung behandeln wir, ebenfalls auf synthetische Weise, Räume unter dem Gesichtspunkt metrischer Eigenschaften.

1.3 Geodäten auf einer gekrümmten Fläche

In der normalen euklidischen Ebene wird der kürzeste Abstand zwischen zwei Punkten auf der Geraden durch diese beiden Punkte gemessen und die Summe der Innenwinkel in einem Dreieck beträgt exakt 180°. Der Beweis für diese letzte Eigenschaft stützt sich auf das Axiom der eindeutig bestimmten Parallele zu einer gegebenen Geraden durch einen Punkt.

In Räumen anderer Art bleiben diese Eigenschaften nicht notwendigerweise gültig. Sie werden dann durch eigens für diese Räume angepasste Versionen ersetzt. Betrachten wir z.B. die Eigenschaften beim Kugelmodell im Beispiel 3.

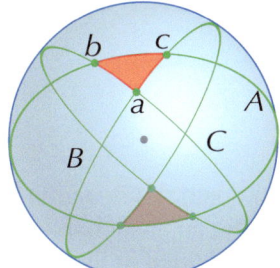

A, *B* und *C* sind Geodäten

abc ist ein Kugeldreieck

Die kürzeste Entfernung zwischen zwei Kugelpunkten wird auf dem Großkreis durch die beiden Punkte gemessen. Wir nennen daher die Großkreise der Kugel in diesem Zusammenhang Geodäten. Wenn wir drei Punkte auf der Kugel, die nicht auf demselben Großkreis liegen, durch die Bögen der Großkreise durch diese Punkte verbinden, erhalten wir ein Kugeldreieck. Indem wir in einem Eckpunkt dieses Kugeldreiecks Tangenten an diese Bögen in diesem Eckpunkt konstruieren, erhalten wir einen Winkel, den wir Winkel des Kugeldreiecks nennen. Die Summe der drei Winkel in einem solchen Kugeldreieck ist in diesem Modell größer als 180°. Eine Kugel ist eine gekrümmte Fläche mit konstanter positiver Krümmung.

Es war eine Idee von Riemann, die Geometrie von gekrümmten Flächen mit positiver oder negativer Krümmung zu untersuchen. Ein berühmtes Beispiel einer gekrümmtem Fläche mit konstanter negativer Krümmung ist die Pseudosphäre. Sie kann aufgefasst werden als Drehfläche einer Kurve *K* von der Form eines Vogels um ihre Asymptote *A*. Die Fläche sieht aus wie zwei aneinander geleimte Trompeten.

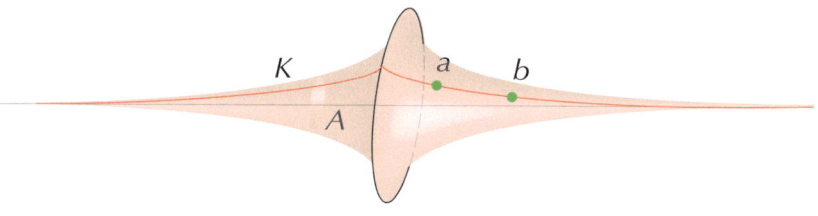

Der kürzeste Abstand zweier Punkte auf dieser Pseudosphäre wird auf einer speziellen Kurve gemessen, die eine Geodäte in diesem Raum ist. Verbindet man drei

Punkte dieses Raumes, die nicht auf derselben Geodäten liegen, durch die Bögen der Geodäten durch diese drei Punkte, dann erhält man ein pseudosphärisches Dreieck. Die Winkel werden genauso mithilfe von Tangenten an die Geodäten definiert wie bei der Kugel. In diesem Raum mit negativer Krümmung ist die Summe der Winkel eines solchen Dreiecks kleiner als 180°.

Um in solchen gekrümmten Räumen Abstände und Flächen zu berechnen, sind schwere theoretische Geschütze erforderlich, die zum Gebiet der Differentialgeometrie gehören. Die Fragen der kleinsten Abstände, der Flächen, der Flächeninhalte usw. bilden das Gebiet der sogenannten Variationsrechnung. Seit der Formulierung der allgemeinen Relativitätstheorie, in der man sich die Gravitation als eine Verformung des Raumes vorstellt, ist die Theorie der gekrümmten Räume das geeignete Hilfsmittel, um die Aspekte der Relativität anzugehen.

Schlussbemerkung

In dieser Darstellung ist klar geworden, wie sich durch das Beharren auf einem bestimmten Gedankengang kreative Wege öffnen, die anfänglich ausgefallen zu sein scheinen, aber letztlich doch eine praktische Anwendung in ihrem Bereich finden. Bei diesen Überlegungen ist es nicht verwunderlich, dass Mathematiker sich gegen Ende des 19. Jahrhunderts zu fragen begannen, was denn eigentlich eine Geometrie ausmache. Es war der deutsche Mathematiker Felix Klein, Professor in Erlangen, der 1872 in einem Artikel, seitdem bekannt unter dem Namen „Erlanger Programm", die Bedeutung der Gruppentheorie für die Klassifikation geometrischer Räume ins Scheinwerferlicht rückte. Er schlug vor, eine Geometrie als eine Menge von Grundelementen anzusehen, auf der eine Gruppe von Transformationen operiert, wobei die Aufmerksamkeit auf die Eigenschaften gerichtet ist, die bei einer solchen Transformation unverändert (invariant) bleiben. So kann man die affine Geometrie als die Geometrie sehen, bei der die Parallelität erhalten bleibt, beispielsweise bei Verschiebungen und Homothetien (Maßstabsveränderungen) als spezifischen Transformationen., die metrische Geometrie als die, bei der bei Transformationen wie Spiegelungen und Drehungen Längen und Winkel erhalten bleiben.

Natürlich ist damit die Geschichte der Geometrie nicht ausgeschöpft. Wir haben überhaupt noch nicht die projektive Geometrie erwähnt, die Geometrie, welche untersucht, was, vom Standpunkt der Perspektive aus betrachtet, invariant bleibt, oder die Topologie, die Geometrie, die sich damit befasst, was beim „Falten, Dehnen und Verbiegen" (ohne etwas zu zerbrechen) invariant bleibt. Aber es hier nicht das Ziel, erschöpfend zu sein.

2 Vom leeren Nichts zu absonderlichen Unendlichkeiten

Sowohl das absolute Nichts wie das Unendliche haben durch die Jahrhunderte viele Philosophen und Wissenschaftler fasziniert Die Ablehnung des aktual Unendlichen durch Aristoteles und die späteren Intuitionisten stellte sich als ein enormer Aderlass für die Schaffung sehr subtiler mathematischer Konzepte heraus. In der Zahlentheorie und in der Geometrie hat der Begriff unendlich viele Ausprägungen. Hingegen gibt es in der Mengenlehre nur eine leere Menge. Wir zeigen in diesem Abschnitt, wie man, ausgehend von der leeren Menge, zu einer unvorstellbaren Mannigfaltigkeit unendlicher Mengen von unterschiedlicher Mächtigkeit aufsteigen kann.

2.1 Die unendliche Folge der natürlichen Zahlen

Am Anfang war nichts. Die Mathematiker nennen es das Leere, so wie die leere Menge. Von dem Moment an, wo das Nichts einen Namen erhält, existiert plötzlich doch etwas, nämlich der Name des Nichts. Wir wollen es null nennen und durch 0 darstellen, mithin gilt { } = 0.

Wenn wir den Namen in eine Menge stecken, dann erhalten wir eine Menge, die etwas enthält, nämlich {0}. Diese neue Menge ist verschieden von der leeren Menge { } und muss daher einen anderen Namen erhalten, nämlich eins. Wir setzen also {0} = 1. Auf diese Weise können wir unbegrenzt fortfahren mit { 0, 1} = 2, {0, 1, 2} = 3,..., {0, 1, 2, 3, ..., $n-1$} = n usw. Wir konstruieren so die unendliche Menge der natürlichen Zahlen {0, 1, 2, 3,..., n, ...} Diese Menge bezeichnen wir mit ℕ. Diese Menge ℕ kann durch eben diese Konstruktion zu einer unendliche Folge geordnet werden.

Georg Cantor (1845–1918)

Deutscher Mathematiker, Begründer der modernen Mengenlehre. Die überraschenden Ergebnisse auf dem Gebiet der transfiniten Kardinal- und Ordinalzahlen und die Paradoxien, die sich aufgrund seiner Argumentationsweise herausstellten, spalteten die mathematische Welt in Befürworter und Gegner. Unter den Skeptikern befanden sich mathematische Asse wie Herman Weyl, Luitzen E. J. Brouwer, Henri Poincaré und sein eigener Lehrer Leopold Kronecker. Doch David Hilbert sollte Cantors Verteidigung übernehmen und feststellen: „Aus dem Paradies, das Cantor uns geschaffen hat, soll uns niemand vertreiben können".

Beachten Sie, dass jede natürliche Zahl aufgrund dieses Aufbaus exakt gleich der Menge ihrer Vorgänger ist, z.B. 6 = { 0, 1, 2, 3, 4, 5}. Mit den natürlichen Zahlen als Zeichenmengen und Zeichenfolgen können wir beliebige Mengen abzählen und ordnen. Dazu müssen wir zwei Relationen zwischen Mengen definieren, nämlich die Relation „gleich viel" Elemente zu enthalten und die Relation „weniger" Elemente zu enthalten als eine andere Menge.

2.2 Eine unendliche Prozession von Kardinalzahlen

2.2.1 Die natürlichen Zahlen als Kardinalzahlen endlicher Mengen

Wir sagen, dass zwei Mengen A und B gleich viel Elemente haben (gleichmächtig sind) dann und nur dann, wenn eine eineindeutige Zuordnung zwischen ihren Elementen besteht, mit anderen Worten, wenn jedes Element von A einem Element von B zugeordnet ist und umgekehrt. Wir sagen auch, dass dann eine Bijektion zwischen A und B besteht.

Beispiel

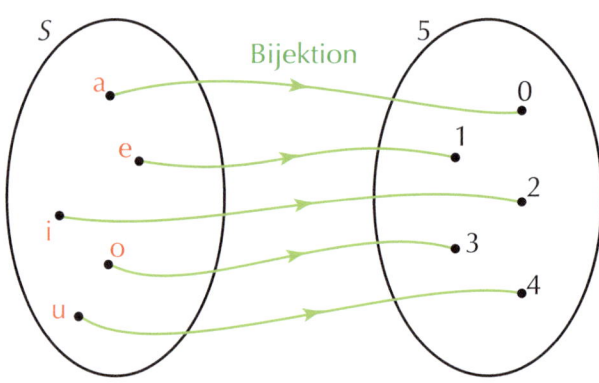

Da die Menge der Selbstlaute S = {a, e, i, o, u} gleich viel Elemente enthält wie die natürliche Zahl 5 = {0, 1, 2, 3, 4} sagen wir, dass die Kardinalzahl der Menge S gleich 5 ist. Es besteht ja eine Bijektion von S auf 5, nämlich:

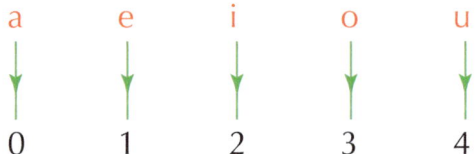

Auf diese Weise leisten die natürlichen Zahlen ihren Dienst als Kardinalzahlen endlicher Mengen. Die Kardinalzahl der Menge M der Mitlaute z.B. beträgt 21

Wir schreiben die Kardinalzahl einer Menge V kurz als #V.
Also   #S = 5   und   #M = 21.

2.2.2 Das abzählbar Unendliche, dargestellt durch die Mächtigkeit von ℕ

Wir verfügen bereits über eine unendliche Menge, nämlich

$$\mathbb{N} = \{0, 1, 2, 3, \ldots, n, \ldots\}.$$

Wir nennen die Kardinalzahl von ℕ „Aleph null" und schreiben $\aleph_0$. Jede unendliche Menge, die zu ℕ gleichmächtig ist, besitzt dann auch die Kardinalzahl $\aleph_0$. Wir nennen solche Mengen „abzählbare Mengen", weil ihre Elemente den natürlichen Zahlen eindeutig zugeordnet werden können. Sie bilden den allerersten Typ unendlicher Mengen.

Beispiele

Die Menge der geraden natürlichen Zahlen $G = \{0, 2, 4, 6, 8, \ldots, 2n, \ldots\}$ enthält genauso viele Elemente wie die Menge der natürlichen Zahlen $\mathbb{N} = \{0, 1, 2, 3, \ldots, n, \ldots\}$, denn zwischen ℕ und G besteht eine Bijektion, nämlich

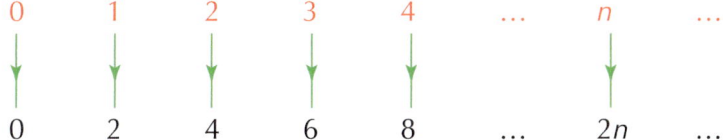

Diese Bijektion bildet jede natürliche Zahl auf ihr Doppeltes ab. G besitzt daher die Kardinalzahl $\aleph_0$.

Ebenso besitzt die Menge der Quadrate der natürlichen Zahlen $T = \{0, 1, 4, 9, 16, \ldots, n^2, \ldots\}$ die Kardinalzahl $\aleph_0$, denn es besteht eine Bijektion zwischen ℕ und T, nämlich

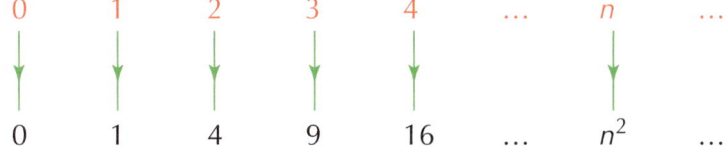

Die Bijektion bildet jede natürliche Zahl auf ihr Quadrat ab.

Mit Galilei können wir über die Tatsache erstaunt sein, dass eine echte Teilmenge von ℕ wie G oder T, bei denen wir unendliche viele Elemente von ℕ weggelassen haben, trotzdem noch genauso viele Elemente hat wie ℕ selbst. Das ist jedoch gerade eine charakteristische Eigenschaft unendlicher Mengen. Richard Dedekind (1831-1916) hat dann auch dieses Merkmal, nämlich eine echte Teilmenge zu besitzen, die zur Menge selbst gleichmächtig ist, zur Definition einer unendlichen Menge benutzt.

2.2.3 Transfinite Kardinalzahlen. Der Satz von Cantor

Natürlich sind nicht alle Mengen gleichmächtig. Eine Menge A enthält weniger Elemente als eine Menge B, wenn man jedem Element von A genau ein Element von B zuordnen kann, aber dabei stets noch Elemente von B übrig bleiben. Wir sagen dann, dass die Kardinalzahl von A (streng) kleiner ist als die von B und die von B (streng) größer ist als die von A. Wir schreiben #A < #B.

Beispiel

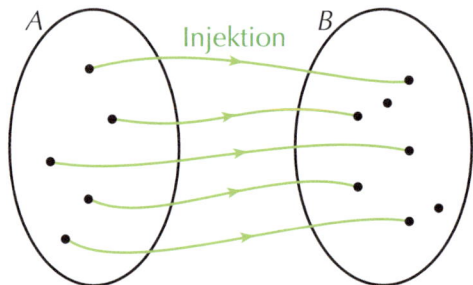

Eine Abbildung einer Menge A in eine Menge B, die unterschiedliche Elemente von A auf unterschiedliche Elemente von B abbildet, wobei u. U. nicht alle Elemente von B Bildpunkte sind, nennen wir eine Injektion von A in B (s. die zugehörige Abbildung). Weil Bijektionen auch spezielle Injektionen sind, sagen wir, dass die Kardinalzahl von A (streng) kleiner ist als die von B dann und nur dann, wenn keine einzige Injektion von A in B eine Bijektion ist.

Wir kommen jetzt zu einem Punkt, der in der Geschichte der Mathematik für große Aufregung gesorgt hat und nicht ohne Kontroversen geblieben ist, nämlich dem Aufsehen erregenden Satz von Cantor und seinem Beweis.

Zu jeder Menge V, endlich oder unendlich, können wir eine neue Menge konstruieren, nämlich die Menge ihrer Teilmengen $\mathcal{P}V$.

Beispiel

Wenn V = {a,b,c}, dann gilt $\mathcal{P}V$ = {{ }, {a}, {b}, {c}, {a, b}, {a, c}, {b, c}, {a, b, c}}.

Beachten Sie, dass A drei Elemente enthält und $\mathcal{P}V$ acht. Das rührt daher, dass man bei der Bildung der Teilmengen von A bei jedem der drei Elemente in A die zwei Möglichkeiten hat, nämlich es auszuwählen oder es nicht auszuwählen. Aus drei Elementen kann man somit $2 \cdot 2 \cdot 2 = 2^3 = 8$ Teilmengen bilden. So besitzt eine Menge von vier Elementen $2^4 = 16$ Teilmengen und allgemein eine Menge mit n Elementen 2^n Teilmengen.

Aus dem angegebenen Beispiel ergibt sich, dass die Kardinalzahl von V (streng) kleiner ist als die von $\mathcal{P}V$.

Cantor konnte beweisen, dass dies für jede Menge V gilt, und überraschenderweise auch für unendliche Mengen. Aus dieser Behauptung von Cantor, nämlich #V < #𝓟V, folgt, dass man unendliche Mengen bilden kann, deren Mächtigkeit stets größer wird, und dass dabei keine Rede ist von einer größten Menge. Gemäß dieser Behauptung werden dann die folgenden Kardinalzahlen aber stets größer und größer:

$$\#\mathbb{N} < \#\mathcal{P}\mathbb{N} < \#\mathcal{P}\mathcal{P}\mathbb{N} < \#\mathcal{P}\mathcal{P}\mathcal{P}\mathbb{N} < \ldots$$

Wir setzen $\#\mathcal{P}\mathbb{N} = \aleph_1$, $\#\mathcal{P}\mathcal{P}\mathbb{N} = \aleph_2$, $\#\mathcal{P}\mathcal{P}\mathcal{P}\mathbb{N} = \aleph_3$ usw. Diese Zahlen nennen wir transfinite Kardinalzahlen, sie charakterisieren somit die unendlichen Mengen, die mächtiger sind als die Menge der natürlichen Zahlen. Man kann beweisen, dass die Menge der reellen Zahlen $\mathbb{R}$, d.h. die Menge der Punkte auf einer (reellen) Geraden zu $\mathcal{P}\mathbb{N}$ gleichmächtig ist. $\mathbb{R}$ hat also die Kardinalzahl $\aleph_1$. Man nennt daher $\aleph_1$ auch das Kontinuum.

Weil der Satz von Cantor und seine Folgerungen so viel Bestürzung hervorgerufen haben und mit Unglauben aufgenommen wurden, skizzieren wir im Folgenden den Beweis dieses Satzes. Wir führen hierzu einen allgemeinen Gedankengang durch, den wir am Beispiel von $V = \{a,b,c\}$ verdeutlichen.

Wir müssen also zeigen, dass es keine Injektion von V in $\mathcal{P}V$ gibt, die bijektiv ist, m. a. W., dass keine Injektion i von V in $\mathcal{P}V$ existiert, die alle Elemente von $\mathcal{P}V$ erfasst. Es wird stets mindestens eine Teilmenge in $\mathcal{P}V$ geben, die von i nicht erfasst wird.

Betrachten wir eine beliebige Injektion von V in $\mathcal{P}V$. In unserem Beispiel z.B.:

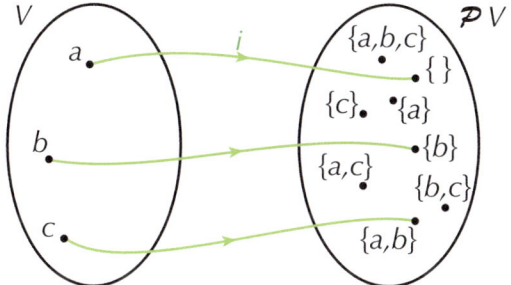

i bildet a auf { } ab, a gehört nicht zu seinem Bild. Wir nennen a einen „Verräter".

i bildet b auf $\{b\}$ ab, b gehört zu seinem Bild. Wir nennen b einen „Handlanger".

i bildet c auf $\{a, b\}$ ab, c gehört nicht zu seinem Bild. Also ist c auch ein „Verräter".

Auf diese Weise ist für eine gegebene Injektion i jedes Element von V entweder ein „Handlanger" oder ein „Verräter".

Betrachten wir jetzt die Menge der „Verräter". Sie ist eine Teilmenge von V und daher ein Element von $\mathcal{P}V$. In unserem Beispiel ist das $\{a,c\}$.

Wir zeigen, dass die Teilmenge der „Verräter" unmöglich durch *i* erfasst werden kann:

- entweder wird auf diese Teilmenge ein „Handlanger" abgebildet, dann würde dieser zu seinem Bild gehören. Das ist jedoch unmöglich, denn sie enthält nur „Verräter",
- oder es wird der Teilmenge ein „Verräter" zugordnet, aber dann würde diese zu seinem Bild, also der Menge der „Verräter" gehören, aber das ist nicht möglich, denn dann würde sie ein „Handlanger" sein.

Da aber *V* nur „Handlanger" oder „Verräter" enthält, wird somit kein einziges Element von *V* durch *i* auf die Menge der Verräter abgebildet. Mithin ist die Injektion keine Bijektion.

In unserem Beispiel wird in der Tat kein einziges Element von *V* durch *i* auf $\{a,c\}$ abgebildet.

Diese Argumentation können wir für jede Injektion von *V* in $\mathcal{P}V$ wiederholen.

Damit ist der Satz bewiesen: Die Kardinalzahl einer Menge *V* ist stets (streng) kleiner als die Kardinalzahl der Menge seiner Teilmengen $\mathcal{P}V$!

Die Argumentation, die diesem Beweis zugrunde liegt, hat zu Ende des 19. Jahrhunderts die Welt der Mathematiker erschüttert. Viele haben sie als eine Abweichung von der Mengenlehre abgelehnt, die dazu noch mit dramatischeren Paradoxa fertig werden musste. Wie die Grundlagenforschung, die sich daraus ergab, Anlass zur Entstehung verschiedener philosophischer Schulen in der Mathematik gegeben hat, wird im Kapitel 3 skizziert.

2.2.4 Rechnen mit Kardinalzahlen

Mit Kardinalzahlen können wir mittels der Mengen, die diese Kardinalzahlen repräsentieren, so rechnen, wie es u.a. mit einem Abakus geschieht. Um 3 und 2 zu addieren, schiebt man zunächst drei Kugeln zur Seite (eine Menge von drei Elementen), anschließend nimmt man noch zwei andere Kugeln (eine Menge von zwei Elementen, die von den Ersteren verschieden sind) und vereinigt beide Kugelmengen zu einer neuen Kugelmenge, deren Elemente man abzählt. Das ergibt die Zahl 5. Diese letzte Kardinalzahl ist dann die Summe der gegebenen Kardinalzahlen 3 und 2.

Die Summe von zwei Kardinalzahlen wird auf diese Weise durch die Vereinigung von zwei getrennten Mengen verwirklicht, welche die Kardinalzahlen repräsentieren. Weil in einer Menge die Elemente nicht geordnet sind, ist die Vereinigung von Mengen kommutativ (unabhängig von der Reihenfolge der Mengen) und infolgedessen auch die Addition von Kardinalzahlen. Die Vereinigung zweier Mengen *A* und *B* schreiben wir $A \cup B$.

Symbolisch kann die Definition der Addition von Kardinalzahlen durch

$\#A + \#B = \#(A \cup B)$ (hierbei sind A und B elementefremde Mengen)

wiedergegeben werden.

Beispiel

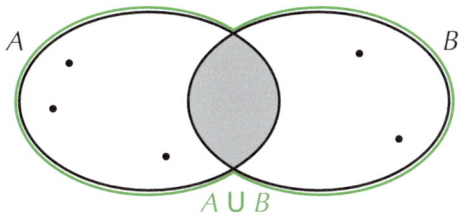

Also: $3 + 2 = 5 = 2 + 3$

Die natürlichen Zahlen haben wir dadurch konstruiert, dass wir sie als Menge ihrer Vorgänger, nämlich $\{0, 1, 2, 3, \ldots, n-1\} = n$ aufgefasst haben. Indem wir den Neuling n der Menge, die ihn bestimmt, hinzufügen, erhalten wir seinen Nachfolger, d.h. $n \cup \{n\} = n+1$. Diese Formel gibt also einen Sonderfall der Addition von Kardinalzahlen wieder.

Mit Hilfe dieser Nachfolgertechnik können wir die unendliche Menge der natürlichen Zahlen aufbauen. Ist es möglich mit dieser Technik auch über $\mathbb{N}$ hinauszugelangen, m.a.W., bezeichnet $\mathbb{N} \cup \{\mathbb{N}\}$ eine Menge, die mächtiger ist als $\mathbb{N}$? Anders ausgedrückt: Ist $\aleph_0 + 1$ größer als $\aleph_0$? Wir zeigen, dass das nicht der Fall ist und dass $\aleph_0 + 1 = \aleph_0 = 1 + \aleph_0$. Hierzu genügt es, eine Bijektion von $\{\mathbb{N}\} \cup \mathbb{N}$ auf $\mathbb{N}$ zu konstruieren.

Nun gut,

$$\{\mathbb{N}\} \cup \mathbb{N} = \{\mathbb{N}, \quad 0, \quad 1, \quad 2, \quad 3, \quad 4, \quad \ldots, \quad n, \quad \ldots\}$$
$$\downarrow \quad \downarrow \quad \downarrow \quad \downarrow \quad \downarrow \quad \downarrow \quad \quad \downarrow$$
$$\mathbb{N} = \{0, \quad 1, \quad 2, \quad 3, \quad 4, \quad 5, \quad \ldots, \quad n+1, \quad \ldots\}$$

ist eine Bijektion.

Wir können sogar zeigen, dass $\aleph_0 + \aleph_0 = \aleph_0$.

Nehmen wir z.B. $A = \{a_0, a_1, a_2, \ldots, a_n, \ldots\}$ und $B = \{b_0, b_1, b_2, \ldots, b_n, \ldots\}$,

dann haben beide, A und B, die Kardinalzahl $\aleph_0$.

Weil A und B elementefremde Mengen sind, gilt $\#(A \cup B) = \#A + \#B = \aleph_0 + \aleph_0$.

Nun ist aber

$$A \cup B = \{a_0, \quad b_0, \quad a_1, \quad b_1, \quad a_2, \quad b_2, \quad \ldots, \quad a_n, \quad b_n, \quad \ldots\}$$
$$\downarrow \quad \downarrow \quad \downarrow \quad \downarrow \quad \downarrow \quad \downarrow \quad \quad \downarrow \quad \downarrow$$
$$\mathbb{N} = \{0, \quad 1, \quad 2, \quad 3, \quad 4, \quad 5, \quad \ldots, \quad 2n, \quad 2n+1, \quad \ldots\}$$

eine Bijektion.

Hieraus ergibt sich: $\aleph_0 + \aleph_0 = \aleph_0$.

Um ausgehend von der Kardinalzahl $\aleph_0$ für $\mathbb{N}$ zu noch größeren Kardinalzahlen zu gelangen, müssen wir offensichtlich die Sprünge machen, die wir mithilfe des Satzes von Cantor machen können, nämlich:

$$\#\mathbb{N} < \#\mathcal{P}\mathbb{N} < \#\mathcal{P}\mathcal{P}\mathbb{N} < \dots$$

2.2.5 Hotel Hilbert

Eine nette Geschichte, die Eigenschaften des abzählbar Unendlichen, Aleph Null, zu verdeutlichen, ist die vom Hotel Hilbert, das im Gegensatz zu einem normalen Hotel über unendliche viele Zimmer verfügt, nämlich abzählbar unendlich viele, d.h. $\aleph_0$.

Es kommt ein Bus mit 10 VIPs an, die ein Hotelzimmer wünschen. Das Hotel ist jedoch voll belegt. Der Mann am Empfang informiert seinen Chef über das Problem, den berühmten Mathematiker Hilbert. Der löst das Problem im Handumdrehen: Jeder Hotelgast solle in ein Zimmer umziehen, dessen Nummer um genau 10 größer als die Nummer seines jetzigen Zimmers, d. h., 1 zieht nach 11 um, 2 nach 12 usw. Anschließend könne er die frei gewordenen Zimmer mit den Nummern 1 bis 10 an die neuen Gäste vergeben.

Am nächsten Tag meldet sich eine Gruppe von abzählbar unendlich vielen Kongressbesuchern, die auch ein Zimmer im Hotel haben wollen. Verzweifelt bittet der Rezeptionist Hilbert erneut um Rat, der ihm wiederum eine Lösung nennt: Jeder Hotelgast solle in ein Zimmer umziehen, dessen Nummer doppelt so groß ist wie die seines jetzigen Zimmers, also 1 nach 2, 2 nach 4 usw. Auf diese Weise seien nur noch die Zimmer mit einer geraden Nummer belegt und es würden abzählbar unendlich viele Zimmer mit einer ungeraden Nummer für die Kongressteilnehmer frei werden.

Natürlich ist die Geschichte noch nicht zu Ende. Es melden sich beispielsweise noch abzählbar unendliche viele Gruppen mit unendlich abzählbar vielen Anwärtern für ein Hotelzimmer. Hilbert selbst ist jedoch im Urlaub, sodass Sie nun dem Rezeptionisten helfen müssen.

Eine Ode an Aleph null vom Club der eingefleischten Biertrinker. Wenn hier mal eine von den Aleph Null Flaschen von der Wand fällt, dann braucht deswegen keiner ein Pint weniger zu trinken, selbst wenn das Hotel Hilbert mit seinen Aleph null Zimmern voll besetzt ist.

2.2.6 Die Kontinuumshypothese

Wenn wir den Satz von Cantor verwenden, um ausgehend von der leeren Menge mächtigere Mengen zu konstruieren, dann durchlaufen wir nacheinander die folgenden Typen endlicher Mengen:

$$\{\,\} = 0,$$
$$\mathcal{P}\{\,\} = \{\{\,\}\} = \{0\} = 1,$$
$$\mathcal{PP}\{\,\} = \mathcal{P}\{0\} = \{\{\,\},\{0\}\} = \{0,1\} = 2,$$
$$\mathcal{PPP}\{\,\} = \mathcal{P}\{0,1\} = \{\{\,\},\{0\},\{1\},\{0,1\}\}.$$

Beachten Sie, dass die Menge $\mathcal{PPP}\{\,\}$ bereits vier Elemente enthält und dass wir mit dieser Art Sprünge über den Typ mit drei Elementen in einem Satz hinweggesprungen sind. Auf diese Weise lassen wir so den Kardinaltyp 3 und noch viele andere aus. Wir erreichen jedoch auf diese Weise nacheinander nur Mengen mit den Kardinalzahlen:

$$0,\ 2^0 = 1,\ 2^1 = 2,\ 2^2 = 4,\ 2^3 = 8,\ 2^4 = 16 \text{ usw.}$$

Wir würden also mit dieser Folge ganz viele natürliche Zahlen überschlagen.

Es stellt sich nun die Frage, ob wir bei der Folge der transfiniten Kardinalzahlen nicht denselben Fehler begangen haben. Existieren beispielsweise Typen unendlicher Mengen mit einer Kardinalzahl zwischen $\aleph_0$ und $\aleph_1$?

Existieren mit anderen Worten Mengen, die mächtiger sind als die Menge der natürlichen Zahlen, deren Kardinalzahl $\aleph_0$ ist, und die weniger mächtig sind als die Menge der reellen Zahlen, deren Kardinalzahl $\aleph_1$ (das Kontinuum) ist? Die Vermutung, dass solche Zwischenmengen nicht existieren, trägt daher den Namen Kontinuumshypothese. Es war das Erste von den 23 berühmten Problemen, die David Hilbert im Jahre 1900 anlässlich eines Vortrags auf dem internationalen Kongress der mathematischen Welt vorlegte. Dieses Problem wurde auf verschiedene Weise von Kurt Gödel und Paul Cohen gelöst. 1939 bewies Gödel, dass die Axiome der „normalen" Mengenlehre widerspruchsfrei bleiben, wenn man die Kontinuumshypothese dazu nimmt. 1963 konnte Cohen zeigen, dass die Kontinuumshypothese von den übrigen Axiomen der Mengenlehre unabhängig ist und dass man daher ebenso gut die Verneinung der Kontinuumshypothese auf konsistente Weise den Axiomen hinzufügen könnte. Der Status der Kontinuumshypothese in der Mengenlehre erweist sich somit als analog zu dem des Parallelenaxioms in der Geometrie.

2.3 Transfinite Ordinalzahlen

2.3.1 Die natürlichen Zahlen als wohlgeordnete Mengen

Die Folge der natürlichen Zahlen ist aufgrund ihrer Konstruktion geordnet. Darüber hinaus ist diese Ordnung durch die Eigenschaft ausgezeichnet, dass jede ihrer Teilmengen, endlich oder unendlich, stets ein kleinstes Element besitzt. Diese Eigenschaft charakterisiert die sogenannten „wohlgeordneten Mengen". Die natürlichen Zahlen können daher auch als Beispielmengen für die endlichen wohlgeordneten Mengen dienen. In dieser Funktion nennen wir sie Ordinalzahlen. Die natürlichen Zahlen, aufgefasst als Ordinalzahlen, stellen wir durch kurze Folgen dar, wobei die Pfeile die Ordnung angeben.

Beispiel

Die Ordinalzahl 4 wird wie folgt dargestellt:

Als Ordinalzahl ist jede natürliche Zahl also gleichfalls gleich der Menge ihrer Vorgänger.

In der leeren Menge Null gibt es nicht viel zu ordnen, dort ist ja nichts zu finden. Auch in der Menge mit einem Element ist Ordnen nicht nötig, ein Punkt genügt, um ihr Vorhandensein wahrzunehmen. Die Menge der natürlichen Zahlen ℕ ist selbst eine wohlgeordnete Menge, wenn auch eine unendliche. Wir nennen die Ordinalzahl von ℕ „Omega", dargestellt durch ω. Weil eine größte natürliche Zahl nicht existiert, stellen wir ω durch die folgende unendlich fortlaufende Folge dar:

Auch ω ist somit gleich der Menge seiner Vorgänger, nämlich der natürlichen Zahlen. Um ω in der Folge der Ordinalzahlen darstellen zu können, führen wir ein spezielles Symbol ein, nämlich einen Punktpfeil ⸱, welcher angibt, dass dieses Element keinen unmittelbaren Vorgänger besitzt, ihm aber alle Elemente links davon vorausgehen. Auf diese Weise erhalten wir die nachfolgende Folge von Ordinalzahlen, unter denen jeweils ihr Ordnungstyp steht.

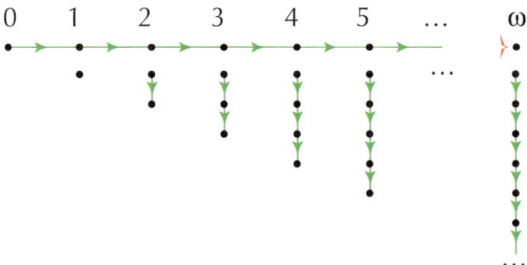

2.3.2 Rechnen mit Ordinalzahlen

Ordinalzahlen addieren wir dadurch, dass wir ihre Ordnungstypen nebeneinander legen (juxtaponieren) und so den neuen Ordnungstyp erhalten.

Beispiel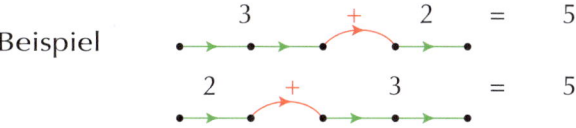

Bei endlichen Mengen finden wir so dieselben Ergebnisse und Eigenschaften wie zuvor bei den Kardinalzahlen. Wenn wir jedoch die Ordinalzahl ω ins Spiel bringen, dann gilt das nicht mehr.

Beispiel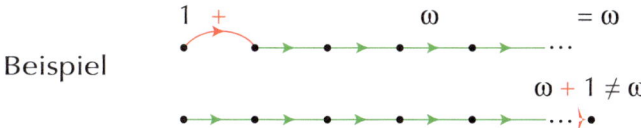

Eine unendliche Folge mit einer Eins davor ist immer noch eine unendliche Folge, aber eine unendliche Reihe mit einer Eins dahinter ist plötzlich eine andere Art von wohlgeordneter Menge, denn hier gibt es wieder ein letztes Element. Wir legen fest, dass ω+1 ein anderer Ordnungstyp ist als ω und dass ω + 1 in der Folge der Ordinalzahlen unmittelbar auf ω folgt. Außerdem gilt 1+ ω ≠ ω+1.

Auf entsprechende Weise gilt 2 + ω = ω, aber ω + 2 ≠ ω und ω + 2 ≠ ω + 1, denn

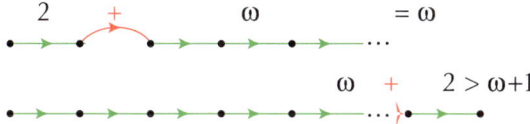

Auf diese Weise können wir stets noch größere Ordinalzahlen konstruieren. Hierbei gibt es keine größte Ordinalzahl, ebenso wenig wie eine größte Kardinalzahl existierte.

Schlussbemerkung

Es ist bemerkenswert, dass die Wege der Kardinalzahlen und Ordinalzahlen von dem Augenblick auseinander zu gehen beginnen, an dem wir das Gebiet des Transfiniten betreten. Auch die Eigenschaften und die Verknüpfungen bleiben von da an nicht dieselben. In einem geordneten unendlichen Zahlenrahmen zu arbeiten, führt also zu anderen Ergebnissen als mit einem ungeordneten. Das ist eine Veranschaulichung der Tatsache, dass mathematische Konzepte und Ergebnisse nicht rein intuitiv evident sind, sondern von der Methode abhängig bleiben, die sie hervorgebracht hat.

3   Erstaunliche Geburtstage und Garderobenverhältnisse

Viele Ereignisse im Leben sind nun mal nicht berechenbar oder vorhersagbar: der Tag Ihrer Geburt, das Zusammentreffen mit einem zukünftigen Partner, das Geschlecht unserer Kinder, das Lebensalter, das wir erreichen werden, usw. Wir sprechen daher davon, dass sie vom Zufall bestimmt sind. Seit dem Aufkommen der sogenannten Glücksspiele ist der Mensch fasziniert von den spannenden Launen des Glücksrads. So klein die Gewinnchance auch zu sein scheint, viele können es trotzdem nicht lassen, ihr Glück im Lotto, beim Jackpot oder dem Roulette zu versuchen. Obwohl der zu erwartende Gewinn jedes Mal unsicher ist, hat der süchtige Glücksspieler dennoch irgendwie die Überzeugung, dass der Zufall nicht ganz willkürlich zu Werke geht und dass bei einem ehrlichen Spiel „auf lange Sicht" zwischen den einzelnen möglichen Ergebnissen eine Art Gleichberechtigung herrschen muss, die für ihn vorteilhaft sein kann. Beim Werfen einer Münze kann man nicht wissen, ob Kopf oder Zahl erscheinen wird, aber bei 10.000 Würfen werden die Anzahlen für Kopf und Zahl wohl in der Nähe von 5.000 liegen. Wir wissen jedoch, dass selbst wenn in einem Augenblick die Anzahlen absolut gleich sein sollten, beim nächsten Wurf das Gleichgewicht wieder gestört sein wird und dass von einer Art Grenzwertprozess überhaupt keine Rede sein kann. Grundsätzlich ist eine Folge von tausendmal Kopf auch möglich, aber das Gesetz der großen Zahl besagt, dass dies sehr unwahrscheinlich ist. Insofern es sich um ein Spiel oder eine Lotterie handelt, müssen wir uns darüber nicht unbedingt aufregen. Wenn es jedoch um eine Lebensversicherung, eine Operation oder einen Fallschirmabsprung geht, würden wir gerne etwas beruhigendere Hinweise erhalten, obwohl selbstverständlich nichts garantiert werden kann.

Roulette
ist eins der populärsten Glücksspiele, das in allen Kasinos der Welt seinen Platz hat. Es umfasst 37 Zahlen, nämlich 0, 1, 2, ... , 36. Setzen können Sie nur auf die Zahlen von 1 bis 36 einschließlich. Wenn das Rad einmal in Bewegung gesetzt ist, ertönt das *rien ne va plus* und die Spannung steigt in dem Maße, in dem die Geschwindigkeit der Kugel abnimmt.

Inwieweit lässt sich der Zufall in seine „Karten" blicken und was können statistische Untersuchungen dazu beitragen? Den Beginn der Wahrscheinlichkeitstheorie legt man zumeist in das 17. Jahrhundert mit dem Briefwechsel zwischen Blaise Pascal und Pierre de Fermat aus Anlass von Fragen zu einem Würfelspiel, die der Chevalier de Méré aufgeworfen hatte. In den darauf folgenden Jahren und Jahrhunderten wurde die Wahrscheinlichkeitsrechnung von Mathematikern wie Christian Huygens, Jakob Bernoulli, Laplace u.a. weiterentwickelt. Seitdem der russische Mathematiker Andrei Kolmogorow im Jahre 1933 die Wahrscheinlichkeitstheorie auf eine streng axiomatische Basis gestellt hat, sind sie Methoden der Inferenzstatistik, die auf der Wahrscheinlichkeitstheorie gründet, aus den verschiedenen Gebieten der Natur- und Humanwissenschaften nicht mehr fortzudenken.

Im Rahmen dieses Buches ist es nicht möglich, auch nur einen kurzen Überblick des weiten Spektrums, das die aktuelle Wahrscheinlichkeitstheorie abdeckt, zu geben. Wir beschränken uns auf einige charakteristische Beispiele von Wahrscheinlichkeiten, die scheinbar der Intuition widersprechen, aber doch von statistischen Stichproben immer wieder bestätigt werden.

3.1 Happy birthday to you and you

Wenn wir den 29. Februar (in den Schaltjahren) der Einfachheit halber außer Betracht lassen, können wir behaupten, dass eine Person an einem von 365 möglichen Tagen Geburtstag hat. Wir nummerieren die Tage vom 1. Januar bis zum 31. Dezember von 1 bis 365 durch. In einer Gesellschaft von mehreren Personen können einige der Personen am selben Tag Geburtstag haben, wobei die Jahreszahl nicht berücksichtigt werden soll. Wir untersuchen das folgende Problem:

> *Wie groß ist die Wahrscheinlichkeit, dass in einer Gesellschaft von n Personen, mindestens zwei von ihnen am selben Tag Geburtstag haben?*

Nach der Wahrscheinlichkeitstheorie ist eine Antwort auf eine solche Frage nur innerhalb eines Wahrscheinlichkeitsraums möglich. Das ist die Menge aller möglichen Ergebnisse. Hierbei ordnet man jedem Ergebnis eine Zahl zwischen 0 und 1 als Wahrscheinlichkeit seines Auftretens zu. Für diese gelten einige elementare Eigenschaften.

Die erste Eigenschaft ist, dass die Summe der Wahrscheinlichkeiten aller möglichen Ergebnisse gleich 1 sein muss.

Für den Fall, dass allen Ergebnissen die gleiche Wahrscheinlichkeit zugeschrieben wird, ist die Wahrscheinlichkeit eines bestimmten Ergebnisses gleich 1, geteilt durch die Anzahl aller möglichen Ergebnisse. In diesem Fall spricht man von einem uniformen Wahrscheinlichkeitsraum (Gleichverteilung).

Im vorliegenden Problem sind die möglichen Ergebnisse die möglichen unterschiedlichen Geburtstage der n Personen.

Bezeichnen wir die n Personen durch $p_1, p_2, p_3, ..., p_n$, dann können wir die Zuordnung ihre Geburtstage darstellen als eine Abbildung der Menge der Personen P in die Menge der Geburtstage G (hierbei können zwei oder mehr Personen denselben Geburtstag haben).

Beispiel

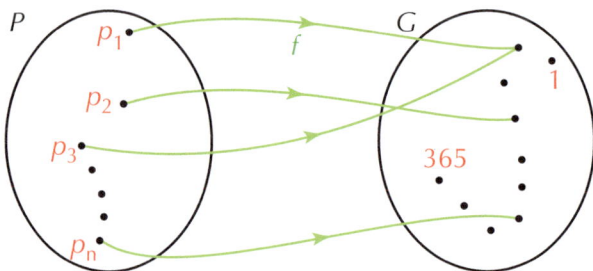

Da wir für jede Person die Wahl aus 356 Tagen haben, ist die Anzahl solcher Abbildungen gleich $365 \cdot 365 \cdot 365 \cdot ... \cdot 365$ (n Faktoren), d.h. 365^n. Die Wahrscheinlichkeit für eine solche Abbildung ist somit gleich $\frac{1}{365^n}$.

Eine zweite Eigenschaft ist, dass die Wahrscheinlichkeit einer Teilmenge der (endlichen) Ergebnismenge gleich der Summe der Wahrscheinlichkeiten der individuellen Elemente ist. Wir nennen eine solche Teilmenge in diesem Kontext ein „Ereignis" des Wahrscheinlichkeitsraums. Das Ereignis, dessen Wahrscheinlichkeit wir bestimmen wollen, ist in dem anstehenden Problem die Menge der Abbildungen f von P in G, bei denen nicht alle Personen unterschiedliche Geburtstage haben, also Abbildungen wie in dem oben stehenden Beispiel. Eine Abbildung von P in G, bei der alle Personen unterschiedliche Geburtstage besitzen, nennen wir eine Injektion von P in G. Diese Menge von Injektionen stellt auch ein Ereignis im Wahrscheinlichkeitsraum unseres Beispiels dar. Weil wir bei der Bildung einer Injektion von P in G für die erste Person die Wahl aus 365 Tagen, für die zweite jedoch nur noch aus 364 Tagen, für die dritte aus 363 Tagen, ... und für die n-te Person aus $365 - n + 1$ Tagen haben, beträgt die Anzahl solcher Injektionen $365 \cdot 364 \cdot 363 \cdot ... \cdot (365 - n + 1)$.

In der Abbildung wird aus einer Menschenmenge zufällig eine Stichprobe mit einer bestimmten Anzahl Personen gezogen (angedeutet durch das weiße Viereck. In der Grafik auf der folgenden Seite kann die Wahrscheinlichkeit abgelesen werden, dass sich in dieser Stichprobe mindestens zwei Personen mit demselben Geburtstag befinden in Abhängigkeit von der Zahl der ausgewählten Personen.

Nun ist eine beliebige Abbildung von P in G entweder eine Injektion oder keine Injektion. Es ist genau die Menge der Nichtinjektionen, deren Wahrscheinlichkeit wir bestimmen müssen. Nennen wir die Mengen der Injektionen B und die Menge der Nichtinjektionen A, dann gilt wegen der ersten Eigenschaft:

Wahrscheinlichkeit von A + Wahrscheinlichkeit von B = 1

also Wahrscheinlichkeit von A = 1 – Wahrscheinlichkeit von B

$$= 1 - \frac{365 \cdot 364 \cdot 363 \cdot \ldots \cdot (365-n+1)}{365^n}$$

In dieser Formel können wir n variieren lassen, und somit für jede Anzahl von Personen n die zugehörige Wahrscheinlichkeit ausrechnen, dass mindestens zwei von ihnen denselben Geburtstag haben. Das führt zu bemerkenswerten Ergebnissen, wie man aus der nachstehenden Tabelle und der Grafik ablesen kann:

n	10	20	22	23	30	50	60
Wahrscheinlichkeit von A	0,12	0,41	0,48	0,51	0,71	0,97	0,99

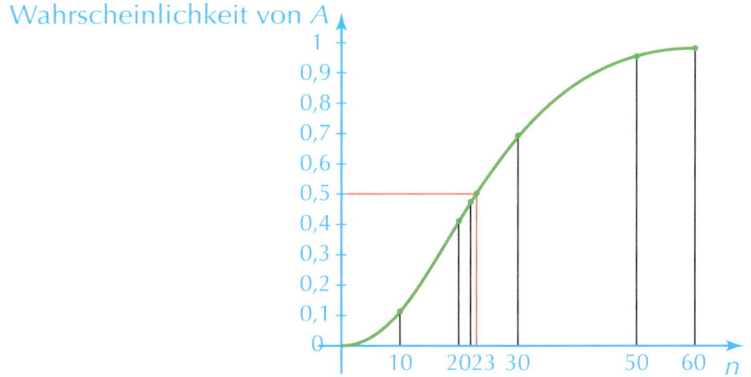

Hieraus ergibt sich, dass schon in einer Gruppe von 23 Personen die Wahrscheinlichkeit, dass sich unter ihnen zwei mit demselben Geburtstag befinden, größer als 50 % ist und dass in einer Gruppe von 60 Personen die Wahrscheinlichkeit, dass dies auftritt, 99 % ist, mit anderen Worten, dass es so gut wie sicher ist. Dennoch kann man im Prinzip 365 Personen mit unterschiedlichem Geburtstag auswählen. Die vorstehende Rechnung zeigt jedoch, dass dies nicht der Fall sein wird, wenn diese Personengruppe durch Zufall zusammengestellt wurde. Es ist ein hübscher statistischer Test, den man bei Festlichkeiten oder anderen Zusammenkünften, mit beispielsweise mehr als 50 Personen, einer Prüfung unterziehen kann. Für ungläubige Thomasse ist es ein sensationelles Erlebnis. Kein einzelner Wert in der Tabelle liegt im Bereich der intuitiven Erwartung. Es ist einzig die Formel, die zeigt, dass man mit verblüffenden Ergebnissen rechnen muss.

3.2 Ist das mein Hut oder ist es der von Euler?

Ein anderer Klassiker aus der Wahrscheinlichkeitstheorie ist das berühmte Vertauschungsproblem.

> Vier Personen geben ihren Hut in der Garderobe zur Aufbewahrung ab. Wie groß ist die Wahrscheinlichkeit, dass mindestens eine Person ihren eigenen Hut zurückerhält, wenn diese Hüte rein zufällig an diese Personen zurückgegeben werden?

Wenn wir zur Unterscheidung diese Personen von 1 bis 4 durchnummerieren und ihren jeweiligen Hüten dieselbe Nummer geben, dann kann man die zufällige Rückgabe der Hüte als eine eineindeutige Abbildung der Menge {1, 2, 3, 4} auf sich selbst auffassen. Wir nennen das eine Permutation dieser Menge.

Beispiel

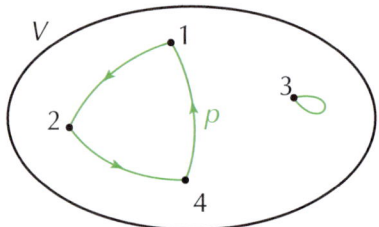

Der Pfeil von 4 nach 1 zeigt an, dass der Hut von Nummer 4 an die Person mit Nummer 1 gegeben wurde.

Ein Pfeil in Form einer Schlinge, so wie im Beispiel beim Element 3, bedeutet, dass diese Person ihren eigenen Hut zurückerhielt, in diesem Fall also die Person 3.

Die Ergebnismenge des Wahrscheinlichkeitsraums ist in diesem Beispiel die Menge aller möglichen Permutationen von {1, 2, 3, 4}. Ihre Anzahl ist gleich $4 \cdot 3 \cdot 2 \cdot 1$, denn für den ersten zurückgegebenen Hut können wir unter vier Personen, für den zweiten Hut noch unter drei, für den dritten Hut noch unter zwei auswählen. Den letzten Hut können wir nur an die übrig gebliebene Person zurückgeben. Der Kürze halber schreiben wir für $4 \cdot 3 \cdot 2 \cdot 1$ 4!, also

$$4! = 4 \cdot 3 \cdot 2 \cdot 1 = 24.$$

Wir gehen davon aus, dass bei einer zufälligen Rückgabe jede dieser Permutationen gleich wahrscheinlich ist. Die Wahrscheinlichkeit für eine solche Permutation ist dann: $\frac{1}{4!} = \frac{1}{24}$

Das Ereignis, dessen Wahrscheinlichkeit wir in diesem Problem bestimmen wollen, ist die Menge A der Permutationen von {1, 2, 3, 4} mit mindestens einer Schlinge. Weil es einfacher ist, die Permutationen ohne irgendeine Schlinge zu zählen, werden wir zuerst die Menge dieser Permutationen versuchen zu bestimmen.

Wenn wir eine Permutation bilden wollen, die keine einzige Schlinge besitzt, müssen wir dafür sorgen, dass jeder Hut bei jemand anderem als dem Besitzer landet. Sind die Hüte von zwei Personen untereinander vertauscht, dann sind die von den beiden anderen auch vertauscht. Von dieser Art gibt es in unserem Beispiel drei Permutationen, denn 1 kann seinen Hut mit dem der drei übrigen Personen 2, 3 oder 4 vertauschen. Also:

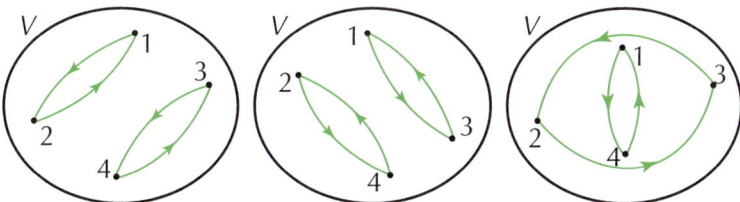

Besitzt eine Permutation von {1, 2, 3, 4} keine Schlinge und auch keine Vertauschungspfeile wie in den vorstehenden Beispielen, dann haben wir eine Runde (zyklische Permutation). Von dieser Art existieren genau 3 · 2 = 6, denn bei der Rückgabe des ersten Huts haben wir drei Personen zur Auswahl und für den Hut dieser letzten Person noch die Wahl zwischen zwei anderen Personen. Von da an liegt die Runde fest. Also:

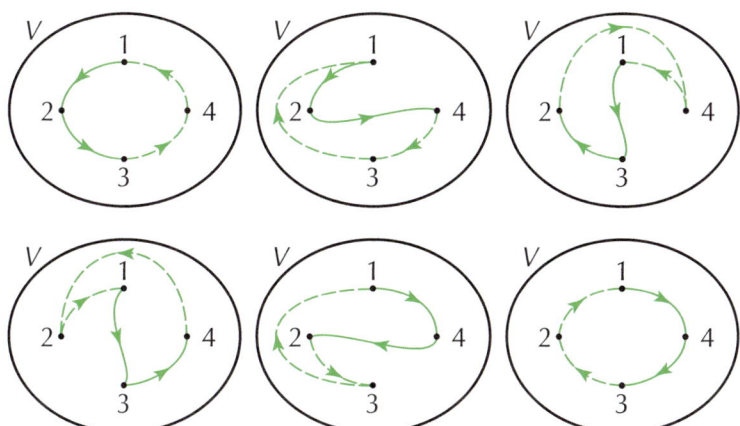

Die Menge B der Permutationen von {1, 2, 3, 4} ohne Schlinge zählt somit neun Elemente. Die Wahrscheinlichkeit von B ist dann $\frac{9}{24}$. Damit können wir jetzt auch die Wahrscheinlichkeit der Menge A der Permutationen bestimmen, die mindestens eine Schlinge besitzt. Wegen der ersten Eigenschaft eines Wahrscheinlichkeitsraums gilt ja:

Wahrscheinlichkeit von A + Wahrscheinlichkeit von B = 1
Wahrscheinlichkeit von A = 1 − Wahrscheinlichkeit von B
$$= 1 - \frac{9}{24} = \frac{15}{24} = \frac{5}{8} = 0{,}625$$

Die Wahrscheinlichkeit, dass eine Person ihren eigenen Hut zurückerhält, ist daher beinahe doppelt so groß wie die, dass dies nicht geschieht.

Können wir für dieses Vertauschungsproblem bei *n* Personen auch eine allgemeine Formel aufstellen? Wie verändert sich die betrachtete Wahrscheinlichkeit? Wird sie größer, wenn wir die Anzahl der Personen vergrößern oder beispielsweise gegen unendlich gehen lassen? Weil die Antwort auf diese Frage überraschend ist, werden noch etwas tiefer in die Untersuchung einsteigen.

Wir können berechnen, dass die Menge B_n der Permutationen ohne Schlinge in einer Menge von *n* Elementen beispielsweise für *n* gleich 1, 2, 3 und 4 die folgende Zahl von Elementen besitzt:

B_1 besitzt keine Elemente, denn die einzige Permutation der Menge

B_2 enthält ein Element, denn die einzige Permutation ohne Schlinge von

B_3 besitzt zwei Elemente, denn Permutationen ohne Schlinge von

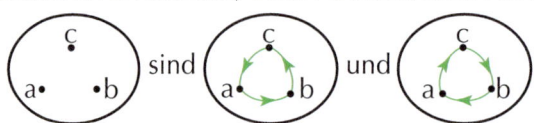

B_4 hat neun Elemente (s. das Problem der Hütevertauschung für vier Personen).

Die Anzahl der Elemente von B_n kann man rekursiv bestimmen, d. h., es besteht eine Beziehung zwischen der Anzahl von Elementen in B_n und der von B_{n-1}, nämlich

$$\#B_n = n \cdot \#B_{n-1} + (-1)^n.$$

Die Formel gilt in der Tat für die anwachsenden Mengen B_1 bis B_4, denn

$$\#B_2 = 2 \cdot \#B_1 + (-1)^2 = 2 \cdot 0 + 1 = 1$$
$$\#B_3 = 3 \cdot \#B_2 + (-1)^3 = 3 \cdot 1 - 1 = 2$$
$$\#B_4 = 4 \cdot \#B_3 + (-1)^4 = 4 \cdot 2 + 1 = 9$$

Man kann beweisen, dass diese Formel allgemein gültig ist. Es gilt dann:

$$\#B_5 = 5 \cdot \#B_4 + (-1)^5 = 5 \cdot 9 - 1 = 44 \quad \text{und}$$
$$\#B_6 = 6 \cdot \#B_5 + (-1)^6 = 6 \cdot 44 + 1 = 265$$

Mit Hilfe dieser Zahlen berechnen wir die folgenden Wahrscheinlichkeiten. Wenn B_n die Menge der Permutationen ohne Schlinge einer Menge mit *n* Elementen ist und A_n die Menge der Permutationen mit mindestens einer Schlinge einer Menge mit *n* Elementen dann gilt:

(Wir kürzen Wahrscheinlichkeit zu **W.** ab.)

W. von $B_1 = \dfrac{0}{1!} = \dfrac{0}{1} = 0$ und **W.** von $A_1 = 1 -$ **W.** von $B_1 = 1 - 0 = 1$

W. von $B_2 = \dfrac{1}{2!} = \dfrac{1}{2}$ und **W.** von $A_2 = 1 -$ **W.** von $B_2 = 1 - \dfrac{1}{2} = \dfrac{1}{2}$

W. von $B_3 = \dfrac{2}{3!} = \dfrac{2}{6}$ und **W.** von $A_3 = 1 -$ **W.** von $B_3 = 1 - \dfrac{2}{6} = \dfrac{4}{6}$

W. von $B_4 = \dfrac{9}{4!} = \dfrac{9}{24}$ und **W.** von $A_4 = 1 -$ **W.** von $B_4 = 1 - \dfrac{9}{24} = \dfrac{15}{24}$

W. von $B_5 = \dfrac{44}{5!} = \dfrac{44}{120}$ und **W.** von $A_5 = 1 -$ **W.** von $B_5 = 1 - \dfrac{44}{120} = \dfrac{76}{120}$

W. von $B_6 = \dfrac{265}{6!} = \dfrac{265}{720}$ und **W.** von $A_6 = 1 -$ **W.** von $B_6 = 1 - \dfrac{265}{720} = \dfrac{455}{720}$

Man kann allgemein beweisen, dass die Wahrscheinlichkeit von B_n durch die folgende Formel angegeben wird:

$$\text{Wahrscheinlichkeit von } B_n = 1 - \dfrac{1}{2!} + \dfrac{1}{3!} - \dfrac{1}{4!} + \dfrac{1}{5!} - \dfrac{1}{6!} + \ldots + \dfrac{(-1)^{n-1}}{n!} \quad (*)$$

Zum Beispiel:

$$\text{Wahrscheinlichkeit von } B_6 = 1 - \dfrac{1}{2!} + \dfrac{1}{3!} - \dfrac{1}{4!} + \dfrac{1}{5!} - \dfrac{1}{6!}$$
$$= 1 - \dfrac{1}{2} + \dfrac{1}{6} - \dfrac{1}{24} + \dfrac{1}{120} - \dfrac{1}{720}$$
$$= \dfrac{265}{720}$$

Der Grenzwert des zweiten Gliedes in der Formel (*) besteht für n gegen unendlich und ist gleich dem Kehrwert der Zahl e (benannt nach Euler) Die Zahl e ist die Basis der natürlichen (Neper'schen) Logarithmen. Für e gilt $e = 2,7182818\ldots$ und $\dfrac{1}{e} = 0,3678794\ldots$

Beachten Sie, dass die Wahrscheinlichkeit von B_6 gilt: $B_6 = \dfrac{265}{720} = 0,3680555\ldots$

Auf drei Stellen abgerundet ist die Wahrscheinlichkeit von B_6 also bereits so gut wie gleich $\dfrac{1}{e}$. Das bedeutet, dass die Wahrscheinlichkeit beim Vertauschungsproblem mit einer Menge von sechs Personen sich kaum von der beim selben Problem mit einer Menge von „unendlich vielen Personen" unterscheidet. Dass selbst bei einer unendlichen Menge die Wahrscheinlichkeit, dass niemand seinen eigenen Hut zurückerhält, größer ist als ein Drittel, wird man wohl auch nicht intuitiv annehmen. Die Wahrscheinlichkeit, dass mindestens einer seinen Hut zurückerhält, liegt dann infolgedessen in der Nachbarschaft von $1 - \frac{1}{e} = 0{,}6321205\ldots$

Die Formel (*) legt die Möglichkeit nahe, durch statistische Stichproben, eine gute Näherung für die Zahl e dadurch zu finden, dass die Wahrscheinlichkeit von B_n durch wiederholte Experimente bestimmt wird (Monte-Carlo-Methode). Dass diese tranzendente Zahl auch beim Vertauschungsproblem auftaucht, ist an sich schon verblüffend. Es ist allerdings kein Einzelfall. So kann man, indem man eine Nadel auf einen Flur mit parallelen Brettern fallen lässt und die Wahrscheinlichkeit bestimmt, mit der die Nadel eine von den Fugen schneidet (Buffon-Experiment), eine Beziehung zur Zahl π = 3,14159... herleiten. Die transzendente Zahl π ist das Verhältnis des Umfangs eines Kreises zu seinem Durchmesser.

Bei allem darf man nicht aus dem Auge verlieren, dass die Wahrscheinlichkeitstheorie eine deduktive Theorie ist, die auf den Axiomen eines Wahrscheinlichkeitsraums gründet. Alle Ableitungen und Berechnungen sind somit relativ in Hinblick auf diese Struktur. Für die Anwendung auf ein konkretes Problem wird man mithilfe von statistischen Stichproben versuchen herauszufinden, in welchem Maße ein bestimmtes Wahrscheinlichkeitsmodell geeignet ist, das Problem erfolgreich zu beschreiben. Das Zusammenspiel von Wahrscheinlichkeitstheorie und Statistik ist wesentlich für den Bereich der Inferenzstatistik.

Die Monte-Carlo-Methode wird oft für das Studium von Katastrophenscenarios benutzt, um deren Verlauf antizipieren zu können. Bei Lawinen kann man zum Beispiel kaum auf das Ereignis warten, sondern muss vorher Maßnahmen ergreifen. Auf der Grundlage eines Computermodells der Berglandschaft simuliert man mögliche Ausgangspunkte von Lawinen und bestimmt ihren Verlauf. Auf diese Weise kann man beispielsweise die Stellen erkennen, an denen man am besten keine Häuser baut.

3.3 Paradoxien in der Wahrscheinlichkeitsrechnung

Wie man, ausgehend von unterschiedlichen Modellen, zu verschieden Antworten auf die Frage nach der Wahrscheinlichkeit eines bestimmten Ereignisses gelangen kann, veranschaulichen wir in dem folgenden Beispiel.

> *Wie groß ist die Wahrscheinlichkeit, dass die Länge einer Kreissehne größer ist als die der Seite eines dem Kreis einbeschriebenen gleichseitigen Dreiecks, wenn wir diese Kreissehne beliebig einzeichnen?*

3.3.1 Erste Lösung

Um eine Sehne durch einen festen Punkt A eines Kreises zu ziehen, genügt es, noch einen weiteren Punkt auf dem Kreis zu wählen. Alle Punkte des Kreises können dabei als fester Punkt gewählt werden. Aus Gründen der Drehsymmetrie ist es ohne Beschränkung der Allgemeinheit möglich, sich auf A als festen Punkt zu beschränken. Wir wählen daher als Ergebnismenge für das Experiment die möglichen Positionen des Punktes P nach Wahl des festen Punktes A auf dem Kreis, und sprechen allen Positionen von P die gleiche Wahrscheinlichkeit zu.

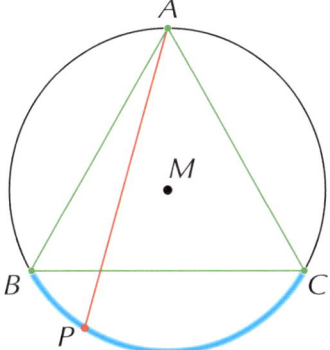

Die gewählte Sehne AP wird eine Länge haben, die größer ist als die Seite des einbeschriebenen Dreiecks, wenn P in der Zeichnung auf dem Bogen $\widehat{BC}$ gewählt wird (und nicht auf den Bogen $\widehat{AB}$ und $\widehat{AC}$).

Die Wahrscheinlichkeit, dass P auf $\widehat{BC}$ liegt, ist also gleich $\frac{1}{3}$, denn die Länge des Bogens $\widehat{BC}$ ist ein Drittel des Kreisumfangs.

3.3.2 Zweite Lösung

Anstatt die Sehnen von einem festen Punkt des Kreises aus zu betrachten, können wir auch Sehnen mit einer festen Richtung nehmen. Weil alle Richtungen aus Gründen der Drehsymmetrie aber gleich wahrscheinlich sind, entsteht auch hier kein Verlust der Allgemeinheit für das Problem. Wir nehmen also jetzt als Ergebnisse nur die Sehnen, die parallel zueinander sind.

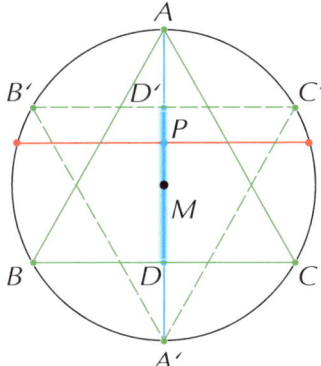

Als feste Richtung wählen wir für die Sehnen die Richtung der Seite BC des einbeschriebenen gleichseitigen Dreiecks ABC.

Eine Sehne parallel zu BC schneidet den Durchmesser in einem Punkt P und ist durch diesen Schnittpunkt in ihrer Lage vollständig bestimmt. Wir nehmen daher der Einfachheit halber den Durchmesser durch A als Ergebnismenge und sprechen auf ihm jedem Punkt P die gleiche Wahrscheinlichkeit zu.

Die Länge der Sehne durch P wird größer sein als die der Seite BC, wenn P zwischen dem Schnittpunkt D von BC mit Durchmesser durch A und seinem Spiegelbild D´ bezüglich des Kreismittelpunktes M liegt. Weil die Länge von $\overline{DD'}$ gleich der Hälfte der Länge des Durchmessers $\overline{AA'}$ ist, beträgt die Wahrscheinlichkeit des infrage stehenden Ereignisses in diesem Wahrscheinlichkeitsraum also $\frac{1}{2}$.

3.3.3 Dritte Lösung

Eine Kreissehne ist jedoch auch eindeutig bestimmt durch ihren Mittelpunkt, d. h. den Fußpunkt P des Lotes vom Mittelpunkt M des Kreises auf diese Sehne. Der Abstand des Punktes M von der Seite BC des einbeschriebenen Dreiecks ABC ist gleich dem halben Radius, d.h. $MD = \frac{r}{2}$.

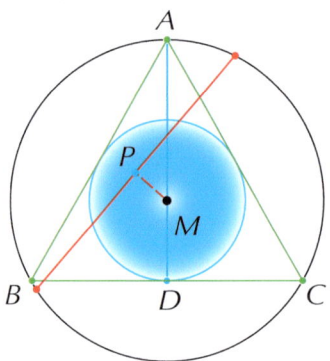

Die Länge der gewählten Sehne wird dann größer sein als die der Seite des einbeschriebenen Dreiecks, wenn der Abstand ihres Mittelpunktes M kleiner ist als $MD = \frac{r}{2}$, mit anderen Worten, wenn sich P innerhalb des kleinen Kreises mit Mittelpunkt M und Radius $\frac{r}{2}$ befindet. Die Fläche diese kleinen Kreises beträgt $\pi\left(\frac{r}{2}\right)^2 = \frac{\pi r^2}{4}$ und die des ganzen Kreises πr^2. Die Wahrscheinlichkeit des infrage stehenden Ereignisses in diesem Wahrscheinlichkeitsraum beträgt dann $\frac{1}{4}$.

Wie ist es möglich, dass die drei Lösungen, bei denen die Wahl der drei Ergebnismengen für diesen Versuch doch gleich plausibel erscheinen, zu unterschiedlichen Wahrscheinlichkeiten führen? Als der französische Mathematiker Joseph Bertrand im Jahre 1889 dieses Beispiel in seinem Buch *Calcul des Probabilités* vorstellte, wurden diese verschiedenen Lösungen noch als paradox angesehen.

Seitdem jedoch die Struktur der Wahrscheinlichkeitstheorie durch eine Axiomatik festgelegt wird, wissen wir, dass alle drei Lösungen akzeptabel sind, allerdings relativ bezüglich der verwendeten Ergebnismenge und des zugehörigen Wahrscheinlichkeitsraums. Es hat daher keinen Sinn, ein Wahrscheinlichkeitsproblem lösen zu wollen, ohne zuvor den Wahrscheinlichkeitsraum festzulegen, in dem man dem Problem eine angemessene Beschreibung geben kann. Bedenken Sie auch, dass es nicht „realistisch" ist, alle Experimente mit einem einheitlichen Wahrscheinlichkeitsraum zu verbinden. So kann man beim Werfen einer Heftzwecke den beiden dargestellten Ergebnissen

theoretisch zwar die gleiche Wahrscheinlichkeit $\frac{1}{2}$ zusprechen, aber die experimentelle Praxis wird dieses Modell nicht bestätigen.

In der Praxis wird man daher auch einen theoretisch konstruierten Wahrscheinlichkeitsraum mithilfe von Stichproben statistisch testen und anhand des Trends bei diesen Ergebnissen das Modell anpassen.

Schlussbemerkung

Obwohl die moderne Wahrscheinlichkeitslehre ihren Ursprung in der Analyse von Problemen rund um das Glücksspiel fand, hat sie sich an der Seite der Inferenzstatistik zu einem unentbehrlichen Instrument für die Vorgehensweise bei Phänomenen erwiesen, die durch den Zufall bestimmt sind, beispielsweise bei der Sterblichkeitsrate von Senioren in einer bestimmten Region, dem Telefonverkehr an einem Wochenende, der Ausbreitung ansteckender Krankheiten, der Wirksamkeit eines Medikaments usw. Trotz ihrer theoretischen Basis und der formalen Arbeitsweise, liefert sie relevante Informationen, die zwar mit ihren Vorhersagen für die Intuition überraschend sind, aber in den Versuchen und Simulationen immer wieder bestätigt werden.

4 Vom Abendspaziergang zu operationalen Netzwerken

4.1 Die sieben Brücken von Königsberg

Die folgende historische Geschichte verdeutlicht, dass auch spielerische und auf den ersten Blick wenig praktische Probleme zu grundlegend neuen Theorien mit einem breiten Spektrum an nützlichen Anwendungen führen können, wenn sie mathematischen Köpfen vorgelegt werden.

Die Stadt Königsberg, das heutige Kaliningrad an der Ostsee, liegt am Zusammenfluss von zwei Flüssen, dem alten und dem neuen Pregel, welche die Insel Kneiphof umfließen. Im 18. Jahrhundert waren die verschiedenen Ufer untereinander durch sieben Brücken verbunden, so wie es in den folgenden Zeichnungen dargestellt ist.

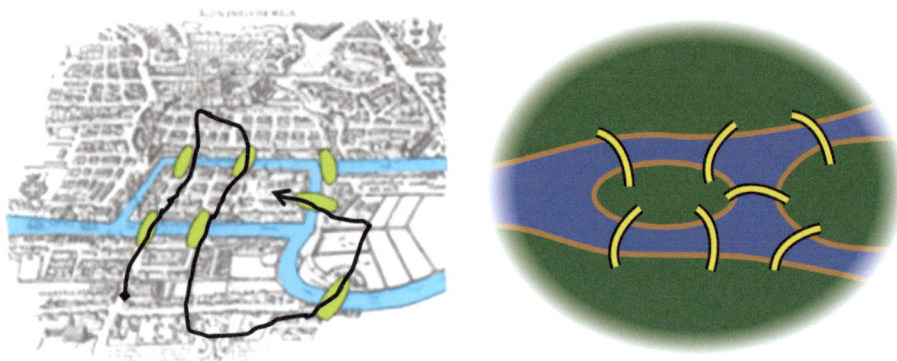

Es war auch damals schon ein Vergnügen, in Königsberg über die Brücken zu promenieren. Dabei kamen die Einwohner auf die sehr spezielle Frage, ob es möglich sei, einen Spaziergang so zu machen, dass man jede Brücke genau einmal überqueren musste, unabhängig davon, ob man dann wieder zum Ausgangsufer zurückkehren würde oder nicht. Von welchem Ausgangspunkt man auch startete und welche Brückenübergänge man wählte, alle Versuche blieben ohne Erfolg. Im Jahre 1736, als sich das Problem zu einer öffentlichen Leidenschaft ausgewachsen hatte, kam es dem damals 28-jährigen Euler zu Ohren, der damals in St. Petersburg arbeitete. Indem er das Problem gründlich analysierte und auf eine abstrakte Weise anging, konnte er beweisen, dass ein solcher Rundgang in Königsberg unmöglich war. Die Methode, die er verwandte, ist der historische Ausgangspunkt einer neuen „Geometrie der Lage" geworden, die sich zur sogenannten „Graphentheorie" entwickelt hat. Diese Theorie besitzt Anwendungen in einer Reihe von Netzwerken, wie Soziogrammen (Psychologie), Organisationsdiagrammen (Ökonomie), Kommunikationsnetzen, Transportwegen, elektrischen Stromkreisen, Spielstrategien, chemischen Strukturformeln, Stammbäumen, in Informatik und Kybernetik, Operations Research usw.

4.2 Eulerwege

Die grundlegenden Elemente der Graphentheorie sind ebenso einfach wie effizient. Es ist offensichtlich, dass das Panorama der verschiedenen Ufer und die Architektur der Brücken grundsätzlich überhaupt keine Rolle bei der Lösung des Problems spielen. Der erste Schritt, den Euler machte, war daher auch die Mathematisierung des Problems. Er brachte es in eine abstrakte, verallgemeinerungsfähige Form, so wie das folgende Schema zeigt.

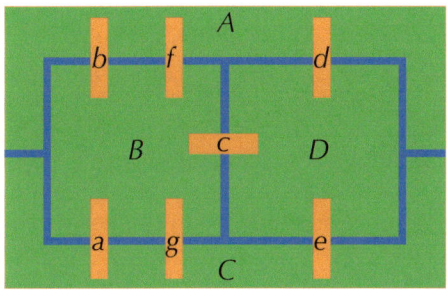
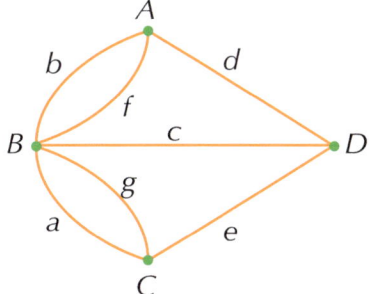

Die Ufer werden darin als Punkte dargestellt, in diesem Zusammenhang Knoten genannt, und die Brücken als ungerichtete Pfeile, Kanten genannt. Das ganze Schema nennen wir einen Graphen. Die Pfeile sind nicht gerichtet, weil die Brücken in beiden Richtungen überquert werden können. Einbahnstraßen waren 1736 noch nicht die Regel. Für die Analyse des gestellten Problems beschränken wir uns auf ein Minimum an Terminologie und Symbolik. Das Arsenal der Graphentheorie ist natürlich subtiler und komplexer. Im vorstehenden Graphen nennen wir die Abfolge von unterschiedlichen Kanten, die bei X beginnt und bei Y endet, einen (einfachen) Weg von X nach Y.

Beispiele

(g, f, b) ist ein Weg von C nach B und (d, f, g, e) ein Weg von D nach D.

Beachten Sie, dass in dem Graphen der Brücken von Königsberg für jedes beliebige Paar Knoten X und Y ein Weg von X nach Y existiert, mit anderen Worten, wir können von überall überallhin gelangen. Wir sprechen in diesem Fall davon, dass der Graph zusammenhängend (konnex) ist. Nicht alle Graphen sind zusammenhängend, wie sich aus dem folgenden Beispiel ergibt.

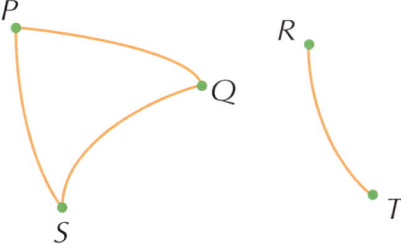

128   Wie arbeitet Mathematik

In diesem Graphen beispielsweise gibt es keinen Weg von Q nach R.
Der Graph ist nicht zusammenhängend, sondern zerfällt deutlich in zwei zusammenhängende Teilgraphen.

Die Anzahl der Kanten, die von einem Knoten ausgehen (oder dort ankommen) nennen wir den Grad des Knotens. Der Grad eines Knoten ist gerade oder ungerade.

Beispiele *(im Graphen der Brücken von Königsberg)*

> Der Grad des Knotens *B* ist 5 (ungerade) und der Grad des Knotens *C* ist 3 (ungerade).
>
> Näheres Hinsehen zeigt, dass die vier Knoten in diesem Graphen einen ungeraden Grad haben.

Mit dieser Terminologie können wir das Problem des Spaziergangs über die Brücken von Königsberg wie folgt formulieren: „Existiert in dem zugehörigen Graphen ein Weg, der alle Kanten des Graphen genau einmal durchläuft" Ein solcher Weg wird seitdem Eulerweg genannt.

Euler konnte zur Lösung des Problems den folgenden Satz beweisen: „Ein Graph besitzt einen Eulerweg, wenn er zusammenhängend ist und die Anzahl der ungeraden Knoten entweder 0 oder 2 ist."

Der Beweis ergibt sich aus der Tatsache, dass man außer beim Ausgangs- und Ankunftsknoten an jedem anderen Knoten gleich oft starten wie ankommen muss und dass daher der Grad dieser anderen Knoten gerade sein muss. Der Grad des Startknotens und des Ankunftsknotens darf gegebenenfalls ungerade sein, da man sich dort entweder schon befand oder dort bleibt.

Folgerung: Da es beim Problem der Brücken von Königsberg vier Knoten mit einem ungeraden Grad gibt, ist daher ein Eulerweg über die Brücken nicht möglich.

Wahrscheinlich wurde nicht deswegen später doch noch eine Brücke über den alten Pregel zwischen dem Ufer *C* und dem Gebiet *D* gebaut. Man kann daher die Frage für die acht Brücken erneut stellen. In dieser Situation sieht der Graph wie folgt aus:

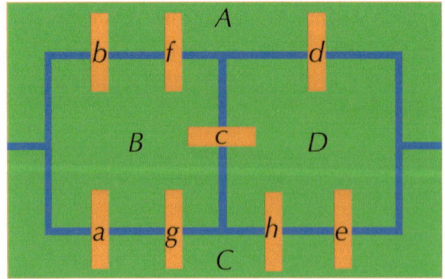 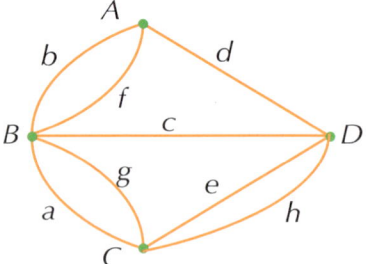

Beachten Sie, dass sowohl *C* wie auch *D* jetzt einen geraden Grad haben und nur noch *A* und *B* einen ungeraden Grad. Nach dem Satz besitzt dieser Graph dann in der Tat einen Eulerweg, der in *A* beginnen muss und in *B* endet oder umgekehrt.

Zum Beispiel bestimmt der Weg (g, e, d, f, a, h, c, b) einen solchen gewünschten Spaziergang von B nach A. Das ist jedoch nicht der einzige. Es gibt somit Vergnügen für mehrere Abende und für Sie die Freude, diese Wege zu finden.

Wenn man zusätzlich die Forderung stellt, dass man auch noch an den Ausgangspunkt zurückkehrt, mit anderen Worten, wenn der sehnliche Wunsch nach einem Eulerkreis bestehen sollte, dann müssen alle Knoten gerade sein. Auch die acht Brücken genügen dieser Forderung nicht. Mit diesem Ziel kann man wieder ans Bauen gehen. Wie man dabei vorgehen muss, ist auch eine schöne Übungsaufgabe.

Möglicherweise haben Sie als Kind auch bereits, ohne es zu begreifen, Eulerexperimente gemacht. Das Spiel, bei dem man ohne Abzusetzen des Bleistifts einige Strichfiguren zu zeichnen versucht, ohne zweimal über dieselbe Linie zu gehen, ist nichts anderes als der Versuch, in der Figur einen Eulerweg zu finden. Bei den folgenden zwei Figuren, können Sie noch mal dem Vergnügen frönen, falls Sie im vorstehenden Abschnitt etwas dazugelernt haben.

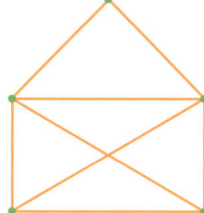

Um Zweideutigkeiten im Zusammenhang mit der Anzahl der Knoten zu vermeiden, ist es erstrebenswert, dass sich die Kanten in der Zeichnung des Graphen nicht schneiden. In den beiden Zeichnungen können wir die Diagonalen somit besser voneinander trennen und ihre Graphen wie folgt darstellen.

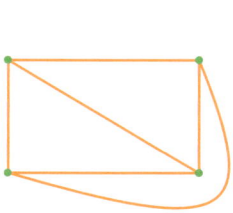
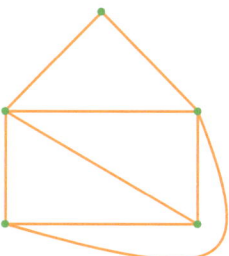

Einen Graphen, bei dem keine Kante eine andere schneidet (es sei denn in einem Knoten), nennen wir einen ebenen Graphen.

Der Graph der ersten Figur besitzt vier Knoten ungeraden Grades, es gibt daher keinen Eulerweg. Der Graph der zweiten Figur enthält genau zwei Knoten ungeraden Grades, der Grad der drei anderen Knoten ist gerade. Daher können Sie hier einen Eulerweg zeichnen, indem Sie in einem ungeraden Knoten starten und in dem anderen ungeraden Knoten ankommen. Gönnen Sie sich ruhig das Vergnügen noch mal.

In einem (regelmäßigen) Oktaeder (ein Körper, der durch zwei zusammengefügte vierseitige Pyramiden entsteht) existiert ein Eulerkreis, weil in seinem ebenen Graphen alle Knoten einen geraden Grad besitzen, nämlich Grad vier.

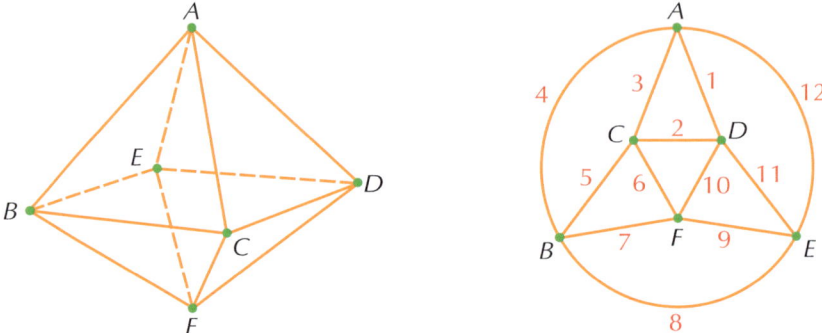

Als Übung können Sie jetzt die entsprechende Frage für alle anderen regelmäßigen Polyeder, wie Tetraeder, Hexaeder (Würfel), Dodekaeder und Ikosaeder. Weil aus der Symmetrie, eine Folge der Regelmäßigkeit, sich notwendig ergibt, dass alle Knoten denselben Grad besitzen, reicht es aus, den Grad von nur einem Knoten des betreffenden Polyeders zu bestimmen (s. Kapitel 3, 2.4).

4.3 Probleme aus der Graphentheorie

Wie schon in der Einleitung zu diesem Thema angedeutet, kann die Graphentheorie in verschiedenen Gebieten angewandt werden. Dabei kann sich das Interesse auf völlig andere Aspekte als Eulerwege richten. Wir geben einige Beispiele.

Beispiel 1   Hamiltonwege und -kreise

Wir wollen eine Weltreise machen und dabei 20 Städte besuchen, mehr oder weniger über die Erdkugel verstreut, so wie die Eckpunkte eines (regelmäßigen) Dodekaeders. Die Kanten des Zwölflachs geben die Reiseroute vor so wie in der folgenden Zeichnung und dem Graphen angegeben:

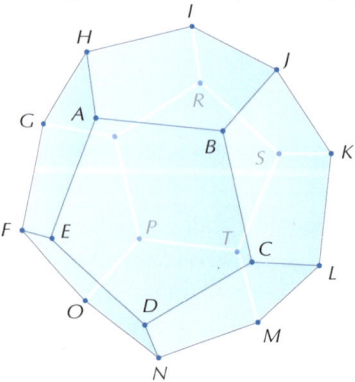
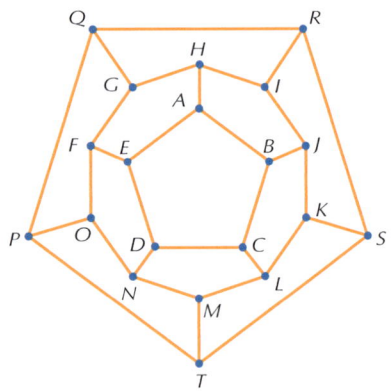

Eine nahe liegende Frage ist dann: Existiert ein Weg (Reiseroute), bei dem wir jeden Knoten (Stadt) genau einmal besuchen? Bei einem solchen Weg werden also anstelle der Kanten alle Knoten einmal durchlaufen. Einen solchen Weg nennen wir Hamiltonweg. Wenn wir, was in diesem Beispiel womöglich wünschenswert ist, wieder in der Stadt, von der wir starteten, die Reise beenden wollen, dann sprechen wir von einem Hamiltonkreis. Die Voraussetzungen für das Vorliegen eines Hamiltonkreises sind völlig verschieden von denen für die Existenz eines Eulerkreises. Wie man sieht, besitzt jeder Knoten des zugehörigen Graphen einen ungeraden Grad (drei). Für diesen Graphen existiert also kein Eulerkreis, aber niemand wird ein Interesse daran haben, eine Reiseroute zu wählen, die alle möglichen Wege enthält. Es existieren jedoch mehrere Hamiltonkreise, wie zum Beispiel (*P, O, F, E, A, H, G, Q, R, I, J, B, C, D, N, M, L, K, S, T, P*).

Ein Problem, bei dem ebenfalls die Frage nach einem Hamiltonweg gestellt wird, ist die des Pferdes auf einem Schachbrett: „Gibt es einen Weg, bei dem das Pferd mit seinen charakteristischen Zügen (Kanten) jedes Feld (Knoten) des Schachbretts genau einmal besetzt?" Die Antwort ist ja. Viel Spaß beim Springen!

In diesem Zusammenhang dürfen Sie sich auch für pseudoreguläre oder archimedische Körper wie für einen Fußball, bei dem die Nähte die Kanten bilden, interessieren. Er besteht aus 20 sechseckigen und zwölf fünfeckigen „Waben". Hierzu kann man auch einen ebenen Graphen zeichnen. Können Sie einen Hamiltonkreis in diesem Graphen finden?

Beispiel 2   Kürzeste Wege, schnellste Wege, kostengünstigste Wege usw.

Bei Transportproblemen kann es für bestimmte Routen von Interesse sein, ein Optimum zu finden, je nachdem welches Kriterium man dabei im Auge hat. Die verschiedenen Kanten, die vom Knoten *A* zum Knoten *B* führen, kann man so durch diese Kriterien unterschiedlich behandeln. Die einfachste Definition von „Weglänge" ist natürlich die Anzahl der Kanten, die der Weg beinhaltet. Der kürzeste Weg ist dann gemäß dieser Definition der Weg mit der kleinsten Zahl von Kanten. Aber für die wirkliche Transportpraxis ist das kein realistisches Kriterium, denn allerlei mögliche Gesichtspunkte können wichtiger sein. Ist die Kante eine Straße, ein Wasserweg, ein Flug? Ist Zoll zu entrichten? Welche Dienste muss man in Anspruch nehmen? Und so weiter.

Meistens wird man jeder Kante im Graphen eines solchen Transportproblems einen Wert zuerkennen, je nach dem Kriterium das man im Auge hat: Schnelligkeit des Transports, Kosten, Effizienz usw. Auf diese Weise wird die Suche nach dem besten Weg verfeinert und die Methoden verlangen nach Vertiefungen der Theorie. In dem folgenden Graph ist unter Berücksichtigung der Werte an den verschiedenen Kanten ein „bester" Weg von A nach J der Weg (A, H, F, D, C, E, J) mit dem kleinsten Gesamtwert von 14. Um solche Wege systematisch zu finden, existieren geeignete Sätze und Algorithmen, die wir jedoch in diesem kurzen Abriss nicht darstellen können.

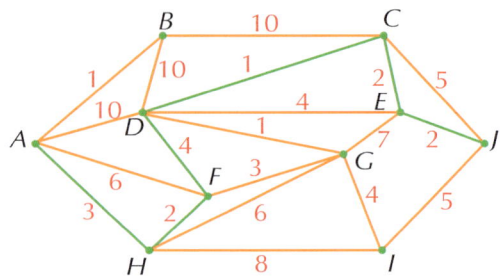

Beispiel 3   Chromatische Zahlen

Bei einer Landkarte können wir die verschiedenen Länder als Knoten eines Graphen auffassen und die gemeinsame Grenze zwischen zwei Ländern als eine Kante, die diese Länder verbindet. Zwei Knoten, die durch eine Kante verbunden sind, nennen wir daher auch benachbarte Knoten. Ein berühmtes Problem aus der Graphentheorie ist das Färbungsproblem: „Was ist die kleinste Anzahl von Farben, die man benötigt, um eine Landkarte so zu färben, dass zwei angrenzende Länder nicht durch dieselbe Farbe dargestellt werden müssen?"

Allgemeiner kann man diese Frage bei jedem Graphen stellen: "Was ist die kleinste erforderliche Zahl von Farben, um die Knoten eines Graphen zu färben, derart, dass zwei benachbarte Knoten nicht dieselbe Farbe haben?" Man nennt diese kleinste Anzahl Farben die „chromatische Zahl" des Graphen.

Um dieses Problem für eine ebene Landkarte unter Berücksichtigung von allen möglichen geografischen Neuordnungen einzelner Gebiete als Folge von Kriegen oder Unabhängigkeitsbewegungen zu lösen, hat man neben der Graphentheorie auch die Hilfe von Computern heranziehen müssen, um die ungeheuer vielen notwendigen Berechnungen ausführen zu können. Die heute bekannte Zahl lautet: „vier". Dass diese Zahl mindestens erforderlich ist, zeigt die folgende abstrakte Situation:

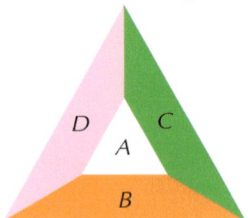

Im Banne der Mathematik 133

Aber ob diese Zahl „vier" auch für jede denkbare Situation ausreichend sein wird, ist ein anderes Paar Schuhe.

Wenn jedoch alle Länder gerade Grenzen hätten, die sich jeweils geradlinig verlängerten, mit anderen Worten, wenn die Landkarte mittels lauter sich schneidender Geraden gezeichnet werden kann, dann genügen zwei Farben. Das kann man mit der rekursiven Methode einfach beweisen. Offensichtlich wahr ist die Behauptung für den Fall, dass nur eine Gerade als Grenze auftritt. Wahr ist auch die Behauptung, dass aus der Gültigkeit für n Geraden die Gültigkeit für $n + 1$ Geraden folgt.

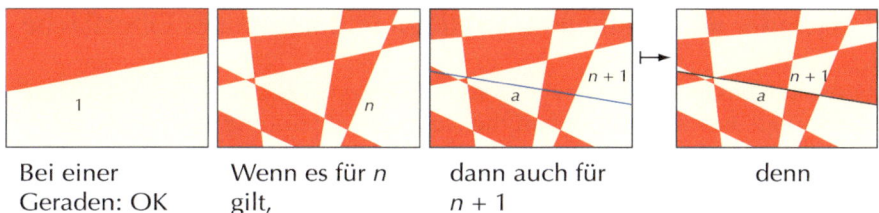

Bei einer Geraden: OK   Wenn es für n gilt,   dann auch für $n + 1$ denn

Zeichne im Fall von n Geraden eine weitere, zum Beispiel a. Behalte in der einen Halbebene, die durch a bestimmt wird, die Farbgebung bei. In der anderen Halbebene vertausche in allen alten und neuen Gebieten die Farben.

Die Länder der Erde liegen jedoch nicht in einer Ebene, sondern auf der Erdkugel. Wie lautet die chromatische Zahl einer Landkarte auf einer Kugel? Diese Zahl ist ebenfalls „vier". Die chromatische Zahl einer Landkarte auf einem Möbiusband (s. die erste Figur) ist „sechs" und die chromatische Zahl einer Landkarte auf einem Torus (Autoreifen) (s. zweite Figur) beträgt „sieben".

Schlussbemerkung

Aus den angeführten Beispielen ergibt sich, dass der Ursprung einer nützlichen Theorie nicht unbedingt in einem spezifischen, abgegrenzten Gebiet praktischer Probleme liegen muss, sondern ebensogut aus einem spielerischen Einfall oder einem fesselnden Rätsel resultieren kann. Kein einziges Problem ist darum unter der Würde der Mathematik.

5 Ideale Maße für Miss Blecheimer und Mr. Pommestüte

Wir beschäftigen uns nicht laufend damit, warum Gegenstände, mit denen wir in unserer Eigenschaft als Verbraucher täglich zu tun haben, die Form und die Abmessungen haben, die sie nun mal haben. Dass diese nicht immer so zufällig sind, wie oft angenommen wird, sollen die folgenden beiden Bespiele zeigen.

5.1 Zylinder mit gegebenem Volumen und minimaler Oberfläche

Zubereitete Konserven werden meistens in Büchsen angeboten. Warum sind sie zylinderförmig? Der Hersteller ist natürlich an einer Verpackung interessiert, die ihn so wenig wie möglich kostet. Das ist u.a. der Fall, wenn bei einer Verpackung mit gegebenem Rauminhalt für die Oberfläche möglichst wenig Material gebraucht wird. Wir wissen, dass hierfür die Kugelform die interessanteste Form ist, aber es ist klar, warum wir in den Supermärkten keine Kugelhaufen finden: Das wäre ein tolles Schauspiel. Die nächste Form, die in Betracht kommt, ist die Zylinderform, die sich sicher stapeln lässt.

Was sind nun die idealen Verhältnisse für die Abmessungen eines solchen Zylinders, insoweit diese nicht schon durch die Art des angebotenen Artikels bestimmt sind, so wie beispielsweise bei Spargel, der eine gegebene Länge hat. Es zeigt sich nun, dass es Zylinder sind, deren Höhe exakt gleich dem Durchmesser ist. Woher weiß man das? Dazu genügt etwas Mathematik aus der Sekundarstufe. Ableitungen, Sie erinnern sich doch (oder nicht mehr)?

Die einzige Regel, die für das Verständnis der folgenden Berechnungen erforderlich ist, lautet:
$$D(a \cdot u^n) = a \cdot n \cdot u^{n-1} \cdot Du$$
Hierin steht D für *Derivée* (Ableitung), a für eine Konstante und u für eine Funktion mit einer unabhängigen Veränderlichen, meistens angegeben durch x. Wir versuchen es mal. Es ist nicht schlimm, wenn Sie einige Szenen des Films nicht mitbekommen, tun Sie einfach so, als hätten Sie alles verstanden. Ein Film von Ingmar Bergmann macht mehr Mühe.

Ein Zylinder hat zwei Bestimmungsgrößen, nämlich die Höhe h und den Radius der Grundfläche r.

Das Volumen V des Zylinders ist gegeben durch die Formel
$$V = \pi r^2 h.$$

Die Gesamtoberfläche O des Zylinders ist gegeben durch
$$O = 2\pi r h + 2\pi r^2.$$

Hierin gibt der erste Term die Fläche des Zylindermantels und der zweite Term die Summe von Grund- und Deckfläche an.

Im Banne der Mathematik 135

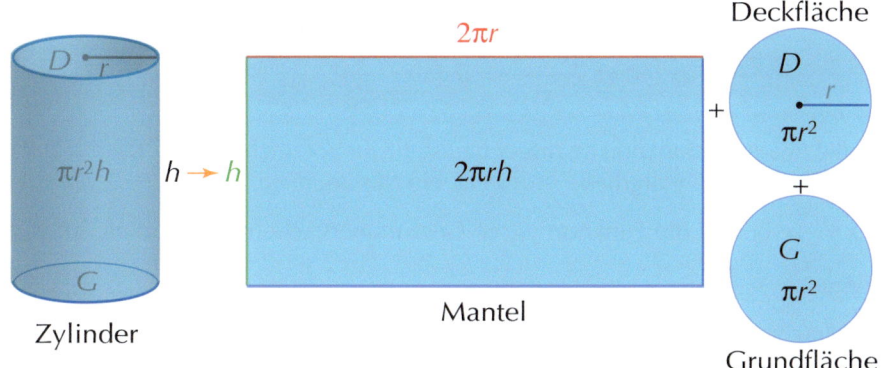

Wenn das Volumen des Zylinders gegeben ist, dann sind die Werte von r und h voneinander abhängig und bei einer Wahl für den Wert von r liegt auch der Wert von h fest. Mit diesen Werten kann man die zugehörige Gesamtoberfläche des Zylinders berechnen. Lassen wir r variieren, dann wird auch O als Funktion von r variieren. Das Ziel ist herauszufinden, ob diese Funktion O für einen bestimmten Wert von r ein Minimum besitzt und welcher Wert von h dazu gehört.

Angenommen, für eine zylinderförmige Dose sei ein bestimmtes Volumen V vorgegeben. Dann können wir V, um die Berechnung zu vereinfachen, darstellen als Produkt von π und der dritten Potenz einer positiven Zahl k, und zwar ohne Einschränkung der Allgemeinheit.

Also $V = \pi r^2 h = \pi k^3$. Daraus folgt $h = \dfrac{k^3}{r^2}$

O drücken wir aus als Funktion von r:
$$O = 2\pi r h + 2\pi r^2$$
$$= 2\pi\left(r \cdot \dfrac{k^3}{r^2} + r^2\right)$$
$$= 2\pi\left(\dfrac{k^3}{r} + r^2\right)$$

Um die vertraute Bezeichnungsweise aus der Funktionenlehre zu verwenden, setzen wir:

$O = y$ und $r = x$. Dann erhalten wir: $y = 2\pi\left(\dfrac{k^3}{x} + x^2\right)$

Wir müssen nun versuchen, ein eventuelles Minimum dieser Funktion zu finden. Dazu bestimmen wir die Ableitungsfunktion und ihre Nullstellen:

$Dy = 2\pi\left(\dfrac{-k^3}{x^2} + 2x\right)$, denn $D\left(\dfrac{1}{x}\right) = Dx^{-1} = -1 \cdot x^{-2} = \dfrac{-1}{x^2}$ und $Dx^2 = 2x$

Die einzige Nullstelle ergibt sich aus:

$$\frac{-k^3}{x^2} + 2x = 0 \Leftrightarrow \frac{2x^3 - k^3}{x^2} = 0 \Leftrightarrow x = \frac{k}{\sqrt[3]{2}}$$

Weil die Ableitungsfunktion an dieser Nullstelle ihr Vorzeichen von − nach + ändert, besitzt die Funktion y an dieser Nullstelle ein Minimum.

Für $x = \frac{k}{\sqrt[3]{2}}$ besitzt die Funktion y, die Gesamtoberfläche des Zylinders, somit ein Minimum.

Wir betrachten jetzt das Verhältnis der Zylindergrößen h und r zueinander, das zu diesem Wert gehört.

$$r = x = \frac{k}{\sqrt[3]{2}} \quad \text{und} \quad h = \frac{k^3}{r^2} = \frac{k^3}{\left(\frac{k}{\sqrt[3]{2}}\right)^2} = \sqrt[3]{4}\, k$$

also

$$\frac{h}{r} = \frac{\sqrt[3]{4}\, k}{\frac{k}{\sqrt[3]{2}}} = \sqrt[3]{4} \cdot \sqrt[3]{2} = \sqrt[3]{8} = 2$$

Wie bereits gesagt, ergibt sich, dass die Höhe exakt gleich dem Zweifachen des Radius ist, mit anderen Worten gleich dem Durchmesser des Zylinders! Miss Blecheimer ist also genau so breit wie sie lang ist, bestimmt nicht elegant, dafür aber mit den idealen Maßen für eine minimale Gesamtoberfläche.

5.2 Kegel mit vorgegebenem Inhalt und minimaler Mantelfläche.

Eine beliebte Verpackung für eine Portion Pommes an der Bude war vormals die Spitztüte in Form eines Kegels. Die kann man bequem in der Hand halten, unabhängig von ihrer Größe, und bleibt stabil, auch wenn der Inhalt abnimmt. Wie verhalten sich ihre Maße, wenn wir einen bestimmten Inhalt für eine solche Spitztüte vorgeben und möglichst wenig Papier für die Tüte verwenden wollen?

Das Problem ähnelt dem des Blecheimers. Weil das Ergebnis so überraschend schön ist, geben wir auch hierfür eine Berechnung an. Die Maße eines Kegels sind: die Höhe h, die Mantellinie a und der Radius der Grundfläche r.

Diese stehen gemäß dem Satz des Pythagoras zueinander in einer Beziehung, nämlich $r^2 + h^2 = a^2$.

Der Inhalt I eines Kegels ist durch die Gleichung $I = \frac{\pi h r^2}{3}$ gegeben.

Im Banne der Mathematik

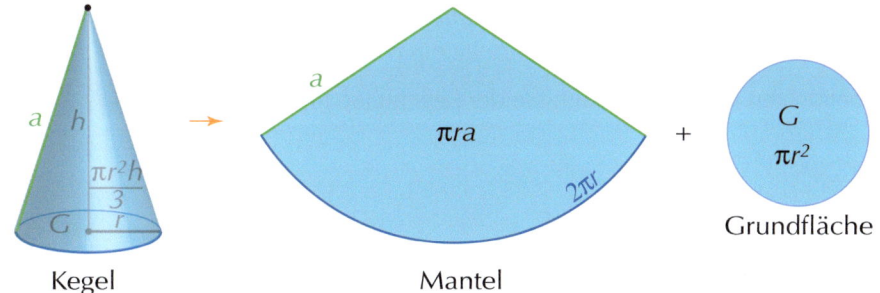

Die Mantelfläche ist gegeben durch die Gleichung $O = \pi r a$ (s. dazu die zweite Abbildung).

Bei gegebenem Inhalt I des Kegels können wir I, wieder zur Vereinfachung der Berechnungen, schreiben als $I = \dfrac{\pi k^3}{3}$, und zwar ohne Beschränkung der Allgemeinheit.

Aus $\quad I = \dfrac{\pi h r^2}{3} = \dfrac{\pi k^3}{3} \quad$ folgt dann $\quad h = \dfrac{k^3}{r^2}$

und aus $\quad r^2 + h^2 = a^2 \quad$ folgt $\quad a^2 = r^2 + \dfrac{k^6}{r^4} \quad$ und damit $\quad a = \sqrt{r^2 + \dfrac{k^6}{r^4}}$.

Mit Hilfe dieser Gleichungen können wir die Mantelfläche O als Funktion von r ausdrücken:

$$O = \pi r a$$
$$= \pi r \sqrt{r^2 + \dfrac{k^6}{r^4}}$$
$$= \pi \sqrt{r^4 + \dfrac{k^6}{r^2}}$$

Unter der Voraussetzung $O = y$ und $r = x$ erhalten wir: $\quad y = \pi \sqrt{x^4 + \dfrac{k^6}{x^2}}$.

Wir versuchen jetzt herauszufinden, ob diese Funktion für einen bestimmten Wert von x ein Minimum besitzt.

Dazu bilden wir die Ableitungsfunktion und ihre Nullstellen.

$$Dy = \pi \, \dfrac{1}{2} \, \dfrac{4x^3 - 2\dfrac{k^6}{x^3}}{\sqrt{x^4 + \dfrac{k^6}{x^2}}}$$

$$Dy = 0 \;\Leftrightarrow\; 4x^3 - 2\dfrac{k^6}{x^3} = 0 \;\Leftrightarrow\; x^6 = \dfrac{k^6}{2} \;\overset{x=r>0}{\Leftrightarrow}\; x = \dfrac{k}{\sqrt[6]{2}}$$

Weil die Ableitungsfunktion an dieser Nullstelle ihr Vorzeichen von − nach + ändert, besitzt die Funktion y an dieser Nullstelle ein Minimum.

Wir betrachten jetzt die Verhältnisse der Kegelmaße für diese Werte.

$$x = r = \frac{k}{\sqrt[6]{2}}$$

$$h = \frac{k^3}{r^2} = \frac{k^3}{\left(\frac{k}{\sqrt[6]{2}}\right)^2} = \sqrt[6]{4}\, k$$

$$a = \sqrt{r^2 + h^2} = \sqrt{\frac{k^2}{\sqrt[6]{4}} + \sqrt[6]{16}\, k^2} = \sqrt{\frac{k^2 + 2k^2}{\sqrt[6]{4}}} = \frac{\sqrt{3}}{\sqrt[6]{2}}\, k$$

sodass $\quad \dfrac{h}{r} = \dfrac{\sqrt[6]{4}\, k}{\dfrac{k}{\sqrt[6]{2}}} = \sqrt[6]{8} = \sqrt{2} \quad$ und $\quad \dfrac{a}{r} = \dfrac{\dfrac{\sqrt{3}}{\sqrt[6]{2}}\, k}{\dfrac{k}{\sqrt[6]{2}}} = \sqrt{3}.$

Unter Beachtung von $\frac{r}{r} = 1 = \sqrt{1}$ können wir behaupten, dass die Verhältnisse der Maße von Mr. Pommestüte zueinander $\sqrt{1}$, $\sqrt{2}$, $\sqrt{3}$ sind. Eleganter kann es kaum sein!

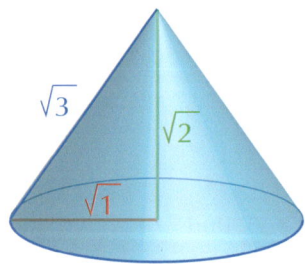

Dies sind auch die idealen Verhältnisse für ein Indianerzelt, oder allgemeiner für alle Kegelformen mit minimaler Mantelfläche bei gegebenem Inhalt.

Schlussbemerkung

Minima- und Maximaprobleme treten in allen angewandten Wissenschaften auf, in denen mit Funktionen gearbeitet wird. Die Differentialrechnung bietet ein geeignetes Hilfsmittel zur Berechnung dieser Extrema. Auch in der Natur sind viele Phänomene aus dem Streben nach solchen Minima (Energie) oder Maxima (Wirkungsgrad) zu verstehen.

6   Ende gut, alles gut!

Auf dem Gebiet der Ökonomie und der Finanzdienstleistungen werden vielfach bei der Information und Kommunikation spezifische Codezahlen verwendet. Bücher und Zeitschriften haben eine Standardnummer, Bankkarten und Kreditkarten eine Identifikationsnummer, Artikel im Supermarkt einen Strichcode und Verträge, Telefone, Pässe, Linienflüge usw. eine Referenznummer.

Bei der Korrespondenz, bei Bestellungen, Überweisungen, Käufen und dergleichen ist es selbstverständlich wichtig, dass sich in der Übertragung dieser Nummern keine Fehler einschleichen. Das hat neben dem enormen Zeitverlust auch manchmal schlimme Folgen für die betreffenden Parteien. Den Nummern wird daher oft eine Prüfzahl angefügt, die es ermöglicht, auftretende Fehler zu entdecken. Oftmals besteht diese Prüfzahl aus einer oder mehreren Ziffern, die am Ende der Nummer angefügt werden. Diese Ziffern legen dann eine Zahl fest, die man auf eine bestimmte Art aus den Ziffern der eigentlichen Zahl berechnet. Dabei strebt man auf möglichst einfache Weise ein Maximum an Effizienz an.

Wenn man zum Beispiel einen Satelliten zur Marsbeobachtung ausgesetzt hat, der Fotografien übermittelt, die in digitaler Form empfangen werden, ist es nicht nur wichtig zu wissen, ob einige Signale durch allerlei Störungen möglicherweise fehlerhaft sind, sondern man muss auch den Fehler lokalisieren und korrigieren können. Man kann den Satelliten ja schlecht fragen, was nun eigentlich die korrekte Version ist.

Dasselbe geschieht, wenn wir eine CD abspielen. Bei einem möglichen Knacken, hören wir zwar, dass eine Beschädigung der Vertiefungen und Erhöhungen, die der Laserstrahl abtastet, vorliegt. Aber das genügt uns nicht. Was wir wollen, ist ein CD-Spieler, der diese Fehler nicht nur entdeckt, sondern auch korrigiert, sodass unser Musikgenuss ungetrübt bleibt. Es zeigt sich, dass bereits im Augenblick des Kaufs, eine CD bis zu 500 000 Fehler aufweisen kann, die bei unachtsamen Gebrauch schnell bis zu 1 000 000 auflaufen können. Anspruchsvolle Mathematik sorgt jedoch dafür, dass wir diese Fehler nicht hören.

Die abstrakte Algebra und Zahlentheorie, die wir dabei verwenden, wurden bereits lange davor aus rein intellektuellem Interesse entwickelt. Es handelt sich um eine Kombination aus binärem Zahlensystem, das Leibniz schon im 17. Jahrhundert entwickelt hat, dem Modulo-Rechnen, das Gauß bereits im 19. Jahrhundert behandelte, und linearer Algebra, deren Wiege ebenfalls im 19. Jahrhundert stand.

6.1 Prüfzahlen

6.1.1 Bankkonten

Die Kontonummern der belgischen Bankkonten werden aus drei Gruppen von insgesamt zwölf Ziffern gebildet: Die erste Gruppe von drei Ziffern gibt die Identifikationsnummer der Bank an, die zweite Gruppe von sieben Ziffern die individuelle Kontonummer des Kunden und die dritte Gruppe von zwei Ziffern die Prüfzahl. Die Prüfzahl ist der Rest, den man erhält, wenn man die aus den ersten zehn Ziffern gebildete Zahl durch 97 teilt. Die Reste, die aus einer Ziffer bestehen, d. h. die von 0 bis 9, werden als 00, 01, 02, ..., 09 geschrieben. Der Rest 00 wird durch 97 ersetzt. Die möglichen Prüfzahlen sind demnach: 01, 02, ..., 96, 97.

Beispiel (einer fiktiven Postscheckkontonummer)

000-1532845-51, hier ist 51 der Rest bei der Teilung von 0001532845 durch 97.

Angenommen, in einer oder mehreren Zifferngruppen tritt ein Fehler auf. Dann wird die Prüfzahl natürlich nicht mehr passen, es sei denn, dass der Unterschied zur eigentlichen Kontonummer zufällig ein Vielfaches von 97 sein sollte. Das Letztere ist jedoch wenig wahrscheinlich.

Beispiel

Angenommen, bei einer Überweisung auf das oben angegebene Postscheckkonto wird die Ziffer 3 als 9 geschrieben, also die Kontonummer 000-1592845-51 übermittelt. Dann wird beim Scannen der Kontonummer durch das Computerprogramm ein Fehler gemeldet werden. Der Rest beim Teilen durch 97 ist ja 08, und der stimmt nicht mit der übertragenen Prüfzahl 51 überein. Die Überweisung wird daher nicht ausgeführt werden. Der Auftrag wird in diesem Fall zur Korrektur zurückgeschickt, weil keine eindeutige Korrektur möglich ist. Aber das Unheil ist doch verhütet worden.

Beim Rechnen mit großen Zahlen wird oft auf das Rechnen mit Resten nach Division durch eine bestimmte Zahl n zurückgegriffen. Das ist das Rechnen Modulo n, auch „Uhrenrechnen", genannt, weil für $n = 24$ beim Addieren von Uhrzeiten genauso gerechnet wird. Auf diese Weise kann man das Rechnen mit großen Zahlen zurückführen auf das Rechnen mit den Resten, die dann alle kleiner sind als n. Ein Rest r steht dabei für unendlich viele Zahlen von der Form $kn + r$, hierbei ist kn ein ganzzahliges Vielfaches von n. Für bestimmte Rechenanwendungen spielt diese Mehrdeutigkeit jedoch keine Rolle. Wir verdeutlichen das im Folgenden.

Beispiel

Wenn es 21 Uhr ist und man zählt 11 Stunden weiter, dann wird die Uhr nicht 32 Uhr anzeigen, sondern 8 Uhr, das ist der Rest, wenn man 32 durch 24 teilt.

Wir sagen, 8 ist kongruent zu 32 Modulo 24. Wir schreiben das wie folgt:

$$8 \cong 32 \ (\text{mod } 24)$$

Bei einem Bankkonto ist also die Zahl, gebildet aus den ersten zehn Ziffern, kongruent zu der Prüfzahl Modulo 97. Zum Beispiel $0001532845 \cong 51 \ (\text{mod } 97)$.

6.1.2 Kreditkartennummern

Die Nummern der Kreditkarten von Visa, MasterCard, American Express usw. haben ebenfalls eine Prüfzahl, die nach dem CODABAR-System berechnet wird. Diese Kartennummern bestehen aus vier Gruppen zu je vier Ziffern, also insgesamt 16 Ziffern. Die letzte Ziffer x_{16} wird mithilfe einer Zahl a bestimmt, die aus den ersten 15 Ziffern $x_1, x_2, x_3, ..., x_{14}, x_{15}$ und einer Zahl n berechnet wird, die gleich der Anzahl der Ziffern ist, die auf einem ungeraden Platz stehen und größer als 4 sind. Die Zahl a wird jetzt wie folgt berechnet:

$$a = 2\,(x_1 + x_3 + x_5 + x_7 + x_9 + x_{11} + x_{13} + x_{15}) + n + (x_2 + x_4 + x_6 + x_8 + x_{10} + x_{12} + x_{14})$$

Bei der Berechnung von a erhalten die Ziffern auf einem ungeraden Rang somit in der Gesamtsumme ein doppeltes Gewicht. Das Gewicht der ungeraden Ziffern, die größer als 4 sind, wird zusätzlich um eine Einheit vergrößert. Die Ziffern auf einem geraden Rang behalten ihr gewöhnliches Gewicht.

Die letzte Ziffe x_{16} wird nun so bestimmt, dass die Summe von a und x_{16} ein Vielfaches von 10 ist, also

$$a + x_{16} \cong 0 \ (\text{mod } 10)$$

Beispiel (für eine fiktive Kreditkartennummer)

Für die Kartennummer 6402 7152 0323 450x_{16} wird x_{16} wie folgt bestimmt:

$n = 3$ (denn die Ziffern 6, 7 und 5 auf den ungeraden Plätzen sind größer als 4)

$a = 2\,(6 + 0 + 7 + 5 + 0 + 2 + 4 + 0) + 3 + (4 + 2 + 1 + 2 + 3 + 3 + 5) = 71$

$a + x_{16} = 71 + x_{16} = 71 + 9 = 80 \cong 0 \ (\text{mod } 10)$

Die letzte Ziffer muss daher eine 9 sein, damit die Kartennummer korrekt ist.

Dieses CODABAR-System kann im Prinzip für Kartennummern mit einer beliebigen Anzahl von Ziffern verwendet werden.

Kreditkarten

Die Sicherheit von Kreditkarten hat viele Aspekte, je nach ihrer Verwendungsart. Bei persönlicher Anwesenheit ist ein Foto ein zusätzliches Mittel, um die Identität des Karteninhabers zu gewährleisten. Für Käufe im Internet sind jedoch sowohl Prüfziffern wie Sicherheitscodes erforderlich.

6.1.3 Buch- und Zeitschriftennummern

Jedes Buch hat eine internationale Identifikationsnummer, nämlich die Internationale Standardbuchnummer, kurz ISBN genannt. Diese Nummer besteht aus zehn Ziffern, wobei die letzte Ziffer x_{10} eine Prüfzahl ist. Diese Prüfzahl ist der Rest bei der Division einer Zahl a durch 11. Diese Zahl a wird aus den ersten neun Ziffern $x_1, x_2,..., x_9$ berechnet. Hierbei ist der Gewichtsfaktor der einzelnen Ziffer gleich ihrem Rangplatz (von links nach rechts).

$$a = 1x_1 + 2x_2 + 3x_3 + 4x_4 + 5x_5 + 6x_6 + 7x_7 + 8x_8 + 9x_9$$
$$a \cong x_{10} \pmod{11}$$

Weil bei der Division durch 11 die Reste von 0 bis 10 einschließlich variieren und hier 10 der einzige Rest ist, der aus zwei Ziffern besteht, ersetzt man Rest 10 durch den Buchstaben X. Auf diese Weise werden alle Reste durch ein Zeichen wiedergegeben.

Beispiel (für ein existierendes gutes Mathematikbuch!)

In der ISBN 90-021-7115-x_{10} wird die letzte Ziffer wie folgt berechnet:

$$a = 1 \cdot 9 + 2 \cdot 0 + 3 \cdot 0 + 4 \cdot 2 + 5 \cdot 1 + 6 \cdot 7 + 7 \cdot 1 + 8 \cdot 1 + 9 \cdot 5$$
$$= 9 + 8 + 5 + 42 + 7 + 8 + 45 = 124 = 11 \cdot 11 + 3$$

$124 \cong x_{10} \pmod{11}$, d.h. x_{10} ist der Rest bei der Division durch 11, also $x_{10} = 3$.

Die vollständige Nummer ist also 90-021-7115-3. Achten Sie darauf, dass Sie richtig bestellen!

Auch Zeitschriften haben eine eigene Identifikationsnummer, die aus acht Ziffern besteht. In dieser ISSN ist die letzte Ziffer ebenfalls eine Prüfzahl, die jedoch auf eine andere Weise berechnet wird als bei der ISBN für Bücher. Die letzte Ziffer in der ISSN wird nämlich so gewählt, dass die folgende Summe S durch 11 teilbar ist:

$$S = 8x_1 + 7x_2 + 6x_3 + 5x_4 + 4x_5 + 3x_6 + 2x_7 + x_8$$

Beispiel

Die ISSN von KNACK ist 0772-3210. Hier wird die achte Ziffer x_8 wie folgt bestimmt:

$$8 \cdot 0 + 7 \cdot 7 + 6 \cdot 7 + 5 \cdot 2 + 4 \cdot 3 + 3 \cdot 2 + 2 \cdot 1 + x_8 \cong 0 \pmod{11}$$

$$121 + x_8 \cong 0 \pmod{11}$$

$$x_8 = 0$$

Weil 121 bereits ein Vielfaches von 11 ist, muss x_8 gleich 0 sein.

Für den Fall, dass x_8 gleich 10 ist, wird 10 auch hier durch den Buchstaben X ersetzt, um auch auf dem achten Platz nur ein Zeichen zu haben.

6.1.4 Strichcode

Die meisten Artikel in Supermärkten sind gegenwärtig mit einem Strichcode mit darunter stehenden 13 Ziffern versehen. Das ist der EAN-Code (European Article Numbering Code), der eine Variante des UPC-Codes (Universal Product Code) ist. Auch diese Ziffern haben eine eingebaute Syntax, die eine Prüfung ermöglicht. Die Berechnung erfolgt über eine Summe, die den verschiedenen Ziffern abwechselnd das Gewicht 1, 3, 1, 3, 1,... usw. zuweist. Die letzte Ziffer x_{13} wird so bestimmt, dass die gewichtete Summe durch 10 teilbar ist.

Beispiel

Die Nummer unter dem Strichcode auf einer bestimmten Dose schwarzer Oliven lautet: 3 560070 105939. Hierbei wird die 13. Ziffer x_{13} wie folgt berechnet:

$$1\cdot 3+3\cdot 5+1\cdot 6+3\cdot 0+1\cdot 0+3\cdot 7+1\cdot 0+3\cdot 1+1\cdot 0+3\cdot 5+1\cdot 9+3\cdot 3+x_{13}$$
$$\cong 0 \,(\mathrm{mod}\ 10)$$

$81 + x_{13} \cong 0 \,(\mathrm{mod}\ 10)$

$x_{13} = 9$

Die letzte Ziffer x_{13} muss also gleich 9 sein, damit die Gesamtsumme ein Vielfaches von 10 ist.

Auf diese Weise kommen wir in der Tat wieder zu „Rekreationsmöglichkeiten". Für die Kinder sind es nette Rechenaufgaben, für alle diese Bankkonten, Kreditkarten, Bücher, Zeitschriften und Artikel in der Speisekammer ihre Codenummer zu finden.

Strichcode

Das Preisschild für den Pyjama dieses bekannten Safaripferds ergibt sich von selbst aus seinem eigenen Strichcode.

6.2 Fehlerkorrektur mit Hamming-Codes

In den vorstehenden Beispielen haben wir einige Systeme der Fehlerentdeckung beschrieben. Dabei werden Fehler zwar festgestellt, aber nicht verbessert, weil die Systeme für diese Aufgabe unzureichend sind. In diesem Abschnitt zeigen wir ein System, das entdeckte Fehler bis zu einem gewissen Grade auch korrigieren kann. Diese Methode wird u.a. beim Senden von Radiosignalen durch Satelliten und beim Abspielen einer CD angewendet.

Die elektronische Übersetzung von Informationssignalen, sei es in Impulse, sei es in Wellen, geschieht durch Digitalisierung, d. h., die Information wird umgesetzt in eine Symbolfolge, die aus der Ziffer 1 (Strom fließt) und der Ziffer 0 (Strom fließt nicht) besteht. Die Codierung von Signalen resultiert also in Binärzahlen bestimmter Länge, die in diesem Zusammenhang Codewörter genannt werden. Die Art und Weise, wie die Wortlisten dieser Codewörter erstellt werden, ist meistens verbunden mit Modellen der endlichen Geometrie oder mit Methoden aus der linearen Algebra, auf die wir jedoch hier nicht eingehen. Das ist das Spezialgebiet der Codetheorie.

Wir beschränken uns auf ein Beispiel, eine Wortliste binärer Zahlen, die aus vier Ziffern bestehen. Das sind dann die folgenden 16 Binärzahlen, welche die Zahlen von 0 bis einschließlich 15 darstellen:

```
0000   0001   0010   0011   0100   0101   0110   0111
1000   1001   1010   1011   1100   1101   1110   1111
```

Der Marserkundungsrover A (Spirit) ist einer der beiden Roboter, die im Januar 2014 auf dem Mars landeten mit dem Ziel, geologische und klimatologische Untersuchungen durchzuführen und nach Spuren von eventuellem Leben zu suchen. Die Information wird mittels digitalisierter Radiosignale zur Erde gesandt.

Auf einer CD liest der Laser Zeichen, die aus acht binären Ziffern bestehen, dargestellt durch Vertiefungen und Erhöhungen. Mit Hilfe zusätzlicher Ziffern kann das System auch Fehler korrigieren.

Es gibt genau 16 Zahlen, denn für jede der vier Ziffernstellen in diesen Zahlen haben wir zwei Wahlmöglichkeiten: 0 oder 1. Das ergibt $2 \cdot 2 \cdot 2 \cdot 2 = 2^4 = 16$ Wahlmöglichkeiten.

Mit diesem Vorrat an Codewörtern können wir Informationen senden und empfangen. Unterwegs können jedoch durch Störungen Fehler auftreten, die aber nur von zweierlei Art sein können: An der Stelle, an der eine 1 stehen müsste, wird eine 0 empfangen und umgekehrt. Um das auszugleichen können wir die Codewörter verlängern, zum Beispiel mit einer Folge von drei zusätzlichen Ziffern, und zwar auf eine Weise, dass sie im Zusammenhang mit den ursprünglichen korrekten Ziffern stehen. Mit Hilfe dieses Zusammenhangs ist dann nicht nur eine Fehlererkennung, sondern in einem eingeschränkten Maße auch eine Fehlerkorrektur möglich.

Beispiel

Wir senden das Codewort 1011 als eine Zahl mit sieben Ziffern $1011x_5x_6x_7$.

Die letzten drei Ziffern bestimmen wir auf folgende Weise, jeweils im Zusammenhang mit drei der vier eigentlichen Ziffern des Codewortes:

x_5 so, dass $x_1 + x_2 + x_3 + x_5 \cong 0 \pmod{2}$ (1)

x_6 so, dass $x_1 + x_3 + x_4 + x_6 \cong 0 \pmod{2}$ (2)

x_7 so, dass $x_2 + x_3 + x_4 + x_7 \cong 0 \pmod{2}$ (3)

Modulo 2 gibt es nur zwei Reste, und zwar liefern alle geraden Zahlen einen Rest = 0 und alle ungeraden Zahlen einen Rest 1. Die letzten drei Ziffern x_5, x_6, x_7 werden also in den vorstehenden Summen jedes Mal so bestimmt, dass die Gesamtzahl der Terme 1 in diesen Summen gerade ist.

Wir können das mithilfe von Venn-Diagrammen für die drei Mengen A, B, C veranschaulichen, die genau sieben unterschiedliche Gebiete bestimmen.

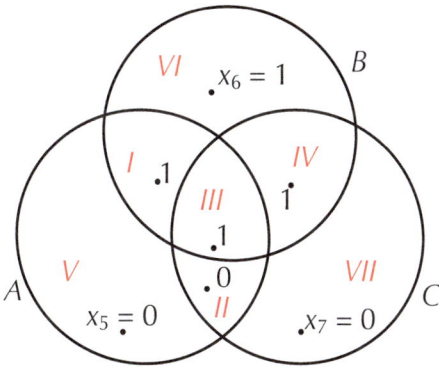

Die ersten vier Ziffern der Codezahl setzen wir in die entsprechenden Gebiete *I*, *II*, *III* und *IV*.

Die fünfte Ziffer x_5 wird in das Gebiet *V* gesetzt und ist so gewählt, dass in der Menge A das Element 1 insgesamt geradzahlig oft vorkommt, d.h. $x_5 = 0$.

Die sechste Ziffer wird in das Gebiet *VI* gesetzt und so gewählt, dass in der Menge *B* die Ziffer 1 insgesamt geradzahlig oft als Element vorkommt, d.h. $x_6 = 1$.

Die siebte Ziffer wird in das Gebiet *VII* gesetzt und so gewählt, dass in der Menge *C* die Ziffer 1 insgesamt geradzahlig oft als Element vorkommt, d.h. $x_7 = 0$.

Wir senden also letztlich anstelle des eigentlichen Codewortes `1011` das verlängerte Codewort `1011010`.

Angenommen, eine Ziffer wird durch eine Störung falsch empfangen, sodass beispielsweise aus der dritten Ziffer 1 eine 0 geworden ist, mit anderen Worten, dass die Zahl `1001010` empfangen wurde, dann wird mittels der Ergänzungsziffern der Fehler sofort entdeckt und korrigiert. Der falsche „Eintrag" wird also wieder in einen korrekten „Eintrag" zurückverwandelt. Aus den Kontrollgleichungen (1), (2) und (3) ergibt sich dann jedoch:

$1 + 0 + 0 + 0 \cong 0$? (mod 2) falsche Gleichung (in der Menge *A*)

$1 + 0 + 1 + 1 \cong 0$? (mod 2) falsche Gleichung (in der Menge *B*)

$0 + 0 + 1 + 0 \cong 0$? (mod 2) falsche Gleichung (in der Menge *C*)

Es hat sich also ein Fehler bei der Ziffer eingeschlichen, die sich in dem Gebiet befindet, das sowohl Teil von *A* wie von *B* und von *C* ist, d.h. die Ziffer 0 im Gebiet *III*. Diese Ziffer muss daher eine 1 sein, damit alle Gleichungen wieder korrekt sind.

Die Korrektur können wir auch auf eine andere Weise interpretieren. Durch die Verlängerung der binären Codewörter von vier Ziffern zu Codewörtern mit sieben Ziffern mittels der Gleichungen (1), (2) und (3) haben wir 16 Wörter von der Länge sieben erhalten, nämlich

`0000000 0001011 0010111 0011100 0100101 0101110 0110010 0111001`
`1000110 1001101 1010001 1011010 1100011 1101000 1110100 1111111`

Diese Zahlen sind die zulässigen Codewörter aus der verfügbaren „Wörterliste". Es existieren jedoch $2^7 = 128$ binäre Zahlen mit sieben Ziffern. Die Zahl `1001010` ist eine dieser 128 Zahlen, aber kein zulässiges Codewort. Es wird daher auch sofort als fehlerhafte Ziffernkombination entdeckt. Wie kann das richtige Codewort, das gemeint war, wieder hergestellt werden? Dies geschieht mittels des Prinzips des „nächstliegenden Codeworts".

Unter den 128 binären Zahlen mit sieben Ziffern, die empfangen werden können, befinden sich sieben Zahlen, die sich durch genau ein Zeichen von dem Codewort `1011010` unterscheiden. Zusammen mit diesem Codewort bilden diese also eine Klasse von acht Zahlen. In dieser Klasse befindet sich nur ein zulässiges Codewort, das von den übrigen Zahlen in dieser Klasse einen „Abstand" besitzt, der nicht größer als eins ist. Jedes Mal, wenn eine binäre Zahl aus dieser Klasse empfangen wird, das kein Codewort ist, wie z.B. die Zahl `1001010`, wird das Prüfsystem die einzige zugelassene Codezahl aus dieser Klasse als die korrekte Zahl ansehen.

In dem Beispiel, das wir hier gegeben haben, ist das System in der Lage, genau einen Fehler zu verbessern. Sind mehrere Zeichen verändert oder beschädigt, dann wird eine richtige Korrektur nicht möglich sein. Das System muss dann mit noch längeren Ergänzungen als Kontext verfeinert werden. Diesen fehlerkorrigierenden Codierungssystemen liegt die Technik der „überflüssigen" Information („Redundanz") zu Grunde. Die Hamming-Codes sind nach dem amerikanischen Mathematiker Richard W. Hamming benannt.

Derartige Korrekturen sind mit dem vergleichbar, was in der normalen Umgangssprache auch geschieht. Nicht alle Kombinationen von Buchstaben sind sinnvolle Wörter. Die Buchstabenkombination „Kartuffel" kommt im Wörterbuch nicht vor. Es gibt jedoch ein Wort im Wörterverzeichnis, das sich nur in einem Buchstaben von diesem Wort unterscheidet, nämlich das Wort Kartoffel. Man sagt, dass der Abstand der Buchstabenkombination „Kartuffel" zum Wort „Kartoffel" gleich 1 ist, weil beide sich nur in einem Buchstaben unterscheiden. Das Wort „Kartoffel" ist mit anderen Worten im Wörterverzeichnis der nächste Nachbar der Buchstabenkombination „Kartuffel". Wenn wir mehrere Buchstaben abändern, z.B. „Zartaffel", dann wird es schwierig werden, zu verstehen, was es bedeutet, es sei denn, es wird noch mehr Kontext mitgeliefert. Musikliebhaber meinen manchmal, man müsse mit einer CD nicht so sorgsam umgehen, weil das eingebaute Korrektursystem stark genug sei, alle Beschädigungen zu korrigieren. Natürlich stimmt das nicht. Behandeln Sie daher Ihre Lieblingsmusik so sorgfältig wie möglich.

Richard W. Hamming (1915 - 1998)

Goldene Medaille mit dem Bildnis von Richard W. Hamming. Seit 1986 wird sie, zusammen mit dem verbundenen Preis, jährlich „für herausragende Leistungen in der Informatik" verliehen. Hamming selbst spielte eine wichtige Rolle in der Entwicklung der Computerwissenschaften, u.a. durch sein Fehlerentdeckungssystem bei Codierungen.

Schlussbemerkung

An den vorstehenden Beispielen zeigt sich, wie Grundlagen der Mathematik verwendet werden, um Information zu codieren und gegen Fehler abzusichern. Das ist jedoch nur eine kleine Spitze des riesigen Eisbergs, der die heutige Kryptologie und die Sicherungssysteme ausmacht. Nur wenige wissen, wie viel Mathematik den so vertrauten täglichen Handlungen des elektronischen Bankgeschäfts, dem Gebrauch von Passwörtern auf sicheren Internetseiten, dem persönlichen Verschlüsseln, elektronischen Unterschriften usw. zu Grunde liegt. Viele dieser Sicherheitsmaßnahmen basieren auf einem doppelten Aspekt der Rechenkapazität moderner Computer. Einerseits stellt die Mathematik clevere Lehrsätze bereit, um ziemlich schnell zu testen, ob sehr große Zahlen (mit z.B. 200 Stellen) Primzahlen sind. Andererseits ist es selbst mit dem schnellsten Computer noch immer nicht möglich, das Produkt zweier solcher Primzahlen innerhalb der Spanne eines Menschenlebens wieder in Faktoren zu zerlegen. Letzteres ist zum Teil auf die Tatsache zurückzuführen, dass die Folge der Primzahlen nicht mithilfe einer Formel erzeugt werden kann, sondern mittels eher langsamer Siebmethoden. Jedes Mal also, wenn Sie einen Bankcode oder das Internet benutzen, wird vom Computer mit solchen Primzahlen gerechnet, um zu verifizieren, ob Ihre Identität auch tatsächlich mit den Hilfsinformationen übereinstimmt, die Sie durch Eingeben von Codewörtern und Passwörtern übermittelt haben. Der Krieg zwischen den Hackern und den Primzahlen wird von den Letzteren schnell gewonnen, glücklicherweise!

Codiermaschine Enigma

Diese Maschine wurde von den Deutschen im Zweiten Weltkrieg verwendet, um geheime Botschaften zu senden und zu decodieren. Sie beruhte auf einem System, bei dem die Buchstaben eines Wortes im Alphabet verschoben wurden. Die Substitution der Buchstaben erfolgte mittels Rotoren (Drehscheiben) von Enigma. Für jeden Tag wurde eine andere Anfangseinstellung gewählt. Das System wurde jedoch unter Mitwirkung von Mathematikern wie Alan Turing von den Alliierten geknackt.

7 Der Zauber der Fraktale und das deterministische Chaos

Bis zum Aufkommen der modernen Computer mit ihrer phänomenalen Rechenkapazität blieben bestimmte Probleme, die mit dem komplizierten Verhalten von dynamischen Systemen, wie Atmosphäre, Braunsche Bewegung, Strömung, Konvektion, Turbulenzen und nichtlineare Veränderungen im Allgemeinen zusammenhängen, außerhalb des Bereichs der Mathematik. Das Streben nach Einfachheit und die linearen Näherungsverfahren für Prozesse, die ihrem Wesen nach vielfach nicht linear sind, war lange Zeit die einzige realisierbare Arbeitsweise, einen mathematischen Zugang für manche physikalische Phänomene zu bekommen. Viele Phänomene, deren Komplexität mit Zufall und Willkür verbunden waren, blieben notgedrungen unverstanden. Die Möglichkeiten des Computers eröffneten jedoch neue Perspektiven für mathematische Untersuchungen, die zu der Entwicklung neuerer Theorien geführt haben, die die Namen „Fraktale" und „Chaostheorie" tragen.

Das Wort Chaos wird im normalen Sprachgebrauch immer noch im mythologischen Sinne als ein Zustand der totalen Unordnung und des willkürlichen Durcheinanders interpretiert. In der Chaostheorie dagegen zeigt sich, dass einfache Grundregeln oftmals eine bizarre Komplexität hervorbringen können und dass verwickelte Strukturen manchmal sehr elementare Wurzeln haben. Daher wird diese Theorie auch schon mal durch das Bild des Schmetterlings verdeutlicht, der mit seinem schwachen Flügelschlag auf lange Sicht einen Orkan auslöst.

Die „Chaostheorie" studiert die Entwicklung von Veränderungsprozessen in der Zeit, zumeist beschrieben mithilfe von Differentialgleichungen (das sind Gleichungen, in denen Größen auftreten, die ein Maß sind für die Fluktuation dieser Veränderungen, also Ableitungen). Wegen einer äußersten Empfindlichkeit der Ausgangswerte der Veränderlichen gegenüber geringen Abänderungen, beschrieben, durch benachbarte Messresultate, zeigen viele derartige Systeme jedoch ein komplexes Verhalten, das der Vorhersagbarkeit der Lösungen Grenzen zieht. „Komplexes Verhalten" darf hier nicht als Synonym für „willkürliches oder zufälliges Verhalten" aufgefasst werden, sondern als eine Form der Komplexität, die Gestalt in „seltsamen Attraktoren" annimmt. Das sind Muster, die für die betreffenden dynamischen Systeme typisch sind.

Bekannte Probleme aus der Chaostheorie sind:

- Die Wettervorhersage (Wenn Sie heute drei Parameter der Atmosphäre messen, sagen wir die Temperatur, den Luftdruck und die Windgeschwindigkeit, inwieweit kann dann das Wetter, zum Beispiel mit dem Modell der Differentialgleichungen von Lorenz, für die folgenden Tage vorhergesagt werden?)
- Die Stabilität des Sonnensystems (Wenn Sie in diesem Augenblick die Position der Sonne, der Planeten und ihrer Satelliten kennen, können Sie dann, z.B. mit den Gesetzen von Newton und Kepler, vorhersagen, ob die Bahnen der Himmelskörper stabil bleiben?)

Mit der Theorie der Fraktale sind an erster Stelle die Namen des französischen Mathematiker Gaston Julia und des polnisch-französisch-amerikanischen Mathematiker Benoît Mandelbrot verbunden, die beide faszinierende Prototypen von Fraktalen entdeckt haben , wie u.a. die „Seepferdchen" und das „Apfelmännchen".

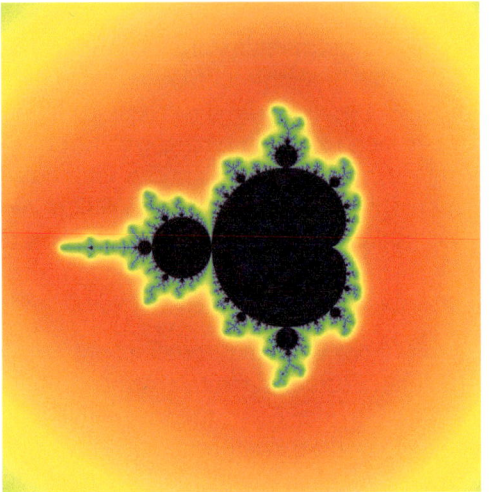

Julia-Fraktal
mit den Figuren der Seepferdchen. Das Fraktal ist benannt nach dem französischen Mathematiker Gaston Julia (1893–1978), Pionier der Untersuchungen über die Komplexität iterativer Prozesse.

Mandelbrot-Fraktal
auch Apfelmännchen genannt. Benoît Mandelbrot (1924–2010) hat den Namen „Fraktal" für diese bizarren selbstähnlichen Figuren geprägt und kann als Vater der Fraktaltheorie angesehen werden.

Fraktale sind Figuren, die eine Veranschaulichung von iterativen Prozessen (wiederholte Konstruktionen oder Algorithmen, bei denen der erhaltene „Output" jedes Mal als neuer „Input" dient) geben, die zu einer Selbstähnlichkeit führen. Das bedeutet, dass bei unbegrenzter Wiederholung der Prozedur eine Figur erscheint, die bei jedem Close-up, mit welchem Maßstab auch immer, dieselbe Struktur erkennen lässt.

Populäre Beispiele von Fraktalen sind:

- ein Baum (jeder Ast und jeder Zweig gleicht wieder einem Baum im Kleinen),
- ein Blumenkohl (jede Rose und jedes Röschen gleicht wieder einem Blumenkohl im Kleinen).

Obwohl die Untersuchungen von „Fraktalen" und des „deterministischen Chaos" ursprünglich unterschiedliche Ansätze hatten, werden beide Gebiete jetzt mehr und mehr in Zusammenhang gebracht. Einerseits, weil sich zeigt, dass Iteration bei beiden eine fundamentale Rolle spielt, andererseits auch weil „Fraktale" als Prototypen der „seltsamen Attraktoren" aufzufassen sind. Viele Formen und Populationen in der

Natur, die mit Wachstum zu tun haben, können mit Fraktalen imitiert werden. Komplizierte Muster, wie das eines Farns oder einer Palme ergeben sich als Resultat aus der Iteration einer einfachen Basisfigur. So wie Komplexes durch mehrmaliges Wiederholen aus Einfachem entstehen kann, geben auch die kompliziertesten Formen und Phänomene ihr Geheimnis preis. Von diesen neuen Theorien, die zwar noch in den Kinderschuhen stecken, wird in der nahen Zukunft viel erwartet hinsichtlich eines besseren Verständnisses der Phänomene aus der Hydrostatik, der Elektrodynamik, der Biologie, der Ökonomie, der Klimatologie usw. Im Rahmen dieses Kapitels können wir jedoch nur eine Anzahl einfacher Beispiele geben, wie iterative Konstruktionen und Algorithmen die Basis sowohl für die „Fraktale" als auch für das „Chaos" bilden.

7.1 Iteration als Rezept für Fraktale

7.1.1 Die Cantor-menge

Wir gehen von einer Strecke gegebener Länge aus, zum Beispiel der Länge 1.

Wir teilen die Strecke in drei Teile gleicher Länge und entfernen den mittleren Teil. (*)

Auf diese Weise erhalten wir zwei Strecken, deren Länge um den Faktor 3 geschrumpft ist.

Wir wiederholen Prozedur (*) auf den Strecken, die übriggeblieben sind.

Beim zweiten Schritt erhalten wir so vier Strecken, deren Länge $\frac{1}{9}$ der ursprünglichen Länge beträgt.

Wir wiederholen diese Prozedur immer wieder auf den Strecken, die jeweils übrig bleiben.

So entsteht eine Menge, in der die Menge der Strecken gegen unendlich geht, während die Länge der Strecken gegen null geht. Diese Menge wird „Cantor-Menge" genannt und bildet ein Beispiel für ein Fraktal.

Jedes Close-up von einem Teil dieser Menge liefert jedes Mal ein und dasselbe Bild. (s. umrandete Figur): eine Menge von Strecken mit Lücken dazwischen, deren Abmessungen in einem bestimmten Verhältnis stehen.

Bei der Konstruktion der Cantor-Menge spielen zwei Zahlen eine wesentliche Rolle, nämlich

– der Reduktionsfaktor, um den die Länge der Strecke verkleinert wird (drei),
– die Anzahl der Strecken, die beim folgenden Schritt beibehalten werden (zwei).

Mit Hilfe dieser Zahlen kann das Fraktal durch das charakterisiert werden, was die „fraktale Dimension" genannt wird. Diese Dimension ermöglicht es, das Fraktal mit anderen derartigen Mengen zu vergleichen. Die Inspiration für den Begriff „fraktale Dimension" geht auf ein Charakteristikum der gewöhnlichen geometrischen Dimension zurück, bei der beispielsweise eine Gerade die Dimension eins hat, eine Ebene die Dimension zwei und der gewöhnliche Raum die Dimension drei. Das Charakteristische ist Folgendes: Wenn man eine Zelle aus derartigen geometrischen Räumen nimmt, z.B. ein Strecke auf einer Geraden, ein Quadrat in der Ebene oder einen Würfel im Raum, dann erhält man bei einer Verkleinerung der Abmessungen dieser Zellen um einen Faktor n eine Anzahl neuer (kleinerer) Zellen m. Es gilt $m = n^d$, wobei d die Dimension des Raumes ist.

Beispiele

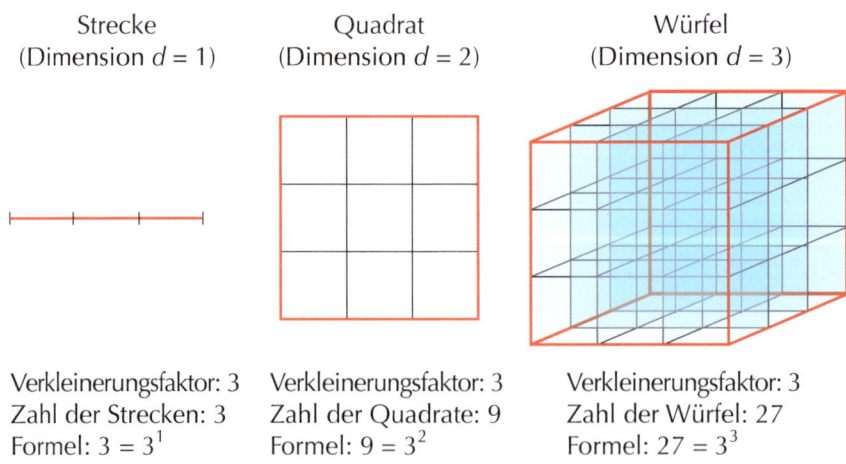

Die allgemeine Formel lautet also: $m = n^d$, mit dem Verkleinerungsfaktor n, der Dimension d und der Anzahl neuer Zellen m.

Mit Hilfe von Logarithmen kann d auch als Funktion von n und m ausgedrückt werden:

$$m = n^d \Leftrightarrow \log m = \log(n^d) \Leftrightarrow \log m = d \cdot \log n \Leftrightarrow \frac{\log m}{\log n} = d$$

Wenn wir diese Formel auf die Cantor-Menge anwenden erhalten wir:

$$d = \frac{\log 2}{\log 3} = 0{,}6309...$$

Wir erhalten hier als Dimension der Cantor-Menge eine Dezimalzahl, weil bei ihrer Konstruktion nur ein Teil der Gesamtzahl an vorhandenen Zellen für den folgenden Schritt mitgenommen wird. Es ist genau dieser Umstand, dass wir keine ganzzahlige Dimension haben, dem die Fraktale (fraktal = gebrochen, zum Teil) ihren Namen verdanken. Die Punktmenge von Cantor hat daher eine Dimension, die größer ist als die eines Punktes (0) und kleiner als die einer Geraden (1).

7.1.2 Die Koch-Schneeflocke

Wir beginnen mit einem gleichseitigen Dreieck, z.B. von der Seitenlänge 1.

Als Prozedur (&) führen wir folgende Konstruktion aus:

- Teile jede Seite in drei gleich lange Strecken auf (Verkleinerungsfaktor 3),
- errichte auf der mittleren Strecke als Basis nach außen wieder ein gleichseitiges Dreieck,
- entferne die Basis des neuen Dreiecks (Zahl der neuen Zellen = 4).

Das führt nach einmaliger Ausführung der Prozedur zu folgender Veränderung:

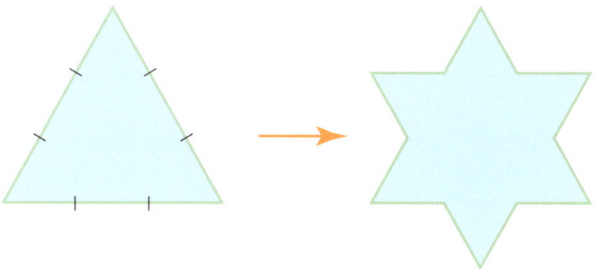

Wir wiederholen die Prozedur (&) nach jedem neu ausgeführten Schritt. Auf diese Weise erhalten wir ein Fraktal, dessen Umfang mehr und mehr gekerbt erscheint und dessen Länge gegen unendlich geht, während seine Fläche dennoch endlich bleibt.

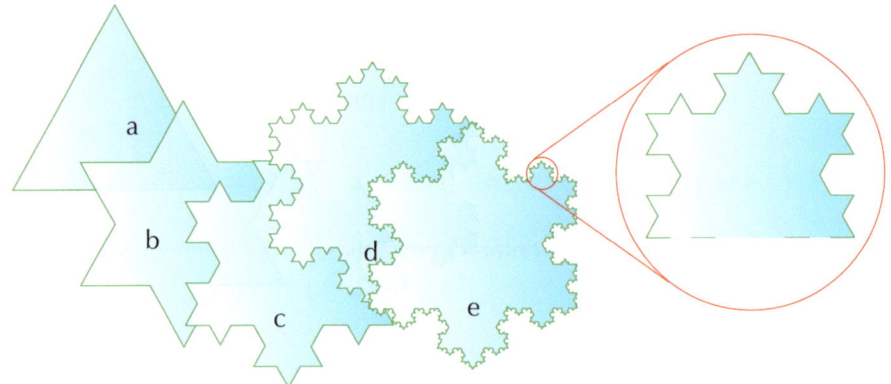

Aus dem Close-up der Figur wird die Selbstähnlichkeit des Fraktals deutlich.

Wegen seiner Ähnlichkeit mit einer Schneeflocke wird sie Koch-Schneeflocke genannt nach dem schwedischen Mathematiker Helge von Koch, der sie im Jahr 1904 entwarf. Die Dimension d der Koch-Schneeflocke findet man mittels des Verkleinerungsfaktors 3 der Seite und der Anzahl der Zellen 4, die man bei einem weiteren Schritt erhält. Das führt auf:

$$d = \frac{\log 4}{\log 3} = 1,2618...$$

Auch das ist keine ganze Zahl, aber eine Zahl zwischen der Dimension einer Geraden (1) und der einer Ebene (2).

Die Koch-Schneeflocke, die hier gezeichnet ist, ist jedoch eine ebene Figur und keine räumliche, wie es eine echte Schneeflocke natürlich ist. Wir können die Konstruktion aber auf einem regelmäßigen Tetraeder nachahmen, indem wir die Seitenflächen in vier gleiche Dreiecke mittels der Verbindungslinien der Mittelpunkte der Kanten aufteilen (Verkleinerungsfaktor = 2), um dann anschließend auf dem mittleren Dreieck als Grundfläche ein neues Tetraeder zu errichten, dessen Grundfläche wir dann weglassen (Anzahl der neuen Zellen = 6).

Das führt bei Wiederholung zu einem Fraktal, dessen Oberfläche gegen unendlich geht und dessen Inhalt endlich bleibt. Für die Dimension gilt dann:

$$d = \frac{\log 6}{\log 3} = 2,5849...$$

Das ist eine Zahl zwischen der Dimension einer Ebene (2) und der des Raumes (3).

Es verlangt nun nicht mehr allzu viel Fantasie, um derartige Konstruktionen wie die Cantor-Menge (durch Weglassen von Zellen) oder die Koch-Schneeflocke (durch Hinzufügen von Zellen) auf andere Grundfiguren anzuwenden. In den folgenden Figuren können Sie diese Prozeduren leicht wiedererkennen.

Das Sierpinski-Dreieck:

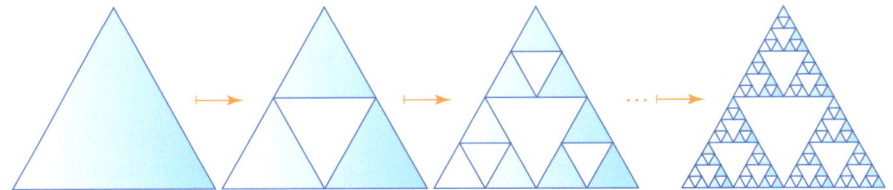

Der Pythagoras-Baum:

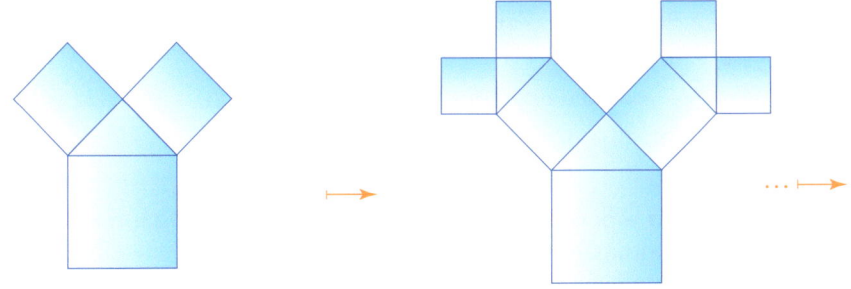

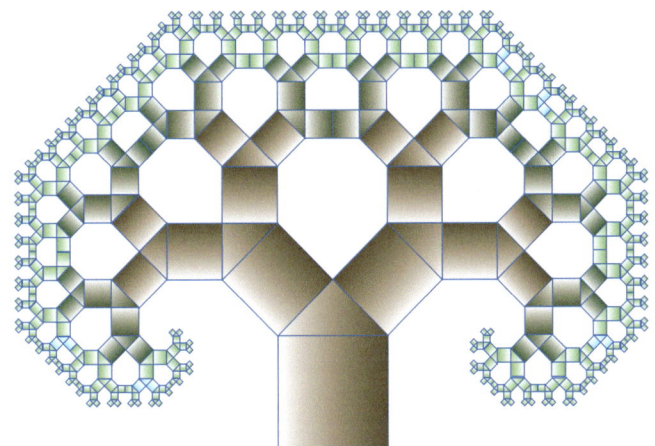

Kreieren Sie nun mit viel Spaß Ihr eigenes Fraktal.

7.1.3 Julia-Mengen

Anstelle von geometrischen Konstruktionen können auch iterative Algorithmen benutzt werden, um Fraktale zu konstruieren. Wenn ein solcher Algorithmus auf Zahlen angewandt wird, muss er, um eine Verbildlichung dieses Prozesses zu erhalten, mit einer gewissen Art des Abbildens verbunden werden.

Bei der Analyse des Verhaltens von Funktionen komplexer Variablen war Gaston Julia bereits um das Jahr 1920 auf komplizierte Muster, die dabei auftraten, gestoßen. Sein Landsmann Benoît Mandelbrot sollte um das Jahr 1975 die diesbezüglichen Veröffentlichungen von Julia weiter vertiefen und ausbauen.

Eine komplexe Zahl ist eine Zahl der Form $a + bi$, wobei a und b reelle Zahlen sind und i die imaginäre Einheit darstellt, für die $i^2 = -1$ gilt. i ist also eine Quadratwurzel von -1. Die Regeln für das Rechnen mit komplexen Zahlen entsprechen denen für das Rechnen mit reellen Zahlen.

Beispiele

$$(5 + 3i) + (-2 + 4i) = 5 + 3i - 2 + 4i = 5 - 2 + 3i + 4i = 3 + (3 + 4)i = 3 + 7i$$
$$(5 + 3i) \cdot (-2 + 4i) = 5 \cdot (-2) + 3i \cdot (-2) + 5 \cdot (4i) + (3i) \cdot (4i)$$
$$= -10 - 6i + 20i + 12i^2 = -10 - 12 + (20 - 6)i = -22 + 14i$$
$$(5 + 3i)^2 = (5 + 3i) \cdot (5 + 3i) = 25 + 15i + 15i - 9 = 16 + 30i$$

Eine komplexe Zahl $a + bi$ ist vollkommen bestimmt durch das Paar reeller Zahlen (a, b), das man als Koordinatenpaar eines Punktes in einer Ebene mit einem kartesischen Koordinatensystem auffassen kann. Auf diese Weise kann jede komplexe Zahl auf einen Punkt dieser Ebene abgebildet werden.

Julia untersuchte die Iterationen einer quadratischen komplexen Funktion f vom Typ $f(z) = z^2 + c$, mit z und c als komplexen Zahlen. Die Variable z durchläuft dabei aufeinander folgende iterative Werte, ausgehend von einem beliebig gewählten Ausgangwert z_0. Die Zahl c ist eine fest gewählte Konstante, durch die infolgedessen die Funktion f vollständig bestimmt ist. Die Iteration der Funktion wird durch das folgende Schema wiedergegeben:

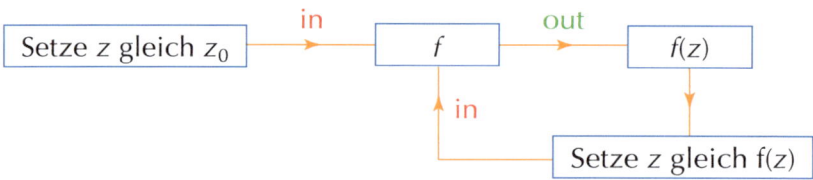

Jeder Output, den man erhält, wird somit als neuer Input genommen, wobei im Folgenden $f(z_1) = z_2$ usw.

Beispiel

Angenommen, $f(z) = z^2 + (1 + i)$ hier ist $c = 1 + i$.

Die Werte der Iteration, ausgehend von $z_0 = 1 + 0i = 1$ sind der Reihe nach:

$$z_1 = f(z_0) = 1^2 + (1+i) = 2 + i$$
$$z_2 = f(z_1) = (2+i)^2 + (1+i) = 4 + 5i$$
$$z_3 = f(z_2) = (4+5i)^2 + (1+i) = -8 + 41i$$

usw.

Die große Frage ist jetzt: "Wohin führen diese Iterationen?"

Unterschiedliche Verhaltensweisen sind möglich, in erster Linie abhängig von der Funktion selbst (also von dem Wert für c), schließlich aber auch von dem gewählten Anfangswert z_0.

Der Abstand des Koordinatenursprungs zum Bildpunkt der komplexen Zahl $a + bi$, d.h. dem Punkt mit dem Koordinatenpaar (a, b), ist gegeben durch $\sqrt{a^2 + b^2}$ (wegen des Satzes von Pythagoras).

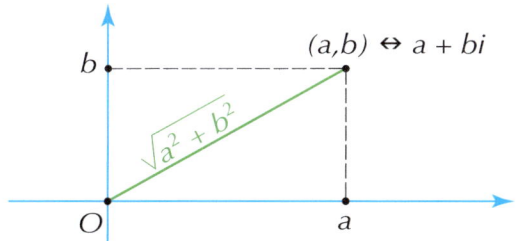

Man kann leicht nachvollziehen, dass die Bildpunkte der aufeinander folgenden Iterationen bei dem gegebenen Beispiel sich mehr und mehr vom Ursprung entfernen. Wir sagen daher, dass der (diskrete) Orbit dieser Folge iterativer Werte nach unendlich divergiert. Es gibt jedoch andere Beispiele, bei denen dies nicht geschieht.

Nehmen Sie z.B. bei derselben Funktion f als Anfangswerte die Zahlen i bzw. $\sqrt{2}\,i$. Dann erhalten wir der Reihe nach:

$z_1 = f(z_0) = f(i) = i^2 + (1 + i) = i$ $\quad$ $z_1 = f(z_0) = f(\sqrt{2}i) = (\sqrt{2}i)^2 + (1 + i) = -1 + i$

$z_2 = f(z_1) = f(i) = i^2 + (1 + i) = i$ $\quad$ $z_2 = f(z_1) = (-1 + i)^2 + (1 + i) = 1 - i$

$z_3 = f(z_2) = f(i) = i^2 + (1 + i) = i$ $\quad$ $z_3 = f(z_2) = (1 - i)^2 + (1 + i) = 1 - i$

usw. $\qquad\qquad\qquad\qquad\qquad\qquad$ usw.

Der Verlauf beginnend mit $z_0 = i$ erweist sich als konstant gleich i und der beginnend mit $z_0 = \sqrt{2}\,i$ bleibt nach dem zweiten Schritt bei der Zahl $1 - i$ hängen.

Wir können jetzt für alle derartigen Funktionen f die Ausgangspunkte unterscheiden, je nachdem, ob der Orbit der Iterationen gegen unendlich divergiert oder ob das nicht der Fall ist. Diese Ausgangspunkte können wir dann in der Ebene entsprechend unterschiedlich farblich darstellen, beispielsweise die Ausgangspunkte, für die der

Orbit divergiert, in Weiß (daher nicht sichtbar) und die übrigen in Schwarz (gut sichtbar) oder umgekehrt. Der Rand der Gesamtfigur, die so entsteht, wird Julia-Menge dieser Funktion f genannt. Weil für jeden Punkt der Ebene, d.h. für jede komplexe Zahl z, die Iterationen berechnet und ihr Verhalten analysiert werden müssen, ist klar, dass diese Arbeit ohne die Hilfe eines Computers nicht zu schaffen ist. Mit einem Programm von kaum 20 Zeilen kann ein moderner Computer jedoch die zu einer gegebenen Funktion f gehörige Julia-Menge in kürzester Zeit zeichnen.

Beispiele

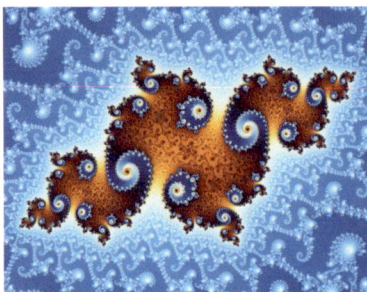 

Sowohl im Fall nicht zusammenhängender Punktwolken so wie in der ersten Figur als auch im Fall zusammenhängender Figuren wie in der zweiten, ist bei jedem Maßstab die Selbstähnlichkeit sichtbar und zeigt den fraktalen Charakter dieser Figuren.

7.1.4 Das Apfelmännchen von Mandelbrot

Das berühmteste Fraktal ist als wahres Sinnbild der Fraktaltheorie zweifellos mit dem Namen Mandelbrot verbunden, der es entdeckte, als er sich näher mit den Ideen von Julia über die komplexen Funktionen vom Typ $f(z) = z^2 + c$ beschäftigte.

Im Gegensatz zu Julia benutzte Mandelbrot für die Iterationen stets denselben Ausgangspunkt, nämlich den Koordinatenursprung, also $z_0 = 0$, und ließ dafür die Zahl c variieren. Im Fall, dass der Orbit für einen gegebenen Wert c divergiert, wird der Bildpunkt von c weiß gefärbt (unsichtbar), im anderen Fall wird der Bildpunkt von c schwarz gefärbt. Man kann auch unterschiedliche Farben in Abhängigkeit von der Schnelligkeit der Divergenz oder Konvergenz verwenden. Das führt zu farbenreichen Darstellungen. Der Rand der Gesamtfigur, die dadurch entsteht, dass man alle c-Werte auf diese Weise färbt, ist die Mandelbrotmenge und wird wegen ihrer lustigen Gestalt auch „Apfelmännchen" genannt.

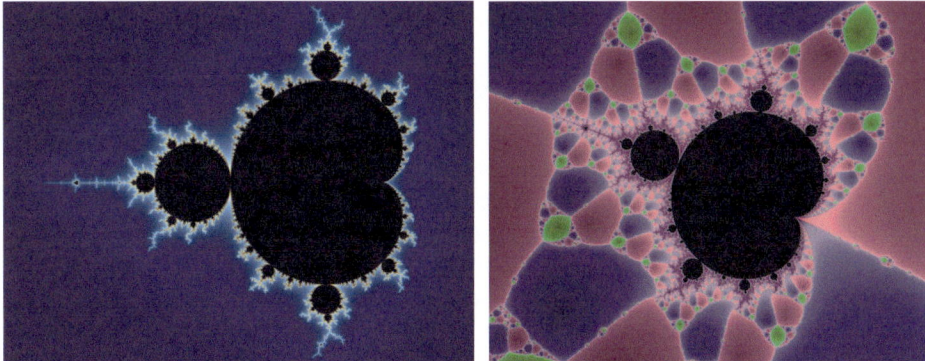

Die Selbstähnlichkeit der Figur lässt für jeden Maßstab neue „Apfelmännchen" erkennen. Die Komplexität dieser Fraktalstruktur kann man in den verschiedenen Close-ups von Teilen seines Randes bewundern: Wirbel, Reißverschlüsse, Kakteen, Seepferdchen usw.

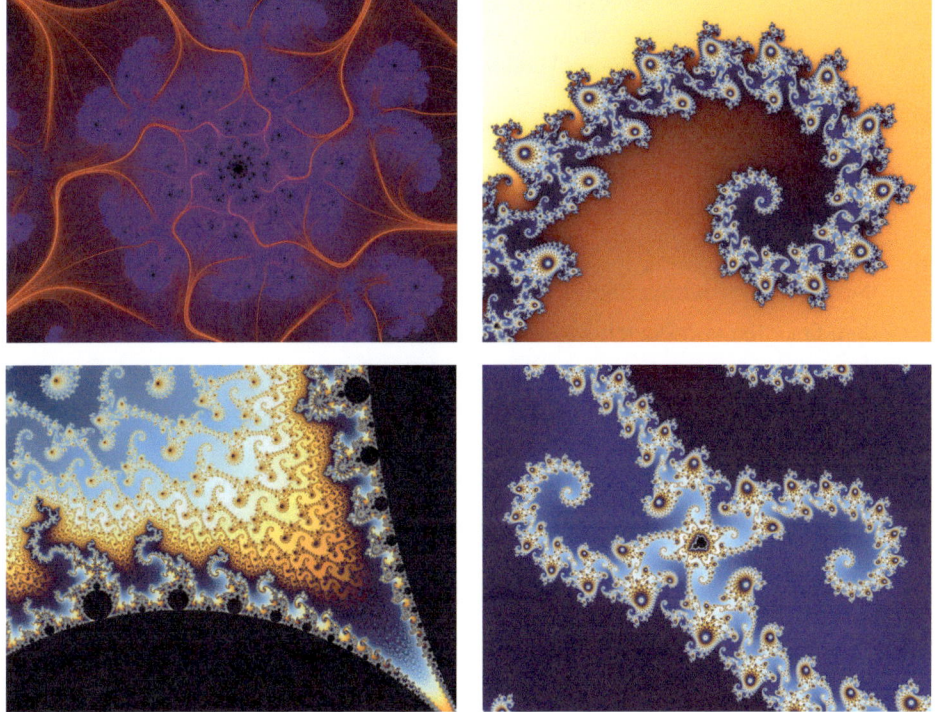

Weil im „Apfelmännchen" alle möglichen c-Werte bei Verwendung der Funktion $f(z) = z^2 + c$ veranschaulicht werden, ist es nicht verwunderlich, dass die Mandelbrot-Menge alle Modelle der Julia-Mengen irgendwo in Miniaturform enthält: faszinierende Kunstwerke, erzeugt durch allereinfachste Algorithmen mit einem mysteriösen Hintergrund. Im Folgenden wird sich zeigen, dass die Ambitionen der Fraktaltheorie jedoch weiter reichen als nur durch Schönheit zu verzaubern.

7.2 Chaotisches Verhalten deterministischer Systeme

7.2.1 Dynamische Systeme

Ein dynamisches System kann man als eine Abfolge (kontinuierlich oder diskret) von Zuständen beschreiben, die sich entsprechend den Werten eines spezifischen Parameters verändern, wie beispielsweise der Zeit. Zu den Anfängen der Chaostheorie zählen zwei historische Publikationen über die Stabilität der Bahnen der Himmelskörper im Planetensystem und über die Wettervorhersage. Zu Beginn des 20. Jahrhunderts berichtete Henri Poincaré in seinem Buch *Science et Hypothèse* über seine Forschungsergebnisse hinsichtlich der Unmöglichkeit, das Langzeitverhalten auch von nur drei Körpern bei gegenseitiger Anziehung gemäß den Newtonschen Gesetzen vorauszusagen. 1963 publizierte der Meteorologe Edward Lorenz im *Journal of the Atmospheric Sciences* einen denkwürdigen Artikel über die Entwicklung eines Wettermodells, das auf einem System von Differenzialgleichungen mit nur drei Variablen beruhte. Darin behauptete er, dass sehr geringe Veränderungen der Anfangswerte der Variablen ziemlich schnell zu großen Abweichungen in den berechneten Werten führten. Daraus ergab sich, dass es unausweichliche Grenzen für die Dauer einer verlässlichen Wettervorhersage gibt. Die Bauern werden daher weiterhin um Regen und die Reisenden um gutes Wetter beten, während niemand die Götter mit der Bitte um eine Sonnenfinsternis belästigt.

Seitdem wurden mathematische Methoden entworfen, die es ermöglichen, mithilfe des Computers, sich dem tieferen Kern dieser Probleme zu nähern. Die Methodik der Chaostheorie besteht aus:

– der Wahl systemimmanenter Variablen,

– dem Erstellen von Gleichungen, die das System beschreiben,

– dem Einführen von Anfangsbedingungen für die Variablen,

– der Iteration von Lösungen mit Intervallwerten der Veränderungsparameter (z.B. der Zeit),

– der Abbildung der Iterationswerte als Punkte des sogenannten „Phasenraums",

– der Charakterisierung des so erhaltenen Orbits (stabil, periodisch, quasi-periodisch, chaotisch),

– dem Aufspüren von „seltsamen Attraktoren", die sich als Muster herausbilden,

– der Analyse der „seltsamen Attraktoren" mithilfe von Durchschnitten (Poincaré-Schnitten), die Momentaufnahmen liefern.

Wir veranschaulichen dieses Schema an einem Beispiel, wie es im oben genannten Artikel von Lorenz beschrieben wird. Für seine Untersuchung beschränkte sich Lorenz auf ein System mit nur drei Variablen, nämlich auf die Temperatur, den Druck und die Windgeschwindigkeit. Das ist natürlich ein stark vereinfachtes Modell für das komplizierte Phänomen der atmosphärischen Veränderungen. Für das Ziel der Untersuchung, nämlich des Langzeitverhaltens eines solchen Systems, ist es jedoch recht geeignet.

Inspiriert durch Gleichungen, die B. Saltzman bereits 1962 für eine einfache Konvektion aufgestellt hatte, nahm er ein System von Differentialgleichungen, das im Bereich der Chaostheorie seitdem als klassisch gilt:

$$\begin{cases} \dfrac{dx}{dt} = -10x + 10y \\ \dfrac{dy}{dt} = 28x - y - xz \\ \dfrac{dz}{dt} = -\dfrac{8}{3}z + xy \end{cases}$$

Hierin sind $\dfrac{dx}{dt}$, $\dfrac{dy}{dt}$ und $\dfrac{dz}{dt}$ die Ableitungen der drei Variablen x, y und z als Funktion der Zeit t. Diese sind ein Maß für die Geschwindigkeit der Veränderung der Variablen zum Zeitpunkt t. Die Anwesenheit der Terme zweiten Grades xz und xy zeigt an, dass das System nicht linear ist und eine allgemeine Lösung verhindert. Mittels der Gleichungen können wir jedoch numerische Näherungslösungen berechnen. Wir beginnen mit einem Satz Anfangswerte x_0, y_0 und z_0, die einen Punkt mit dem Koordinatentripel (x_0, y_0, z_0) im dreidimensionalen Raum als Phasenraum festlegen. Die Iterationen aufeinander folgender Zustände werden für kleine Zunahmen der Zeit, z.B. $\Delta t = 1$ Minute, berechnet. Wir erhalten so nach einer Minute den Punkt mit dem Koordinatentripel (x_1, y_1, z_1), Bildpunkt des Wertes der ersten Iteration.

Vielleicht werden Sie einwenden, dass man für die Vorhersage des Wetters in der folgenden Minute doch kein derartiges furchtbares System von Differentialgleichungen benötigt. Bedenken Sie aber, dass die Berechnung für jeden folgenden Punkt wiederholt werden muss und dass die anfänglich geringen Fehler bei den Näherungswerten sich schrittweise fortpflanzen. Andererseits weiß man auch aus Erfahrung, dass das Wetter nach 24 x 60 Minuten, d.h. am folgenden Tag nicht unbedingt dasselbe ist wie heute. Auf diese Weise kann man, ausgehend von den gewählten Ausgangswerten, die Iterationen beispielsweise für ein Jahr fortsetzen, das sind 365 x 24 x 60 = 525 600 Iterationen (Lorenz beschränkte sich auf 3 000 Iterationen), deren Bildpunkte im Phasenraum eine (diskrete) Trajektorie bilden. Diese Methode wird nun mit Anfangswerten wiederholt, die sehr nahe bei den ursprünglichen Anfangswerten liegen, z.B. indem man die Genauigkeit der Messungen der Variablen auf mehr Dezimalstellen hinter dem Komma verbessert.

Angenommen, dass eine bestimmte Trajektorie nach einem Jahr wieder zu ihrem Ausgangspunkt zurückführt, dann werden die Berechnungen im folgenden Jahr dieselben Iterationen durchlaufen, und immer so fort. Eine solche Trajektorie nennen wir eine stabile Trajektorie.

Angenommen, das geschieht erst nach zwei Jahren, dann wird sich alle zwei Jahre derselbe Zyklus von iterativen Werten wiederholen. Wir nennen eine solche Trajektorie eine periodische Trajektorie mit Periode zwei.

Es kann auch geschehen, dass eine Trajektorie in die Nähe des Ausgangspunktes zurückführt und dass dies danach immer wieder geschieht. Eine solche Trajektorie nennen wir dann eine quasi-periodische Trajektorie.

Die Sprünge der iterativen Punkte in diesem Modell weisen jedoch ein kompliziertes Phasenbild auf, das zwar innerhalb eines endlichen Raumgebietes bleibt, bei dem aber die Trajektorien der Ausgangspunkte, die sehr dicht beieinander liegen (bei denen sich beispielsweise die Koordinaten erst in der sechsten Dezimalstelle unterscheiden), nach einiger Zeit auf unvorhersagbare Weise sehr weit auseinanderlaufen. Die Schichtstruktur dieser zwar nicht zusammenfließenden Trajektorien gleicht einer Art feinkörnigem Blätterteig, der bei jeder Skalenvergrößerung dieselbe komplizierte Struktur aufweist, Kennzeichen seiner fraktalen Natur. Es handelt sich um eine der Figuren, denen der Belgier David Ruelle und der Niederländer Floris Takens später, bei ihren Studien zur Turbulenz, den Namen „seltsamer Attraktor" geben sollte.

Indem man aus diesem Phasenbild nur die Punkte auswählt, für die eine bestimmte Variable einen spezifischen Wert annimmt (z.B. die, bei denen der Druck 1 Atmosphäre beträgt), erhalten wir einen ebenen Querschnitt des Attraktors, der Poincaré-Schnitt genannt wird. Die Punkte dieses Schnitts sind dann durch die Koordinatenpaare der beiden übrigen Variablen, die zu diesem gewählten Wert der ersten Variablen gehören, bestimmt. Lorenz wählte die Werte, für welche die Variable z ein Maximum erreichte. Es war Lorenz selbst, der sich für das Phänomen des deterministischen Chaos die Metapher mit dem Schmetterling ausdachte. Die Figur zeigt, dass da doch eine gewisse Ordnung in dem Chaos zu erspüren ist, die jedoch wegen ihrer komplizierten Struktur ihre innere Natur nicht preisgibt. Wir dürfen nicht hoffen, mit einem solchen Modell das Wetter verlässlich für eine Periode vorherzusagen, die länger dauert als ein paar Tage.

7.1.2 Das Wachstum von Populationen

Das Wachstum der Population einer Tierart, beispielsweise von Kaninchen, in einem bestimmten Ökosystem verläuft nicht linear.

Wenn bereits ein konstanter Wachstumsfaktor vorausgesetzt wird, dann muss man jedoch auch wegen einer langsam auftretenden Futterknappheit oder des Auftretens von Räubern, wie z.B. von Füchsen, eine Wachstumsbremse berücksichtigen. Beträgt die Größe einer Population zu einem bestimmten Zeitpunkt x und ist der Wachstumsfaktor für eine Fruchtbarkeitsperiode k, dann beläuft sich die neue Population nach einer solchen Periode auf kx, vermindert um einen Korrekturterm. Dieser Term wird mittels der Größe der ursprünglichen Population und ihres Wachstumsfaktors ausgedrückt, nämlich $(kx)x = kx^2$. Auf diese Weise erhalten wir eine Funktion von der Form $f(x) = kx - kx^2$ oder auch $f(x) = kx(1 - x)$. Sie wird logistische Funktion genannt. Diese Funktion besitzt für positive Werte von k positive Werte nur zwischen ihren Nullstellen 0 und 1. Die grafische Darstellung einer solchen Funktion in einem rechtwinkligen ebenen Koordinatensystem ist eine Parabel, deren Scheitelpunkt das Koordinatenpaar $\left(\frac{1}{2}, \frac{k}{4}\right)$ besitzt.

Die Ableitungsfunktion ist $f'(x) = k - 2kx$ oder auch $f'(x) = k(1 - 2x)$. Sie gibt für jeden x-Wert die Schnelligkeit des Wachstums der Funktion f an und bestimmt den Richtungskoeffizienten der Tangente an die Kurve von f im Punkt mit dem Koordinatenpaar $(x, f(x))$.

Henri Poincaré (1854–1912)

Französischer Mathematiker, Ingenieur und Wissenschaftsphilosoph. Er wird als einer der letzten universellen Gelehrten und als Stammvater der Chaostheorie betrachtet. Seine Ergebnisse bezüglich des Dreikörperproblems bildeten den Ansatz für das Konzept des deterministischen Chaos. Auch auf dem Gebiet der speziellen Relativität hatte er bereits Ergebnisse erzielt, bevor Einstein darüber publizierte.

Beispiel

Für $k = 2{,}5$ gilt $f(x) = 2{,}5x(1-x)$ und $f'(x) = 2{,}5(1-2x)$.

Für $x = 0{,}2$ gilt $f(x) = 0{,}4$ und $f'(x) = 1{,}5$.

x	0	0,2	0,5	0,6	1
$f'(x)$	2,5	1,5	0	-0,5	-2,5
$f(x)$	0	0,4	0,625	0,6	0

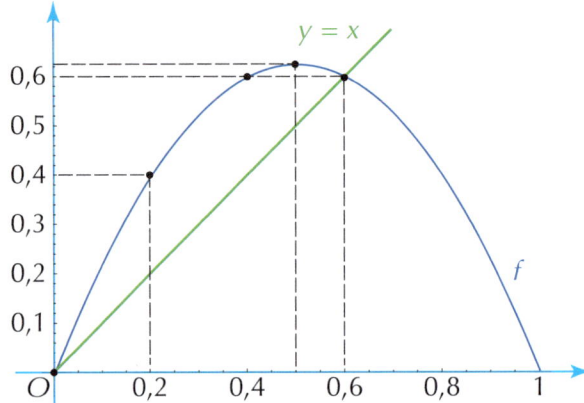

Bei der Iteration der Funktion f, beginnend mit einem Anfangswert x_0 zwischen 0 und 1, treten allerlei Eigentümlichkeiten auf, die sowohl etwas mit dem deterministischen Chaos wie mit Fraktalen zu tun haben. Obwohl einige dieser Aspekte bereits im Jahr 1844 von dem Belgier François Verhulst (1804-1849) untersucht wurden, wurde das Verhalten dieser Funktion erst 1980 durch Entdeckungen des amerikanischen Physikers Mitchell Feigenbaum ins rechte Licht gerückt. Das Diagramm des typischen „Verdoppelungswasserfalls", das zum Iterationsverhalten der Funktion f gehört, wird seitdem ihm zu Ehren auch „Feigenbaum" genannt. Das Eigenartige ist, dass sich die Iteration der Funktion f für unterschiedliche Werte des Wachstumsfaktors k zwischen 0 und 4 völlig anders verhält und das mit ganz bestimmten Übergängen.

Beispiel 1

Wir wählen $k = 2{,}5$, also $f(x) = 2{,}5x(1-x)$ und $f'(x) = 2{,}5(1-2x)$.

Unabhängig davon, welchen Anfangswert x_0 zwischen 0 und 1 wir auch wählen, alle Iterationsbahnen führen zum Schnittpunkt des Graphen von f mit der Winkelhalbierenden des I. Quadranten, d.h. der Geraden mit der Gleichung $y = x$. Das Koordinatenpaar dieses Schnittpunktes lautet (0,6; 0,6). Die Folge der iterativen x-Werte konvergiert also gegen die Zahl 0,6 und wird dort stabil, denn $f(0{,}6) = 0{,}6$. Die Iterationsbahnen können in der Figur für $x_0 = 0{,}2$ bzw. $x_0 = 0{,}7$ wie folgt konstruiert werden:

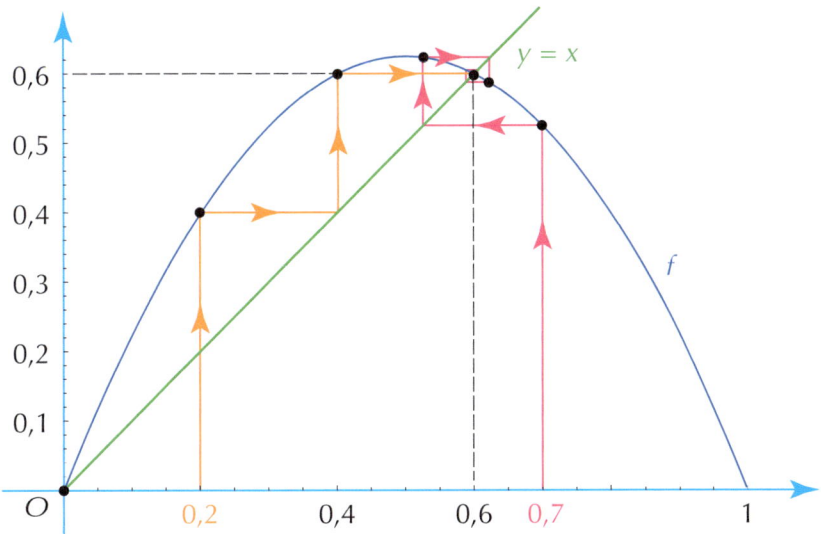

Weil $f(x_0) = f(0,2) = 0,4 = x_1$ können wir, beginnend mit dem Funktionswert $f(0,2)$ den neuen Input x_1 dadurch finden, dass wir zuerst eine horizontale Gerade durch den Punkt mit dem Koordinatenpaar (0,2; 0,4) ziehen und dann durch den Schnittpunkt dieser Horizontalen mit der Winkelhalbierenden eine senkrechte Gerade konstruieren. Der Schnittpunkt dieser Senkrechten mit der x-Achse ist dann der Punkt mit dem x-Wert $0,4 = x_1$ (weil die beiden Koordinaten der Punkte auf der Winkelhalbierenden gleich sind). Für die folgenden Iterationen verläuft die Konstruktion jedes Mal auf die gleiche Weise. Diese Konstruktion macht die Konvergenz zum Schnittpunkt des Graphen von f mit der Winkelhalbierenden gut sichtbar. Die zugehörige Folge von iterativen x-Werten findet sich auf der x-Achse in den Schnittpunkten der x-Achse mit allen konstruierten Senkrechten wieder. Diese Werte streben also gegen den festen Wert 0,6. Dieser letzte Wert fungiert infolgedessen wie ein Attraktor auf alle möglichen Ausgangswerte von x_0 zwischen 0 und 1. Ein solcher *Fixpunkt* (fester Punkt) stellt die einfachste Form eines Attraktors dar.

Für jeden Wert von k kleiner oder gleich 3 geschieht mehr oder weniger dasselbe, natürlich mit geeigneten Werten abhängig von k. Geben wir jedoch k einen Wert zwischen 3 und 3,449... , dann zeigt sich plötzlich ein anderes Verhalten.

Beispiel

Angenommen, $k = 3,2$. Dann gilt $f(x) = 3,2\, x(1-x)$ und $f'(x) = 3,2\,(1-2x)$.

Wir zeichnen die Iterationen, beginnend mit $x_0 = 0,2$ und $x_0 = 0,7$:

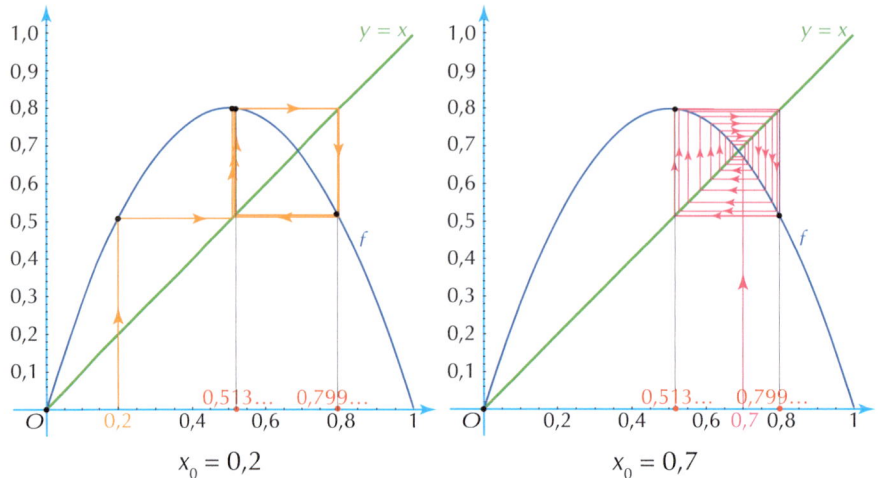

$x_0 = 0{,}2$ $\qquad$ $x_0 = 0{,}7$

Wir stellen jetzt fest, dass die Folge der Werte der Iteration letztendlich zwischen zwei Werten schwanken, und zwar zwischen 0,513... und 0,799..., und das für alle Anfangswerte x_0 zwischen 0 und 1. Das bedeutet, dass der Attraktor jetzt ein periodischer Zyklus mit der Periode 2 geworden ist. In der Tat gilt: $f(0{,}513...) = 0{,}799...$ und $f(0{,}799...) = 0{,}513...$. Beim Überschreiten des Wertes 3 für k ist somit eine Verdoppelung (Bifurkation) in den Anziehungspunkten aufgetreten. Für andere Werte von k kleiner als 3,449... tritt ein entsprechendes Verhalten auf.

Geben wir k einen Wert zwischen 3,449... und 3,545..., dann wird sich der Attraktor nochmal zu einem Zyklus der Periode 4 verdoppeln.

Beispiel

Angenommen, $k = 3{,}5$. Dann gilt $\quad f(x) = 3{,}5x(1-x) \quad$ und $\quad f'(x) = 3{,}5(1-2x)$.
Wir zeichnen die Iterationen, beginnend mit den Anfangswerten $x_0 = 0{,}2$ und $x_0 = 0{,}7$:

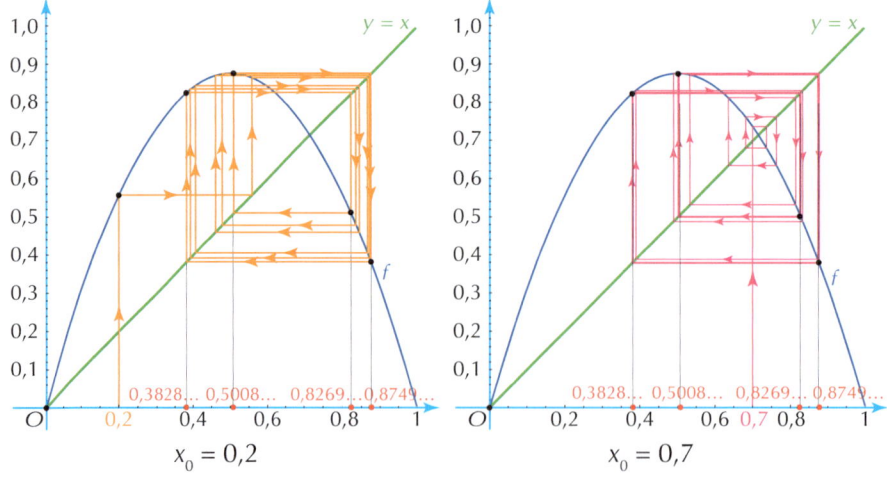

$x_0 = 0{,}2$ $\qquad$ $x_0 = 0{,}7$

Es erscheint ein Zyklus mit der Periode 4. Die Periode hat sich also erneut verdoppelt. Die Werte der Periode sind 0,3828...; 0,8269...; 0,5008... und 0,8749....

Das Phänomen der Periodenverdoppelung setzt sich fort für wachsende Werte von k mit aufeinander folgenden Intervallen, deren Länge mit einem Faktor 4,6692016... schrumpft. Diese Konstante wurde 1980 von dem amerikanischen Physiker Mitchell Feigenbaum entdeckt. Sie wird seitdem auch Feigenbaum-Konstante genannt.

Für $k = 3,56$ ist die Periode der Iterationen gleich 8, für $k = 3,567$ ist die Periode 16 usw. für immer kleiner werdende k-Intervalle. Nach dem k-Wert 3,58 hat sich die Periode schon so oft verdoppelt, dass das Iterationsverhalten chaotisch wird. Das „Spinnennetz" der Iterationskonstruktionen wird so dicht, dass es offenkundig das ganze zur Verfügung stehende Gebiet auszufüllen beginnt. Die Iterationswerte selbst springen auf nicht vorhersehbare Weise im Intervall von 0 bis 1 umher und füllen allmählich dieses Intervall aus. Das ganze Intervall ist jetzt Attraktor geworden.

Beispiel

Angenommen, $k = 3,9$. Dann gilt $f(x) = 3,9x(1 - x)$ und $f'(x) = 3,9(1 - 2x)$.

Wir zeichnen die Iterationen, beginnend mit den Anfangswerten $x_0 = 0,2$ und $x_0 = 0,7$:

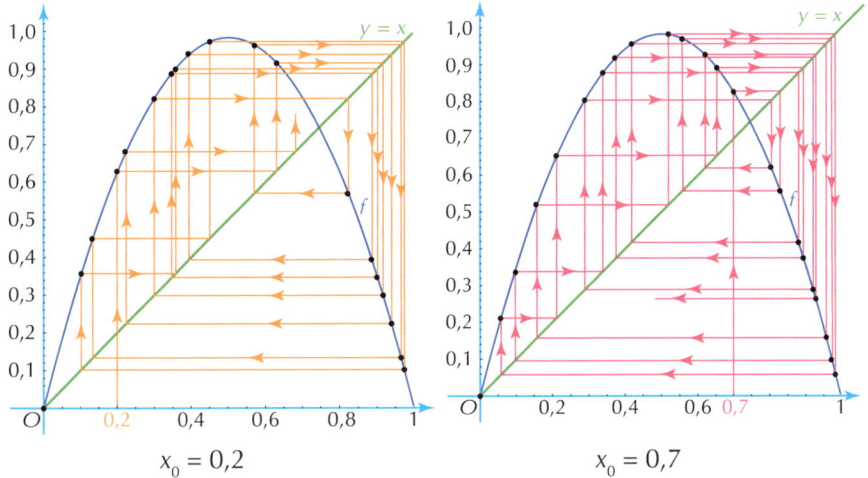

$x_0 = 0,2$ $x_0 = 0,7$

Dieses chaotische Verhalten manifestiert sich also für k-Werte im Intervall von 3,58 bis 4. Merkwürdigerweise gibt es in diesem Intervall auch besondere Werte, für die das Verhalten der Iterationen wieder periodisch wird. Für $k = 3,739$ tritt eine Periode 5 auf und für $k = 3,835$ eine Periode 3. In dem scheußlichen Teich des Chaosgebiets, so zeigt es sich, gibt es jedoch Stellen, an denen man auch noch normale Fische herausholen kann.

Dieses bizarre Verhalten findet eine Erklärung in tiefer liegenden algebraischen Gebieten, die u.a. zu tun haben mit dem wachsenden Grad der iterativen Funktionen $f(x)$, $f(f(x))$, $f(f(f(x)))$,..., mit dem Verhalten der Tangenten in den Schnittpunkten der

Funktionsgraphen mit der Winkelhalbierenden und mit komplizierten Beziehungen zwischen den verschiedenen auftretenden Perioden. Diese Hintergründe zu schildern, geht jedoch über den Rahmen dieses Kapitels hinaus.

Das Verhalten der logistischen Funktion ist also äußerst empfindlich gegenüber den Werten von k, die wir wie mit einer Art Lautstärkeregler vorsichtig höher drehen können, um zu sehen, wie das Schauspiel der Periodenverdoppelung langsam übergeht in dieses vollkommene Chaos, mit lokal auftretenden Fenstern von wiederkehrender Ordnung. Dieser Prozess ist in der nachstehenden Darstellung des „Feigenbaums" wiedergegeben.

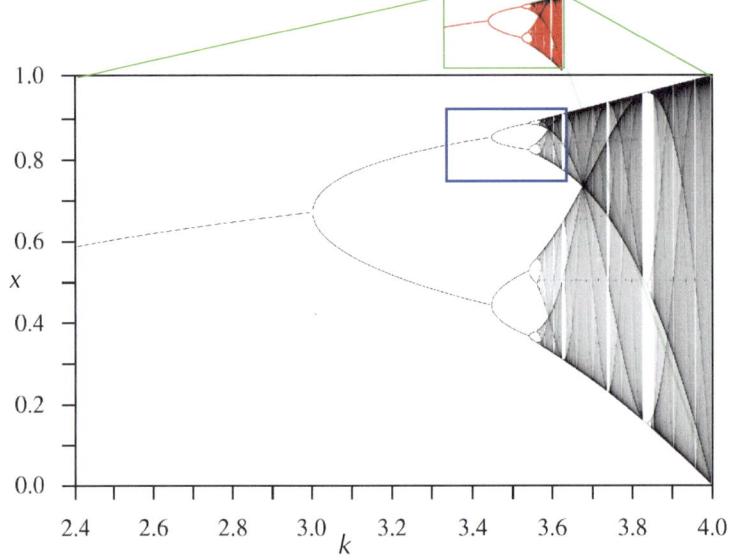

In dem Bifurkationsdiagramm nimmt der Wert von k in horizontaler Richtung nach rechts hin zu. Das dunkle Gebiet ist das Gebiet des Chaos. Die weißen Stellen geben an, wo zwischendurch eine gewisse (periodische) Ordnung wieder auftritt. Das Diagramm besitzt eine fraktale Struktur, wie man an der angedeuteten Selbstähnlichkeit erkennen kann.

Man findet schnell heraus, dass dieses bizarre Verhalten nicht nur der logistischen Funktion eigen ist, sondern jeder Funktion auf dem Intervall [0, 1], die in diesem Intervall ein Maximum erreicht, d.h. deren Graph eine Wölbung oder eine Spitze hat. Zum höchsten Erstaunen tritt auch dieselbe Feigenbaum-Konstante als Schlüssel für die Bifurkationen noch einmal auf. Daraus ergab sich, dass das Phänomen des Verdoppelungswasserfalls universal für das Auftreten von deterministischem Chaos war. Zwischen dem Feigenbaum-Diagramm und dem Apfelmännchen von Mandelbrot stellt man dann auch eine gewisse Übereinstimmung im Bifurkationsmuster fest, nach dem Baby-Apfelmännchen wegen der Selbstähnlichkeit des Mandelbrot-Fraktals auftreten.

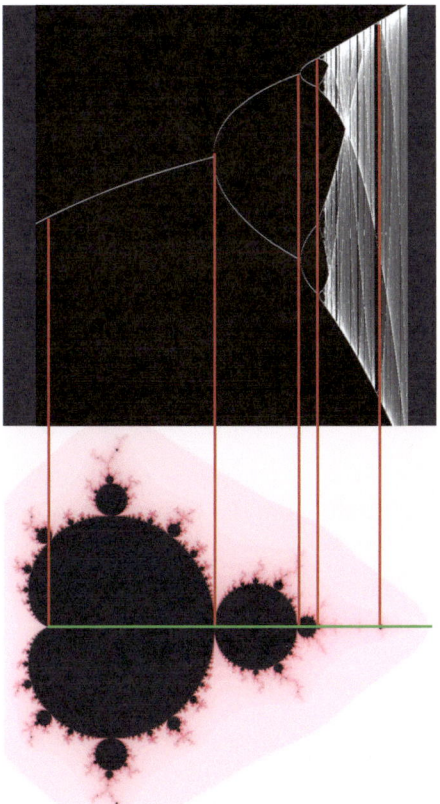

Das Bifurkationsdiagramm zeigt daher das Bild einer innigen Umarmung von Chaos und Fraktalen, von der man viele schöne Nachkommen erwarten darf.

Schlussbemerkung

In diesem Kapitel wurde ein Schimmer neuer Theorien innerhalb der Mathematik sichtbar, die nur dank der Verfügbarkeit über Computer entwickelt werden konnten. Die Möglichkeit, auch nichtlineare Systeme in ihrem Verhalten zu untersuchen und damit die Muster einer eigenartigen Art von Ordnung in der Komplexität ihrer Strukturen sichtbar machen zu können, hat seit den 1980er Jahren die Bedeutung dieser Theorien zunehmen lassen. Dass es möglicherweise einen Zusammenhang geben könnte zwischen dem Rhythmus unseres Herzschlags, dem Ablauf unserer Hirnfunktionen, dem Flug eines Vogelschwarms, der Stabilität der Planetenbahnen, dem Auftreten von Löchern im Asteroidengürtel, dem Entstehen von Zyklonen, den Kapriolen der Börse, dem Pflanzenwachstum und dem Anwachsen von Tierpopulationen, den Schwankungen bei chemischen Reaktionen und selbst so etwas Banalem wie dem fortwährenden, links und rechts abwechselndem Zusammenfalten eines Blattes Papier; wer hätte das vor dem Aufkommen der Fraktale und der Chaostheorie für ernst halten können?

170 Wie arbeitet Mathematik

8 Reduktive Algorithmen für das Wurzelziehen

Ich werde dieses Kapitel mit dem Bericht über eine Untersuchung beenden, die ich vor langer Zeit im Jahre 1981 bei der Vorbereitung eines Vortrags auf einem Mathematikerkongress durchgeführt habe und die zu meiner eigenen Verwunderung, aber auch zu meiner großen Freude, fruchtbar verlaufen ist. Aus der Skizze des nachfolgenden Parcours ergibt sich, dass jeder, wer auch immer, im Wunderland von Alice Entdeckungen machen kann, wenn er seine Wissbegier, unter einem bestimmten Zeitdruck oder auch nicht, nur lange genug folgt. Die Geschichte spielt auf zwei Gebieten, nämlich dem der ebenen Geometrie und dem der Algebra.

8.1 Teilungen eines Intervalls mit dem Parallelografen

Der Parallelograf ist ein Instrument, mit dem man parallele Geraden zeichnen kann. Es ist daher das richtige Hilfsmittel, um die Eigenschaften und die Invarianten der affinen Geometrie darzustellen (s. Kapitel 2, 1.2).

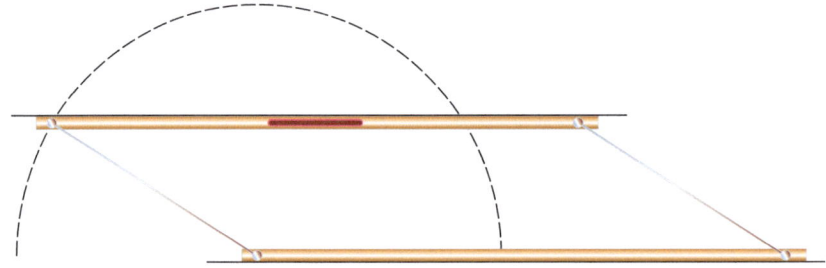

Dem Ganzen liegt ein geometrisches Problem zugrunde, bei dem auch die Theorie der reellen Zahlen miteinbezogen ist:

Was kann uns die Analogie zwischen den nachstehenden Konstruktionen insbesondere im Hinblick auf die Situation in der rechten Spalte lehren?

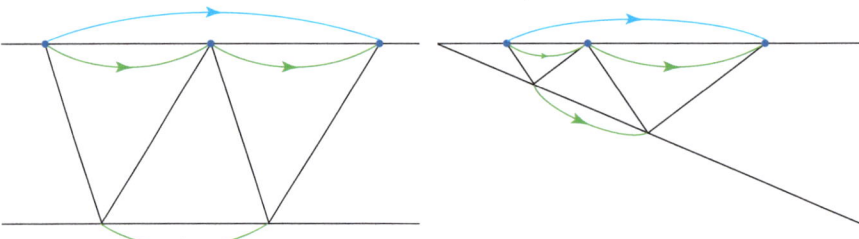

Komposition (Verkettung) einer Translation (Parallelverschiebung) mit sich selbst

Komposition (Verkettung) einer Homothetie (zentrischer Streckung) mit sich selbst

Vom projektiven Standpunkt aus handelt es sich in beiden Fällen um dieselbe Konstruktion, in der affinen Ebene jedoch besitzen sie unterschiedliche Merkmale, wie sich im Folgenden zeigen wird.

Führen wir auf der Geraden L einen Maßstab ein, dann stimmen die Punkte auf L mit den reellen Zahlen überein. Sind die Zahlen a und b gegeben, dann können wir in folgenden Zeichnungen den Wert der Zahl x berechnen.

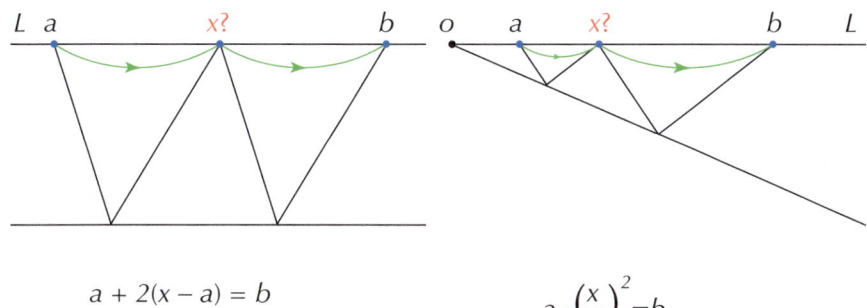

$$a + 2(x - a) = b$$
$$2x = a + b$$
$$x = \frac{(a + b)}{2}$$

x ist das arithmetische Mittel von a und b

$$a \cdot \left(\frac{x}{a}\right)^2 = b$$
$$x^2 = ab$$
$$x = \sqrt{ab}$$

x ist das geometrische Mittel von a und b

Können wir die Konstruktionen in dieser Situation jetzt umkehren, mit anderen Worten, können wir ausschließlich mithilfe von parallelen Geraden den Punkt bestimmen, der zur Zahl x gehört, unter Verwendung der Punkte, die zu a und b gehören? Für das arithmetische Mittel lautet die Antwort ja (s. Konstruktion). Für das geometrische Mittel ist die Antwort jedoch nein.

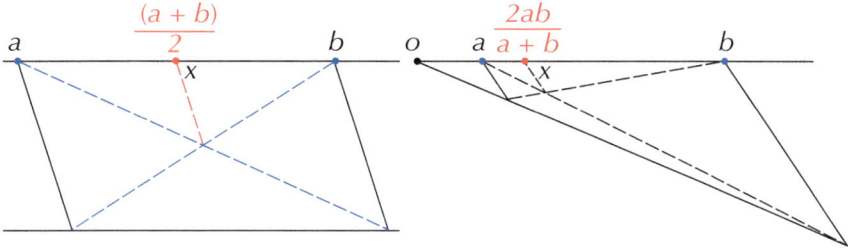

Wenn wir in der rechten Zeichnung eine zu der in der linken Zeichnung analoge Konstruktion durchführen, erhalten wir für x das harmonische Mittel von a und b, nämlich $\frac{2ab}{a+b}$. Das ergibt sich aus der Ähnlichkeit der Dreiecke: die parallelen Seiten des Trapezes verhalten sich wie a zu b. Der Schnittpunkt der Diagonalen teilt diese im Verhältnis der parallelen Seiten, also auch wie a zu b; das Verhältnis von x – a und b – x ist ebenfalls gleich diesem Verhältnis. Daraus folgt:

$$\frac{x-a}{b-x} = \frac{a}{b} \Leftrightarrow bx - ab = ab - ax \Leftrightarrow (a+b)x = 2ab \Leftrightarrow x = \frac{2ab}{a+b}$$

Zwischen dem harmonischen Mittel, dem geometrischen Mittel und dem arithmetischen Mittel zweier positiver Zahlen a und b bestehen nun Ungleichheitsrelationen, die algebraisch leicht zu beweisen sind, die sich aber auch bereits aus der folgenden Figur geometrisch ergeben.

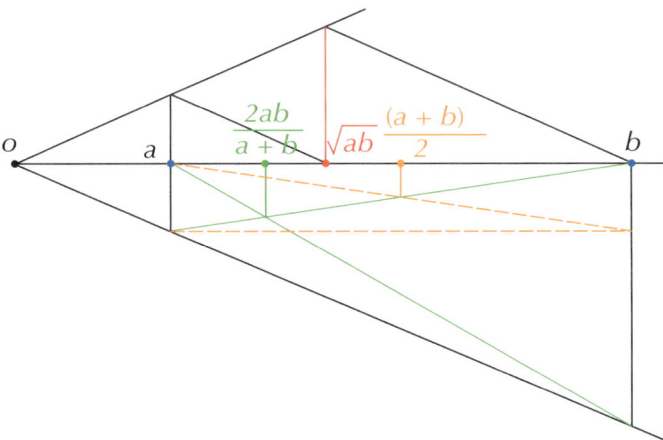

Wir stellen fest: $\dfrac{2ab}{a+b} < \sqrt{ab} < \dfrac{a+b}{2}$ (mit $a \neq b$)

Das Schöne an diesen Beziehungen ist nun, dass das geometrische Mittel zweier positiver Zahlen a und b, nämlich $\sqrt{ab}$, auch das geometrische Mittel von $\dfrac{2ab}{a+b}$ und $\dfrac{a+b}{2}$ ist, denn:

$$\sqrt{\dfrac{2ab}{a+b} \cdot \dfrac{a+b}{2}} = \sqrt{ab}$$

Wir können also das geometrische Mittel zweier positiver Zahlen a und b auf der Basis ihres harmonischen und arithmetischen Mittels iterativ berechnen.

Darüber hinaus können wir auch die Bildpunkte all dieser Zahlen unter ausschließlicher Zuhilfenahme von parallelen Geraden konstruieren. Bei jeder folgenden Iteration schrumpft die Länge des Intervalls zwischen dem arithmetischen Mittel und dem harmonischen Mittel von a und b auf weniger als die Hälfte der Länge des ursprünglichen Intervalls von a und b, denn:

$$\dfrac{a+b}{2} - \dfrac{2ab}{a+b} = \dfrac{(a+b)^2 - 4ab}{2(a+b)} = \dfrac{(b-a)^2}{2(a+b)} < \dfrac{(b-a) \cdot (b+a)}{2(a+b)} = \dfrac{b-a}{2}$$

Das bedeutet, dass die Intervallschachtelung, gebildet durch die aufeinander folgenden harmonischen Mittel und die zugehörigen arithmetischen Mittel, gegen das geometrische Mittel konvergieren. Wir können also das Letztere mit jeder gewünschten Genauigkeit mithilfe der beiden anderen Mittelwerte approximieren, und das sowohl algebraisch wie geometrisch.

Mit Blick auf eine Verallgemeinerung führen wir jetzt Symbole für die verschiedenen Mittelwerte von zwei positiven Zahlen a und b ein, von denen hier die Rede war:

$H_{1/2}$ = harmonisches Mittel,

$G_{1/2}$ = geometrisches Mittel,

$A_{1/2}$ = arithmetisches Mittel.

Aus dem Obenstehenden folgt: $H_{1/2} \cdot A_{1/2} = a \cdot b$, daher ist das $G_{1/2}$ von a und b auch das $G_{1/2}$ von $H_{1/2}$ und $A_{1/2}$.

Auf entsprechende Weise führen wir jetzt die Konstruktionen und Berechnungen bei einer Aufteilung eines Intervalls in drei, vier, ... oder n Teile durch.

8.1.1 Arithmetische, geometrische und harmonische Drittel eines Intervalls:

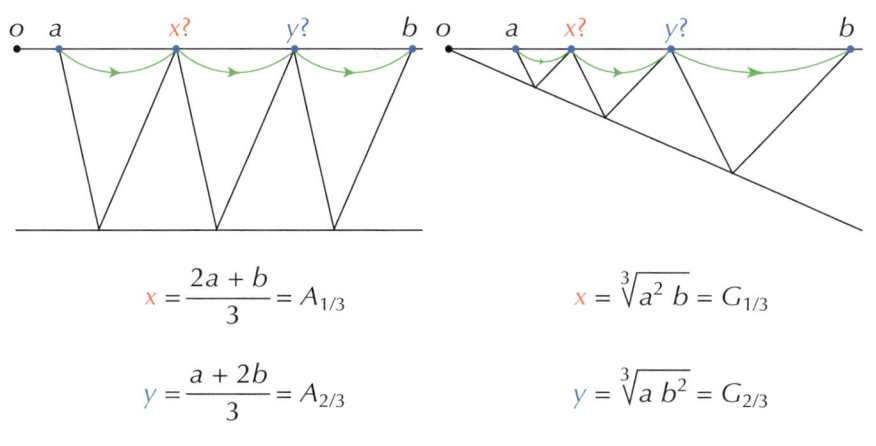

$$x = \frac{2a+b}{3} = A_{1/3}$$

$$y = \frac{a+2b}{3} = A_{2/3}$$

$$x = \sqrt[3]{a^2 b} = G_{1/3}$$

$$y = \sqrt[3]{a b^2} = G_{2/3}$$

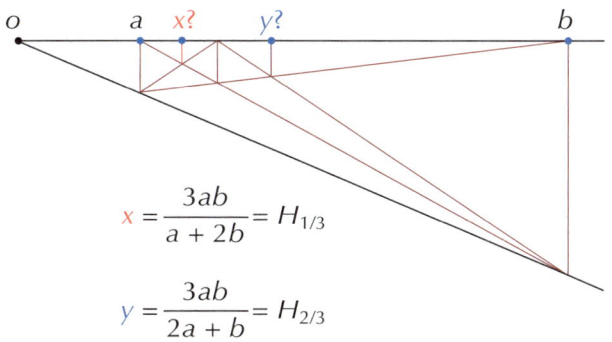

$$x = \frac{3ab}{a+2b} = H_{1/3}$$

$$y = \frac{3ab}{2a+b} = H_{2/3}$$

Beachten Sie: $A_{1/3} \cdot H_{2/3} = ab$, $A_{2/3} \cdot H_{1/3} = ab$ und $G_{1/3} \cdot G_{2/3} = ab$.

8.1.2 Arithmetische, geometrische und harmonische Viertel eines Intervalls:

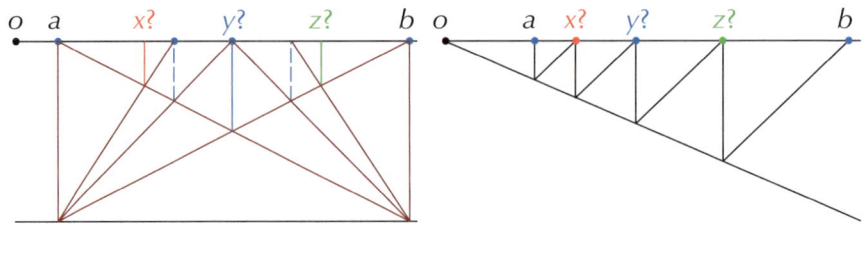

$$x = \frac{3a + b}{4} = A_{1/4} \qquad x = \sqrt[4]{a^3 b} = G_{1/4}$$

$$y = \frac{2a + 2b}{4} = A_{2/4} = A_{1/2} \qquad y = \sqrt[4]{a^2 b^2} = G_{2/4} = G_{1/2}$$

$$z = \frac{a + 3b}{4} = A_{3/4} \qquad z = \sqrt[4]{a b^3} = G_{3/4}$$

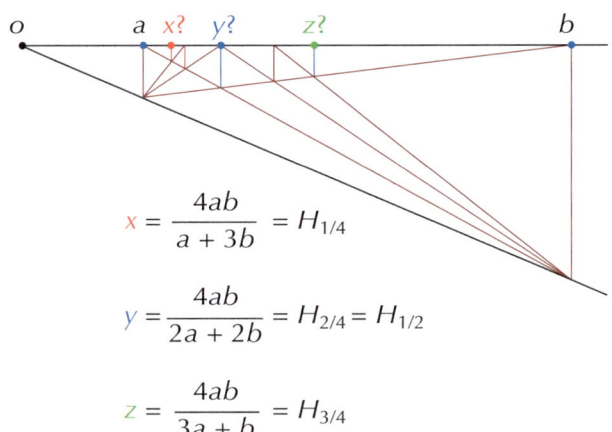

$$x = \frac{4ab}{a + 3b} = H_{1/4}$$

$$y = \frac{4ab}{2a + 2b} = H_{2/4} = H_{1/2}$$

$$z = \frac{4ab}{3a + b} = H_{3/4}$$

Beachten Sie: $A_{1/4} \cdot H_{3/4} = ab$, $A_{2/4} \cdot H_{2/4} = ab$, $A_{3/4} \cdot H_{1/4} = ab$,
$G_{2/4} \cdot G_{2/4} = ab$ und $G_{1/4} \cdot G_{3/4} = ab$.

8.1.3 Arithmetische, geometrische und harmonische n-tel eines Intervalls:

Die Vorgehensweise in A und B kann man für das arithmetische, geometrische und harmonische n-tel eines Intervalls verallgemeinern. Die folgenden Formeln gelten für die i-ten und $(n-i)$-ten Teile mit $0 < i < n$:

$$A_{i/n} = \frac{(n-i)a + ib}{n} \qquad G_{i/n} = \sqrt[n]{a^{n-i}b^i} \qquad H_{i/n} = \frac{nab}{ia + (n-i)b}$$

$$A_{(n-i)/n} = \frac{ia + (n-i)b}{n} \qquad G_{(n-i)/n} = \sqrt[n]{a^i b^{n-i}} \qquad H_{(n-i)/n} = \frac{nab}{(n-i)a + ib}$$

Beachten Sie: $A_{i/n} \cdot H_{(n-i)/n} = ab$, $A_{(n-i)/n} \cdot H_{i/n} = ab$ und $G_{i/n} \cdot G_{(n-i)/n} = ab$.

Alle diese Ergebnisse können wir mit der Ähnlichkeit von Dreiecken darstellen (für die Fortgeschritteneren unter uns auch mithilfe der Doppelverhältnisse in der projektiven Ebene).

Obwohl dies in sich selbst schon ein schönes Stück Geometrie ist, verflochten mit Algebra, muss jedoch das Spektakulärste noch kommen, indem der Zusammenhang mit dem Wurzelziehen hergestellt wird.

8.2 Rekursionsformeln und Nomogramme für das Wurzelziehen

8.2.1 Quadratwurzelziehen

Die Quadratwurzel aus einer positiven reellen Zahl c kann man als das geometrische Mittel $M_{1/2}$ von 1 und c auffassen, denn $\sqrt{1 \cdot c} = \sqrt{c}$.

Wegen $\sqrt{\frac{1}{c}} = \frac{1}{\sqrt{c}}$ können wir uns auf den Fall $1 < c$ beschränken.

Ist x ein Näherungswert für $\sqrt{c}$ (kleiner als c), dann ist auch $\frac{c}{x}$ ein Näherungswert für $\sqrt{c}$, (größer als c), denn:

$$x < \sqrt{c} \;\Rightarrow\; \frac{c}{x} > \frac{c}{\sqrt{c}} \;\Rightarrow\; \frac{c}{x} > \sqrt{c}$$

Das Intervall $\left[x, \frac{c}{x}\right]$ enthält somit $\sqrt{c}$.

Nun ist aber $\sqrt{c}$ auch das geometrische Mittel $G_{1/2}$ von x und $\frac{c}{x}$, denn $\sqrt{x \cdot \frac{c}{x}} = \sqrt{c}$.

Wir können also die Iteration starten, beginnend mit dem harmonischen Mittel $H_{1/2}$ und dem arithmetischen Mittel $A_{1/2}$ des Intervalls $\left[x, \frac{c}{x}\right]$, von dem wir (aus der Formel in 8.1) wissen, dass sie $G_{1/2} = \sqrt{c}$ einschließen und gegen $\sqrt{c}$ konvergieren.

Es gilt somit:
$$H_{1/2} = \frac{2x \cdot \frac{c}{x}}{x + \frac{c}{x}} = \frac{2c}{\frac{x^2+c}{x}} = \frac{2cx}{x^2+c}$$

$$A_{1/2} = \frac{x + \frac{c}{x}}{2} = \frac{\frac{x^2+c}{x}}{2} = \frac{x^2+c}{2x}$$

mit
$$H_{1/2} = \frac{2cx}{x^2+c} < \sqrt{c} < \frac{x^2+c}{2x} = A_{1/2} \quad \text{und} \quad H_{1/2} \cdot A_{1/2} = c$$

Dieser Algorithmus, den man sowohl mittels der Untergrenzen als auch mittels der Obergrenzen laufen lassen kann, wird zusätzlich sehr schön veranschaulicht durch die aufeinander folgenden Konstruktionen von $H_{1/2}$ und $A_{1/2}$, wie in der nachstehenden Figur dargestellt. Die geometrische Darstellung dieses Algorithmus nennt man Nomogramm.

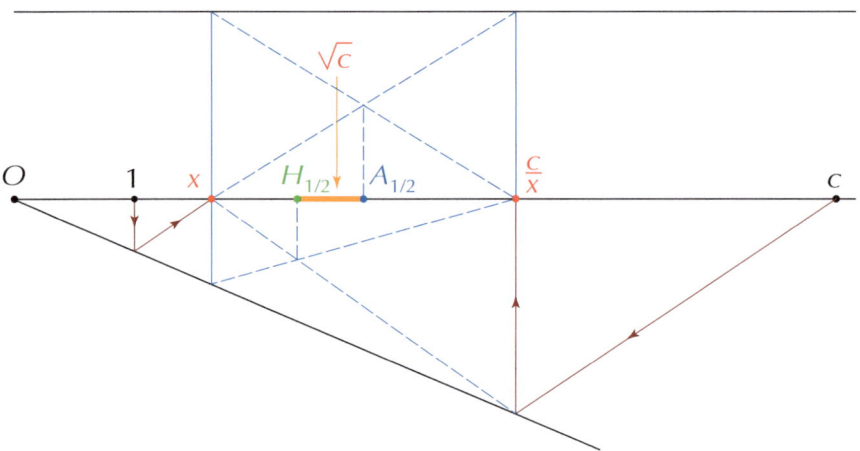

Beispiel

Zur Berechnung der Quadratwurzel von $c = 4711$ nehmen wir als Näherungswert (kleiner als c) den Startwert $x_0 = 68$ ($68^2 = 4624 < 4711$), dann gilt $\frac{c}{x_0} = \frac{4711}{68} = 69{,}279\ldots$

$$H_{1/2} = \frac{2cx_0}{x_0^2 + c} = \frac{2 \cdot 4711 \cdot 68}{68^2 + 4711} = 68{,}633\ldots = x_1$$

$$A_{1/2} = \frac{x_0^2 + c}{2x_0} = \frac{68^2 + 4711}{2 \cdot 68} = 68{,}639\ldots$$

Beachten Sie, dass $H_{1/2} \cdot A_{1/2} = c$ und dass daher auch:

$$A_{1/2} = \frac{c}{H_{1/2}} = \frac{4711}{68{,}633\ldots} = 68{,}639\ldots$$

Nach der ersten Iteration ergibt sich bereits:

$$68{,}633\ldots < \sqrt{4711} < 68{,}639\ldots \text{, also } \sqrt{4711} = 68{,}63\ldots$$

Für die nächste Iteration ersetzen wir x_0 durch $x_1 = 68{,}633\ldots$ und erhalten:

$$H_{1/2} = \frac{2cx_1}{x_1^2 + c} = 68{,}6367238\ldots = x_2$$

$$A_{1/2} = \frac{x_1^2 + c}{2x_1} = 68{,}636724\ldots$$

Hieraus ergibt sich: $\sqrt{4711} = 68{,}63672\ldots$

Für das rechte Glied im Algorithmus, nämlich den Term $\frac{x^2 + c}{2x}$ für $A_{1/2}$, gibt es noch etwas Interessantes anzumerken. $\sqrt{c}$ ist nämlich auch ein Nullpunkt der Funktion $f(x) = x^2 - c$.

Das Näherungsverfahren von Newton zur Bestimmung von Nullstellen reeller Funktionen verwendet die Tangentenmethode, bei der, beginnend mit der ersten Näherung x_0, mithilfe der Tangente im Punkt mit dem Koordinatenpaar $(x_0, f(x_0))$ eine zweite bessere Näherung konstruiert und berechnet wird.

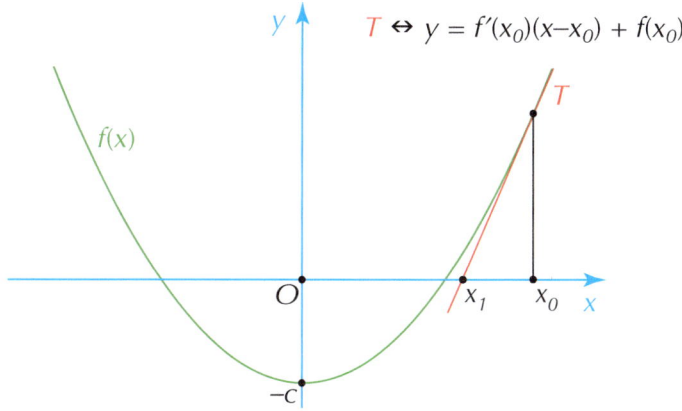

Die Ableitungsfunktion von f ist $f'(x) = 2x$. Diese Funktion liefert den Richtungskoeffizienten der Tangente an den Graphen von f. Der Schnittpunkt x_1 der x-Achse mit der Tangente T in der Figur kann dann wie folgt berechnet werden:

$$x_1 = x_0 - \frac{f(x_0)}{f'(x_0)} = x_0 - \frac{x_0^2 - c}{2x_0} = \frac{x_0^2 + c}{2x_0}$$

Dieser Term ist exakt die obere Schranke $A_{1/2}$ im angegebenen Algorithmus für das Quadratwurzelziehen.

Gibt es denn nicht Neues unter der Sonne? Aber ganz sicher doch! Dieser Term hat im Nomogramm eine spezifische geometrische Bedeutung, die nichts mit Tangenten, Ableitungen und anderen anspruchsvollen Begriffen aus der Analysis zu tun hat. Außerdem gehört zur oberen Schranke eine zugehörige untere Schranke, die ebenfalls als Näherungswert Verwendung finden kann und auch eine schöne geometrische Bedeutung besitzt. Aber die wirkliche Belohnung besteht, wie immer in der Mathematik, in den Möglichkeiten zur Verallgemeinerung.

8.2.2 Kubikwurzel ziehen

Die Kubikwurzel aus einer positiven reellen Zahl c kann man als das geometrische (erste) Drittel $G_{1/3}$ von 1 und c auffassen, denn $\sqrt[3]{1^2 \cdot c} = \sqrt[3]{c}$.

Weil $\sqrt[3]{\frac{1}{c}} = \frac{1}{\sqrt[3]{c}}$, können wir uns auf den Fall $1 < c$ beschränken.

Ist x ein Näherungswert für $\sqrt[3]{c}$ (kleiner als $\sqrt[3]{c}$), dann ist $\frac{c}{x^2}$ ein Näherungswert (größer als $\sqrt[3]{c}$) von $\sqrt[3]{c}$, denn:

$$x < \sqrt[3]{c} \Rightarrow x^2 < \sqrt[3]{c^2} \Rightarrow \frac{c}{x^2} > \frac{c}{\sqrt[3]{c^2}} \Rightarrow \frac{c}{x^2} > \sqrt[3]{c}$$

Das Intervall $\left[x, \frac{c}{x^2}\right]$ enthält also $\sqrt[3]{c}$.

Aus $x < \sqrt[3]{c}$ folgt jedoch auch $x^2 < \sqrt[3]{c^2}$ und $\frac{c}{x} > \frac{c}{\sqrt[3]{c}} = \sqrt[3]{c^2}$.

Das Intervall $\left[x^2, \frac{c}{x}\right]$ enthält also $\sqrt[3]{c^2}$.

Nun ist $\sqrt[3]{c}$ auch das geometrische erste Drittel $G_{1/3}$ des Intervalls $\left[x, \frac{c}{x^2}\right]$, denn $\sqrt[3]{x^2 \cdot \frac{c}{x^2}} = \sqrt[3]{c}$.

Das arithmetische erste Drittel $A_{1/3}$ des Intervalls $\left[x, \frac{c}{x^2}\right]$ ist $\frac{2x + \frac{c}{x^2}}{3} = \frac{2x^3 + c}{3x^2}$ und ist eine neue obere Schranke für $G_{1/3} = \sqrt[3]{c}$. Das kann algebraisch gezeigt werden, aber wir verweisen auf die Konstruktion in der folgenden Figur.

Das harmonische zweite Drittel $H_{2/3}$ des Intervalls $\left[x^2, \dfrac{c}{x}\right]$ ist $\dfrac{3x^2 \cdot \dfrac{c}{x}}{2x^2 + \dfrac{c}{x}} = \dfrac{3cx^2}{2x^3 + c}$

und ist eine neue untere Schranke für $\sqrt[3]{c^2}$ (s. Figur), also ist $\sqrt{H_{2/3}} = \sqrt{\dfrac{3cx^2}{2x^3 + c}}$ eine neue untere Schranke für $\sqrt[3]{c}$.

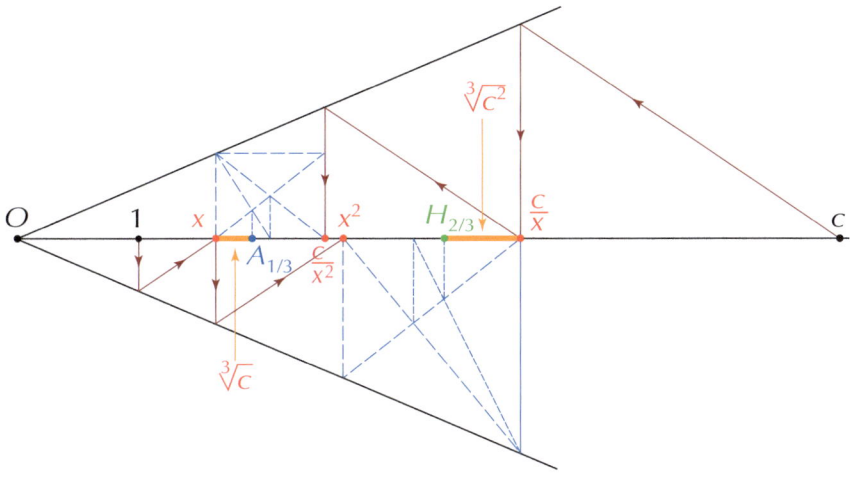

Wir erhalten also folgende Ungleichungen:

$$\sqrt{H_{2/3}} = \sqrt{\frac{3cx^2}{2x^3 + c}} \;<\; \sqrt[3]{c} \;<\; \frac{2x^3 + c}{3x^2} = A_{1/3}$$

Außerdem ist $\sqrt[3]{c}$ das geometrische erste Drittel des Intervalls, das von dem linken und dem rechten Glied dieser Ungleichungen gebildet wird, denn:

$$G_{1/3} = \sqrt[3]{\sqrt{H_{2/3}}^2 \cdot A_{1/3}} = \sqrt[3]{\sqrt{\frac{3cx^2}{2x^3+c}}^2 \cdot \frac{2x^3+c}{3x^2}} = \sqrt[3]{\frac{3cx^2}{2x^3+c} \cdot \frac{2x^3+c}{3x^2}} = \sqrt[3]{c}$$

Wir können also auf diesen Formeln eine Iteration aufbauen. Weil die Längen der aufeinander folgenden neuen Intervalle jedes Mal auf weniger als ein Drittel des vorherigen Intervalls schrumpfen, konvergiert der Algorithmus gegen $\sqrt[3]{c}$.

Wie beim Quadratwurzelziehen erhält man auch hier die Formel auf der rechten Seite durch Anwendung der Tangentenmethode von Newton zur Nullpunktbestimmung auf die Funktion $f(x) = x^3 - c$.

Die Ableitung dieser Funktion ist $f'(x) = 3x^2$, also

$$x - \frac{f(x)}{f'(x)} = x - \frac{x^3 - c}{3x^2} = \frac{2x^3 + c}{3x^2}$$

Aber der Algorithmus, der auf der Iteration beruht, konvergiert von links schneller als von rechts. Dieser Algorithmus berechnet somit ein Kubikwurzel mithilfe einer Quadratwurzel und ist daher eine Rekursionsformel. Darüber hinaus lassen sich beide Algorithmen geometrisch durch Nomogramme darstellen.

Im Vorhergehenden haben wir für das Ziehen der Kubikwurzel zwei Testintervalle verwendet, nämlich als erstes Testintervall $\left[x, \dfrac{c}{x^2}\right]$ das $\sqrt[3]{c}$ enthält und als zweites Testintervall $\left[x^2, \dfrac{c}{x}\right]$, das $\sqrt[3]{c^2}$ das Quadrat von $\sqrt[3]{c}$ enthält.

Im ersten Testintervall haben wir $A_{1/3}$ als obere Schranke für $\sqrt[3]{c}$ genommen, an die dann $H_{2/3}$ aus dem zweiten Testintervall als obere Schranke für $\sqrt[3]{c^2}$ gekoppelt wurde, um eine Iteration zu bekommen. Wir können jedoch bei diesen Testintervallen auch eine andere Auswahl von aneinander gekoppelten arithmetischen und harmonischen Teilungen als untere und obere Schranken für $\sqrt[3]{c}$ treffen.

Auf diese Weise stehen mehrere Algorithmen für das gleiche Wurzelziehen zur Verfügung. Um die Geschichte nicht zu langatmig zu machen, unterlassen wir weitere Ausführungen und beschränken uns darauf, die allgemeinen Formeln anzugeben.

Omar Al-Khayyam (ca. 1044 – ca. 1123)

Persischer Mathematiker, Astronom, Philosoph und Dichter. In der Mathematik ist er vor allem bekannt wegen seiner originellen Beiträge zur geometrischen Lösung von Gleichungen dritten Grades, bei denen die Wurzeln konstruiert werden.
Er ist auch berühmt als Dichter der *Rubāʿīyāt*, Vierzeiler mit tiefen mystischen und philosophischen Gedanken. Das Werk wurde 1839 von Edward Fitzgerald ins Englische übersetzt.

8.2.3 Das Ziehen n-ter Wurzeln

Die zur Verfügung stehenden Testkästchen für die *n*-te Wurzel $\sqrt[n]{c}$ einer positiven reellen Zahl c, beginnend mit einer (zu kleinen) Näherung x, lauten:

$$(1) = \left[x, \frac{c}{x^{n-1}}\right] \quad \text{enthält} \quad \sqrt[n]{c}$$

$$(2) = \left[x^2, \frac{c}{x^{n-2}}\right] \quad \text{enthält} \quad \sqrt[n]{c^2}$$

$$\vdots \qquad \vdots \qquad \qquad \vdots \qquad \vdots$$

$$(i) = \left[x^i, \frac{c}{x^{n-i}}\right] \quad \text{enthält} \quad \sqrt[n]{c^i}$$

$$\vdots \qquad \vdots \qquad \qquad \vdots \qquad \vdots$$

$$(n-i) = \left[x^{n-i}, \frac{c}{x^i}\right] \quad \text{enthält} \quad \sqrt[n]{c^{n-i}}$$

$$\vdots \qquad \vdots \qquad \qquad \vdots \qquad \vdots$$

$$(n-2) = \left[x^{n-2}, \frac{c}{x^2}\right] \quad \text{enthält} \quad \sqrt[n]{c^{n-2}}$$

$$(n-1) = \left[x^{n-1}, \frac{c}{x}\right] \quad \text{enthält} \quad \sqrt[n]{c^{n-1}}$$

Es gibt also *n* − 1 Testintervalle insgesamt.

Wenn wir zum Beispiel im Intervall (*i*) den *i*-ten arithmetischen *n*-ten Teil $A_{i/n}$ als (zu große) Näherung für $\sqrt[n]{c^i}$ nehmen, dann müssen wir das koppeln mit dem harmonischen (*n* − *i*)-ten Teil $H_{(n-i)/n}$ im Intervall (*n* − *i*) als (zu kleiner) Näherung für $\sqrt[n]{c^{n-i}}$, um eine Iteration zu erhalten. Es gilt dann:

$$A_{i/n} = \frac{(n-i) \cdot x^i + i \cdot \dfrac{c}{x^{n-i}}}{n} = \frac{(n-i) \cdot x^n + ic}{nx^{n-i}}$$

$$H_{(n-i)/n} = \frac{n \cdot x^{n-i} \cdot \dfrac{c}{x^i}}{(n-i) \cdot x^{n-i} + i \cdot \dfrac{c}{x^i}} = \frac{ncx^{n-i}}{(n-i) \cdot x^n + ic}$$

Für $\sqrt[n]{c}$ gelten dann folgende Ungleichungen:

$$\sqrt[n-i]{H_{(n-i)/n}} = \sqrt[n-i]{\frac{ncx^{n-i}}{(n-i)\cdot x^n + ic}} < \sqrt[n]{c} < \sqrt[i]{\frac{(n-i)\cdot x^n + ic}{nx^{n-i}}} = \sqrt[i]{A_{i/n}}$$

Diese Formeln liefern also iterative konvergente Algorithmen, um das Ziehen der n-ten Wurzel mithilfe des Ziehens der i-ten oder $(n-i)$-ten Wurzel auszuführen, und das für alle $i < n$.

Somit ist die Reduktivität des Wurzelziehens gezeigt.

Je größer der Wert des Wurzelexponenten in dem zugehörigen Algorithmus, umso schneller ist die Konvergenz.

Setzen wir insbesondere in vorangehenden Formeln $i = 1$, dann erhalten wir:

$$\sqrt[n-1]{H_{(n-1)/n}} = \sqrt[n-1]{\frac{ncx^{n-1}}{(n-1)\cdot x^n + c}} < \sqrt[n]{c} < \frac{(n-1)\cdot x^n + c}{nx^{n-1}} = A_{1/n}$$

Der rechte Term liefert dann wieder die Formel von Newton zur Bestimmung des Nullpunktes $\sqrt[n]{c}$ der Funktion $f(x) = x^n - c$.

Hierbei ist die Ableitungsfunktion gleich $f'(x) = nx^{n-1}$ sodass:

$$x - \frac{f(x)}{f'(x)} = x - \frac{x^n - c}{nx^{n-1}} = \frac{(n-1)x^n + c}{nx^{n-1}}$$

Das ist jedoch von allen Algorithmen dieses Typs der, welcher am langsamsten konvergiert. Der Algorithmus, der auf der Formel auf linken Seite basiert ist der schnellste, weil der Wurzelexponent seinen größten Wert hat, nämlich $n - 1$.

Alle diese Algorithmen besitzen schöne Nomogramme. Ein wunderbar inniges Band zwischen Algebra und Geometrie, das dem dankbaren Menschenverstand ein wohltuendes Gefühl verleiht.

Schlussbemerkung

Wer den Mut hat aufbringen können, sich auch durch dieses Thema durchzuboxen, der sollte verstanden haben, dass schon hinter jeder Ecke einfache Situationen zu finden sind, über die man sich Fragen stellen kann, und in denen man, Ausdauer bei den Untersuchungen vorausgesetzt, etwas Schönes entdecken kann. Sie erinnern sich: „Die Mathematik ist eine Geliebte, die einen niemals betrügt."

Zum Abschluss

In diesem Kapitel haben wir einige Beispiele vorgestellt, wie sich Mathematik in verschiedenen Bereichen ihres Interessengebiets entwickelt. Kein einziges Problem ist ihr dabei zu unbedeutend: Abendspaziergänge über Brücken oder das Vertauschen von Hüten in der Garderobe, das spielt alles keine Rolle. Aus all diesen Beispielen wird klar, dass die mathematische Methodik sich nicht mit der Angabe einer Lösung des gestellten Problems begnügt, sondern versucht, die Analyse zu einem Grad von Abstraktion zu führen, von dem aus ein Panorama an Analogien, Verallgemeinerungen und Modifikationen ins Blickfeld kommt. Welche Erkundungsfahrt man auch macht, das Ergebnis ist immer eine Theorie, deren Umfang den Ausgangspunkt weit übertrifft. Ob es sich nun um nichteuklidische Geometrie handelt, die unerwartet Anwendung findet, oder um transfinite Zahlen, die in einem schwindelerregend expandierenden Universum, anscheinend unnötig, die Grenzen unserer Fantasie überschreiten, stets lohnt der Abstraktionsprozess die Mühe. Oft steckt der Elan in einfachen Fragestellungen und kann plötzlich nicht mehr im Zaum gehalten werden.

Zu all dem gesellt sich dann immer die verblüffende Feststellung, dass auch die neuen, auf den ersten Blick esoterischen Nebenergebnisse des schöpferischen mathematischen Geists irgendwo doch einen praktischen Zweck erfüllen. Der Grieche Eratosthenes wird sich kaum vorgestellt haben, dass sein „Sieb" der einzige Zugang zur Folge der Primzahlen sein würde, deren Komplexität 23 Jahrhunderte später die Basis für die Sicherheit von Codes bildet, die selbst von den schnellsten und leistungsfähigsten Computern nicht geknackt werden können. Der große ungarische Physiker und Nobelpreisträger Eugene P. Wigner hat sein Staunen über die unvorstellbaren Möglichkeiten, die theoretische Mathematik, hervorgegangen aus dem reinen Spiel des Verstandes, in den Wissenschaften anzuwenden, in seiner seitdem viel zitierten geistvollen Bemerkung von der *unreasonable effectiveness of mathematics* zum Ausdruck gebracht. Das Phänomen der Rationalität des menschlichen Verstandes muss eng verflochten sein mit den tieferen Merkmalen eines Universums, mit dem seine Geschichte jetzt bereits seit einigen Millionen Jahren verbunden ist. Dieses behagliche Sichzuhausefühlen darf uns glücklich stimmen.

„Die Verfolgung einer Idee ist genauso aufregend wie Verfolgung eines Wals"
Henry Norris Russell

Kapitel 3

Mathematik und Kultur

„Descartes hat auf seinem Stuhl die Zukunft stärker beeinflusst als Napoleon auf seinem Thron."

Oliver Wendell Holmes

In diesem Kapitel beleuchten wir, welcher Zusammenhang zwischen den großen gesellschaftlichen Veränderungen, die im Laufe der Zeiten stattgefunden haben, und den spezifischen Neuerungen in der Mathematik, die diesen Entwicklungen Vorschub geleistet oder sie beschleunigt haben, besteht.

Es ist eine Ironie der Kulturgeschichte, dass die genialen Ideen einzelner außergewöhnlicher Individuen manchmal fernab von der Tageswirklichkeit in sehr esoterischen Gefilden das Zusammenleben und die Lebensumstände von Völkern grundlegender verändert haben als so viele aufeinander folgende Kriege und politische Umwälzungen. Auch bestimmte markante Persönlichkeiten der Mathematik haben hieran kein geringes Verdienst.

Es ist nicht beabsichtigt, hier eine vollständige Chronologie mathematischer Fakten und Persönlichkeiten auszubreiten. Über die Geschichte der Mathematik existieren bereits ausgezeichnete Standardwerke (s. das Literaturverzeichnis am Endes dieses Buches). Wir beschränken uns auf vier beachtenswerte Perioden in der (westlichen) Kulturgeschichte, die allgemein als revolutionäre Umwälzungen angesehen werden.

Zunächst der Übergang von der Kultur umherziehender Nomaden zur einer sesshaften Agrarkultur, bei dem die gelegentliche Nahrungsmittelbeschaffung durch Jagd, Fischfang und das Sammeln von Früchten übergeht in vorausschauende Aktivitäten des Landbaus, der Viehzucht, der Urbanisation und des Tauschhandels. Eine Periode, die bereits in der jüngeren Steinzeit beginnt und einmündet in die beeindruckenden antiken Kulturen an den Ufern der großen Flüsse, wie denen des Tigris und Euphrat, des Nils, des Indus und Ganges, des Hoang-ho und Jangtse.

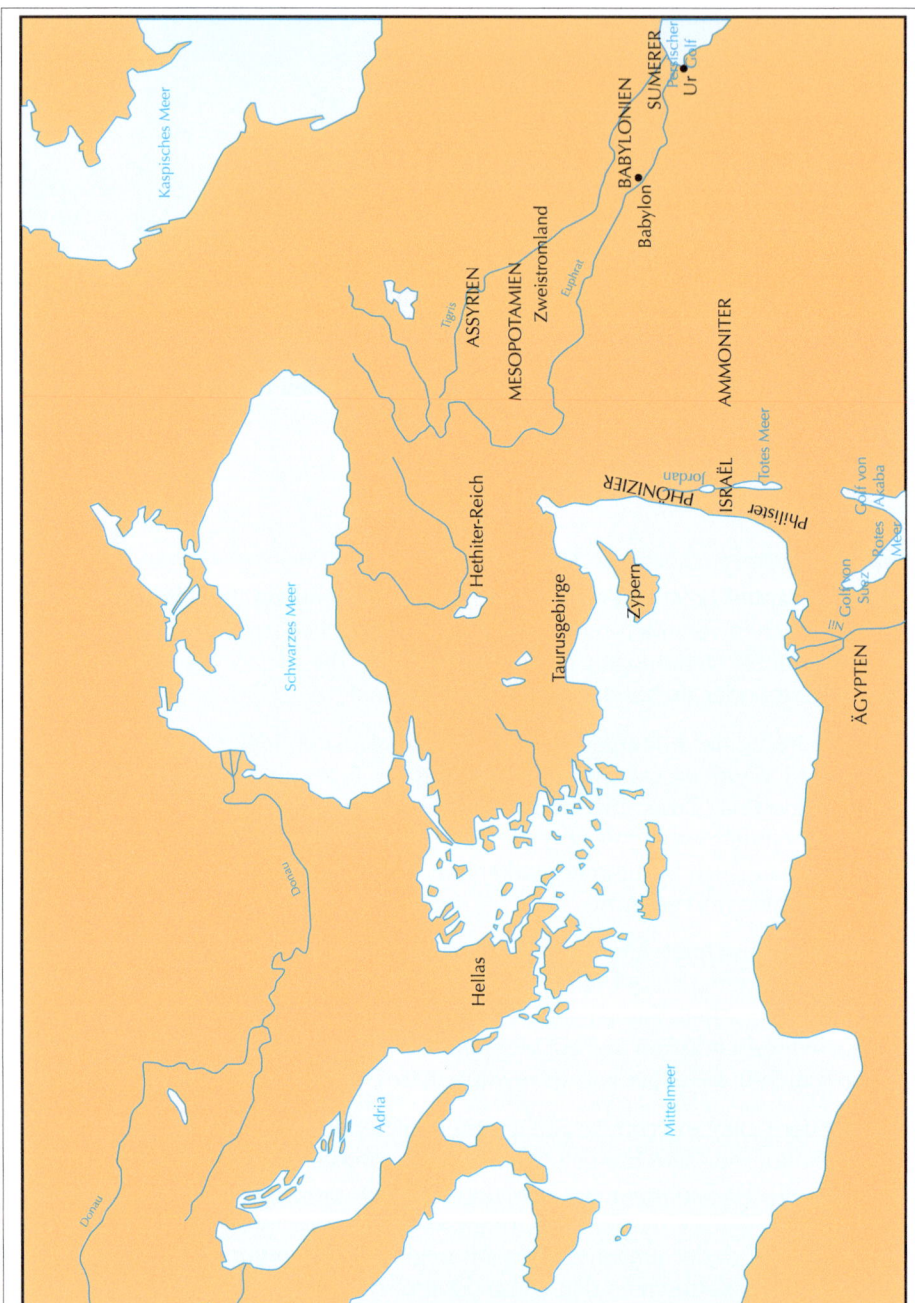

Der **Mittlere Osten** ist ein Gebiet, das reich an antiken Kulturen war. Er bildete die Wiege der griechischen und jüdischen Kultur, die beide der ägyptischen und der babylonischen viel verdankten. Man kann somit also behaupten, dass unsere europäische Kulturgeschichte in diesen Gebieten ihren Anfang nahm.

Zweitens die fundamentale Umwälzung im griechischen Denken: das Streben nach rationaler Einsicht in die Rätsel der existierenden Welt, der Vorrang rein intellektuellen Verstehens vor gewöhnlichem Nutzen und materiellem Vorteil, die gleichzeitige Geburt der dialektischen Philosophie, der formalen Logik und der mathematischen deduktiven Methode. Eine Wende in der westlichen Geschichte, die für immer ihr charakteristisches Merkmal bleiben wird. Eine rationale Denkweise, die in der Renaissance in voller Stärke wieder aufblühen wird, und die durch ihre fruchtbare Vermählung mit dem induktiven Experiment das erstaunliche Abenteuer der westlichen Wissenschaft in Gang setzen wird.

Drittens die unaufhaltsame Welle einer fortschreitenden Industrialisierung unter dem Einfluss der erfolgreichen Entwicklung der Naturwissenschaften. Das aufkommende Ideal der Aufklärung, verbunden mit dem Prozess der Säkularisierung und Humanisierung. Der Trompetenstoß des logischen Positivismus und der Fortschrittsoptimismus.

Schließlich der Beginn der Moderne. Der allmähliche Vormarsch der Informatik und Automatisierung mit Computern und den vielen anspruchsvollen Kommunikationsmitteln, die jedermann zur Verfügung stehen, in ein Netzwerk, das bald die ganze Welt umspannt. Das vergnügliche virtuelle Leben im Lehnstuhl. Das verlorene Paradies des Nomaden nach Jahrhunderten mühseliger Arbeit endlich wiedergewonnen.

Der Baum der Erkenntnis hat nach einer biblischen Erzählung schon auf die ersten Menschen eine fatale Anziehungskraft ausgeübt. Seit dem verlorenen Paradies haben wir einen langen Weg zurückgelegt, um jetzt wieder in die Nähe des verführerischen Apfels eines unbegrenzten Informationsstromes zu gelangen. Niemand kann voraussagen, wohin die Möglichkeiten des Internets irgendwann noch führen werden.

1 Vom Nomadentum zur Agrarkultur

Als die Beschaffung der Nahrung durch Jagd, Fischfang und das Sammeln von wildwachsenden Pflanzen und Früchten der Produktion von Nahrungsmitteln mittels Ackerbau und Viehzucht Platz zu machen begann, wurde es notwendig, die primitiven Vorstellungen von Zahl und Form, die bereits in der älteren Steinzeit ihre Einzug gehalten hatten, zu einer größeren Effizienz weiter zu entwickeln.

Die Periode, in welcher der Mensch von einer passiven zu einer aktiven Beziehung gegenüber der Natur überging, fällt in die Jungsteinzeit (Neolithikum) um 5000 v. Chr. Es bildeten sich feste Niederlassungen, meisten auf den fruchtbaren Ufern entlang der großen Ströme. Allmählich entwickelten sich Dörfer und Städte, die Tauschhandel miteinander trieben. Diese Aktivitäten konnten nur unter der Voraussetzung erfolgreich ablaufen, dass eine praktische Arithmetik und Geometrie zur Verfügung stand.

Um Viehwirtschaft zu betreiben, musste das Vieh gezählt werden. Die einfachen Begriffe der Quantität, die sich anfänglich auf den Unterschied zwischen eins, zwei und viel beschränkt hatten, meist durch konkrete Objekte verdeutlicht, wurden zu cleveren und übersichtlichen Zahlsystemen von abstrakterer Form verfeinert. Das Zusammenfassen von kleineren Einheiten zu größeren Gesamtheiten, dargestellt durch besondere Symbole, führte zur Entwicklung von Zahlsystemen.

Das Ernten von Pflanzen verlangte darüber hinaus auch Berechnungen über das Wachsen der Pflanzen und das erforderliche Saatgut, die Verteilung des zur Verfügung stehenden Vorrats für den Verbrauch und die Festsetzung der geschuldeten Steuern. Dazu hat man ingeniöse Methoden der Multiplikation und der Division entworfen.

Eines der wichtigsten Probleme, für das die agrarischen Kulturen eine Lösung finden mussten, war das der Zeitmessung. Die zyklischen Veränderungen, die verbunden waren mit den Bewegungen der Himmelskörper, wie Tag und Nacht, die Mondphasen und der Wechsel der Jahreszeiten waren dazu wie bestimmt. Das Aufstellen von Tabellen auf der Basis wiederholter Beobachtungen bildete den Beginn einer praktischen Astronomie.

Das Hochwasser der Flüsse, das durch Überfluten der Ufer fruchtbares Ackerland hinterließ, wurde für erfindungsreiche Bewässerungssysteme genutzt. Dazu waren Techniken der Landvermessung und Flächenberechnung unentbehrlich. So entwickelte sich eine Menge von praktischen Faustregeln, aus denen die Geometrie hervorging.

Der Tauschhandel führte letzlich zu einem Münzsystem und zu einem System für Maße und Gewichte. Fragen der korrekten Umrechnung, der Zinsberechnung, Gewinnermittlung, Darlehenszahlungen usw. sorgten für eine Weiterentwicklung der Arithmetik.

Die Reiserouten von Karawanen und die Navigation auf dem Meer gaben den Anlass zur Erstellung von Land- und Seekarten, die auf Methoden der Orts- und Abstandsbestimmung beruhten.

So wuchs das Arsenal an praktischer Mathematik, um die konkreten Probleme des täglichen Lebens zu lösen. Die erforderlichen Kenntnisse wurden anfänglich nicht als eine Theorie mit Formeln und Eigenschaften den folgenden Generationen überliefert, sondern vielmehr als eine Sammlung von Regeln und Fertigkeiten, zumeist durch sprechende Beispiele illustriert. Wir erwähnen hier einige bemerkenswerte Tatsachen aus den wichtigsten antiken Kulturen.

1.1 Steinalte Zahlen

Den Ursprung des Zahlbegriffs beim Menschen genau festzulegen, ist schwierig. Selbst der primitive Mensch muss bereits eine Vorstellung von unterschiedlichen Quantitäten gehabt haben, um die Größe der Wildvorräte, die Anzahl der bedrohlichen Feinde, die Zahl der Kinder und übrigen „Familienmitglieder" beurteilen zu können.

Sogar bei Tieren hat man eine beschränkte Fähigkeit zur Unterscheidung von Quantität festgestellt. Wenn zum Beispiel in einem Vogelnest vier Eier liegen, dann wird das Elternpaar nach der Entfernung eines Eis das Nest weiter umsorgen. Entfernt man zwei Eier, ist das jedoch nicht mehr der Fall.

Anfänglich werden Zahlen mit konkreten Gegenständen verbunden. Bei einem bestimmten Volksstamm hat man unterschiedliche Begriffe festgestellt, um „eins" und „zwei" auszudrücken, je nachdem, ob man Affen, Bäume oder andere bestimmte Dinge meinte. Der Übergang von konkreten Inhalten zu den abstrakten Begriffen „eins" und „zwei" hat zweifellos mehrere Jahrhunderte in Anspruch genommen. Auch die Symbolik, mit der die Zahlen verdeutlicht wurden, durchlief eine Entwicklung, vom Hochhalten von Fingern, dem Zeigen von Körperteilen, dem Legen von Kieselsteinen, dem Anbringen von Kerben in Knochen oder Stäben bis zum Aufschreiben von Symbolen.

Das älteste bekannte Artefakt, das auf Zahlen hinweist, stammt aus Swasiland und wird auf ungefähr 35 000 v. Chr. datiert. Es handelt sich um einen Knochen (von einem Pavian) mit 29 Einkerbungen. Möglicherweise wurde er als Kalenderstab benutzt.

Ishango-Knochen, ca. 20 000 v. Chr., gefunden am Eduard-See zwischen Uganda und Kongo. Die Markierungen sollen im Zusammenhang mit den Mondphasen stehen.

1.2 Die ägyptischen Landmesser

Die Kenntnisse über die ägyptische Mathematik verdanken wir hauptsächlich der Entdeckung einzelner alter Papyrusrollen wie des Papyrus Rhind (ca. 1650 v. Chr.) und des Moskauer Papyrus (c. 1850 v. Chr.). Die sehr empfindlichen Dokumente sind erstaunlich gut erhalten. Das ist einerseits auf das sehr trockene Klima in Ägypten zurückzuführen, andererseits aber auch auf den außergewöhnlichen Totenkult der Pharaonen. Viele Inschriften, Mauerzeichnungen und Gegenstände, die man in Gräbern, Tempeln und Pyramiden gefunden hat, blieben so bis auf die heutige Zeit in einem angemessen intakten Zustand. Auch auf dem Weg über die Hieroglyphen, die spezielle Zeichenschrift der Ägypter, die sie vorrangig bei ihren Steinarbeiten verwendeten, sind einige Tatsachen über ihre mathematischen Kenntnisse bekannt geworden.

Die Ägypter notierten die Zahlen mithilfe eines Zehnersystem, in dem die aufeinanderfolgenden höheren Einheiten (Zehnerpotenzen) durch unterschiedliche Zeichen dargestellt wurden. Durch Zusammensetzen der Werte solcher Zeichen stellten sie dann Zahlen als Summen dar. Ein solches System nennen wir ein *additives Zahlsystem* (addere = zusammenzählen, zusammenfügen). Auch die Griechen und Römer verwendeten ein solches System.

Beispiele

$1 = \text{I}, 10 = \cap, 100 = ?, 1000 = \mathcal{L}, 10000 = \mathcal{D}$ usw.,

damit ist $\mathcal{D} \mathcal{L} \mathcal{L} \mathcal{L} \cap \cap \text{IIII} = 10000 + 3000 + 20 + 4 = 13024$.

Meistens schrieben die Ägypter die aufeinander folgenden Einheiten in der zur obigen Darstellung umgekehrten Reihenfolge. In einem additiven System spielt das aber keine Rolle. In einem solchen System ist auch ein Zeichen für null überflüssig.

Der Papyrus Rhind, 1856 in Luxor am Nil gefunden, gelangte in den Besitz des schottischen Bankiers und Antiquitätenhändlers A. Henry Rhind und befindet sich jetzt im Britischen Museum in London. Er wurde um 1650 v. Chr. von einem gewissen Ahmes geschrieben, der Material kopierte, das womöglich viele Jahrhunderte älter ist. Der Papyrus enthält 84 mathematische Aufgaben und ist zusammen mit dem Moskauer Papyrus, der 25 Aufgaben enthält, die wichtigste Quelle für unsere Kenntnisse der ägyptischen Mathematik.

Im Banne der Mathematik

Das Ausführen des „Multiplizierens" und „Dividierens" ist in einem additiven System nicht einfach. Das Verdoppeln von Zeichen und ihr Halbieren war für die Ägypter jedoch kein Problem. Diese Technik, kombiniert mit der ihnen bekannten Tatsache, dass man jede Zahl als Summe von Potenzen der Zahl zwei ausdrücken kann (binäre Schreibweise), ermöglichte es ihnen, auf eine geniale Weise beliebige Multiplikationen und Divisionen auszuführen.

Beispiel: *Multiplikation durch wiederholte Verdopplung*

$17 \times 13 = ?$

$13 = 8 + 4 + (0 \cdot 2) + 1$ (13 als Summe von Potenzen von 2)

und $17 \times 1 = 17$

$(17 \times 2 = 34)$

$17 \times 4 = 68$ $(34 \times 2 = 68)$

$\underline{17 \times 8 = 136}$ $(68 \times 2 = 136)$

also $17 \times 13 = 221$ (summieren)

Für die ägyptische Arithmetik ist bemerkenswert, wie sie mit Brüchen rechnete. Sie schrieben einen beliebigen Bruch als Summe von Brüchen mit dem Zähler eins (Stammbrüche). Der Stammbruch mit dem Nenner 7 (also 1/7) wurde durch die Zahl 7 wiedergegeben, über die man ein Zeichen setzte, nämlich $\dot{7}$. Im Papyrus Rhind findet man eine Tabelle, die Brüche mit dem Zähler 2 und einem ungeraden Nenner von 5 bis 101 als Summen von Stammbrüchen angibt. Dort wird 2/5 dargestellt als 5:. Da beliebige Zähler nach dem binären System als Summe von Potenzen von zwei dargestellt werden, werden so auch beliebige Brüche mit dieser Tabelle in Stammbrüche aufgespalten.

Beispiel

Die Tabelle liefert $5 := \dot{3} + \dot{15}$ d.h. $\dfrac{2}{5} = \dfrac{1}{3} + \dfrac{1}{15}$

Also gilt:
$$\dfrac{7}{5} = \dfrac{4}{5} + \dfrac{2}{5} + \dfrac{1}{5}$$
$$= 2 \cdot \dfrac{2}{5} + \dfrac{2}{5} + \dfrac{1}{5}$$
$$= 2 \cdot \left(\dfrac{1}{3} + \dfrac{1}{15}\right) + \left(\dfrac{1}{3} + \dfrac{1}{15}\right) + \dfrac{1}{5}$$
$$= \dfrac{1}{3} + \dfrac{1}{3} + \dfrac{1}{3} + \dfrac{1}{5} + \dfrac{1}{15} + \dfrac{1}{15} + \dfrac{1}{15}$$

Die Geometrie ist nach dem Geschichtsschreiber Herodot durch die Ägypter entwickelt worden, weil sie nach jeder Überflutung der Nilufer gezwungen waren, die Ländereien neu abzugrenzen und allerlei Flächenberechnungen zu machen. Um rechte Winkel zu konstruieren, werden sie wohl Gebrauch von einem Seil gemacht haben, das durch Knoten in zwölf (3 + 4 + 5) gleiche Teile geteilt war. Gemäß einer Eigenschaft des rechtwinkligen Dreiecks gilt, dass die Summe der Quadrate der Katheten gleich dem Quadrat der Hypotenuse ist (Satz des Pythagoras). Da $3^2 + 4^2 = 5^2$, gingen die Ägypter davon aus, dass in einem Dreieck mit den Seiten 3, 4 und 5 der Winkel gegenüber der Seite 5 ein rechter sein musste (s. Abbildung).

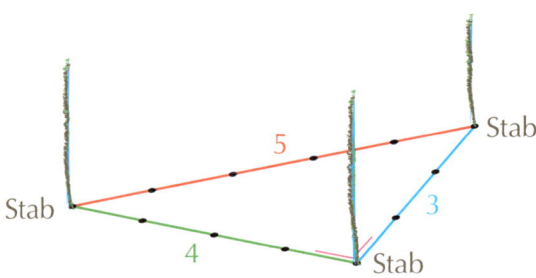

Mithilfe von drei Stäben (oder drei Männern) konnten sie so durch Spannen des Seils einen rechten Winkel konstruieren. Darum werden die ägyptischen Landmesser auch Seilspanner (Harpedonaptai) genannt.

Die Königskammer in der großen Cheops-Pyramide hat Abmessungen in den Verhältnissen 3, 4 und 5. Die Beziehung zwischen den Seiten eines rechtwinkligen Dreiecks war also bereits den Ägyptern mehr als 2000 Jahre früher bekannt, bevor Pythagoras einen Beweis dafür angeben sollte.

Es wird nicht erstaunen, dass die Erbauer der Pyramiden Formeln für die Fläche eines gleichschenkligen Dreiecks und den Inhalt einer regelmäßigen quadratischen Pyramide kannten.

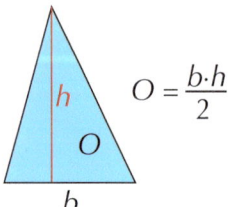
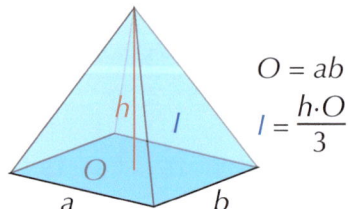

Aber wie gelangten sie zu den bemerkenswerten Formeln für die Fläche der Kreisscheibe und den Inhalt eines regelmäßigen Pyramidenstumpfs (*frustum*)?

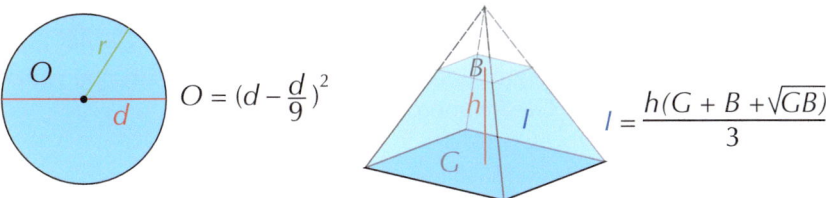

Die letzte Formel ließ den Mathematikhistoriker E. T. Bell so in Verzückung geraten, dass er dieses Ergebnis als die „größte aller ägyptischen Pyramiden" ansah. Außerdem ergibt sich aus der angegebenen Formel für die Kreisfläche, dass die Ägypter für die Zahl π (Verhältnis des Kreisumfangs zum Durchmesser) die Näherung 256/81 = 3,16… verwendeten, ein für die damalige Zeit erstaunliches Ergebnis. Der Näherungswert ergibt sich aus der folgenden Umrechnung mithilfe der korrekten Formel für die Kreisfläche, nämlich:

$$O = \pi r^2 \quad \left(\text{mit } r = \text{Radius} = \frac{d}{2}\right)$$

Dann gilt:
$$\left(d - \frac{d}{9}\right)^2 = \left(\frac{8}{9}d\right)^2 = \left(\frac{16}{9}r\right)^2 = \frac{256}{81}r^2 = \pi r^2$$

Also gilt:
$$\pi = \frac{256}{81} = 3{,}16\ldots$$

Der genaue Wert von π ist 3,14159…

1.3 Die babylonischen Astronomen

Mesopotamien, das Zweistromland zwischen Tigris und Euphrat, ist das Gebiet, in dem die Sumerer, die Akkader, die Assyrer, die Chaldäer, die Babylonier und später die Perser eine der reichsten Kulturen der Antike schufen. Was wir über die babylonische Kultur wissen, verdanken wir in der Hauptsache den mehr als eine halbe Million ausgegrabener Tontafeln. Auf ihnen findet sich die sogenannte Keilschrift. Solange der Ton feucht war, konnte das Geschriebene weggewischt werden, und man konnte die Tafeln aufs Neue beschreiben. Aber wenn der Ton getrocknet war, wurden die Tafeln weggeworfen. Ihre wertvollen Beschriftungen aber blieben der Nachwelt erhalten. Ungefähr 300 dieser Tontafeln enthalten mathematische Berechnungen oder Tabellen. Obschon die Keilschrift bereits 1847 durch Rawlinson entziffert wurde, hat es doch noch bis 1935 gedauert, bis man die wahre Bedeutung dieser mathematischen Tafeln verstanden hat.

Die Babylonier sind die Väter des auf der Zahl 60 beruhenden Zahlsystems. Dieses System verwendet ausschließlich zwei Ziffern, nämlich ▼ (eins) und ◄ (zehn). Mit ihnen bildeten sie durch Zusammensetzen Gruppen, welche die Zahlen von 1 bis 59 darstellten. Dann gingen sie zu Einheiten höherer Ordnung über, für welche die Zahl Sechzig als Basis gewählt wurde. Darüber hinaus notierten sie die höheren Einheiten in einem *Stellenwertsystem*, d.h., dass der Wert einer Gruppe wurde jeweils durch ihre Stelle in der Gesamtanordnung bestimmt.

Beispiele

$$◄◄▼▼▼ = 10 + 10 + 1 + 1 + 1 = 23$$

$$◄▼ ◄◄◄▼▼ = 11 \times 60 + 32 = 660 + 32 = 692$$

$(a/b)^2$	Seite a	Hypot.	Name
1;59; ;15	1;59	2;49	1
1;56;56;58;14;50;6;15	56;7	1;20;25	2
1;55;7;41;15;33;45	1;16;41	1;50;49	3
1;53;10;29;32;52;16	3;31;49	5; ;9; ;1	4
1;48;54; ;1;40	1; ;5	1;37	5
1;47; 6;41;40	5;19	8;1	6
1;43;11;56;28;26;40	38;11	59;1	7
1;41;33;45;14; 3;45	13;19	20;49	8
1;38;33;36;36	8; 1	12;49	9
1;35;10; 2;28;27;24;26;40	1;22;41	2;16;1	10
1;33;45	45	1;15	11
1;29;21;54; 2;15	27;59	48;49	12
1;27; ;3;45	2;41	4;49	13
1;25;48;51;35; 6;40	29;31	53;49	14
1;23;13;46;40	56	1;46	15

Eine der bemerkenswertesten Tontafeln ist die mit der Nummer **322** aus der **G.A. Plimpton-Sammlung**, die in der Columbia-Universität von New York aufbewahrt wird. Sie stammt aus der Zeit irgendwann zwischen 1900 und 1600 v. Chr. und enthält 15 Zeilen Zahlen in vier Spalten. Zwei Spalten stehen deutlich im Zusammenhang mit den sogenannten pythagoreischen Tripeln. Das sind positive ganze Zahlen a, b und c, für die $a^2 + b^2 = c^2$. gilt. Die erste Spalte enthält $(a/b)^2$, und beweist das rechnerische Können und die Kenntnis der Beziehung. Auch die Babylonier hatten also bereits lange vor Pythagoras Kenntnis von dieser Eigenschaft rechtwinkliger Dreiecke und ihrer Übertragung in Relationen zwischen Zahlen.

In einem Stellenwertsystem ist ein Zeichen für die Ziffer Null erforderlich, um das Fehlen von Einheiten einer bestimmten Ordnung anzuzeigen. So ist beispielsweise in unserem Zehnersystem die Bedeutung von 18, 108 und 180 völlig unterschiedlich. Obwohl die Babylonier wussten, dass Zweideutigkeiten bei der Interpretation von Zahlen ohne ein Zeichen für die Leerstelle nicht zu vermeiden waren, behalfen sie sich anfänglich trotzdem ohne diese. Sie hofften, dass aus dem Kontext ja klar werden würde, welche Größenordnung die verschiedenen Zeichengruppen besaßen.

Zuerst arbeiteten sie mit Zwischenräumen. Doch später führten sie dann doch ein Symbol ein , um die fehlenden Zwischeneinheiten anzugeben. Am Ende einer Zahl wurde es jedoch niemals verwendet. Eine richtige Ziffer für null haben sie nicht eingeführt. Die Interpretation von null als Zahl ist bei ihnen auch kein Thema gewesen. Diese Errungenschaft verdanken wir den Hindus.

Warum ausgerechnet die Zahl 60 als Grundzahl ausgewählt wurde, ist noch immer nicht ganz klar. Es gibt hierüber verschiedene widersprüchliche Theorien.

Eine erste Erklärung vermutet einen Zusammenhang mit der Zeitmessung, der Einteilung des Jahres in 360 Tage, weswegen auch der Kreis in 360 Einheiten (Grad) geteilt wurde. Bei der Messung der Tageszeit mittels des Schattens eines Stabes im Zentrum eines Feldes, das die Form eines regelmäßigen Sechsecks hat, eingeteilt in sechs gleich große Zonen in der Gestalt sechs gleichseitiger Dreiecke, kommt man dann von selbst zur Zahl 60 (360 : 6 = 60).

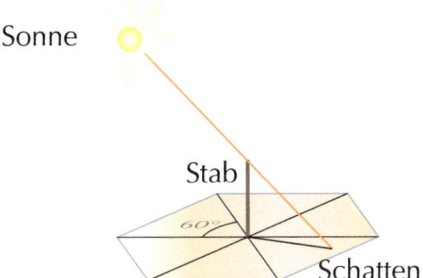

Eine zweite Erklärung für die Zahl 360 wird in der Verbindung eines damals vielfach verwendeten Entfernungsmaßes mit der Zeit gesehen, die nötig war, um diese Entfernung zurückzulegen, beispielsweise zwölf solcher Strecken an einem Tag, wobei man eine Strecke aus praktischen Gründen (u.a. viele Teiler) in 30 Teile teilte. Das führt auch auf 12 x 30 = 360.

Eine dritte Theorie stützt sich auf die Entwicklung der Schrift und die Versuche, anfänglich unterschiedliche Zahlsysteme, die für verschiedene Größen wie Längen, Flächeninhalte und Volumina in Gebrauch waren, zu vereinheitlichen. Hierzu könnte man eine Zahl gewählt haben, die ein Vielfaches von sechs und gleichzeitig von zehn und zwölf war, nämlich 60.

Wie es auch gewesen sein mag, dass Sechziger-System hat sich für Winkel- und Zeitmessung als so geeignet erwiesen, dass wir es für diese Größen auch jetzt noch stets verwenden.

Beispiele

> 1 Minute = 60 Sekunden,
> 1 Stunde = 60 Minuten = 60 x 60 Sekunden = 3 600 Sekunden,
> 3 h 13 m 29 s = (3 x 3 600 + 13 x 60 + 29) s = 11 609 s,
> 1 Grad = 1° = 60 Minuten = 60′,
> 1 Minute = 1′ = 60 Sekunden = 60″,
> 25° 13′ 22″ = (25 x 60 x 60 + 13 x 60 + 22)″ = 90 802″.

Die Babylonier waren fasziniert vom stets hellen Sternenhimmel über ihren Köpfen. Dass dort ein besonderes Interesse für die Himmelskörper stets Tradition war, ist nicht verwunderlich. Die Babylonier sind nicht nur die Väter der Astronomie, der eigentlichen Himmelskunde mit ihren Beobachtungstabellen und Vorausberechnungen, sondern auch der Astrologie, dem mehr horoskopartigen Zugang, die glaubte, dass die Sternbilder einen Einfluss auf das persönliche Schicksal hatten.

Ihre Verehrung der Zahl Sieben als einer heiligen Zahl und die Einteilung der Woche in sieben Tage wird der Tatsache zugeschrieben, dass die Babylonier damals sieben sichtbare Planeten kannten, wozu auch die Sonne und der Mond gerechnet wurden.

Auf den Tontafeln wurden auch Spuren geometrischer Kenntnisse gefunden. Charakteristisch für die babylonische Geometrie ist ihr algebraischer Charakter. Ausgehend von Problemen rund um Messungen und Konstruktionen gelangten sie zu Gleichungen und Gleichungssystemen. Gleichungen höheren Grades wurden dabei mittels Wurzelziehen gelöst.

Daneben waren sie ebenfalls erfahrene Buchhalter. Am Schnittpunkt wichtiger Karawanenrouten waren sie mit allen Aspekten eines intensiven Tauschhandels gut vertraut: Kaufverträge, Bestellungen, Rechnungen, Darlehen (wie es scheint mit einem Wucherzins von 20 und 30 % mit Zinseszins), usw.

Beispiel

> *Wie lange muss man bei einem Zinssatz von 20% einen bestimmten Betrag gegen Zinseszinsen ausleihen, damit er sich verdoppelt?*

Dieses Problem führt auf eine exponentielle Gleichung von der Form

$$\left(1+\frac{20}{100}\right)^x = 2$$

Diese wurde durch Interpolation (Einschließen durch immer bessere Näherungswerte) gelöst. Denn für Logarithmen war es noch 3 000 Jahre zu früh. Die gefundene Antwort war 3,8... Jahre. Manche Babylonier wurden offensichtlich schnell reich.

1.4 Das dezimale Zahlsystem der Hindus

Schon in vorhistorischen Zeiten bewohnten die Hindus das Gebiet, das wir heute Indien nennen. Es ist schwierig, einen klaren historischen Blick auf diese alte Kultur zu werfen, in der auch die mathematische Wissenschaft wahrscheinlich bereits einen hohen Stand erreicht hatte. Die ersten bekannten schriftlichen Zeugnisse datieren erst vom 3. Jahrhundert v. Chr. und die interessanten mathematischen Dokumente sogar erst von 400 n. Chr. Die Ursache hierfür liegt u.a. in der Tradition, Kenntnisse vorwiegend durch mündliche Überlieferung innerhalb der (höheren) Kasten zu bewahren. Auch die Knappheit an dauerhaftem Schreibmaterial wie Pergament und dessen Verletzlichkeit, ebenso wie die der Materialien aus Bambus oder Baumrinde, haben sicherlich hierbei eine Rolle gespielt.

Es ist nicht klar, ob die indische Mathematik späteren Datums möglicherweise Einflüssen der ägyptischen, der babylonischen oder sogar der griechischen Wissenschaft unterlag. An dem Straßennetz, den Bewässerungskanälen und den ausgegrabenen Ruinen der Bauwerke der 5000 Jahre alten Stadt Mohenjo Daro zeigt sich unwidersprochen die antike Signatur einer bereits fortgeschrittenen Mathematik. Einige Ergebnisse zeugen sogar von einer unbestreitbaren Originalität: die Verwendung der Null (als Ziffer wie auch als Zahl); negative und irrationale Zahlen als Lösungen von Gleichungen; Sinustafeln für Probleme bei der Dreiecksmessung und in der Astronomie.

Ungeachtet der Tatsache, dass es sich um eine andere Zeit handelt, trägt die indische Mathematik unverkennbar Züge eines an der Praxis ausgerichteten Wissens und zeigt nicht den theoretischen Geist der Griechen. Wir besprechen daher die mathematischen Beiträge der Hindus in diesem Abschnitt (ebenso wie die der Chinesen und der Mayas).

Den Hindus verdanken wir in der Hauptsache unser Dezimalsystem mit der Null, wobei die Null eine Hauptrolle spielt. Dieses System wurde uns nach einer langen Geschichte von den Arabern überliefert. Im 8. Jahrhundert n. Chr. wurde ein Sanskrittext eines indischen Gelehrten über Astronomie von al-Fazari ins Arabische übersetzt. Darin werden die Grundlagen der indischen Arithmetik dargestellt. Andere arabische Autoren wie Al-Khowarizmi sollten darüber dann auch Bücher schreiben. So sollten die ursprünglichen Bezeichnungen und Symbole in der arabischen Welt ein Eigenleben führen. Das geschah überdies auf unterschiedliche Weise im Osten rund um Bagdad und im Westen in Andalusien. Im Mittelalter haben sich dann durch die Übersetzungen arabischer Werke ins Lateinische die indo-arabischen Ziffern und die mit ihnen verbundene Arithmetik in Europa verbreitet.

Die Ziffern, so wie wir sie heute schreiben, entwickelten sich aus den sogenannten *Gobar-Ziffern* der westarabischen Welt. Gobar bezeichnet Staub. Das Rechenbrett (Abakus) bestand in dieser Zeit ja vielfach aus nichts anderem als einem Brett, mit Sand bestreut, in den die Zeichen mit einem Stift geschrieben wurden.

Die älteste Form der Ziffer Null ist bei den Hindus wahrscheinlich auch eine „Leerstelle" gewesen. Das leitet man daraus her, dass hierfür der Ausdruck *sunya* (Leere) im Sanskrit verwendet wurde. Später wurde dann ein dicker Punkt oder ein kleiner runder Kreis an der leeren Stelle geschrieben. Die Araber übersetzten *sunya* mit *sifr*, das dann im Lateinischen auf doppelte Weise wiedergegeben wurde, einmal als *cifra*, aber auch als *zeferium*.

Von *cifra* leitet sich das französische *chiffre*, das englische *cipher*, das deutsche *Ziffer* und das niederländische *cijfer* her. *Zeferium* würde über *zefiro* zum gebräuchlicheren *zero*.

Ursprünglich wurde das Wort „Ziffer" nämlich nur in der Bedeutung „null" verwendet. Später ging die Bezeichnung auf alle Zahlzeichen über. In dem Buch *Liber Abaci* (1202) von Leonardo Fibonacci (aus Pisa) wurde die Null noch immer als ein Außenseiter betrachtet. Die übrigen neun Ziffern nennt er *figura*. Unser Wort „Null" kommt genau von dieser Beschreibung *nulla figura* (keine Zahl) her.

Anfänglich herrschte ein Streit zwischen den Anhängern des Rechenbretts (den Abakisten) und den Befürwortern der neuen Rechenweise mit den hindu-arabischen Ziffern (den Algorithmikern). In der Mitte des 16. Jahrhunderts gelangte man endlich allgemein zu der Überzeugung, dass das dezimale Stellenwertsystem das bequemere sei.

Boethius (links) im Wettstreit mit Pythagoras (rechts, mit Abakus). Darstellung mit einer allegorischen weiblichen Figur, die zwei Bücher und den Schriftzug *Typus arithmeticae* trägt. (Gregor Reisch, *Margarita philosophica*, 1508)

1.5 Chinesische Rechenstäbchen

Es gibt keinen Zweifel, dass die chinesische Mathematik auf einer jahrhundertealten Tradition gründet, die weit in der Zeit zurückreicht. Bestimmte archäologische Funde weisen in diese Richtung: 7000 Jahre altes Tongeschirr mit vertikalen Strichen, Bauchpanzer von Schildkröten und Knochen mit Inschriften in Orakelknochenschrift aus der Shang-Periode; Rechenstäbchen aus Bambus und Knochen aus der Han-Dynastie usw.

Aufgrund der östlichen Tradition, den Fortbestand von Wissen und Werten durch mündliche Überlieferung von Generation zu Generation zu sichern, sind bestimmte Ergebnisse und Gebräuche nicht exakt zu datieren. So muss das Rechnen mit kleinen Bambusstäbchen (*Shu Suan*) bereits viele Jahrhunderte v. Chr. in Mode gekommen sein. Die Chinesen bildeten mit diesen Stäbchen Zahlenbilder in einem dezimalen Stellenwertsystem. Hierbei werden die Einer vertikal angeordnet mit einem Querstrich für fünf von sechs an, die Zehner horizontal, die Hunderter wieder vertikal usw. Für die Null wird eine Leerstelle frei gelassen. Diese Methode wird in den Büchern *Sunzi Suanjing* (*Rechenbuch des Meisters Sun*, ungefähr 5. Jahrhundert n. Chr.) und *Xiahou Yang Suanjing* (*Rechenbuch des Xiahou Yang*, ungefähr 8. Jahrhundert n. Chr.) erläutert. In ihnen kann man die folgenden Bildungsregeln lesen:

„Einer werden vertikal, Zehner horizontal, Hunderter stehen, Tausender liegen ..."

„Ist die Zahl größer als sechs, steht die Fünf quer, Sechs darf nicht stapeln, aber Fünf darf nicht allein bleiben...".

In Übereinstimmung mit diesen Regeln werden die Zahlzeichen von eins bis einschließlich neun, je nachdem in vertikaler oder horizontaler Richtung, durch die folgenden Anordnungen dargestellt:

	1	2	3	4	5	6	7	8	9
vertikal	∣	∥	∥∣	∥∥	∥∥∣	⊤	⊤	⊤	⊤
horizontal	—	=	≡	≣	≣	⊥	⊥	≛	≛
	10	20	30	40	50	60	70	80	90

Hiermit werden Zahlen dann wie folgt dargestellt:

$$\text{Ⅲ} \equiv \text{⊤} = 8 \cdot 100 + 4 \cdot 10 + 6 = 846$$

$$= \quad \text{⊥} \quad \text{Ⅲ} = 2 \cdot 1000 + 0 \cdot 100 + 6 \cdot 10 + 9 = 2069$$

Im ältesten erhaltenen chinesischen Mathematiklehrbuch, dem *Jiu Zhang Suanshu* (*Neun Kapitel über die Kunst der Mathematik*), das in die Zeit der Han-Dynastie (202 v. Chr. - 220 n. Chr.) datiert wird, finden wir Aufgaben, die in Gleichungen und Gleichungssysteme übertragen werden.

So wurde u.a. das folgende System

$$\begin{cases} 3x + 2y + z = 39 \\ 2x + 3y + z = 34 \\ x + 2y + 3x = 26 \end{cases}$$

mithilfe eines modern anmutenden schematischen Verfahrens gelöst, das wir heute mit „Matrix" und „Matrixtransformation" bezeichnen. Auch negative Zahlen kamen dabei als Lösungen vor.

Die Chinesen sahen in der Mathematik nicht nur ein Instrument zur Lösung praktischer Probleme, sondern auch einen Bereich magischer Symbolik und religiöser Bezüge. Die Konstruktion von Altären, deren Größe, Form und Aufstellung für die Effizienz der Zeremonien wichtig war, verlangte geometrische Techniken. Hierbei wurde auch der Satz des Pythagoras verwendet.

In dem berühmten Buch der Verwandlungen, dem *I-Ging*, findet sich ein bemerkenswertes magisches Quadrat, Lo-Shu genannt:

4	9	2
3	5	7
8	1	6

Es wird mit den ersten neun Zahlen gebildet. Die Summe der Zahlen in jeder Zeile und Spalte, sowie in den Diagonalen, ist stets gleich 15. Das Lo-Shu ist das älteste bekannte Beispiel eines magischen Quadrats und wurde wahrscheinlich zum Wahrsagen verwendet. Nach einer Legende soll das Schema ca. 2200 v. Chr. von Kaiser Yu zum ersten Mal auf dem Rücken einer Schildkröte am Ufer des Gelben Flusses bemerkt worden sein, allerdings in der folgenden figürlichen Anordnung:

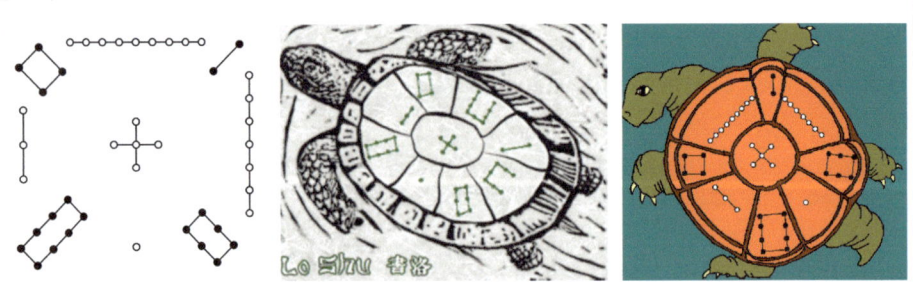

Figürliche Darstellung von Zahlen im magischen Quadrat, **Lo-Shu** genannt. In der Mitte die Schildkröte mit der Anordnung auf dem Rücken, wie Kaiser Yu diese wahrgenommen haben soll. Rechts ein Schmuckstück, inspiriert von diesem magischen Quadrat.

1.6 Die Kalender der Maya

Unzweifelhaft haben sich die alten Indianerkulturen in Südamerika in der präkolumbischen Zeit unabhängig von denen auf anderen Kontinenten entwickelt. Mehrere Millionen Einwohner von Guatemala, Südmexiko und Belize sprechen noch immer eine der 30 verschiedenen Mayasprachen. Bemerkenswert ist, dass in all diesen Sprachen vergleichbare Zahlsysteme entwickelt wurden, die mit den alten Kalenderberechnungen der Maya, der Zapoteken und der Olmeken verbunden sind.

Die Maya waren gefesselt von den Zyklen der astronomischen Systeme, weil sie glaubten, mit ihrer Hilfe die Zukunft ihrer religiösen Führer und Könige vorhersagen zu können. Die komplizierten Berechnungen, die das Aufeinanderabstimmen der unterschiedlichen Kalenderberechnungen mit sich brachten, bildeten ein Sprungbrett in das Gebiet der reinen Arithmetik, die wie bei den Ägyptern, den Babyloniern, den Hindus und den Chinesen oft über die ursprünglichen Ziele hinausgehen sollte.

Maya-Kalender, bei dem der Sonnenzyklus und der Mondzyklus zusammengebracht werden.

Möglicherweise ließen sich die barfüßigen Indianer nicht nur von ihren Fingern, sondern auch von ihren Zehen dazu inspirieren, sich die Grundzahl 20 für ihr Zahlsystem auszudenken. In der Quiché-Sprache bedeutet das Wort für 20, nämlich *huvinak*, wörtlich „die ganze Person". Das klassische Sonnenjahr, das 365 Tage zählt, wurde in 18 Perioden zu je 20 Tagen eingeteilt mit noch fünf zusätzlichen Tagen. Aus diesem Grund ist die höhere Einheit, die auf 1 und 20 folgt, eigenartigerweise nicht 20 x 20, sondern 18 x 20. Der Faktor 18 wird auch für die höheren Einheiten bei den Produkten mit den Potenzen von 20 übernommen, also 18×20^2, 18×20^3 usw.

Der heilige Kalender der Wahrsager beruhte dagegen auf einer Periode von 13 x 20 = 260 Tagen. Das entsprach der durchschnittlichen Zeit einer Schwangerschaft bis zur Geburt. Diese Periode wurde verwendet, um die Zukunft und das Schicksal der Priester und Könige vorherzusagen.

Die Maya versuchten diese beiden Kalender in dem, was sie „den großen Zyklus" nannten, miteinander zu kombinieren. So kamen sie auf eine Periode, die gleich dem kleinsten gemeinsamen Vielfachen von 365 und 260 war, nämlich 18.980. Ein großer Zyklus bestand also aus 18.980 : 365 = 52 Kalenderjahren und aus 18.980 : 260 = 73 heiligen Jahren.

Zur Darstellung der Zahlen verwandten die Maya eine Art hieroglyphenähnlicher Symbole aus Punkten (für eins) und Strichen (für fünf). Auch für „null" hatten sie ein besonderes Zeichen, das einem Auge oder einer Muschel gleicht.

Beispiele

$$\stackrel{\bullet\bullet}{=} = 5 + 5 + 1 + 1 = 12$$

$$\stackrel{\bullet}{=} = 6 \cdot 20 + 10 = 130$$

$$\bullet\bullet\bullet \; \circ \; \stackrel{\bullet}{=} = 3 \cdot (18 \cdot 20) + 0 \cdot 20 + 6 = 1086$$

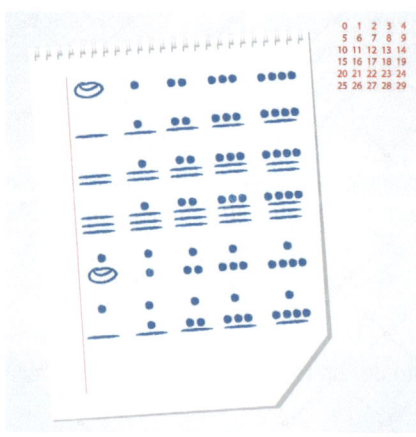

Schlussbemerkung

An den angeführten Beispielen zeigt sich, dass der Anlass, Zahlsysteme zu entwerfen und die verschiedensten Messinstrumente zu konstruieren, immer in gleichartigen praktischen Problemen bestand. Die Inspiration kommt aus der Beobachtung der unmittelbaren Umgebung: der eigene Körper mit Fingern und Zehen; der Himmel mit seinen nicht immer regelmäßigen Erscheinungen usw. Die entwickelte Arithmetik und Geometrie dienen in erster Linie der Effizienz landwirtschaftlicher und ökonomischer Aktivitäten. Sie stärken ebenso einen immer intensiver werdenden Tauschhandel und die komplexe Verwaltung von wachsenden Dörfern und Städten. Eine wirkliche Industrialisierung steht noch in weiter Ferne. Dazu sind die Kenntnisse in dieser Periode der Geschichte zu beschränkt und die Produktionsmittel zu primitiv.

Das Erleben der Wirklichkeit in diesen agrarischen, bürokratischen Gesellschaften wurde vielfach noch von Mythen und Religionen beherrscht. Eine globale Sicht auf die Welt und den Kosmos fehlt oder zeugt von rührender Naivität. Die Erde wird als flache Scheibe gesehen und der Himmel als eine schwach erleuchtete Kuppel, die das Dasein sowohl beschützt wie auch begrenzt.

Es ist selbstverständlich unmöglich, eine vollständige Aufstellung zu geben oder ein endgültiges Werturteil über die Kenntnisse der alten Kulturen zu fällen, über die man doch relativ wenige Quellen entdeckt hat. Natürlich ist mit der Zeit viel verloren gegangen oder auch bis heute unentdeckt geblieben. Dennoch zeigt sich immer wieder, dass ein bestimmter Grad an Mathematikkenntnissen mit ihren konkreten Anwendungen Hand in Hand geht, die unverkennbar die Höhe der Kultur mit bestimmen. Die geniale Erfindung von etwas Derartigem wie eines Symbols für null und seine Verwendung in einem numerischen Stellenwertsystem bestimmt die Überlegenheit des einen Rechensystems über das andere. Die grundlegenden Begriffe, mit denen man sich der Wirklichkeit nähert, können Kulturen einen völlig anderen Schwerpunkt verleihen. Schon allein die unterschiedliche Interpretation des Wesens des Universums durch Hindus und Chinesen als *Brahma* bzw. *Tao* hat bei ihnen zu unterschiedlichen Lebenseinstellungen geführt und die weitere Geschichte ihrer Kultur gesteuert. *Brahma*, das den gesamten Kosmos erfüllt, aus dem alles hervorgeht, aber zu dem auch alles zurückkehrt und das daher in seiner Unendlichkeit unveränderlich ist, führt von selbst zu einer Haltung der Ergebenheit, Hingabe und eher inaktiven Beschaulichkeit. Das *Tao* hingegen als das, „was noch nicht vollendet ist" und das für Entstehen und Kreativität aufgeschlossen ist, zwingt zu einer aktiven Mitarbeit.

Wie verdienstvoll und bemerkenswert auch immer, in keiner einzigen der oben erwähnten antiken Kulturen findet man irgendeine Spur für etwas, das einer Argumentation oder einem Beweis gleicht. Für diese Art rationaler Betrachtungsweise von zusammenhängenden Kenntnissen sollte ein anderes Volk und eine andere Kultur sorgen.

2 Die Revolution durch den theoretischen Geist der Griechen

Warum gerade dort und zu jener Zeit bei der Sicht auf die Welt etwas vor sich ging, das in der Geschichte der Menschheit bis heute einzigartig geblieben ist, wird wohl nie vollkommen geklärt werden. Zwar kann man eine Anzahl Elemente, die mit der geografischen Lage, den gesellschaftlichen Verhältnissen und den sozialen Strukturen zu tun haben, als begünstigende Faktoren für das Entstehen einer universellen Kultur herausstellen, welche die Synthese und Ausprägung dessen bewirkte, was in verschiedenen alten Kulturen bereits geleistet worden war.

Das große hellenistische Reich, das sich um das Mittelmeer erstreckte, besitzt Berührungspunkte mit drei Kontinenten: Europa, Asien und Afrika. Dort befanden sich verschiedene Städte, die nicht länger administrative Zentren einer Bewässerungsökonomie entlang großer Ströme waren, wie in Ägypten und Mesopotamien, sondern eher internationale Handelszentren, die über ein Netzwerk von Reiserouten miteinander in Kontakt standen. In diesen unabhängigen Stadtstaaten mussten die feudalen Landbesitzer der alten Schule die Macht an die neue Klasse der gelehrten Handelsreisenden und der spezialisierten Handwerker abtreten.

So entstand die griechische „Polis" mit ihren speziellen Regierungsformen wie Demokratie, Oligarchie oder Tyrannei, in denen die Sklaven die materielle Arbeit leisteten, die freien Bürger aber an Macht und Reichtum teilhatten. Eine kleine Gruppe Privilegierter konnte es sich unter diesen Umständen leisten, über die Natur und die Rätsel des Daseins nachzudenken. Das ungebundene spekulative Denken, abhold jeder Form praktischen Nutzens, wurde so geboren. In einer Zeitspanne von kaum 100 Jahren erblickten sowohl die dialektische Philosophie, die formale Logik als auch die deduktive Mathematik das Licht der Welt und das innerhalb einer Gemeinschaft von einigen Dutzend Menschen. Mit diesen Leistungen sind Namen von Denkern verbunden, auf die man sich bis zum Ende der Zeiten beziehen wird:

Thales, Pythagoras, Sokrates, Plato, Aristoteles, Euklid, Archimedes und noch viele andere. Im Laufe ihrer Geschichte hat die westliche Kultur diese rationalistische Einstellung, der u.a. auch alle ihre wissenschaftlichen Erfolge zu verdanken sind, nie mehr aufgeben können.

Wie hat sich diese Umkehr von einem magischen, mythologischen Glauben zu der furchtlosen Frage nach dem Warum der Dinge vollzogen? Die Antwort auf diese Frage skizzieren wir, indem wir einen kurzen Blick auf wichtige Fakten und Personen werfen.

2.1 Thales von Milet

Thales (624–546 v. Chr.) lebte in Milet an der kleinasiatischen Küste (heute eine antike griechische Stätte in der Türkei). Er gilt als einer der sieben Weisen der Antike und war zugleich Mathematiker, Astronom, Ingenieur, Geschäftsmann, Philosoph und Staatsmann. Er unternahm zahlreiche Reisen u.a. nach Mesopotamien und Ägypten. In Ägypten verblüffte er die Priestergelehrten damit, dass er die Höhe der Pyramiden ohne ein Instrument bestimmte. Dazu brauchte er nur seine Körperlänge und die Tatsache der gleichen Verhältnisse in ähnlichen Dreiecken. Zuerst legte er sich auf den Boden, um seine Körperlänge abzumessen, dann wartete er aufrecht stehend, bis sein Schatten gleich der abgemessenen Körperlänge war. Dann schloss er, dass in diesem Augenblick der Schatten der Pyramide gleich ihrer Höhe sein musste. Hierin zeigt sich bereits eine andere Einstellung bei der Verwendung der Mathematik, nämlich von den allgemeinen Eigenschaften zu speziellen Anwendungen zu gehen statt umgekehrt.

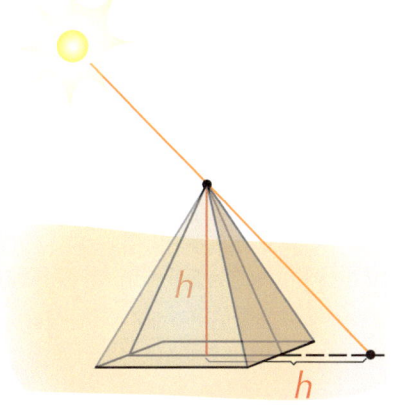

Thales wird als Stifter der ionischen Schule der Naturphilosophen angesehen, die den Ursprung der Welt aus einem Urelement zu erklären versuchten. Thales selbst sah das Wasser als Urelement an. Diese geistige Haltung, komplizierte Phänomene aus einfachen Grundprinzipien heraus zu erklären, setzte sich auch in der Mathematik durch. So war man bestrebt, allgemeine Eigenschaften durch eine logische Kette von Argumenten aus „evidenten" Prinzipien abzuleiten. Thales werden die ersten Beweise zugeschrieben, u.a. die für die folgenden fünf Behauptungen aus der Geometrie:

„Jeder Durchmesser eines Kreises teilt diesen in zwei gleiche Hälften."

„Die Gegenwinkel bei zwei sich schneidenden Geraden sind gleich."

„Zwei Dreiecke, die in einer Seite und zwei Winkeln übereinstimmen, sind kongruent."

„Die Basiswinkel eines gleichschenkligen Dreiecks sind gleich."

„In einem Kreis sind alle Umfangswinkel über einem Durchmesser rechte Winkel."

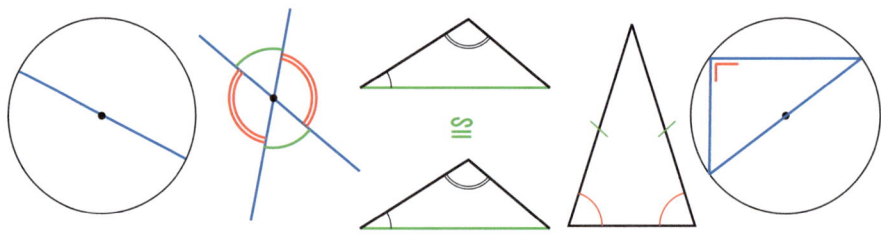

Einige dieser Eigenschaften waren in früheren antiken Kulturen auch schon bekannt, aber nur durch Messungen oder Beobachtung in konkreten Fällen. Hier wurde ein allgemeiner Beweis geführt, unabhängig von den Maßen der betrachteten Figur, wie groß oder wie klein auch immer. Damit war der Startschuss für den deduktiven Aufbau der Geometrie ausgehend von einzelnen elementaren Grundeigenschaften, die zumeist auf einfachen Strecken- und Zirkelkonstruktionen beruhten, gegeben.

Über Thales sind auch eine ganze Reihe lustiger Anekdoten bekannt, die jedoch nicht unbedingt historisch sind. So soll er ein gewiefter Olivenhändler gewesen sein, der in Zeiten des Überflusses alle Pressen aufkaufte, um so das Monopol zu erlangen. Eine andere Geschichte ist die von dem starrköpfigen Esel, der beladen mit Säcken voller Salz immer in den Fluss stieg, um das Gewicht seiner Last zu verringern. Thales soll ihm diese schlechte Gewohnheit abgewöhnt haben, indem er eines schönen Tages das Salz durch Schwämme ersetzte!

2.2 Die Schule des Pythagoras in Kroton

Pythagoras (ca. 580–500 v. Chr.) stammte von der Insel Samos. Nach Reisen durch Ägypten und Mesopotamien ließ er sich in Kroton nieder, in Italien an der Spitze des „Stiefels". Dort gründete er eine berühmte Schule, die seinen Namen trägt. Möglicherweise angeregt durch die geschlossene Priesterkaste in Ägypten und die babylonischen Magier, war diese Schule auch eher eine Geheimgesellschaft mit eigenartigen Riten und Vorschriften, in die man nur unter strengen Bedingungen aufgenommen wurde. Die Pythagoreer glaubten u.a. an die Seelenwanderung (Metempsychose) und mussten allerlei vegetarische Vorschriften beachten, wie das Verbot, Linsen zu essen. Ferner galt eine absolute Schweigepflicht. Nichts, was entdeckt wurde, durfte nach außen dringen, und alles musste unter dem Namen des Meisters laufen. Die Macht des Meisters war absolut und sein Wort über allem Zweifel erhaben. (*autos epha* = *ipse dixit* = er selbst hat es gesagt).

Das wichtigste Merkmal der pythagoreischen Schule war ihre mystische Verehrung für die ganze Zahl als Basis des gesamten Kosmos. Pythagoras soll die Zahlenverhältnisse der musikalischen Harmonien entdeckt haben, während er an der Werkstatt eines Kupferschmieds vorbeikam, der ein Stück Eisen mit Hämmern unterschiedlichen Gewichts bearbeitete. Er erkannte u.a. die Harmonie der Oktave, hervorgerufen durch Hämmer von sechs und zwölf Pfund, die zueinander im Verhältnis 1/2, standen, die der Quinte durch Hämmer von acht und zwölf Pfund im Verhältnis 2/3 und die der Quarte durch Hämmer von neun und zwölf Pfund im Verhältnis 3/4. Es faszinierte ihn, dass diese Verhältnisse, 1/2, 2/3 und 3/4, durch die ersten vier ganzen Zahlen 1, 2, 3, und 4 der pyramidenförmigen Tetraktysfigur gebildet wurden und dass darüber hinaus auch noch die Zahl 10 als Summe auftritt. Sowohl die Tetraktys als auch die Zahl 10 waren wichtige Symbole dieser Schule.

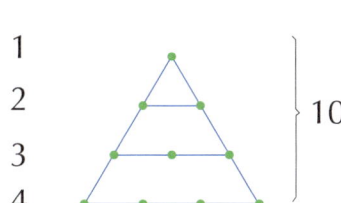

Zu Hause wiederholte er mit positivem Erfolg das Experiment mit den Harmonien. Erst mit gleichlangen Darmsaiten, an die unterschiedliche Gewichte in den oben angegebenen Verhältnissen gehängt wurden, dann auch mit dem vom ihm entworfenen Monochord, einer gespannten Darmsaite mit einem beweglichen Steg, mit dem die Saitenlänge in den angegebenen Verhältnissen aufgeteilt wird.

So kann man durch Halbierung der Länge einer Saite, die beim Schwingen ein c hören lässt, den gleichen Ton noch einmal erhalten, nur eine Oktav höher. Zwischen den beiden Tönen erhält man die anderen Töne D, E, F, G, A und H, wenn man die ursprüngliche Saitenlänge jeweils im Verhältnis $\frac{9}{16}, \frac{5}{8}, \frac{2}{3}, \frac{3}{4}, \frac{5}{6}$ und $\frac{15}{16}$ teilt.

	C	D	E	F	G	A	H	C
0	$\frac{1}{2}$	$\frac{9}{16}$	$\frac{5}{8}$	$\frac{2}{3}$	$\frac{3}{4}$	$\frac{5}{6}$	$\frac{15}{16}$	1

Die Entdeckung, dass eine einfache arithmetische Relation zwischen der abstrakten Welt der Musik und der der Zahlen bestand, brachte die Pythagoreer zum Glauben an eine allgemeine kosmische Harmonie, deren Basis die ganzen Zahlen und die Mathematik bildeten. Sie gingen dabei so weit, dass sie dachten, die Planeten brächten bei ihrer Wanderung durch das Universum eine „Himmelsmusik" hervor, bestimmt durch die Verhältnisse ihrer Bahnen und Geschwindigkeiten.

Sie missbilligten das praktische Nützlichkeitsrechnen, das sie Logistik nannten, und überließen es den Händlern und Handwerkern. Die natürlichen Zahlen und ihre Beziehungen sahen sie als eine unabhängige Theorie an, die Arithmetik, die nur um ihrer Schönheit willen studiert werden musste. So definierten sie eine Reihe merkwürdiger Zahlen, zum Beispiel die „vollkommenen Zahlen", welche die Eigenschaft besitzen, gleich der Summe ihrer echten Teiler zu sein wie $6 = 1 + 2 + 3$ und $28 = 1 + 2 + 4 + 7 + 14$.

Sie interessierten sich auch für Paare „befreundeter Zahlen", welche die Eigenschaft haben, dass sie gleich der Summe der echten Teiler der jeweils anderen Zahl des Paares sind wie 220 und 284:

$$220 = 1 + 2 + 4 + 71 + 142 \quad \text{und}$$
$$284 = 1 + 2 + 4 + 5 + 10 + 11 + 20 + 22 + 44 + 55 + 110.$$

Selbst heute, 26 Jahrhunderte später, sind noch nicht alle Fragen rund um die allgemeine Form solcher Zahlen beantwortet. Mit Computerhilfe sind allerdings bereits große derartige Zahlen entdeckt worden. Zum Beispiel ist heute bekannt, dass jede gerade „vollkommene Zahl" von der Form $2^{n-1}(2^n - 1)$ ist, vorausgesetzt $2^n - 1$ ist eine Primzahl. Für $n = 2$ ergibt sich 6, für $n = 3$ erhält man 28. $n = 4$ ist kein zulässiger Wert, da $2^4 - 1 = 15$, und 15 ist keine Primzahl. $n = 4423$ hingegen ist ein zulässiger Wert, und die zugehörige „vollkommene Zahl" besteht aus 2663 Ziffern! Man weiß jedoch immer noch nicht, ob auch ungerade „vollkommene Zahlen" existieren.

Die Pythagoreer konstruierten auch allerlei Folgen figurierter Zahlen, wie Dreiecks-, Vierecks- und Fünfeckszahlen, an denen sie dann mittels geometrischer Überlegungen allgemeine Eigenschaften entdeckten.

Beispiele

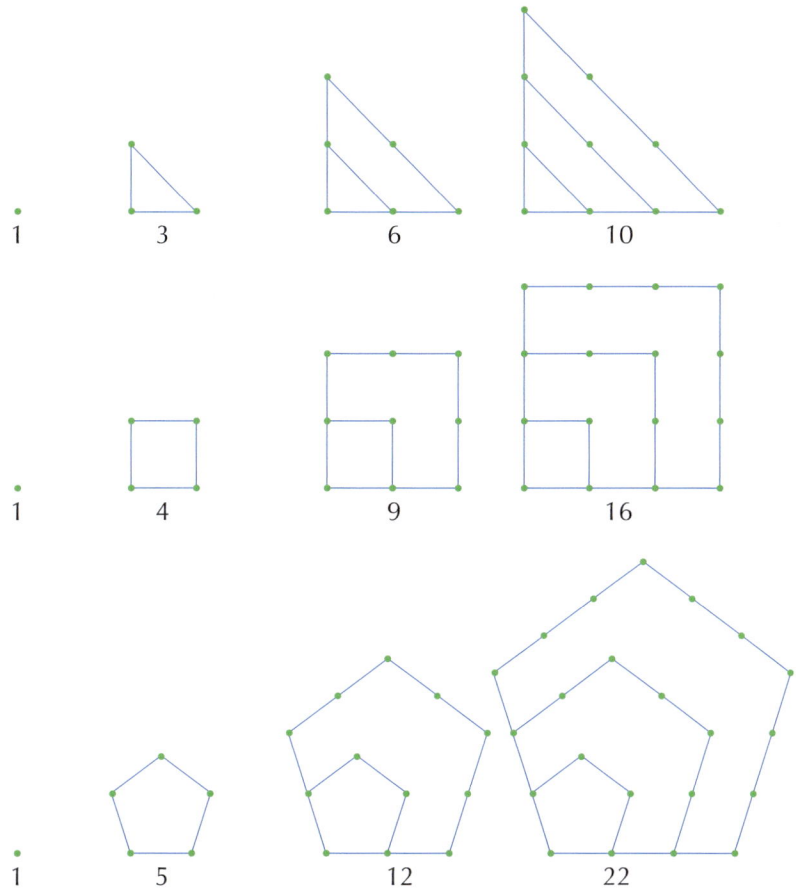

Die Summe der ersten n natürlichen Zahlen ist offensichtlich gleich der n-ten Dreieckszahl, z.B. ist 1 + 2 + 3 + 4 = 10 die vierte Dreieckszahl.

Die Summe zweier aufeinander folgender Dreieckszahlen ergibt immer eine Viereckszahl (Quadrat) und umgekehrt ist jede Viereckszahl die Summe zweier aufeinander folgender Dreieckszahlen. Das ergibt sich aus der folgenden Konstruktion:

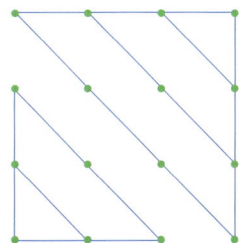

Die dritte Dreieckszahl ist 6,

Die vierte Dreieckszahl ist 10.

6 + 10 = 16

16 ist die vierte Viereckszahl.

Natürlich hat sich diese Schule auch stark mit der reinen Geometrie beschäftigt, unabhängig von der Zahlenlehre. So wird der erste Beweis der berühmten „Eselsbrücke", nämlich der Behauptung, dass in einem rechtwinkligen Dreieck die Fläche des Quadrats über der Hypotenuse gleich der Summe der Flächen der Quadrate über den Katheten ist, dem Pythagoras zugeschrieben.

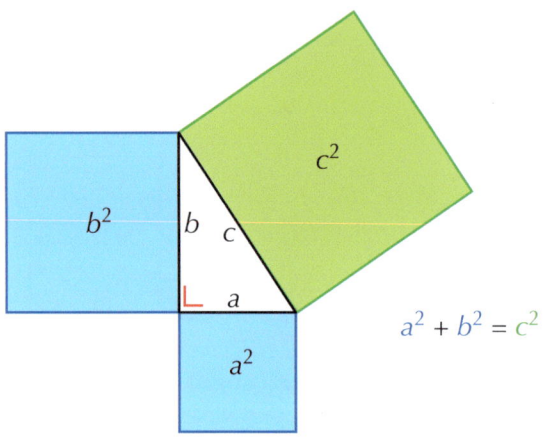

Obwohl dieser Satz bereits den Ägypter, den Babyloniern und den Hindus bekannt war, trägt er dennoch den Namen des Pythagoras. Für diese Behauptung gibt es inzwischen viele schöne Beweise. Ein einfacher Beweis, der möglicherweise von Pythagoras stammt, beruht auf dem Vergleich der folgenden Figuren:

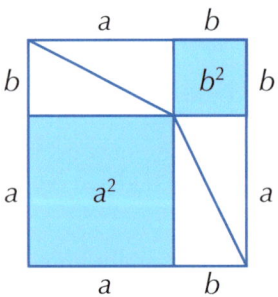 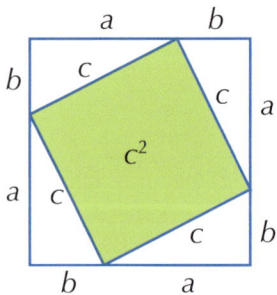

Die Fläche des großen Quadrats mit der Seite $a + b$ kann auf zwei Weisen dargestellt werden:
einmal als Summe der Flächen der Quadrate mit den Seiten a und b und vier gleichgroßen rechtwinkligen Dreiecken mit den Katheten a und b,
anderseits als Summe des Quadrats mit der Seite c und vier gleichgroßen rechtwinkligen Dreiecken mit den Katheten a und b. Daraus folgt:

$$a^2 + b^2 + 4(ab : 2) = c^2 + 4(ab : 2)$$
$$a^2 + b^2 = c^2$$

Es ist eine zynische Laune der Geschichte der Mathematik, dass genau dieser Königssatz die Pythagoreer zu der verblüffenden Erkenntnis brachte, dass es Strecken gibt, deren Länge bezüglich einer gewählten Einheit nicht als Verhältnis zweier ganzer Zahlen angegeben werden kann. Die Länge der Diagonale eines Quadrates mit der Seite 1 muss nach dem Satz von Pythagoras jedoch eine Zahl c sein, deren Quadrat gleich $1^2 + 1^2 = 2$ ist.

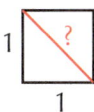

Weil $c^2 = 2$ gilt, kann c unmöglich gleich einem Bruch zweier ganzer Zahlen sein! Sie selbst hatten hierfür einen genialen geometrischen Beweis gefunden. Aristoteles gab jedoch einen einfachen algebraischen Widerspruchsbeweis, der wie folgt argumentiert:

Angenommen, $c = \dfrac{a}{b}$, a und b seien ganzzahlig und teilerfremd

(d.h. a und b haben keine gemeinsamen Faktoren),

dann gilt $c^2 = \dfrac{a^2}{b^2} = 2$, daraus folgt $a^2 = 2b^2$, d.h., a^2 ist gerade, also auch a.

a ist dann ein Vielfaches von 2, es sei $a = 2d$.

Daraus folgt $(2d)^2 = 2b^2$ und damit $4d^2 = 2b^2$, also $2d^2 = b^2$.

Dann muss auch b ein Vielfaches von 2 sein, aber das steht im Widerspruch zur Voraussetzung, dass a und teilerfremd sind.

Die Annahme, dass c gleich dem Verhältnis zweier ganzer Zahlen ist, ist also falsch.

Die Erkenntnis, dass nicht alle Längen rational waren, mit anderen Worten, dass es irrationale Zahlen wie $c = \sqrt{2}$ geben musste, untergrub nicht nur den Glauben der Pythagoreer, dass die ganzen Zahlen die Basis des Universums bildeten, sondern brachte auch den ganzen geometrischen Aufbau ihrer Maßtheorie zum Einsturz, der auf dem Axiom aufgebaut war, dass alle Längen miteinander messbar waren.

Es war womöglich nicht der schönste Zug der Pythagoreer, dass sie zunächst diesen „logischen Skandal" geheim zu halten suchten. Eine Legende berichtet, dass Hippasos, der dieses Geheimnis nach draußen getragen haben soll, von einem Boot ins Meer geworfen wurde. Sicher ist, dass die Griechen wegen solcher Paradoxien die Geometrie lieber von der offensichtlich problematischen Zahlenlehre getrennt gehalten haben. Das hat Jahrhunderte lang zu einer synthetisch sauberen Behandlung der Geometrie Anlass gegeben.

Später sollte Eudoxos (ca. 408–355 v. Chr.) für das Problem der irrationalen Größen eine schöne Lösung finden, indem er eine neue Definition für die Gleichheit von Größenverhältnissen aufstellte.

Auf diese Weise konnte der deduktive Aufbau der Geometrie seine Widerspruchsfreiheit wiedergewinnen. Es sollte jedoch noch bis zum 19. Jahrhundert dauern, bis eine zahlentheoretische Definition der irrationalen Zahlen mithilfe der rationalen Zahlen gegeben wurde.

Die Pythagoreer haben durch ihre immaterielle Sicht auf die Wirklichkeit, das ganze weitere Denken der Griechen stark in Richtung einer sauberen theoretischen Einstellung beeinflusst. Dadurch wurde das begriffliche Verstehen zum höchsten Ziel der Wissenschaft und die Mathematik zu einer Religion erhoben. Ihre realistische Auffassung, dass es gerade die mathematischen Wahrheiten waren, welche die echte Wirklichkeit darstellten, sollte Platon zu seiner philosophischen Vision der "Welt der Ideen" inspirieren. Es ist nicht verwunderlich, dass sie das Studium der Arithmetik, der Geometrie, der Astronomie und der Musik als Einheit betrachteten. Dieses *Quadrivium*, wie es im Mittelalter genannt wurde, sollte zusammen mit dem *Trivium* (Logik, Rhetorik und Grammatik) für lange Zeit das wichtigste Studienprogramm der späteren Universitäten ausmachen.

2.3 Die Paradoxien des Zenon von Elea

Nicht weit von Kroton, an der Sohle des italienischen „Stiefels", blühte in Elea eine philosophische Schule, deren berühmteste Namen sicherlich Parmenides und Zenon sind. Parmenides (ca. 515–445 v. Chr.) glaubte, dass alles Sein im Wesentlichen unveränderlich war (*panta stei* = alles bleibt). Das stand im Gegensatz zu seinem Gegenspieler Heraklit, welcher der Meinung war, dass sich alles fortwährend verändert und in Bewegung ist. (*panta rhei* = alles fließt). Um seine Sicht zu bestätigen, erdachte Zenon (ca. 490–430 v. Chr.), Schüler des Parmenides, ein Reihe von Paradoxien, die zeigen sollten, dass Bewegung eine Illusion sei. Diese Paradoxien hängen mit subtilen mathematischen Begriffen zusammen, wie unendliche Reihen und Kontinuum. Jeder kennt ja das Paradoxon von Achill, der scheinbar die Schildkröte nicht einholen kann. Denn, so argumentierte Zenon, in der Zeit, in der Achill seinen anfänglichen Rückstand auf die Schildkröte aufholt, hat diese wieder einen, wenn auch kleinen, Vorsprung erlangt. In der Folge geschieht das immer wieder, und die Schildkröte ist dem Achill in jeder Phase immer etwas voraus!

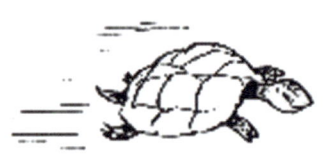

Dasselbe Schicksal teilt der Läufer bei seinem Lauf im Stadion. Um sein Ziel zu erreichen, muss er zunächst die Hälfte zurücklegen, dann wieder die Hälfte der verbleibenden Hälfte usw., sodass er die Ziellinie nicht erreichen kann.

Die griechischen Zeitgenossen des Zenon betrachteten, so wie Sie und ich selbstverständlich auch, diese Behauptungen als verrückt. Doch konnten sie die Argumentation nicht entkräften. Sie wussten nichts damit anzufangen, so wie übrigens noch viele Jahrhunderte danach eine große Anzahl von Mathematikern und Philosophen. Es hat bis zum 19. Jahrhundert gedauert, bis man konvergente Reihen – das sind Summen mit unendlich vielen Summanden, die dennoch eine Zahl bestimmen, wie $\frac{1}{2}+\frac{1}{4}+\frac{1}{8}+\frac{1}{16}+\ldots = 1$ –, und das Kontinuum richtig verstand. Letzteres darf nicht mit dem abzählbar Unendlichen, wie etwa der Folge der natürlichen Zahlen 1, 2, 3,... gleichgesetzt werden. Das zeitliche Kontinuum kann nicht in diskrete aufeinanderfolgende Zeitabschnitte zerlegt werden. Aber zu dieser Erkenntnis war die damalige Wissenschaft noch nicht gekommen.

Auch die anderen Paradoxien des Zenon, wie der Pfeil (der in jedem Augenblick seines Fluges an einem Ort stillsteht und daher überhaupt nicht fliegt) oder die „Dichotomie" (um vom Punkt *A* zum Punkt *B* zu gelangen, muss man den Mittelpunkt *C* durchlaufen, aber vorher noch den Punkt *D* auf halbem Wege nach *C* usw. , sodass man selbst nicht von der Stelle kommt) beruhen auf derselben Problemstellung.

Diese Paradoxien, so wie übrigens noch viele andere danach, haben das Verdienst, eine Herausforderung für das Denken zu sein. Obwohl sie gedacht waren, die Illusion der Bewegung und die Unveränderlichkeit der Dinge aufzuweisen, haben sie jedoch allzeit gerade das Denken in Bewegung gebracht und dadurch wissenschaftliche Veränderungen ausgelöst.

2.4 Die fünf platonischen Körper

Platon (429–348 v. Chr.). der breitschultrige, wie sein Name sagt, ist hauptsächlich als Vater der Philosophie bekannt. Als Schüler des Sokrates war er ein Bewunderer von dessen dialogischer, maieutischer (geburtshelferischer) Methode. Mit ihr werden Schüler durch eine kritische Reflexion über vernünftige Fragestellungen zur richtigen Einsicht gebracht. In seinen berühmten *Dialogen* hat er diese „schleppende" Arbeitsweise seines Lehrmeisters ausführlich dargestellt. Platon ist auch als Stifter der Akademie bekannt, einer Philosophenschule in Athen, in der seine „Ideenlehre" unterrichtet wurde. Platon, der sich vom Relativismus und Subjektivismus der Sophisten absetzte, war auf der Suche nach einem verlässlichen Weg, wie man die absolute, objektive Wahrheit finden könne. Das waren die „Ideen", reine immaterielle Begriffe, die a priori über und vor den realen Dingen existierten.

214   Mathematik und Kultur

Die Begriffe „Gerechtigkeit", „Pferd", „Kreis" usw. existierten schon, bevor eine gerechte Tat, ein wieherndes Pferd oder eine runde Form wahrgenommen wurden. Die konkreten Dinge sind nur Verweise auf die reinen „Ideen" und ein Mittel, die bei der Geburt verloren gegangenen Kenntnisse wieder zurück in die Erinnerung zu rufen. Gut zu handeln, höchstes Ziel menschlichen Bemühens, folgt nach Platon von selbst aus der Erkenntnis des Wahren, diese aber kann nur durch die kritische Methode der Mathematik erworben werden.

Obwohl kein Mathematiker im engeren Sinne hatte Platon dennoch große Hochachtung vor der Disziplin der Mathematik und räumte ihr, angeregt durch die Pythagoreer, einen besonderen Platz in seinem Denken und seiner Lebenseinstellung ein. Über dem Eingang zur Akademie befand sich die Inschrift. „Kein der Geometrie Unkundiger soll hier eintreten".

Mit der Schule waren auch verschiedene wichtige Mathematiker verbunden, wie Archytas, Theaitetos und Eudoxos.

In seinem Dialog *Timaios* gibt Platon u.a. eine Beschreibung der fünf regelmäßigen Körper als Symbole, die den Ursprung der Welt und das Wesen des Kosmos verdeutlichen sollten. Ein regelmäßiges Polyeder ist ein Körper, dessen sämtliche Seitenflächen kongruente regelmäßige Vielecke sind und bei dem auch alle Polyederwinkel untereinander gleich sind. Diese Polyeder besitzen darüber hinaus eine umbeschriebene Kugel, d.h., dass alle ihre Eckpunkte auf dieser Kugel liegen. Den Griechen gelang es zu beweisen, dass nur fünf existieren konnten (s. hierzu 2.6).

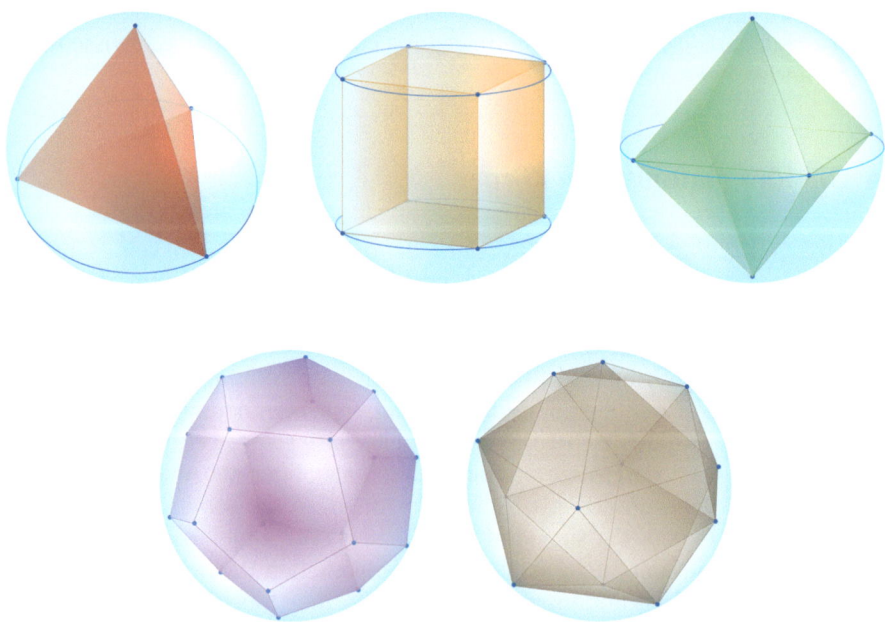

		Anzahl der Seitenflächen	Anzahl der Eckpunkte	Anzahl der Kanten
Tetraeder	Vierflach	4	4	6
Hexaeder	Sechsflach	6	8	12
Oktaeder	Achtflach	8	6	12
Dodekaeder	Zwölfflach	12	20	30
Ikosaeder	Zwanzigflach	20	12	30

Diese Körper haben einige bemerkenswerte Eigenschaften.

So existiert eine Art von Dualität zwischen Sechsflach und Achtflach, zwischen Zwölfflach und Zwanzigflach, und das Vierflach ist als einziges zu sich selbst dual. Die Mittelpunkte der Seitenflächen eines Vielflachs bilden exakt die Eckpunkte des dualen Vielflachs.

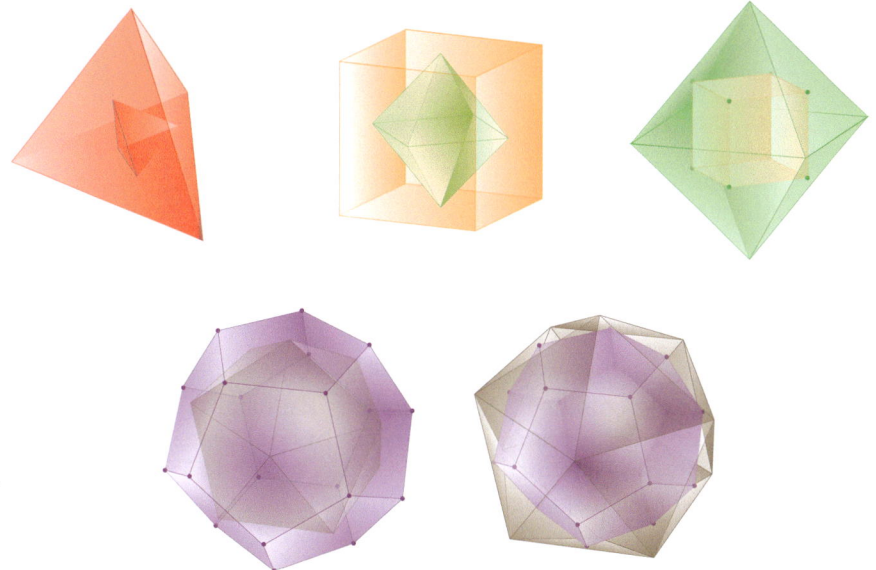

Die Seitenflächen des regelmäßigen Zwölfflachs sind regelmäßige Fünfecke, die des Würfels Quadrate und die der anderen regelmäßigen Vielflächner gleichseitige Dreiecke.

Zwischen den Anzahlen der Seitenflächen, der Eckpunkte und der Kanten besteht eine feste Beziehung, welche die *Eulersche Polyederformel* genannt wird:

Anzahl der Seitenflächen + Anzahl der Eckpunkte = Anzahl der Kanten + 2

Diese letzte Formel ist auch für alle konvexen Vielflächner (Polyeder ohne Einbuchtungen) gültig. Dieser Formel kann sich auch ein Alltagsgegenstand wie ein Fußball nicht entziehen.

Ein neuer Typ Fußball, der neben dem letzten Endes gewählten Modell „Teamgeist" Kandidat für die Weltmeisterschaft 2006 war, besteht aus 20 Sechsecken, zwölf Fünfecken und 60 Dreiecken und ist der Kugelform noch besser angepasst als die Ausführung mit zwölf Fünfecken und 20 Sechsecken. Dieser letzte Typ ist ein semi-reguläres Polyeder, das dadurch entsteht, dass man von einem Ikosaeder die zwölf Eckpunkte so abschneidet, dass alle neuen Kanten gleich lang sind und sie ein Drittel der Kantenlänge des ursprünglichen Ikosaeders besitzen. Weil in einem Eckpunkt eines Ikosaeders fünf Kanten zusammenstoßen, entsteht dort jedes Mal ein regelmäßiges Fünfeck. Die ursprünglich dreieckigen Seitenflächen werden Sechsecke.

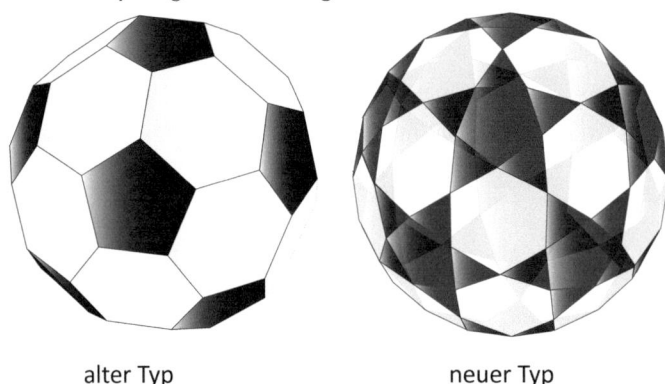

alter Typ   neuer Typ

Der alte Fußballtyp hat 32 Seitenflächen, 60 Eckpunkte und 90 Kanten, es gilt die eulersche Beziehung: 32 + 60 = 90 + 2.

Der neue Fußballtyp hat 92 Seitenflächen, 90 Eckpunkte und 180 Kanten, auch hier gilt die eulersche Beziehung: 92 + 90 = 180 + 2.

Einige Kristalle haben die Form eines regelmäßigen Vier-, Sechs- oder Achtflachs. Im Skelett von mikroskopischen Meerestierchen, Radiolarien genannt, wurden ebenfalls die Formen eines regelmäßigen Zwölfflachs und Zwanzigflachs entdeckt. Auch andere Formen von Kombinationen mit Sechsecken und Fünfecken (wie beim Fußball) kommen vor. Eine spaßige Anekdote ist die eines Biologen, der seinem Mathematikerfreund mitteilte, er habe ein Skelett entdeckt, das nur aus Sechsecken geformt sei. Der Mathematiker rechnete ihm jedoch sofort vor, dass das wegen der eulerschen Formel unmöglich sei. Worauf der Biologe antwortete, Gott sei doch allmächtig und brauche sich nicht an mathematische Sätze zu halten. Er hat dann doch wohl zugeben müssen, dass nicht alle Seitenflächen seines Exemplars Sechsecke zu sein schienen.

Das regelmäßige Vierflach und Zwölfflach, ebenso der Würfel als regelmäßiges Sechsflach waren bereits den Pythagoreern bekannt. Das regelmäßige Achtflach und das Zwanzigflach scheinen von Theaitetos entdeckt worden zu sein. Dennoch werden diese fünf Körper heute allgemein als „platonische Körper" bezeichnet. Platon verwendete die fünf regelmäßigen Körper und assoziierte sie mit den vier Urelementen im Kosmos, nach Empedokles das Feuer (Vierflach), die Erde (Würfel), die Luft (Achtflach) und das Wasser (Zwanzigflach).

Der kosmische Äther wurde durch das Zwölfflach dargestellt. In dem Buch *Mysterium Cosmographicum* von Johannes Kepler (1596) wird diese Vorstellung wieder aufgegriffen.

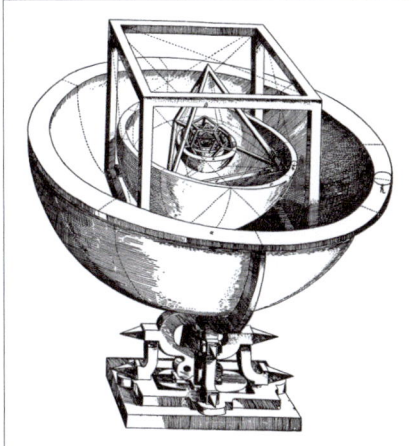

In seinem *Mysterium Cosmographicum* bringt Johannes Kepler die Ansicht Platons zum Ausdruck, dass die Welt in den idealen Zahlenverhältnissen und den Formen der regelmäßigen Körper eine harmonische Basis besitzt. Er entwarf dazu das nebenstehende Modell, in dem die Abstände der Planeten von der Sonne durch eine Ineinanderschachtelung der platonischen Körper dargestellt werden.

Auf Platon scheint auch die strenge Forderung zurückzugehen, alle geometrischen Konstruktionen beim Aufbau der Geometrie nur mithilfe von Zirkel und Lineal auszuführen, unter Ausschluss jeglicher anderer Instrumente. Das gab Anlass zu einer Anzahl berühmter „klassischer" Probleme, wie der Quadratur des Kreises, der Dreiteilung eines Winkels und der Verdoppelung eines Würfels (das Problem des Apollon-Altars auf Delos).

Unter der Quadratur des Kreises versteht man das Problem, bei einem gegebenen Kreis mit Zirkel und Lineal eine Strecke zu konstruieren, sodass das Quadrat über dieser Strecke den gleichen Flächeninhalt besitzt wie der Kreis.

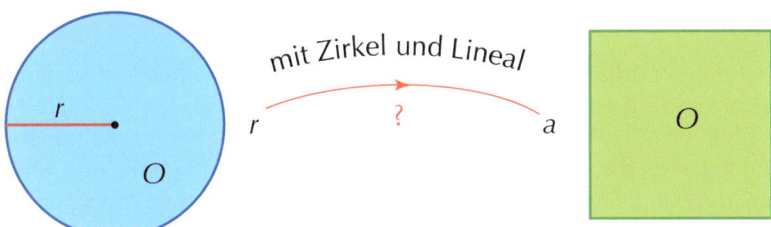

Die Dreiteilung des Winkels verlangt die Konstruktion von zwei Halbgeraden, die einen beliebig gegebenen Winkel in drei gleiche Teile teilen (so wie die Winkelhalbierende einen Winkel in zwei gleiche Teile teilt).

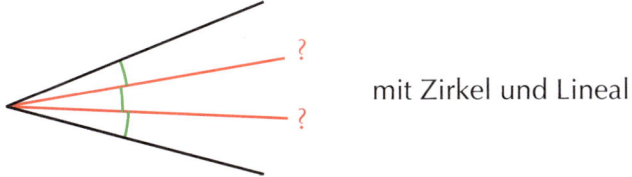

Die Verdoppelung des Würfels verlangt die Konstruktion der Kante eines Würfels der genau den doppelten Inhalt besitzt wie ein gegebener Würfel. Der Altar des Apoll auf Delos besaß die Form eines Würfels. Während einer Pest hoffte man, Apoll dadurch gnädig stimmen zu können, dass man den Rauminhalt seines Altars verdoppelte.

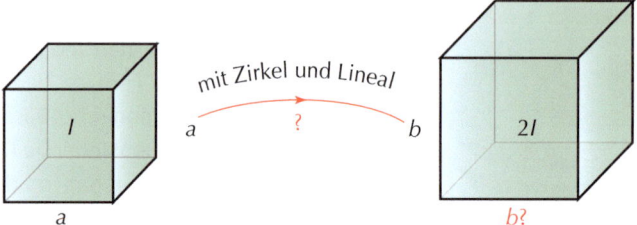

Diese drei Probleme sind erst viel später, nämlich im 19. Jahrhundert, als unlösbar nachgewiesen worden. Sie haben alle mit der Konstruierbarkeit von Strecken mit Zirkel und Lineal zu tun, deren Länge eine Zahl von einer bestimmten Art ist.

$\sqrt{\pi}$ (Quadratur des Kreises),

cosinus 20° (Dreiteilung des Winkels von 60°),

$\sqrt[3]{2}$ (Verdoppelung des Würfels).

In der analytischen Geometrie wird eine Gerade algebraisch dargestellt durch eine Gleichung ersten Grades und ein Kreis durch eine Gleichung zweiten Grades. Eine Folge von Konstruktionen mit Zirkel und Lineal kann dann wiedergegeben werden als Lösung von Systemen solcher Gleichungen. Weil $\sqrt{\pi}$, cosinus 20° und $\sqrt[3]{2}$ keine Lösungen solcher Gleichungssysteme sein können, ist damit klar, dass diese Probleme unlösbar sind. "Die Quadratur des Kreises" ist dann auch eine Metapher für eine „unmögliche Aufgabe" geworden.

Platon hat die Grundlage für die ganze weitere westliche Philosophie dadurch gelegt, dass er das Bild von einer ewigen, ideellen und objektiven Wirklichkeit schuf, erhaben über die unvollkommene materielle Welt trügerischer Erscheinungen. Seine Überzeugung, dass die Kenntnis höherer Wahrheiten nur durch die rein geistige Anschauung und durch Denken erworben werden kann, hat sicher, nicht nur innerhalb der griechischen Kultur, sondern auch noch für lange Zeit danach, die praktische Anwendung von Kenntnissen als uninteressant und nicht wünschenswert ins Abseits gedrängt. Selbst ein so genialer Zeitgenosse wie Archimedes schämte sich seiner empirischen Methoden, die dennoch glänzende Resultate lieferten. Er versuchte daher auch, seine Einfälle immer, eher in einem formalen Gewand zu präsentieren, als dass er über seine wahre, von ihm angewandte „Methode" berichtete. Wir kommen darauf später noch einmal zurück.

Die sittlichen Normen, fußend auf dem Zusammenfall des Wahren, Schönen und Guten, wie von Platon angenommen, wurden im Mittelalter die stärksten Stützen der christlichen Theologie und Philosophie.

2.5 Die aristotelische Logik

Aristoteles (384–322 v.Chr.) stammte aus Stagira, einer ionischen Kolonie in Mazedonien, weshalb er auch „der Stagerite" genannt wurde. Er war ein Schüler Platons und der Privatlehrer Alexanders des Großen. Bekannt ist er vor allem als der Vater der (formalen) Logik. Durchdrungen von dem Antrieb, Erklärungen für die Zusammenhänge der natürlichen und biologischen Erscheinungen zu geben, stellte er ein ganzes Gebäude von Ursachen und Folgen auf. Für das Verständnis dieser ursächlichen Fragen hielt er den Gebrauch der Vernunft für unentbehrlich. Er ging davon aus, dass in der Welt eine logische Ordnung besteht, die durch den aktiven Verstand entdeckt werden kann.

Im Gegensatz zu seinem Lehrer Platon war Aristoteles der Meinung, dass die universellen Begriffe in (und nicht über) den sinnlich wahrnehmbaren Dingen gesucht werden mussten. Der menschliche Verstand ist so beschaffen, dass er für diese Entdeckungen vorherbestimmt ist. So wird die duale platonische Welt aus „Ideen" und „materieller Wirklichkeit" wieder zu einer Einheit zusammengeführt. Um zu allgemeinen Begriffen und Wahrheiten zu gelangen, muss also die Erfahrung herangezogen werden. Durch Induktion und Abstraktion werden universelle Prämissen gewonnen, aus denen man durch Deduktion neue Wahrheiten ableiten kann. In seinem *Organon* stellte er für das logische Argumentieren ein ganzes Arsenal von strukturellen Regeln auf, die während mehr als 23 Jahrhunderte ohne Kritik oder logisches Misstrauen angewandt werden sollten. Erst nach den Beiträgen von Mathematikern in der zweiten Hälfte des 19. Jahrhunderts wurde dieses geniale Gebäude schließlich ergänzt und abgeschlossen.

Eine der berühmten Schlussweisen des Aristoteles ist der „Syllogismus".

Beispiel

Alle Menschen sind sterblich	(Obersatz)
Sokrates ist ein Mensch	(Untersatz)
Also ist Sokrates sterblich	(Schlussfolgerung)

Beachten Sie, dass dieser Syllogismus ein rein formales Schema ist, in dem die Schlussfolgerung in keiner Weise von der Bedeutung der verwandten Ausdrücke abhängig ist. Das macht ihn universell brauchbar. Natürlich ist die Verwendung des gemeinsamen Mittelbegriffs (im Beispiel der Ausdruck „Mensch") wesentlich, damit die anderen Ausdrücke in den Aussagen miteinander verbunden werden können. Das allgemeine Schema hat somit die Form:

alle a sind b

c ist ein a

also ist c ein b

Aristoteles beschreibt die Bedingungen, unter denen ein solcher Syllogismus korrekt ist und behandelt auch seine möglichen verschiedenen fehlerhaften Verwendungen, die er Sophismen nennt. Diese Bedingungen nehmen Bezug auf den bejahenden oder verneinenden Sinn der benutzten Aussagen, ihr Wahr- oder Falschsein, auf allgemeingültige oder partikuläre Aussagen und die Fälle, in denen der Mittelbegriff als Subjekt oder Prädikat fungiert. Das führt auf 64 Formen, bei denen Aristoteles dann die gültigen und nichtgültigen Figuren unterscheidet. Wichtig ist, dass die Schlussfolgerung stets von einer universellen zu einer partikulären Aussage verläuft. Genau das kennzeichnet ihren deduktiven Charakter. Der Syllogismus ist stets der Prototyp der analytischen Argumentation geblieben. Selbst heute noch werden seine Formen in einigen Logikkursen gelehrt. In der modernen mathematischen und symbolischen Logik wurde der Syllogismus in eine der vielen formalen Argumentationsformen (Tautologien) übersetzt.

Aristoteles gründete auch eine eigene Schule, nämlich das Lyzeum, ganz in der Nähe des Tempels des Apollo Lyceus in Athen. Das Schulgebäude hatte auch einen Garten und eine Wandelhalle (*peripatos*). Aristoteles hatte die Gewohnheit, den Unterricht im Gehen zu erteilen, daher auch der Name „peripatetischer Unterricht" für seine Methode. Außer Philosoph und Logiker war Aristoteles auch ein sehr systematischer Naturforscher und Biologe, mit Leidenschaft für deskriptive Klassifikationen und Zusammenhänge. Diese beruhten aber mehr auf verstandesmäßigen Konstruktionen und Urteilen a priori als auf wirklichen Experimenten. Darin war er ein Kind seiner Zeit, die eine Abneigung gegen das gezielte Hantieren mit materiellen Dingen und den Umgang mit körperlichen Gegenständen hatte. Die Welt betrachtend hielt er sozusagen die Hände fein säuberlich auf dem Rücken. Daher war es auch unvermeidlich, dass bei dieser Arbeitsweise rein spekulative Theorien entworfen wurden. Auf Grund der moralischen Macht seines großen Genies wurden diese anfänglich nicht angezweifelt. Später sollten die wahren Empiristen in der Renaissance ihre Widersprüche aufdecken.

Auch nach Aristoteles bewegten sich die Planeten auf Kreisen um die Erde, die durch ihre natürliche Schwere in der Mitte eines kugelförmigen Universums ruhte. Das musste so sein, da er die Kugel und den Kreis als vollkommene Figuren ansah. Obwohl Aristarch (ca. 310–230 v. Chr.) festgestellt hatte, dass die Planetenbahnen, von der Erde aus betrachtet, sehr unregelmäßig waren und, also bereits 18 Jahrhunderte vor Kopernikus, die Idee äußerte, dass die Planeten womöglich die Sonne umkreisen, verstand es Ptolomäus drei Jahrhunderte später mit der gekünstelten Erfindung der „Epizykel" dennoch die Sichtweise des Aristoteles zu retten. Epizykel sind Kurven, die von einem Punkt auf einem kleinen Kreis beschrieben werden, dessen Mittelpunkt auf einem anderen größeren Kreis (*Deferent*) abrollt. Auf diese Weise konnten die scheinbar launischen Bewegungen der Planeten doch noch theoretisch mit einem Modell, das auf Kreisen beruhte, erklärt werden.

Im Banne der Mathematik 221

Das geozentrische Weltbild des Ptolemäus, aufgezeichnet in seiner *Megiste Syntaxis*, die uns auf dem Wege der arabischen Übersetzung als *Almagest* bekannt werden sollte, hat sich noch fast 14 Jahrhunderte behauptet. Erst im 16. Jahrhundert sollte Kopernikus das System des Ptolemäus durch das „heliozentrische Weltbild" (mit der Sonne im Zentrum des Planetensystems) ersetzen.

Der Einfluss des Aristoteles auf das Denken in der westlichen Welt ist womöglich größer gewesen als der des Platon. Bis ins Spätmittelalter haben Neuaristoteliker und Scholastiker, sowohl im christlichen Europa wie in der arabischen Welt des Islam, immer wieder seine Methodik des Denkens als Richtschnur benutzt. Obwohl seine Naturphilosophie in der Hauptsache spekulativ und nicht realistisch war, wurde sie in jener Zeit als unfehlbar angesehen und fast kritiklos übernommen.

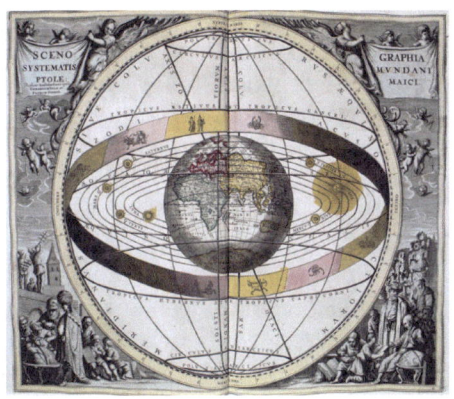 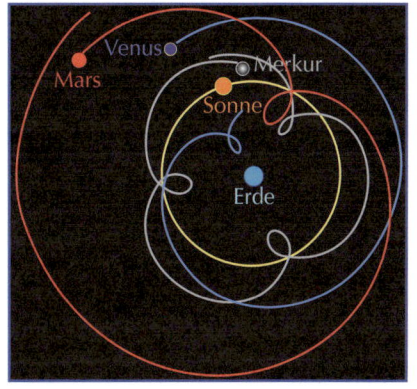

Abbildung des geozentrischen Weltbildes des Claudius Ptolemäus (ca. 85 – 165). Daneben ein Modell der Epizykel (von Hipparchos von Nicäa) mit dem Ziel, die scheinbar unregelmäßigen Bewegungen der Planeten doch noch auf kreisförmige Bahnen zurückzuführen.

2.6 Das rationale Modell der *Elemente* des Euklid

 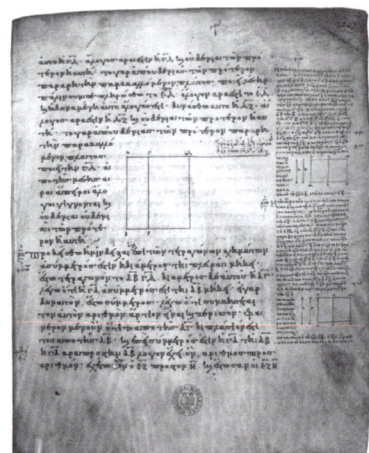

Um 300 v. Chr. fasste Euklid den größten Teil der griechischen Mathematik, wie sie an der Schule Platons in Athen betrieben wurde, in einem monumentalen deduktiv aufgebauten Standardwerk zusammen, genannt *Die Elemente* (στοιχεια). Er stützte sich hierbei u.a. auf das Werk von Eudoxos (ca. 408–355 v. Chr.) und von Theaitetos (ca. 415–368 v. Chr.), zwei Schülern von Platon. Eudoxos hatte mit seiner neuen Lehre über die Gleichheit von Verhältnissen die Probleme der irrationalen Zahlen gelöst und mit der Exhaustionsmethode ein Mittel gefunden, um für durch Erfahrung gefundene Ergebnisse, wie dem Inhalt einer Pyramide oder einer Kugel, doch noch einen formellen Beweis zu führen. Theaitetos hatte wichtige Ergebnisse auf dem Gebiet der irrationalen Zahlen und der Raumgeometrie erzielt.

Über das Leben von Euklid ist wenig bekannt. Nach dem Tode Alexanders des Großen im Jahre 323 v. Chr., wurde sein Reich unter seinen mazedonischen Generälen (Diadochen) in drei Teile aufgeteilt. Ptolemäus I. Soter wurde König von Ägypten und wählte das 332 v. Chr. gegründete Alexandrien als seine Hauptstadt. Hier errichte er die berühmte Universität mit dem Museum und der großen Bibliothek, die für nicht weniger als 1000 Jahre das intellektuelle Zentrum der hellenistischen Welt bleiben sollte. Aus dem *Euklidkommentar* des Proklos (410–485 n. Chr.) wissen wir, dass Euklid zur Zeit von Ptolemäus dem Ersten an der Universität von Alexandrien als Mathematiker gearbeitet hat. Proklos erzählt die Anekdote, dass der König Euklid gefragt habe, ob er ihm keinen kürzeren Weg zur Geometrie zeigen könne. Darauf soll Euklid geantwortet haben, dass „kein königlicher Weg zur Geometrie existiere".

Obwohl Euklid zusätzlich Autor von mindestens zehn anderen Büchern über Mathematik ist, beruht seine weltweite Reputation doch auf den *Elementen*. Dieses Lehrbuch ist zweifellos der Bestseller aller Zeiten. Kein einziges Werk, ausgenommen die Bibel, ist jemals öfter übersetzt und nachgedruckt worden: bereits mehr als 1000 Ausgaben seit dem Erstdruck von 1482 in Venedig. Der Inhalt der *Elemente*, ausgebreitet in 13 Büchern, behandelt nicht nur die Geometrie, sondern auch die Zahlenlehre und Algebra, wenn auch mit geometrischen Interpretationen und Lösungsmethoden. Es ist daher mit Sicherheit kein Kompendium der griechischen Mathematik dieser Zeit.

Mehr noch als durch seinen Inhalt hat jedoch dieses Werk eine unvergleichliche Achtung durch die Form gewonnen, nämlich seinen streng logischen Aufbau. Die axiomatisch-deduktive Methode, die, ausgehend von Definitionen und Postulaten (elementare als wahr akzeptierte Aussagen), auf logische Weise neue Propositionen (Behauptungen) ableitete, ist bis heute die übliche Methode geblieben, das Gebäude mathematischer Kenntnisse zu errichten und zu organisieren. Auch in anderen Gebieten der Wissenschaft und des Denkens hat man dieses Modell als Richtschnur nehmen wollen. Im 17. Jahrhundert sollte Spinoza sogar einen Versuch unternehmen, eine rational begründete Ethik aufzubauen *De more geometrico* (nach Art und Weise der Geometrie).

Die *Elemente* beginnen mit 23 Definitionen wie „Parallele Geraden sind Geraden, die keinen Punkt gemeinsam haben", fünf Axiomen wie „Dinge, die einem selben Ding gleich sind, sind auch untereinander gleich" und fünf Postulaten wie dem berühmten Parallelenpostulat „Wenn eine Gerade zwei andere Geraden schneidet und die inneren Winkel auf derselben Seite dieser Geraden zusammen kleiner sind als zwei rechte Winkel, dann schneiden sich die beiden anderen Geraden in einem Punkt auf derselben Seite dieser Geraden".

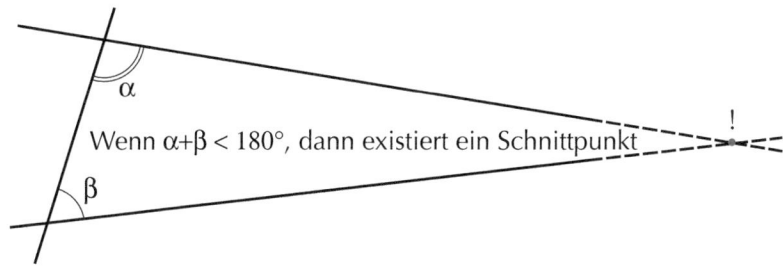

Dieses Postulat wird das „Parallelenpostulat" genannt, weil es gleichwertig ist mit der Aussage „Durch einen Punkt außerhalb einer Geraden gibt es genau eine Gerade, die zu der gegebenen Geraden parallel ist". Dieses Postulat hat sich im 19. Jahrhundert als grundlegend für die seitdem so genannte „euklidische Geometrie" erwiesen.

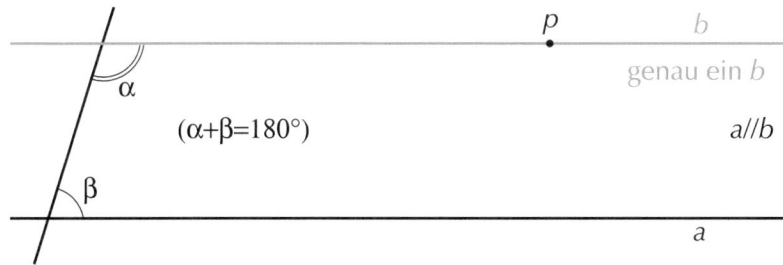

224 Mathematik und Kultur

Nachdem Mathematiker jahrhundertelang ergebnislos versucht hatten, dieses Postulat als Lehrsatz aus den anderen Postulaten abzuleiten, zeigte sich schließlich im 19. Jahrhundert durch die Konstruktion einer widerspruchsfreien nichteuklidische Geometrie, dass dies unmöglich war (s. Kapitel 2, 1.2).

Die Griechen machten einen Unterschied zwischen Axiomen und Postulaten. Axiome waren für sie mehr allgemein gültige wahre Aussagen, während Postulate spezifisch waren für das untersuchte Gebiet. Heutige Mathematiker machen jedoch diesen Unterschied nicht mehr und sprechen nur noch von Axiomen. Aus den oben angegebenen Definitionen, Axiomen und Postulaten konnte Euklid in den *Elementen* 495 Lehrsätze ableiten. Wir nennen einige wichtige Sätze hiervon, für die beachtenswerte Beweise angegeben wurden.

Buch I endet mit den Sätzen 47 und 48, nämlich dem Satz des Pythagoras und seiner Umkehrung. Die Beweise werden mittels einer Technik der Konstruktion von inhaltsgleichen Flächen geführt.

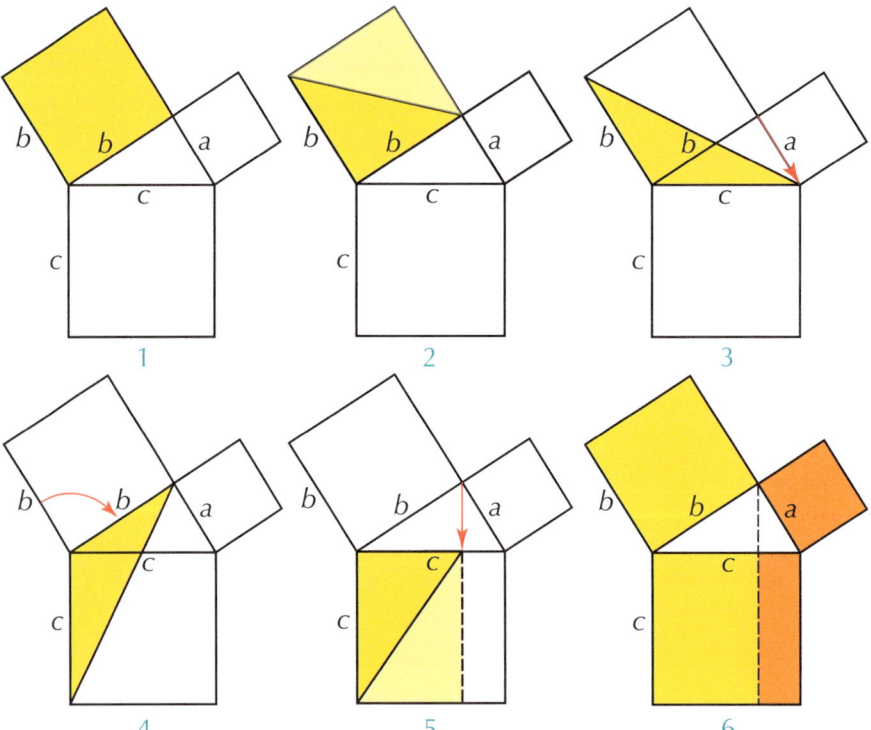

In Buch VII enthält Satz 2 den sogenannten „euklidischen Algorithmus" zur Bestimmung des größten gemeinsamen Teilers zweier Zahlen durch fortgesetzte Division, bis der Rest null erreicht ist. Der Beweis stützt sich auf die Eigenschaft, dass jeder gemeinsame Teiler zweier Zahlen auch ein gemeinsamer Teiler der kleineren Zahl und des Restes bei der Division der größeren Zahl durch die kleinere ist.

Beispiel

Bestimme den größten gemeinsamen Teiler von 364 und 84, d.h. ggT(364,84).

364 : 84 ergibt den Quotienten 4 mit Rest 28.

Aus der angegebenen Eigenschaft folgt: ggT(364, 84) = ggT(84, 28).

84 : 28 ergibt den Quotienten 3 mit Rest 0.

Also gilt ggT(84, 28) = 28 und folglich auch ggT(364, 84) = 28.

Zumeist werden die aufeinanderfolgenden Rechenschritte wie folgt dargestellt:

	4	3
364	84	28
−336	−84	
28	0	

In Buch IX finden wir zwei fundamentale Lehrsätze aus der Teilbarkeitslehre natürlicher Zahlen: Satz 14 behandelt die Eigenschaft, dass jede natürliche Zahl auf genau eine Weise in Primfaktoren zerlegt werden kann. Satz 20 behauptet, dass es keine größte Primzahl gibt, mit anderen Worten, dass die Folge der Primzahlen unendlich ist. Der Beweis dieses letzten Satzes ist in seiner Einfachheit so elegant, dass er ein Prototyp für die Schönheit mathematischen Argumentierens geworden ist. Er ist, wie oft bei Existenzproblemen, ein Widerspruchsbeweis.

Beweis

- Angenommen, es existiere eine größte Primzahl mit dem Index n, sodass also $p_1, p_2, p_3, \ldots, p_n$ die endliche Folge aller Primzahlen ist.
- Bilde die Zahl $a = p_1 \cdot p_2 \cdot p_3 \cdot \ldots \cdot p_n + 1$.
- Diese Zahl a ist größer als alle Primzahlen der angegebenen Folge.
- Entweder ist a eine teilbare Zahl und teilbar durch eine bestimmte Primzahl q, dann kann aber q nicht gleich einer der Primzahlen p_i aus der gegebenen Folge sein, weil der Rest bei der Division von a durch p_i stets 1 und nicht 0 ist. Infolgedessen muss q eine Primzahl sein, die größer ist als p_n, was im Widerspruch zu der Voraussetzung steht, dass p_n die größte Primzahl ist.
- Oder a ist selbst eine Primzahl, was zu dem gleichen Widerspruch führt.
- Daher ist die Annahme, dass es eine größte Primzahl gibt, falsch.

Die letzten drei Bücher XI, XII und XIII behandeln die Raumgeometrie und enden mit der Behandlung der fünf regelmäßigen Polyeder, mit anderen Worten der platonischen Körper. Der Beweis, dass nur fünf regelmäßige Polyeder existieren können, ist wiederum von genialer Einfachheit. Er beruht auf den möglichen Arten der Seitenflächen und auf der Summe der Winkel der Seitenflächen, die in einer Ecke zusammenstoßen. Diese Summe muss natürlich kleiner sein als 360°.

Art der Seitenfläche	Anzahl der Seitenflächen in einer Ecke	Summe der Winkel	Art des Polyeders
Gleichseitiges Dreieck	3	$3 \cdot 60° < 360°$	Tetraeder
Gleichseitiges Dreieck	4	$4 \cdot 60° < 360°$	Oktaeder
Gleichseitiges Dreieck	5	$5 \cdot 60° < 360°$	Ikosaeder
Regelmäßiges Viereck	3	$3 \cdot 90° < 360°$	Würfel
Regelmäßiges Fünfeck	3	$3 \cdot 108° < 360°$	Dodekaeder

Durch die Angabe von Konstruktionsmethoden für jeden dieser fünf Fälle wurde dann bewiesen, dass alle diese Möglichkeiten auch wirklich existieren.

Die *Elemente* haben während mehr als 2000 Jahre den Mathematikunterricht beherrscht und sind ein Symbol für die gesamte westliche rationale Kultur geworden.

Euklid kann auch als Begründer der alexandrinischen Schule angesehen werden, welche die Rolle eines Kulturzentrums in der griechisch-hellenistischen Welt von Athen übernehmen sollte. An dieser Schule studierten noch viele andere Mathematiker und Astronomen wie:

Archimedes (den wir noch besprechen werden),

Erathostenes (berechnete den Erdumfang mithilfe eines Nagels und eines Brettes und gab eine Methode zur Auswahl von Primzahlen an, nämlich das Sieb des Eratosthenes),

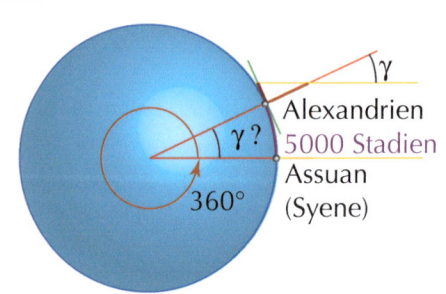

Zu dem Zeitpunkt, als die Sonne senkrecht über Assuan (Syene) stand, maß Eratosthenes mittels eines Nagelschattens den Winkel γ. Da er voraussetzte, dass Alexandrien und Assuan auf demselben Meridian lagen, konnte er aus dem Verhältnis von γ zu 360° und dem Abstand zwischen den beiden Städten (5000 Stadien) den Erdumfang bestimmen.

Dadurch, dass Eratosthenes in der Folge der natürlichen Zahlen zunächst die Vielfachen von 2, 2 ausgenommen, durchstrich, dann die noch nicht durchgestrichenen Vielfachen von 3, 3 ausgenommen, usw. konnte er exakt die unteilbaren Zahlen (Primzahlen) aussortieren. Dieses Prinzip wird „Das Sieb des Eratosthenes" genannt.

Apollonios (schrieb ein Werk über die Kegelschnitte, also die Ellipse, die Parabel und die Hyperbel),

Heron (fand die Formel für die Fläche eines beliebigen Dreiecks, ausgedrückt als Funktion der Seiten),

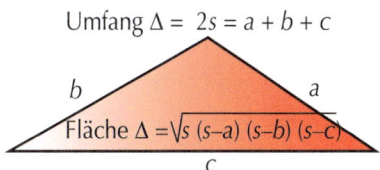

Menelaos (schrieb u.a. über Kugelgeometrie),

Ptolemäus (Autor der *Megiste Syntaxis*, *Almagest* auf Arabisch, mit der Beschreibung des kosmischen geozentrischen Weltmodells),

Diophantos (Autor der *Aritmetica*, ein Büchlein über die Auflösung unbestimmter Gleichungen, seitdem „diophantische Gleichungen" genannt),

Pappos (Autor der *Synagoge*, einer Zusammenfassung von Werken über Geometrie mit eigenen Originalbeiträgen, wie dem projektiven „Satz von Pappos")

und noch sehr viele andere, die wir hier nicht besprechen können, ohne Gefahr zu laufen, doch noch eine Geschichte der Mathematik zu schreiben.

2.7 Die olympische Erscheinung des Archimedes

Archimedes (ca. 287–212 v. Chr.) stammte aus Syrakus auf Sizilien, wo er den größten Teil seines Lebens arbeitete und starb. Er verbrachte einige Zeit in Ägypten. Dort an der Schule von Alexandrien war er befreundet mit Eratosthenes, dem Bibliothekar, und mit Konon und Dositheos, Nachfolgern des Euklid. Viele seiner Entdeckungen mittels einer empirischen Methode, die in der griechischen theoretischen Welt wenig Wertschätzung genoss, sollte er diesen schriftlich mitteilen. Erst 1906 sollte ein Brief des Archimedes an Eratosthenes als Palimpsest gefunden werden. Darin berichtet er von seiner besonderen „Methode", Flächen und Inhalte zu bestimmen. Seine Methode ist mehr oder weniger die der Integralrechnung des 17. Jahrhunderts. 20 Jahrhunderte, bevor Newton und Leibniz sich höchste Ehren mit dem, was seitdem „Calculus" genannt wird, erwerben sollten, musste Archimedes wegen des Zeitgeistes seine Arbeitsweise zu verschleiern suchen. Seine dennoch beeindruckenden Ergebnisse musste er zunächst in der künstlichen Zwangsjacke der Exhaustionsmethode darstellen, damit sie akzeptiert wurden.

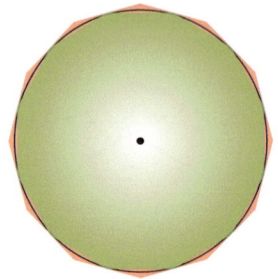

Flächeninhalt des einbeschriebenen Zwölfecks
<
Flächeninhalt des Kreises
<
Flächeninhalt des umbeschriebenen Zwölfecks

Seine „Methode" bestand darin, Flächen und Inhalte zwischen immer besseren Näherungen einzuschließen, die er beispielsweise als Summen von kleinsten Flächenstreifen oder Scheibchen berechnete. So konnte er die Kreisfläche berechnen als Mittelwert von ein- und umbeschriebenen Vielecken mit einer zunehmenden Seitenzahl. Hierbei erhält er für π den Wert 3, 14... .

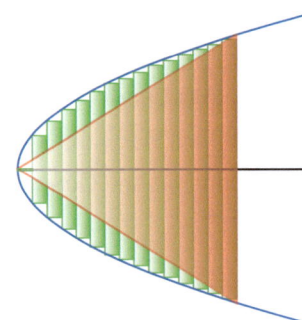

Auch das Verhältnis des Flächeninhalts eines beliebigen Parabelsegments zum einbeschriebenen Dreieck konnte er bestimmen:

$$\frac{\text{Flächeninhalt des Segments}}{\text{Flächeninhalt des Dreiecks}} = \frac{4}{3}$$

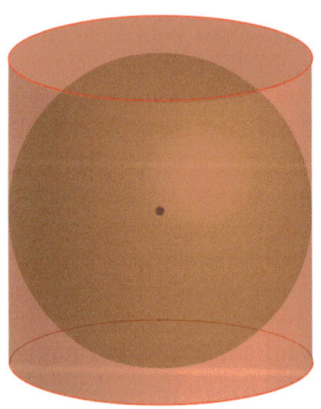

Dass das Verhältnis des Kugelvolumens zu dem des umbeschrieben Zylinders 2/3 ist, wurde ebenfalls von ihm gefunden und wird „Satz des Archimedes" genannt. Ebenso konnte er nach derselben Methode zeigen, dass die Oberflächen der beiden Körper im selben Verhältnis stehen wie ihre Volumina.

$$\frac{\text{Kugelvolumen}}{\text{Zylindervolumen}} = \frac{2}{3} = \frac{\text{Kugeloberfläche}}{\text{Zylinderoberfläche}}$$

Nachdem er diese Resultate empirisch gefunden hatte, bewies er ihre Richtigkeit dadurch, dass er zeigte, dass die Annahme, der richtige Wert sei kleiner oder größer als dieses zuvor bestimmte Resultat, zu Widersprüchen führte. Das war die Exhaustionsmethode, die von Eudoxos entwickelt worden war.

Außer Mathematiker war Archimedes auch ein großer Physiker im modernsten Sinne dieses Wortes. Er kann durchaus als Vater der sogenannten „Naturgesetze" angesehen werden, die seit dem 17. Jahrhundert Beifall fanden. Er entdeckte das hydrostatische Gesetz der schwimmenden Körper, wie es scheint, im Bad mit den freudigen Ausrufen: „Heureka, heureka" (ich hab's gefunden). Es gibt eine Geschichte, dass er dieses Gesetz anwendete, um den Betrug eines Goldschmieds aufzudecken, der für König Hieron eine goldene Krone herstellen sollte, aber im Innern das Gold durch ein anderes Metall ersetzte. Auch das Hebelgesetz war ihm bekannt. Das soll ihm den kühnen Ausspruch entlockt haben: „Gebt mir einen festen Punkt, und ich hebe die Welt aus den Angeln."

Die Spirale des Archimedes (sie wird von einem Punkt auf einem rotierenden Radius erzeugt, der sich mit konstanter Geschwindigkeit immer weiter vom Mittelpunkt entfernt), die Schraube des Archimedes, die von ihm entworfenen Verteidigungsgeräte gegen die Belagerung durch die römische Flotte des Marcellus zeugen ebenfalls von seinem Erfindungsreichtum und seinem mechanischen Genie. Meistens dachte er nach, gebeugt über Figuren im Sand. Der Legende nach wurde er von einem römischen Soldaten getötet, den er aufforderte, nicht durch seine Figuren zu laufen.

Archimedes hebt die Erde an mit einem Hebel, der außerhalb der Erde auf dem Mond oder einem Planeten einen festen Punkt findet.

Schlussbemerkung

Das griechische Denken stellt bis auf den heutigen Tag einen totalen Umbruch in der Geisteshaltung der antiken Kulturen dar. Der *logos* als rational erklärendes Prinzip tritt an die Stelle der traditionellen Mythologie der Götter. Die Mathematik und ihre Logik bilden die Richtschnur für diese neue Art des Strebens nach Wissen.

Dieses Wissen ist allein ausgerichtet auf das theoretische Verständnis und alles andere als an praktischen Anwendungen interessiert. Die Geringschätzung materieller Experimente und von allem, was mit Handarbeit zu tun hatte, brachte es mit sich, dass die griechische Wissenschaft sehr spekulativ war und sich um die Wirklichkeit nicht viel scherte. Es sind dann auch vor allem die dialektische Denkweise und die deduktive Methode, eher als die entworfenen theoretischen und physischen Modelle, die den Zahn der Zeit überstanden haben. Erst seit dem 16. und vor allem dem 17. Jahrhundert wird diese deduktive Methode in Kombination mit der induktiven Praxis des eigentlichen naturwissenschaftlichen Experiments schnell fruchtbar werden und wiederum einen neuen Kulturschub in Gang setzen.

Vor allem auf philosophischem Gebiet haben die Griechen einen enormen Fächer von Betrachtungsweisen der menschlichen Existenz und den hiermit verbundenen existenziellen Fragen entfaltet. Naturphilosophen, Atomisten, Sophisten, Stoiker, Epikureer, Ethiker, Skeptiker, Zyniker, Eklektiker usw. sind alle in erster Linie mit Gestalten aus der Welt der Griechen verbunden. Man muss schon sehr weit in der Geschichte fortschreiten, um neuen Themen auf dem Gebiet der Philosophie zu begegnen. Sowohl die römische als auch die mittelalterliche christliche und arabische islamische Philosophie haben an den Griechen Gefallen gefunden und für lange Zeit in ihren Fußstapfen verharrt.

Neben all diesem darf natürliche der Glanz der griechischen Kunst nicht vergessen werden. Die Architektur und Bildhauerkunst mit ihren bekannten Höhepunkten im goldenen Zeitalter, die unvergängliche epische und dramatische Literatur, verbunden mit den Namen eines Homers, eines Aischylos, eines Sophokles, eines Euripides und von vielen anderen. Selten hat ein Volk, ausgehend von der Überzeugung, dass das Wahre, das Schöne und das Gute nur Aspekte ein und derselben Tugend sind, eine solch einheitliche Kultur herausgebildet und das trotz des bestehenden Heidentums und der Sklaverei.

3 Von einer agrarischen zu einer industriellen Kultur

Selbstverständlich ist die Geschichte ein fortwährendes Geschehen, in dem jedes Individuum und jedes Volk seinen Platz und seine Zeit hat. Die Bedeutung und der Sinn des Lebens sind in jedem Augenblick die Summe aus überlieferter Tradition und den Umständen, die es ermöglichen, sein eigenes Schicksal ein wenig zu bestimmen. Es steht späteren Generationen nicht zu, die Werte und die Lebensqualität der Vorfahren während ihres zeitweiligen Aufenthalts in dieser Welt zu beurteilen und untereinander zu vergleichen. Jeder Mensch muss mit dem leben, was er vorfindet. Die wesentlichen Mysterien des Lebens sind womöglich über die Jahrhunderte für jeden immer dieselben geblieben.

Dennoch können von einem bestimmten Gesichtspunkt aus einige Perioden der Geschichte im Hinblick auf eine spezifische Entwicklung interessanter erscheinen als andere. Das trifft umso mehr auf die Sicht zu, mit der wir in diesem Kapitel auf die Kulturgeschichte blicken, nämlich auf die beachtlich schnelle Wissenszunahme und die Ursachen hierfür. Wir werden daher einen sehr großen Sprung in die Zeit der ausklingenden Renaissance machen.

Nachdem die Gebiete der hellenistischen Reiche durch die Römer eingenommen worden waren, änderte sich an der griechischen Kultur im Wesentlichen nicht viel, zum einen, weil die Römer eine große Hochachtung für diese Kultur empfanden, zum anderen wegen der verhältnismäßig ruhigen Zeiten der *Pax Romana*. Die Römer zeigten wenig Interesse für die theoretische spekulative Wissenschaft der Griechen, dafür umso mehr an ihrer ethischen Philosophie und ihrer bildenden Kunst. Der praktische und organisatorische Verstand der Römer brachte dann auch fast keine neuen wissenschaftlichen Erkenntnisse hervor, trug aber zu einer räumlichen Verbreitung griechischen Denkens bei.

Das aufkommende Christentum, dem man im römischen Reich anfänglich mit Misstrauen begegnete und es verfolgte, wurde unter Konstantin dem Großen zur Staatsreligion erhoben. Von da an führte es einen systematischen Kampf gegen das antike Heidentum (Paganismus). Im Jahre 529 wurde die Akademie in Athen als heidnische Bastion durch Kaiser Justinian geschlossen. Die platonische Philosophie wurde durch Augustinus (354–430) in scholastischer Form als Dienstmagd der christlichen Dogmatik vereinnahmt. Die Wissenschaft wurde dadurch vollständig der Offenbarung und der Macht der Kirche unterworfen, so wie es viele Jahrhunderte später noch sein sollte. Im 11. Jahrhundert wurde das aristotelische Denken durch arabische Werke wiederentdeckt. Das führte dazu, dass Empirie und Naturforschung wieder Beachtung fanden, wenn auch immer in den Grenzen der christlichen Kritik, die Thomas von Aquin in seiner *Summa Theologica* darlegen sollte. Die völlig veränderte Lebenseinstellung mit der Betonung auf das Jenseits und den Glauben an Erlösung und Gnade führte zwangsläufig dazu, dass der Wissenschaft und der Forschung weniger Aufmerksamkeit geschenkt wurde, sie nahezu zum Erliegen kam. Im „finsteren" Mittelalter wurde im christlichen Europa dann auch kein spektakulärer wissenschaftlicher Fortschritt mehr erzielt. Nichts desto weniger brachte nicht die Existenz Gottes, sondern der Glaube an die Existenz Gottes die prächtigen Kathedralen hervor, ebenso wie den Glanz so vieler anderer religiöser Kunstwerke.

Ein bildlicher Ausdruck der christlichen Scholastik des 13. Jahrhunderts ist die gotische Kathedrale als Sinnbild einer totalen Ordnung der Welt, in der alles seinen Platz und seine Bedeutung besitzt. Die Kathedrale **Notre-Dame in Chartres** ist eine Perle der hochgotischen Baukunst. Sie ist vor allem berühmt wegen ihrer außergewöhnlichen Glasfenster, wie dem **Rosettenfenster im nördlichen Querschiff.**

Das 7. Jahrhundert sah den Aufstieg der Araber und des Islam. Das arabische Herrschaftsgebiet breitete sich sowohl in westlicher Richtung bis in den Süden Europas wie in östlicher Richtung bis nach Indien aus. Bereits 641 wurde Alexandrien von den Arabern erobert. Die Bekanntschaft sowohl mit der griechischen Wissenschaft wie mit der der Hindus hatte auf die arabischen Gelehrten einen stimulierenden Einfluss. Im Auftrag der klugen Sultane wurden wichtige griechische und indische Werke, von denen vielfach die ursprünglichen Manuskripte verloren gegangen sind, ins Arabische übersetzt und sind so der Nachwelt erhalten geblieben. Zwischen 766 und 1250 studierten und bearbeiteten herausragende arabische Gelehrte diese Werke. Vor allem auf dem Gebiet der geometrischen Algebra konnten sie interessante Fortschritte erzielen. Einer der wichtigsten Autoren war Mohammed ibn Musa al-Chwarizmi, der ein Buch schrieb, in dem das dezimale Stellenwertsystem der Hindus erklärt wird. Die spätere lateinische Übersetzung dieses Buches mit den Anfangsworten *Algoritmi de numero Indorum* gab Anlass zur Entstehung des Ausdrucks „Algorithmus", eine Verballhornung also des Namens al-Chwarizmi. Auch ein weiteres bemerkenswertes Buch mit dem Titel *Hisab al-jabr walmuqabala* desselben Autors, das die Lösungen von Gleichungen behandelt, hat zu unserem Ausdruck „Algebra" geführt. So sind viele wissenschaftliche Ausdrücke dem Arabischen entlehnt.

Merkwürdigerweise hat sich innerhalb der islamischen Welt, die mit ihrem Propheten und dem heiligem Buch so stark an die des Christentums erinnert, nahezu derselbe Prozess vollzogen wie in der christlichen Scholastik. Nachdem das platonische und vor allem das aristotelische Gedankengut u. a. durch Avicenna (980–1037) und Averroes (1126–1198) in die arabische Philosophie eingearbeitet wurden, verringerte sich langsam das wissenschaftliche Interesse, um von den religiösen Sorgen gänzlich erstickt zu werden. Auch das anfänglich viel versprechende arabische wissenschaftliche Interesse hat sich, außer in seiner äußerst wichtigen Funktion des Bewahrens, nicht weiter auswirken können. Und wie das Christentum hat die islamische Kultur in einer monumentalen Kunst große Höhen erreicht.

Die islamische Kunst ist in dekorativer Hinsicht unübertroffen. Die abstrakten geometrischen Strukturen haben unverkennbar einen mathematischen Hintergrund. Sowohl in den Kachelwänden als auch in der Ausmalung im Ruheraum des **baño de Comares** in der Alhambra zu Granada (links) als auch in den Details des **Muqarnas**-Gewölbe der Nasir al-Molk Moschee in Schiras (rechts) kann man zahlreiche Symmetriegruppen erkennen.

Im 15. und 16. Jahrhundert kommt dann die „Wiedergeburt" der Renaissance. Das erneute Studium der antiken Autoren und ihrer Kultur wurde befördert durch eine Reihe Faktoren, die den Kontakt des Westens mit dem Osten belebten: die Handelsreisen der Kaufleute aus den italienischen Städten, die nach dem Fall von Konstantinopel 1453 in den Westen geflüchteten griechischen Gelehrten, die Wiedereroberung (*Reconquista*) des spanischen Südens von den Arabern, die Kreuzzüge usw. Inzwischen war auch die mittelalterliche Scholastik unter Beschuss geraten durch die Kritik von Leuten wie Roger Bacon, Duns Scotus und Wilhelm von Ockham. Die Trennung von Glaube und Wissenschaft wurde in erster Linie durch die veränderte Sicht auf den Wissenserwerb mittels Erfahrung und zweitens durch den nominalistischen Standpunkt hinsichtlich der Begriffe mehr und mehr unvermeidlich.

Um diese Zeit sorgten einzelne Erfindungen für bedeutende soziale und gesellschaftliche Veränderungen. Zunächst die des Kompasses: er ermöglichte das Befahren der Weltmeere und die furchtlosen Entdeckungsreisen des Kolumbus, des Vasco da Gama und anderer, die Magellan Vorschub leisteten. Dies führte zur Ausweitung von Reichtum und Macht hauptsächlich der an den atlantischen Ozean grenzenden Staaten. Ferner die Erfindung des Schießpulvers: Sie bedrohte die herrschende Ritterschaft in ihren befestigten Burgen und beendete die feudalen gesellschaftlichen Verhältnisse. Schließlich, und das nicht am wenigsten, die Erfindung der Buchdruckerkunst, die größeren Kreisen der Bevölkerung den Zugang zum Wissen ermöglichte. In dieser unruhigen Übergangszeit des auflebenden Humanismus und der aufplatzenden Eiterbeule der Reformation wurde dem Menschen als Individuum Aufmerksamkeit und Wertschätzung zuteil. Wo die Renaissance anfänglich in einer unvoreingenommenen Erneuerung der Literatur und der bildenden Kunst (*stil nuove*, Perspektive und Porträtmalerei) aufblühte, da konnte auch eine Revolution in den Wissenschaften und im wissenschaftlichen Denken nicht ausbleiben.

Zunächst war da der kopernikanische Umbruch des heliozentrischen Weltbildes. Das künstliche geozentrische Weltbild des Ptolemäus wurde durch die tatsächlichen astronomischen Beobachtungen zu vieler Widersprüche überführt. Es war der polnische Astronom Nikolaus Kopernikus, der den Mut aufbrachte, den genialen Gedanken des Griechen Aristarch, der sich bereits die Sonne im Zentrum des Planetensystems vorgestellt hatte, wieder aufzunehmen. Wenig später sollte der deutsche Astronom Johannes Kepler, der sich auf die minutiösen Beobachtungstabellen seines Lehrmeisters Tycho Brahe stützte, seine drei berühmten Gesetze über die Planetenbahnen formulieren. Diese Gesetze bilden einen der beachtenswerten Meilensteine der westlichen Wissenschaften.

Einerseits, weil sie mit der erneuerten Methode der induktiven Herleitung der Naturgesetze aus einer Fülle von Zahlenmaterial gewonnen wurden, also nicht abgeleitet aus einem abstrakten theoretischen Modell wie bei den Griechen. Andererseits aber auch wegen der rein mathematischen Form, in der diese Naturgesetze formuliert wurden. Kepler selbst ist voll Bewunderung für dieses Zusammenfallen von Wirklichkeit und Wissenschaft und ruft begeistert aus: „*Ubi materia, ibi geometria*" („Wo Materie ist, da ist Geometrie"). Wir werden diese Gesetze noch näher besprechen.

Ebenso imposant sind in dieser Zeit die Ergebnisse des Bahnbrechers der westlichen Naturwissenschaften, des Italieners Galileo Galilei. Er unterstützte die Lehre des Kopernikus, und berief sich dabei auf seine Beobachtungen der Phasen der Venus und die Entdeckungen der Monde des Jupiters. Galileis Namen bleibt jedoch für immer verbunden mit den Fallgesetzen. Anstatt sich wie Aristoteles zu fragen, „warum" fallen Körper, konzentrierte Galilei sich auf die Frage, „wie" fallen Körper. Dazu führte er seine bekannten quantitativ ausgerichteten Experimente aus und leitete daraus, wie Kepler, induktiv seine bekannten Fallgesetze ab. Auch diese Gesetze, die nicht den Ehrgeiz der Griechen besitzen, das Wesen der Fallbewegung zu erklären, sondern eine präzise Beschreibung ihres quantitativen Verlaufs geben wollen, sind in mathematischen Formeln ausgedrückt. Ebenso wie für Kepler ist es für Galilei klar: „Das große Buch der Natur liegt aufgeschlagen vor uns, um es zu lesen, benötigen wir die Mathematik." Mit Galilei sind alle Schranken gefallen, und es beginnt der unvergleichliche Siegeszug der westlichen Naturwissenschaften im 17. und 18. Jahrhundert mit einem Heer von eindrucksvollen Persönlichkeiten, darunter viele Mathematiker, wie Descartes, Pascal, de Fermat, Desargues, Newton, Leibniz, Huyghens, die Bernoullis, Euler, Lagrange, Laplace und viele andere. Eine Reihe von Namen, die auch viele herausragende Philosophen anführt, die das Denken zu neuen Wegen geführt haben.

Wir kommen jetzt zu dem eigentlichen Ziel dieses Abschnitts: darzustellen, welche entscheidende Rolle die Entwicklungen innerhalb der Mathematik in dieser Periode für die Beschleunigung der wissenschaftlichen Forschung gespielt und dadurch den Weg in eine moderne industrielle Gesellschaft mit bereitet haben.

3.1 Die geniale Erfindung der Dezimalbrüche

Mit der zunehmenden Intensität der ökonomischen und finanziellen Aktivitäten, der Komplexität der unterschiedlichen Maß- und Gewichtssysteme, den riesigen Berechnungen in der Astronomie und den Problemen der Navigation gab es zu Beginn des 17. Jahrhunderts eine fieberhafte Betriebsamkeit in der Arithmetik, die auch schon mal mit dem Ausdruck „Rechenhaftigkeit" umschrieben wurde. Diese wurde anfänglich aus Mangel an einer geeigneten Symbolik noch weitgehend in verbaler Form getrieben.

Unter dem Einfluss von aus dem Arabischen übersetzten Werken über die Arithmetik der Hindus und vor allem des *Liber Abaci* des Handelsreisenden Leonardo von Pisa (Fibonacci) hat das dezimale Stellenwertsystem schließlich auch in Westeuropa Einlass gefunden. Dadurch wurde der Streit der Algoristen (Rechner mit dem Zehnersystem) mit den Abakisten (Rechner mit dem Abakus) von Ersteren gewonnen.

Durch Simon Stevin aus Brügge (1548–1620) jedoch wurde die Nützlichkeit dieses Systems noch erheblich erweitert, als er Dezimalbrüche einführte. Mit seinem Buch *De Thiende* (*Das Zehntel*) zeigt er, wie man das gesamte Maßsystem auf eine dezimale Basis stellen kann und macht klar, dass man mit Brüchen genauso bequem rechnen kann wie mit ganzen Zahlen.

Durch die Einführung des Dezimalpunktes (später Komma) des schottischen Mathematikers John Napier wurde die Schreibweise von Dezimalbrüchen als dezimale Zahlen stark vereinfacht. Seitdem sind die griffigen Rechenregeln für den Umgang mit „Kommazahlen" Allgemeingut geworden.

Beispiel

Angenommen, dass wir $5+\frac{3}{4}+\frac{7}{20}+\frac{11}{25}+\frac{31}{50}$ mit $2+\frac{7}{8}+\frac{6}{125}$ multiplizieren müssen, dann ist es bequem, diese Summen erst in Dezimalzahlen umzuschreiben:

$$5+\frac{3}{4}+\frac{7}{20}+\frac{11}{25}+\frac{31}{50} = 5+\frac{75}{100}+\frac{35}{100}+\frac{44}{100}+\frac{62}{100}$$
$$= 5+\frac{216}{100}$$
$$= 5+\frac{200}{100}+\frac{16}{100}$$
$$= 5+2+\frac{16}{100}$$
$$= 7{,}16$$

$$2+\frac{7}{8}+\frac{6}{125} = 2+\frac{875}{1000}+\frac{48}{1000}$$
$$= 2+\frac{923}{1000}$$
$$= 2{,}923$$

7,16 × 2,923 = 2,923 × 7,16   also

```
      2,923
    × 7,16
    ──────
     17538
      2923
     20461
    ───────
   20,92868
```

Simon Stevin (1548–1620)

wurde in Brügge geboren. Als Mathematiker, Physiker, Zivil- und Militäringenieur war er ein *homo universalis* aus den Lage Landen. 1581 flüchtete er vor dem spanischen Regiment und zog nach Leiden. Hier trat er in den Dienst von Moritz, Prinz von Oranien. Stevin erwarb internationalen Ruhm mit seinem Konzept der Dezimalbrüche, dargestellt in seinem Buch mit dem Titel *De Thiende*.

Außer physikalischen Beiträgen und Erfindungen verdanken wir Stevin auch viele niederländische Wortschöpfungen für wissenschaftliche Ausdrücke wie *wiskunde*, *driehoek*, *evenaar* u.a.m.

„Mathematik", „Dreieck", „Äquator" d.Ü.

Heute sieht das alles so einfach aus, aber bedenken Sie, dass in jener Zeit noch viele unterschiedliche Maße, Gewichte und Münzsysteme in Gebrauch waren. Um eine Ladung englischer Waren in Gewicht und Preis für einen niederländischen Käufer umzurechnen, dazu war eine große Portion arithmetischer Akrobatik erforderlich. Mit dem Dezimalsystem konnte das stark vereinfacht werden. Doch erforderten die höheren Rechenarten wie Multiplizieren, Dividieren, Potenzieren und Wurzelziehen bei Zahlen mit vielen Ziffern weiterhin viel Zeit. Jedoch auch für dieses Problem wurde ebenfalls eine geniale Lösung gefunden: das Rechnen mit Logarithmen.

3.2 Der Rechenkomfort der „wundersamen" Logarithmen

Bereits 1554 hatte der deutsche Mathematiker Michael Stifel (1486–1567) in seinem Buch *Arithmetica integra* gezeigt, dass eine geometrische Folge (von aufeinander folgenden Potenzen derselben Grundzahl) auf eine arithmetische Folge (der zugehörigen Exponenten) abgebildet werden kann. Dabei konnten die Ergebnisse höherer Rechenarten beim Rechnen mit Zahlen der geometrischen Folge mittels Rechnungen mit niederen Rechenarten mit den korrespondierenden Ausdrücken der arithmetischen Folge gefunden werden.

Beispiel *(mit Potenzen zur Grundzahl 3)*

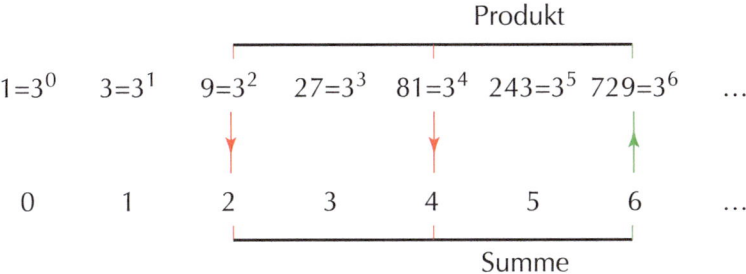

Weil in der Potenzrechnung $3^2 \times 3^4 = 3^{2+4} = 3^6$ gilt, kann das Produkt der Zahlen 9 und 81 in der ersten Folge mittels der Addition der zugehörigen Exponenten 2 und 4 in der zweiten Folge gefunden werden. Zu der Summe 6 muss man die zugehörige Zahl in der ersten Folge bestimmen, also 729.

Auf diese Weise kann eine Multiplikation mittels einer Addition, eine Division mittels einer Subtraktion, eine Potenzierung mittels einer Multiplikation und das Wurzelziehen mittels einer Division ausgeführt werden.

Dieses Prinzip kann man bei jeder beliebigen Grundzahl anwenden. Wichtig ist hierbei die Tatsache, dass jede echt positive Zahl als Potenz einer beliebigen echt positiven Grundzahl ausgedrückt werden kann, wenn auch mithilfe von Näherungswerten dezimaler Zahlen als Exponenten.

Beispiel

$$7 = 10^{0{,}845098\ldots}$$ was gleichbedeutend ist mit $\log 7 = 0{,}845098\ldots$

Es ist eine bemerkenswerte historische Tatsache, dass diese logarithmische Technik gefunden und zu einer Zeit benutzt wurde, als eine allgemeine Exponentenschreibweise noch nicht existierte.

Stiefel hat seine geniale Idee jedoch nicht weiter ausgearbeitet. Die eigentliche Erfindung der Logarithmen als ein System von Abbildungstabellen zum praktischen Gebrauch wird zwei anderen Mathematikern zugeschrieben, nämlich dem Schotten John Napier (1550–1617) und dem Schweizer Jobst Bürgi (1552–1632), die unabhängig voneinander auf unterschiedliche Weise diese Rechentechnik ausarbeiteten. In seinem Buch *Mirifici logarithmorum canonis descriptio* (Beschreibung des wunderbaren Gesetzes der Logarithmen), veröffentlicht im Jahre 1614, benutzt Napier eine geometrische Herangehensweise, und zwar verwendet er zwei Punkte, die sich in Abhängigkeit voneinander bewegen (*C* und *F* in der unten stehenden Zeichnung). Dabei spielt eine Abbildung eine Rolle, die einen Faktor 10^7 und als Grundzahl $1/e$ (mit $e = 2{,}71828182\ldots$). verwendet. Daraus ergeben sich Logarithmentafeln mit sieben Stellen hinter dem Komma (daher der Faktor 10^7).

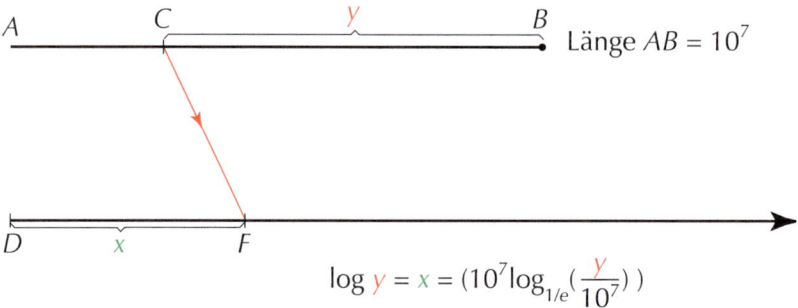

$$\log y = x = \left(10^7 \log_{1/e}\left(\frac{y}{10^7}\right)\right)$$

Bürgi benutzte einen algebraischen Ansatz, publizierte aber erst im Jahre 1620, also sechs Jahre später als Napier. Er verwendete hierbei einen Faktor 10^4 und als Grundzahl eine Zahl, die wir heute mit e bezeichnen (Anfangsbuchstabe des Namens „Euler"). Seine Tafeln enthalten Zahlen mit vier Dezimalstellen. Weil Napier zuerst veröffentlichte, wird er allgemein als Vater der „wunderbaren" Logarithmen angesehen. Es ist verblüffend, dass sowohl Napier wie Bürgi Logarithmen entwarfen, die von der Zahl e abhingen, die zu dieser Zeit noch nicht definiert war. Das war jedoch der „natürlichen" Weise zuzuschreiben, mit der sie ihre Abbildungen gewählt hatten. Heute nennen wir die Logarithmen zur Grundzahl e „natürliche Logarithmen" oder auch nach Napier „nepersche Logarithmen". Es ist eine ironische Laune der Geschichte, dass ausgerechnet Napier seinen Namen den Logarithmen geben durfte, die in Wirklichkeit durch seinen Rivalen entwickelt wurden. In der Mathematik ist das jedoch kein Einzelfall.

John Napier verbrachte den größten Teil seines Lebens auf seinem Familiensitz Merchiston Castle in der Nähe von Edinburgh in Schottland. Er beteiligte sich vor allem mit viel Energie an den politischen und religiösen Diskussionen seiner Zeit. Er war ein leidenschaftlicher Gegner des Katholizismus und versuchte in einem Buch, von dem er annahm, dass es ihm ewigen Ruhm einbringen werde, nachzuweisen, dass der Papst in Wirklichkeit der Antichrist aus der Apokalypse sei und das Ende der Welt zwischen 1688 und 1700 eintreten werde. Aber nicht seine ausgefallenen Ideen, sondern die Logarithmen trugen ihm unendliche Wertschätzung und Anerkennung ein.

Im Jahr der Veröffentlichung der *Mirifici* reiste der englische Mathematiker Henry Briggs (1561–1631) von London nach Edinburgh, um dem Autor zu Hause persönlich seine Bewunderung auszudrücken. Bei dieser Gelegenheit machte er auch einige Vorschläge zur Verbesserung des napierschen Systems. Sie einigten sich darauf, dass die Grundzahl 10 beim Rechnen im Dezimalsystem besser geeignet sei. Seitdem werden die Logarithmen zur Grundzahl 10 „briggssche Logarithmen" genannt.

Nach einer Vielzahl von Publikationen, in denen solche Tafeln immer umfangreicher wurden, sollte im Jahre 1850 der französische Heeresoffizier Amédée Mannheim (1831–1906) eine Standardform des Rechenschiebers mit verschiebbarem Läufer entwerfen, mit dem logarithmisch gerechnet werden konnte. Dieser berühmte Rechenschieber ist bis in die letzten Jahrzehnte des 20. Jahrhunderts ein Hilfsmittel für Ingenieure und andere Rechner geblieben, als er von den Taschenrechnern verdrängt wurde. Die Älteren unter uns haben auf den weiterführenden Schulen, *horresco referens*, diese Tafeln und ebenso die Rechenschieber noch kennen lernen dürfen.

Im 17. Jahrhundert kam die Erfindung der Logarithmen zur großen Freude der „Rechenhaftigen" genau zur richtigen Zeit, um die enorme Rechenarbeit zu erleichtern. Kepler hielt mit seiner zustimmenden Meinung nicht hinter dem Berg, und später sollte auch Laplace beipflichten: „Die Erfindung der Logarithmen bewirkt für die Astronomen eine Verdopplung ihrer Lebenszeit."

Die aufeinanderfolgenden Hilfsmittel für das Rechnen mit Logarithmen:

 Logarithmentafeln

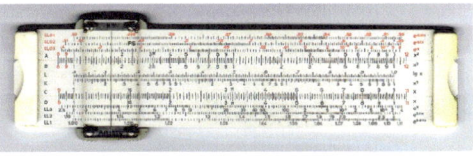 Rechenschieber

 elektronische Rechner

3.3 Ein neues Weltbild

Bereits im 16. Jahrhundert hatte sich unter dem Einfluss der immer genauer werdenden Beobachtungen die Notwendigkeit gezeigt, das ptolemäische geozentrische Modell der Planetenbewegung zu überarbeiten. Es war der polnische Astronom Nikolaus Kopernikus (1473–1543), der im Jahre 1543, seinem Todesjahr, mit seiner Veröffentlichung von *De revolutionibus orbium celestium* (Über die Bewegung der Himmelskörper) die drastische Umwälzung zum heliozentrischen Weltbild hin bewirken sollte. In diesem Werk werden die drei wichtigsten Aspekte der Bewegung der Erde und der anderen Planeten um die Sonne erklärt: die tägliche Umdrehung um die eigene Achse, welche den Wechsel von Tag und Nacht erklärte, der jährliche Umlauf um die Sonne mit der Neigung der Erdachse gegen die Ebene der Umlaufbahn, welcher den Wechsel der Jahreszeiten erklärte.

Doch die Sicht des Kopernikus war noch in vieler Hinsicht unvollkommen. Er selbst hatte auch Zweifel daran. Ohne die leidenschaftliche Mitarbeit seines verdienstvollen Schülers G. J. Rhaeticus wäre es vielleicht niemals zur Veröffentlichung des Buches gekommen. Irgendwie war das zurückzuführen auf das hartnäckige Festhalten an der Idee idealer kreisförmiger Bahnen, das weiterhin für Widersprüchlichkeiten sorgte. Die Korrekturen hieran sollten durch Johannes Kepler vorgenommen werden.

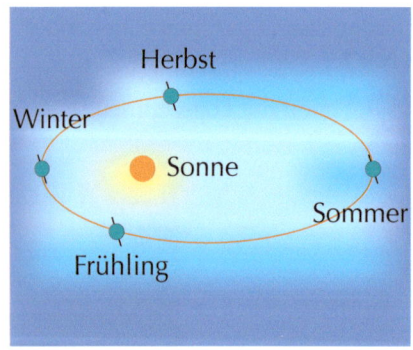 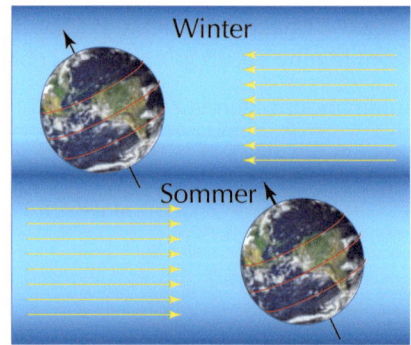

Das Phänomen der vier Jahreszeiten auf der Erde verdanken wir der konstanten Neigung der Erdachse (durch die Pole) gegen die Ekliptik, die Bahnebene der Erde beim Umlauf um die Sonne (linke Abb.). Die Neigung beträgt 23°. Im Sommer (am 21. Juni) neigt sich der Nordpol um 23° der Sonne zu, im Winter (am 21 Dezember) um 23° von der Sonne weg (rechte Abb.). Im Frühling (am 21. März) und im Herbst (am 21. September) sind Nord- und Südpol gleich weit von der Sonne entfernt.

Kepler (1571–1630) wurde in Stuttgart geboren. Nach dem Studium an der Universität Tübingen und einer Dozentur im österreichischen Graz wurde er 1595 in Prag Assistent des dänisch-schwedischen Hofastronomen Tycho Brahe (1546–1601). Letzterer war fest entschlossen, das Rätsel der sonderbaren Planetenbewegungen mit ihren scheinbar rückläufigen Bahnen aufzulösen. Für exakte Beobachtungen und Tabellen besaß er buchstäblich und leibhaftig eine goldene Nase (eine Prothese, welche das Stück ersetzte, das er in einem Duell verloren hatte). Als Brahe 1601 plötzlich starb, kam dieses ganze Beobachtungsmaterial in den Besitz seines Nachfolgers Kepler. Nach jahrelangen Berechnungen ergab sich aus den Tabellen zu seiner eigenen Verwunderung die unumstößliche Tatsache ellipsenförmiger Umlaufbahnen.

1609 publizierte Kepler seine *Astronomia Nova*, welche die ersten beiden der seitdem nach ihm benannten Gesetze enthielt, nach denen auch heute noch immer die Bahnen der Mondraketen und interplanetaren Erkundungssatelliten berechnet werden:

– Die Planeten bewegen sich auf elliptischen Bahnen um die Sonne, die in einem der Brennpunkte steht.

– Ein von der Sonne zum Planeten gezogener Fahrstrahl überstreicht in gleichen Zeiten gleich große Flächen (Flächensatz).

Im Jahre 1618 erschien sein Werk *Harmonice Mundi*, welches das dritte Gesetz enthält:

– Die Quadrate der Umlaufzeiten der verschiedenen Planeten verhalten sich wie die dritten Potenzen ihrer großen Bahnhalbachsen (Harmoniegesetz).

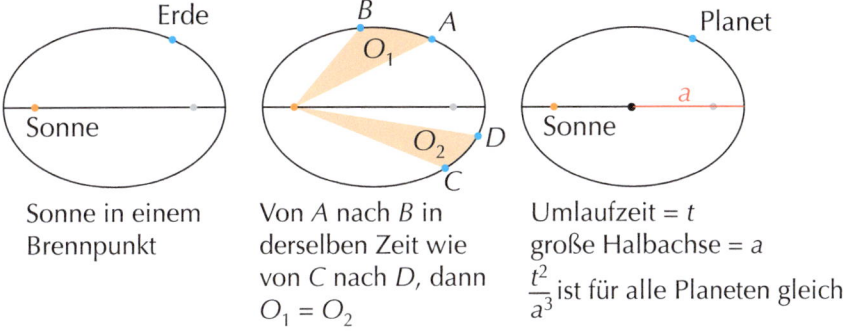

Sonne in einem Brennpunkt

Von A nach B in derselben Zeit wie von C nach D, dann $O_1 = O_2$

Umlaufzeit = t
große Halbachse = a
$\frac{t^2}{a^3}$ ist für alle Planeten gleich

Es ist erstaunlich, dass nach mehr als 1800 Jahren, nachdem Apollonios von Perge die Kegelschnitte (Ellipse, Hyperbel und Parabel) als Schnitte von Ebenen mit einem geraden Kreiskegel theoretisch beschrieben hat, jetzt eine praktische Anwendung in der Natur gefunden wird.

Kepler fühlte wie die Pythagoreer eine tiefe mystische Verehrung für die Harmonie des Kosmos. Bereits 1595 hatte er festgestellt, dass das Verhältnis der Bahnen von

Saturn und Jupiter, so wie sie damals angegeben wurden, dem der einem Dreieck ein- und umbeschriebenen Kreise gleich war. Das inspirierte ihn zu dem Kosmosmodell ineinandergeschachtelter platonischer Polyeder mit ihren jeweiligen In- und Umkugeln. Dieses Modell veröffentlichte er 1596 in seinem *Mysterium Cosmographicum*.

Der Glaube an eine innige Einheit von Mathematik und Universum sollte ihn stets beseelen und war ein freudespendender Trost in seinem ansonsten sehr betrüblichen Leben. Er verlor sein Lieblingskind, seine erste Frau sah er wahnsinnig werden und sterben, seine Mutter beschuldigte man der Hexerei und ihn selbst der Ketzerei.

3.4 Die Geburt der Mechanik

Galileo Galilei (1564–1642) wurde in Pisa geboren. Er war Professor der Mathematik erst in Pisa, später in Padua. Der Legende nach soll er vom schiefen Turm von Pisa seine ersten Versuche mit fallenden Körpern durchgeführt haben. So konnte er bereits in jungen Jahren dem Aristoteles widersprechen und zeigen, dass schwere Körper nicht schneller fallen als leichte, wenn man vom Reibungswiderstand absieht.

Im Jahre 1607 hörte Galilei in Padua von der Erfindung des Teleskops durch den holländischen Linsenschleifer Johann Lippersheim. Es gelang ihm auch, selbst starke Fernrohre zu bauen, mit denen er u.a. die Berge auf dem Mond, die Phasen der Venus, die Ringe des Saturns und die vier größten Satelliten des Jupiters beobachten konnte. Diese Beobachtungen brachten ihn dazu, mit der Veröffentlichung von *Dialog über die beiden wichtigsten Weltsysteme* die kopernikanische Theorie zu unterstützen, zum großen Missfallen der katholischen Autoritäten in Rom. Drei Jahre später, im Jahre 1633, musste er vor der Inquisition öffentlich seinem Standpunkt in dieser Sache unter Strafe des Kirchenbanns abschwören. Seine Überzeugung sollte er trotzdem nicht aufgeben: *„Eppur si muove"* („und sie bewegt sich doch") wurde zu einer Metapher für das eherne Festhalten an einer möglicherweise politisch inkorrekten Überzeugung.

Gemäß seinem eigenen Bericht entdeckte Galilei durch Experimente mit rollenden Bällen auf einer schiefen Ebene die Grundgesetze der Fallbewegung. Diese verstand er in der genialen Formel $s = (1/2)gt^2$ mathematisch auszudrücken, in der s die zurückgelegte Strecke darstellt, t die Zeit und g die Beschleunigung durch die Schwerkraft. Das sind 9,81 Meter pro Sekunde pro Sekunde. Daraus ergab sich, dass ein fallender Körper eine Strecke zurücklegt, die proportional zum Quadrat der Zeit ist, mit einer Geschwindigkeit proportional zur Zeit und einer konstanten Beschleunigung, nämlich der durch die Schwerkraft. Damit waren die Fundamente für eine allgemeine Dynamik und Mechanik gelegt, wie sie später von Newton mithilfe der Infinitesimalrechnung formuliert wurden.

Galilei, der am Ende seines Lebens erblindete, starb 1642 als ein verbitterter Mann. Die moderne Einstellung eines harmonischen Miteinanders von Experiment und Theorie, von Induktion und Deduktion, die er in seinem Werk aufgewiesen hatte, sollte jedoch nie mehr verloren gehen und tausendfach wissenschaftliche Erfolge hervorbringen.

3.5 Die innige Umarmung von Algebra und Geometrie

Seit die Griechen wegen ihrer unangenehmen Erfahrungen mit den irrationalen Zahlen die reine Geometrie von der Zahlentheorie weit getrennt gehalten hatten, entwickelten sich diese beiden mathematischen Gebiete lange Zeit getrennt voneinander. Maßzahlen wurden in der Geometrie stets mit Größen und ihren Dimensionen verbunden. Eine Zahl wurde als Länge aufgefasst, das Produkt zweier Zahlen als Fläche, das Produkt aus drei Zahlen als Rauminhalt. Weiter konnte man in geometrischen Begriffen nicht denken, was eine beträchtliche Einschränkung bedeutete.

Nachdem Diophantos der Zahlenlehre bereits einen algebraischen Charakter durch die Besprechung der Auflösung (unbestimmter) Gleichungen gegeben hatte, waren auf diesem Gebiet auch von arabischen Mathematikern wie al-Khowarizmi und Omar Kahyyam neue Beiträge erbracht worden. Der spektakulärste Fortschritt in der Algebra wurde jedoch im 16. Jahrhundert erzielt, als italienische Mathematiker, nämlich Scipio del Ferro, Tartaglia, Cardano, Ferrari und Bombelli in wechselseitigem Wettstreit eine allgemeine Lösung der Gleichung dritten und vierten Grades fanden.

Tartaglia (ca. 1499–1557)

Italienischer Mathematiker, der durch seine algebraische Lösung der Gleichung dritten Grades berühmt wurde. In der ersten Hälfte des 16. Jahrhunderts herrschte eine große Rivalität zwischen den italienischen Mathematikern Mario Fior, Gerolamo Cardano, Niccolo Fontana, genannt der Stotterer (Tartaglia) u.a. In einem öffentlichen Wettstreit in Bologna erwies sich Tartaglia als der große Sieger. Cardano konnte ihn unter dem Siegel der Verschwiegenheit überreden, ihm seinen Lösungsweg zu verraten. Prompt brach Cardano jedoch sein Versprechen und veröffentliche die Formeln in seiner *Ars Magna*, worauf der Stotterer mit großem Zorn reagierte. Die „Cardanischen Formeln", wie sie seitdem genannt werden, sind also in Wirklichkeit die von Tartaglia.

Die Idee, die Lage eines Punktes auf der Erdkugel mittels Koordinaten, nämlich Länge und Breite, zu bestimmen, hatte um ungefähr 140 v. Chr. bereits Hipparchos von Alexandrien. Nikolaus von Oresme (1323 – 1382) benutzte auch schon Blockdiagramme in einer Ebene, um eine gleichförmige Bewegung mathematisch zu beschreiben, und zwar durch zwei veränderliche Koordinaten, nämlich *longitudo* und *latitudo*.

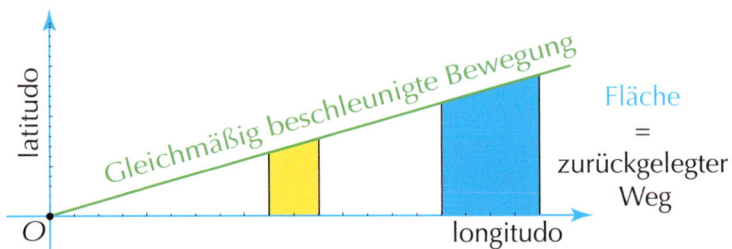

Pierre de Fermat hat ebenfalls schon Gleichungen einer Geraden und von Kegelschnitten aufgestellt und diese in einem Achsenkreuz dargestellt. Dennoch wird im allgemeinen der französische Mathematiker und Philosoph René Descartes als Vater der sogenannten „analytischen Geometrie" angesehen. Diese Geometrie können wir als Koordinatengeometrie beschreiben. In ihr wird die Lage eines Punktes in der Ebene durch ein Paar reeller Zahlen (Koordinaten) bestimmt, die den jeweiligen Abstand dieses Punktes von zwei sich senkrecht schneidenden Geraden (Achsenkreuz) angeben. Bestimmte Punktmengen wie Geraden, Kegelschnitte und andere Kurven können dann mithilfe von Gleichungen beschrieben werden. Diese geben den Zusammenhang zwischen den veränderlichen Koordinaten x und y eines beliebigen Punktes einer solchen Kurve an.

Beispiel

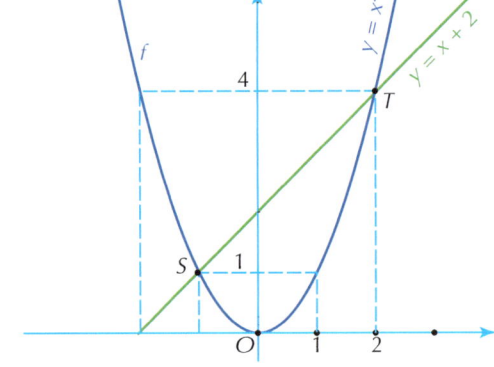

Geometrische Eigenschaften der Kurven können so algebraisch dargestellt und umgekehrt algebraische Ergebnisse geometrisch interpretiert werden. Zum Beispiel können die Schnittpunkte von Gerade und Parabel in der obigen Zeichnung dadurch gefunden werden, dass man das Gleichungssystem aus ihren beiden Gleichungen löst.

Aus $\quad y = x + 2$

und $\quad y = x^2$

folgt $\quad x^2 = x + 2 \quad$ und damit $\quad x^2 - x - 2 = 0$

Die Lösungen dieser letzten quadratischen Gleichung sind –1 und 2.

Wenn $x = -1$, dann gilt $y = (-1)^2 = 1$ und wenn $x = 2$, dann gilt $y = 2^2 = 4$.

Die Koordinatenpaare der Schnittpunkte S und T sind also (–1, 1) und (2, 4).

Nach einer netten Geschichte soll Descartes, der gern morgens im Bett liegen blieb, um nachzudenken, diesen genialen Einfall gehabt haben, als er eine Fliege zwischen den Deckenbalken herumkriechen sah und über eine Möglichkeit nachdachte, ihren Weg mithilfe ihrer sich verändernden Abstände zu den Balken zu beschreiben.

Die Methode der analytischen Geometrie, wie sie heute genannt wird, macht es möglich, geometrische Probleme, die meistens sehr kreatives Nachdenken erfordern, in rein algebraische Techniken zu übersetzen, die dann ihrerseits mehr Rechenfertigkeit verlangen. Selbst in jener Zeit, als die Algebra noch nicht ihre festgelegte symbolische Form gefunden hatte und das Studium von Gleichungen höheren Grades noch in den Kinderschuhen steckte, konnte Descartes mit seiner „Methode" eine Reihe geometrischer Probleme lösen, auf die die alten Griechen die Antwort schuldig geblieben waren. Er hat dann auch einen begeisterten Aufsatz in seiner *Géometrie* darüber geschrieben, dem letzten Anhang in seinen berühmten *Discours de la méthode*.

Das Hauptziel seiner *Discours de la méthode pour bien conduire sa raison et chercher la vérité dans les sciences* war jedoch eher eine philosophische Fragestellung, nämlich zu erläutern, wie ein allgemeiner und sicherer Weg zur Erkenntnis der Wahrheit aussehen könne. Ausgehend von einer nicht bezweifelbaren Grundlage, „Cogito, ergo sum" („Ich denke, also bin ich") kann dann nach Descartes mithilfe der mathematischen Ableitungstechnik eine verlässliche Wissenschaft aufgebaut werden.

Dieser berüchtigte „kartesianische Geist" hat seitdem das westliche Denken unverkennbar weiter auf den Weg zum Rationalismus geführt, so wie es auch das platonische Denken tat, nur diesmal mit einem stärker pragmatischen Akzent. Seine „Géometrie" öffnete den Weg zum Studium der Funktionen mithilfe ihrer Graphen, der mit der Methode der Infinitesimalrechnung äußert effizient werden sollte.

Descartes (1596–1650) ist ohne Zweifel einer der einflussreichsten Philosophen der westlichen Geschichte. Sein Lebenslauf war jedoch erratisch und unvorhersehbar. Er stammte aus einer wohlhabenden Familie aus der Gegend von Tours, seine Mutter verlor er bereits wenige Tage nach seiner Geburt. Nach seinem Studium am Jesuiten-Kolleg von La Flèche und später in Paris trat er mit 21 Jahren in das Heer des Moritz von Oranien ein.

Nach abenteuerlichen Streifzügen durch Deutschland, Dänemark, Holland, die Schweiz und Italien kehrte er noch einmal für kurze Zeit nach Paris zurück, um sich dann in Holland niederzulassen. 20 Jahre lang verfasste er hier seine berühmtesten Werke. Auf wiederholtes Ersuchen der 19-jährigen Königin Christina von Schweden ließ er sich schließlich überreden, nach Stockholm zu ziehen. Die Königin bestand darauf, dass er ihr persönlich ganz gegen seine Gewohnheit bereits sehr früh am Morgen Unterricht erteilen sollte. Seine schwache Gesundheit jedoch litt in der großen Bibliothek stark unter der Kälte und der Feuchte in den Morgenstunden. Ein Jahr nach seiner Ankunft in Schweden starb er an den Folgen einer Lungenblutung. Denken allein war leider nicht ausreichend für das Überleben.

Christina von Schweden (1626–1684)
war die zweite Tochter von Gustaf Adolf, König von Schweden, und Maria-Eleonora von Brandenburg.
Sie folgte ihrem Vater auf dem Thron als sie sechs Jahre alt war unter der Regentschaft des Kanzlers Oxenstierna, der auch für ihre weitere Erziehung sorgte.
Mit 17 Jahren wurde sie Königin von Schweden. Ihr Hof wurde ein Zentrum der Kultur, wohin zu kommen sie auch Descartes überredete.

3.6 Die Wege des Zufalls

In Zeiten großer geistiger Kreativität entwickelt sich die Mathematik nicht nur durch die Herausforderungen konkreter Probleme, sondern auch durch die reine Wissbegier und spielerische Erholung. So ist es möglich, dass die Quellen für wichtige mathematische Anwendungen unbewusst bereits Jahrhunderte davor liegen. Das war im 17. Jahrhundert sowohl bei der Wahrscheinlichkeitsrechnung als auch bei der reinen Zahlentheorie und der projektiven Geometrie der Fall, die jeweils mit den Namen von Pascal, Fermat und Desargues verbunden sind.

Blaise Pascal (1623–1662) zeigte schon in jungen Jahren seine geniale mathematische Begabung und war damit sehr erfolgreich. Mit 16 Jahren entdeckte und bewies er den Satz über das einem Kegelschnitt einbeschriebene Sechseck (die Schnittpunkte der drei Paare einander gegenüberliegenden Seiten des Sechsecks liegen auf einer Geraden), der seitdem seinen Namen trägt.

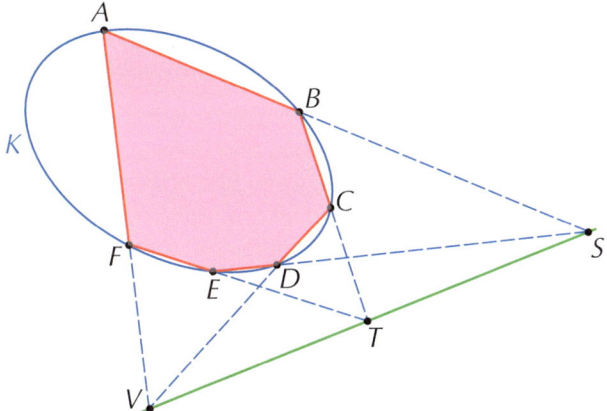

Ein paar Jahre danach konstruierte er die erste (mechanische) Rechenmaschine in der Geschichte der Mathematik, die sogenannte Pascaline. Sie diente der Arbeitserleichterung für seinen Vater, der Staatsdiener war ... bei der Steuerverwaltung!

1654 legte der Chevalier de Méré, ein leidenschaftlicher und geschickter Würfelspieler Pascal die berühmte Fragestellung über die Aufteilung des Einsatzes zwischen zwei Spielern vor, die das Spiel vorzeitig abbrechen, unter Berücksichtigung des bisherigen Spielverlaufs. Pascal begann hierüber mit Fermat einen Briefwechsel zu führen, um ihre gegenseitigen Lösungen zu vergleichen und zu besprechen. Mit dieser Korrespondenz wurden die Fundamente für das geniale Gebäude der Wahrscheinlichkeitsrechnung gelegt.

Die mathematischen Hilfsmittel, die Pascal verwendete, stützten sich auf die Eigenschaften der sogenannten „Binomialkoeffizienten". Das sind die Koeffizienten, die bei der Entwicklung von aufeinanderfolgenden Potenzen eines Binoms auftreten und die in Form eines Dreiecks (Pascalsches Dreieck) aufgeschrieben werden können.

Beispiele

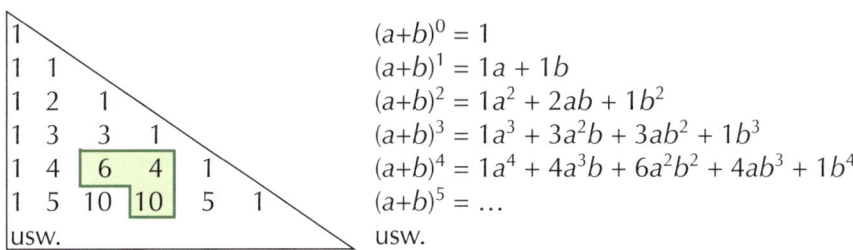

In diesem Dreieck gilt, dass die Summe zweier benachbarter Koeffizienten wie 6 und 4 gleich dem Koeffizienten ist, der unter dem letzten Summanden steht, also $6 + 4 = 10$.

Erst nach einer langen Geschichte und durch die Verbindung mit der im 19. Jahrhundert an Bedeutung gewinnenden Statistik wurden die theoretischen Grundlagen der Wahrscheinlichkeitstheorie schließlich im 20. Jahrhundert durch den russischen Mathematiker Kolmogorow präzisiert.

Pascal, der sich seiner schwachen Gesundheit und der Kürze des menschlichen Lebens bewusst war, wandte sich einem religiösen und kontemplativen Leben bei den Jansenisten von Port-Royal zu. Dort schrieb er u.a. seine ebenso bekannten *Pensées* über das „Denkende Schilfrohr" und „Das Herz, das seine eigene Gründe hat, die der Verstand nicht kennt". Nur gelegentlich befasste er sich noch mit Mathematik, weil er bemerkt hatte, dass das Nachdenken über geometrische Probleme seine chronischen Zahnschmerzen vertreiben konnte, um dann wieder in peinigenden religiösen Eifer zu verfallen. Sein fortwährendes schmerzliches und zweifelndes Schwanken zwischen Wissenschaft und religiöser Hingabe erschöpfte ihn geistig und körperlich immer mehr, sodass Racine später sagen konnte: „Pascal ist mit 39 Jahren gestorben ... an Altersschwäche!" In seinem kurzen Leben hat er sich dennoch unsterblich zu machen gewusst als Mathematiker, als Wissenschaftler (das pascalsche Gesetz der Hydrostatik), als Schriftsteller und als Philosoph.

Pierre de Fermat (1601–1665) stammte aus Toulouse und war von Beruf Anwalt. Zum rein intellektuellen Vergnügen beschäftigte er sich in seiner Freizeit mit Mathematik. Es ist jedoch unvorstellbar, was dieses Genie mit seiner Liebhaberei geleistet hat, und das auf verschiedenen Gebieten der Mathematik. Fermat kann man unbesorgt eine Reihe von Prioritäten zusprechen: In der analytischen Geometrie hat er bereits sieben Jahre vor Descartes Gleichungen einer Geraden und von Kegelschnitten in einem Achsenkreuz dargestellt; in der Differentialrechnung hat er schon vor Newton und Leibniz eine Methode zur Tangentenberechnung an Kurven angegeben. Dass er zusammen mit Pascal an der Wiege der Wahrscheinlichkeitsrechnung gestanden hat, ist bereits erwähnt worden. Aber vielleicht noch am stärksten verbunden ist der Name Fermat mit seinen Leistungen auf dem Gebiet der Zahlentheorie und der Lösung unbestimmter (diophantischer) Gleichungen.

Im Jahre 1621 kam Fermat in den Besitz einer lateinischen Ausgabe der *Arithmetica* von Diophantos. Fasziniert von der Behandlung der unbestimmten Gleichungen reicherte er dieses Exemplar mit Randnotizen an. Einige von ihnen haben noch mehr als drei Jahrhunderte später Mathematiker ihr Leben lang beschäftigt. Das berühmte Problem des „großen Satzes von Fermat" ist schließlich dann doch im Jahre 1995 von dem englischen Mathematiker Andrew Wiles gelöst worden. Selbst dem größten mathematischen Laien ist irgendwann einmal die Formel des Satzes von Pythagoras, nämlich $x^2 + y^2 = z^2$, unter die Augen gekommen. Diese Formel kann auch als eine Gleichung in drei Unbekannten x, y, und z aufgefasst werden. Das Bemerkenswerte ist, dass diese Gleichung unendliche viele Lösungen in der Menge der natürlichen Zahlen besitzt. Eine solche Lösung wird pythagoreisches Tripel genannt. So sind z.B. (3, 4, 5) und (5, 12, 13) solche Tripel. In einer seiner Randnotizen gibt Fermat an, dass die Gleichung $x^n + y^n = z^n$ für Werte von n größer als 2 keine Lösung mit natürlichen Zahlen besitzt, es sei denn, man setzt x oder y gleich 0. Er schreibt, dass er hierfür einen schönen Beweis gefunden habe, aber dass „der Rand nicht genug Platz biete, um ihn dort niederzuschreiben". Eine Aufzeichnung eines möglichen Beweises wurde nie gefunden, was der Mathematikerwelt ein faszinierendes Problem aufhalste. Leidenschaftlich wurde von einem Heer von Mathematikern nach einem Beweis oder einem Gegenbeispiel gesucht. Einige, wie der deutsche Mathematiker E. Kummer (1810–1893) arbeiteten ihr gesamtes Leben an diesem Problem und konnten es trotz Teilergebnissen und vieler neuer mathematischer Entwicklungen nicht vollständig lösen.

Schließlich im Jahre 1995 hat A. Wiles dann doch auf unerwarteten Wegen und in Verbindung mit Lehrsätzen aus einem völlig anderen Gebiet als der Zahlentheorie einen Beweis gefunden.

Ob Fermat selbst tatsächlich einen allgemeinen Beweis gekannt hat, wird stark bezweifelt und wird vielleicht auch niemals aufgeklärt werden. Es ist aber auch dann noch eine starke Leistung an sich zu wagen, eine solche Vermutung über eine Gleichung mit vier Variablen, und dann noch über eine unendliche Menge, auszusprechen, in einer Zeit als noch keine Computer zur Verfügung standen.

Gérard Desargues (1593–ca. 1662) war Ingenieur und Architekt und eine Zeit lang Offizier im französischen Heer. Aus beruflichen Gründen war er stark an der Perspektive interessiert und schrieb darüber auch ein Buch.

1639, neun Jahre nach Keplers Tod, schrieb er auch eine theoretische Abhandlung über Kegelschnitte mit dem langen Titel *Brouillon projet d'une atteinte aux événements des rencontres d'une cone avec un plan*. Es enthielt eine Skizze einer Entwicklung dessen, was man heute „projektive Geometrie" nennt, mit Studien der Eigenschaften von Figuren, die u.a. bei Zentralprojektion erhalten bleiben. Es enthielt viele neue Begriffe, die in einer ungewohnten „botanischen" Terminologie ausgedrückt waren. Bei seinem Erscheinen fand das Werk wenig Beachtung, und schnell waren die wenigen Exemplare verschwunden und ihr Inhalt vergessen.

Erst zwei Jahrhunderte später im Jahre 1845 entdeckte der französische Landmesser Michel Chasles eine handschriftliche Kopie von Philippe de la Hire, einem fähigen Schüler Desargues'. Kurz danach erkannte man es als ein wichtiges und bahnbrechendes Werk in der Entwicklung der projektiven Geometrie, deren Fackel durch Gergonne, Poncelet, Brianchon und andere übernommen wurde.

Der Name Desargues' ist für alle Zeit mit einem bemerkenswerten Satz aus einem seiner anderen Bücher verbunden. Es ist der Satz von den zwei perspektivischen Dreiecken:

„Wenn die Paare zueinandergehöriger Eckpunkte zweier Dreiecke auf drei Geraden liegen, die durch einen Punkt verlaufen, dann schneiden sich die Paare zueinandergehöriger Seiten in drei Punkten, die auf einer Geraden liegen und umgekehrt." Kürzer ausgedrückt: „Zwei Dreiecke sind punktperspektiv dann und nur dann, wenn sie geradenperspektiv sind".

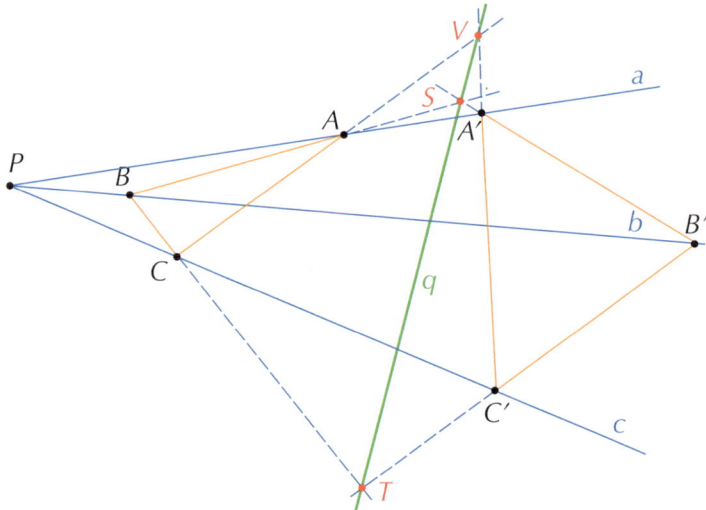

a, b und c verlaufen durch P   AB und A'B' schneiden sich in S
BC und B'C' schneiden sich in T   CA und C'A' schneiden sich in V
S, T und V liegen auf q

Dieser Satz findet eine spielerische Anwendung in folgendem Problem:

Wie kann man zehn Bäume in zehn Reihen pflanzen, sodass in jeder Reihe jeweils exakt drei Bäume stehen und jeder Baum in exakt drei Reihen?

(Betrachten Sie z.B. die Punkte A, B, C, A', B', C', S, T, V und P.)

An den Beispielen in diesem Abschnitt zeigt sich, dass grundlegende und nützliche Mathematik spielerisch aus reinem Interesse und geistigem Vergnügen heraus gedeihen kann, und das lange bevor dafür Anwendungen gefunden werden.

3.7 Die Enträtselung der „Himmelsmechanik"

Wir kommen jetzt zur Entwicklung des mathematischen Instruments, das ohne Zweifel das bahnbrechendste für die Geschichte der Naturwissenschaften geworden ist, nämlich zur Differenzial- und Integralrechnung. Durch eine genaue Analyse der Bewegung und der ihr zugrunde liegenden Kräfte wurden sowohl die Geheimnisse der umlaufenden Planeten wie der fallenden Körper enthüllt, und zwar als Erscheinungen ein und derselben Gesetzmäßigkeit. In den nachfolgenden Jahrhunderten werden zahllose Anwendungen dieses sogenannten *Calculus* den technologischen Fortschritt befördern und zum Aufkommen eines neuen Kulturschubs, einer unaufhaltsamen Industrialisierung, beitragen.

Obwohl bereits zuvor einzelne Mathematiker Probleme, die mit der Integral- und Differentialrechnung in Zusammenhang standen, erfolgreich untersucht hatten, konnten doch erst die Verhältnisse des 17. Jahrhunderts den Rahmen liefern, in dem sich die neuen Rechentechniken als mächtiges Hilfsmittel entwickeln konnten.

So konnte bereits die mechanische Methode des Archimedes, Flächen in eine Summe kleiner Streifen aufzuteilen, als eine primitive Form der Integralrechnung gelten. Auch Kepler hat 1615 in seiner *Nova stereometria doliorum vinarium...* (Neue Inhaltsbestimmung von Weinfässern...) eine ähnliche Methode angewandt, indem er den Körper in eine Summe kleiner Bestandteile aufteilte. Bonaventura Cavalieri, Professor an der Universität von Bologna, entwickelte in seiner *Geometria indivisibilibus continuorum nova* aus dem Jahre 1635 eine analoge Technik, um durch die Summation von „unteilbaren" (kleinsten zusammenhängenden Teilchen) Flächen und Inhalte zu berechnen, so wie ein Stück Stoff in Gewebefäden und ein Buch in Seiten aufgeteilt werden kann.

Bonaventura Cavalieri (1598–1647)
Italienischer Priester und Mathematiker.
Er entwickelte eine eigene Methode, um Flächeninhalte und Volumina zu berechnen: das „Cavalierische Prinzip". Dieses Prinzip stützt sich auf die Eigenschaft, dass Körper dasselbe Volumen besitzen, wenn all ihre Schnittflächen in Ebenen parallel zu einer Grundebene in entsprechenden Höhen den gleichen Flächeninhalt haben. Für Flächeninhalte gilt eine analoge Aussage.

Auf der anderen Seite hatte Fermat 1638 eine Methode angegeben, wie man mithilfe von waagerechten Tangenten an eine Kurve die lokalen Maxima und Minima bestimmen konnte. Dieses Vorgehen stimmt mit der Technik in der Differenzialrechnung überein.

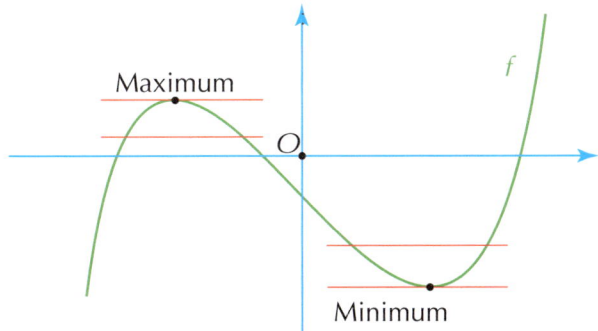

Es ist eine bemerkenswerte Tatsache, dass die ersten Ideen zur Differentialrechnung erst 2000 Jahre nach denen zur Integralrechnung entwickelt wurden. Daran zeigt sich, dass diese Techniken nicht sofort als Umkehrung der jeweils anderen gesehen wurden.

Das neue Weltbild des Kopernikus, erfolgreich beschrieben durch die Gesetze von Kepler und Galilei, verlangte nach genaueren Definitionen der Grundbegriffe der Bewegung, wie Geschwindigkeit, Beschleunigung und Kraft. Nachdem Descartes der Geometrie eine algebraische Grundlage gegeben hatte und Kurven durch Gleichungen dargestellt wurden und umgekehrt, waren die Möglichkeiten gegeben, die Elemente der Bewegung algebraisch zu beschreiben. In seiner *Arithmetica infinitorum* hatte John Wallis, Professor in Oxford, im Jahre 1655 mit seiner Behandlung unendlicher Summen und Produkte dazu bereits einen Weg gewiesen. Aus dieser Sicht haben Newton und Leibniz, wie man annimmt unabhängig voneinander und in jedem Fall auf unterschiedliche Weise, die eigentliche Differential- und Integralrechnung entwickelt und werden gemeinsam als Erfinder der Infinitesimalrechnung angesehen.

Das Genie Isaac Newtons ist in erster Linie mit der Entdeckung der allgemeinen Gravitation, der gegenseitigen Anziehungskraft, die zwei Körper aufeinander ausüben, verbunden. Dieses Gesetz besagt, dass diese Kraft direkt proportional ist zum Produkt der Körpermassen und umgekehrt proportional zum Quadrat ihres Abstandes voneinander. Dieses Gesetz ist sowohl Grundlage für die Umlaufbewegung der Planeten als auch für fallende Gegenstände. Newton soll seine Inspiration gehabt haben, als er einen Apfel von einem Baum fallen sah. Aber so einfach wird es wohl nicht gewesen sein. Am Anfang liegt unzweifelhaft seine gründliche Analyse der Bewegung, die zur sogenannten Fluxionsrechnung führte, Newtons Version der Differential- und Integralrechnung.

Newton studierte die kontinuierliche Bewegung eines Punktes anhand eines Kurvenbildes in einem kartesischen Koordinatensystem. Aus der Gleichung zwischen den sich ändernden Koordinaten des sich bewegenden Punktes konnte er durch eine Berechnungstechnik, deren Ergebnisse er „erste und letzte Verhältnisse" nannte, die Geschwindigkeit sowie die Beschleunigung des Punktes bestimmen.

Ist P ein fester Punkt mit den Koordinaten t_0 und s_0 und Q ein sich bewegender Punkt mit den Koordinaten $t_0+\Delta t$ und $s_0+\Delta s$, dann ist der Richtungskoeffizient der Geraden PQ gegeben durch das Verhältnis $\Delta s/\Delta t$. Dieses ist ein Maß für die Steigung der Geraden PQ und gleich der Durchschnittsgeschwindigkeit im Intervall zwischen P und Q.

Nähert sich der Punkt Q dem Punkt P, dann nähert sich die Gerade PQ der Tangente T im Punkt P. Mit anderen Worten, wenn sich Δt der Null nähert, dann nähert sich auch Δs der Null, aber das Verhältnis $\dfrac{\Delta s}{\Delta t}$ nähert sich mehr und mehr dem Richtungskoeffizienten der Tangente T.

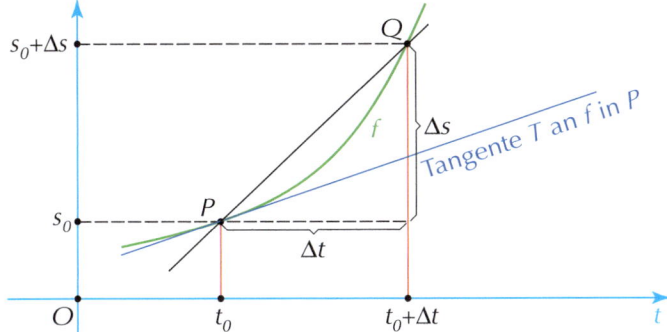

In dem Augenblick, in dem $\Delta t = 0$ ist auch $\Delta s = 0$ und daher $\frac{\Delta s}{\Delta t} = \frac{0}{0}$, das bedeutet, es verschwindet „das letzte Verhältnis" von $\frac{\Delta s}{\Delta t}$, das Newton mit $\dot{s}$ bezeichnete und Fluxion von s (im Punkt P) nannte. Leibniz schrieb dafür $\frac{ds}{dt}$, ein Symbol, dass alle Mathematiker noch bis auf den heutigen Tag verwenden. Die Bedeutung des „Differentialquotienten" $\frac{ds}{dt}$ (s abgeleitet nach t) ist die Geschwindigkeit des bewegten Körpers zum Zeitpunkt t_0.

Auf dieselbe Weise erhielt Newton mit der „Fluxion der Fluxion" (zweite Ableitung von s nach t), die er mit $\ddot{s}$, bezeichnete, ein Maß für die Zunahme der Geschwindigkeit im Punkt P, d.h. für die Beschleunigung zum Zeitpunkt t_0.

Man entdeckte auch, dass man umgekehrt den zurückgelegten Weg aus der Geschwindigkeit berechnen konnte, indem man den Flächeninhalt unter dem Graphen der Geschwindigkeitsfunktion maß, wie es bereits Nikolaus von Oresme für die gleichförmige Bewegung gezeigt hatte.

Ist P ein fester Punkt der Kurve der Funktion f und Q ein veränderlicher Punkt, dann ist die Funktion F, die den schraffierten Flächeninhalt unter der Kurve von f über dem Intervall von a bis t misst, eine Stammfunktion (das Integral) von f, m.a.W. f ist die Abbleitung von F. Das ist die Aussage des Hauptsatzes der Integralrechnung.

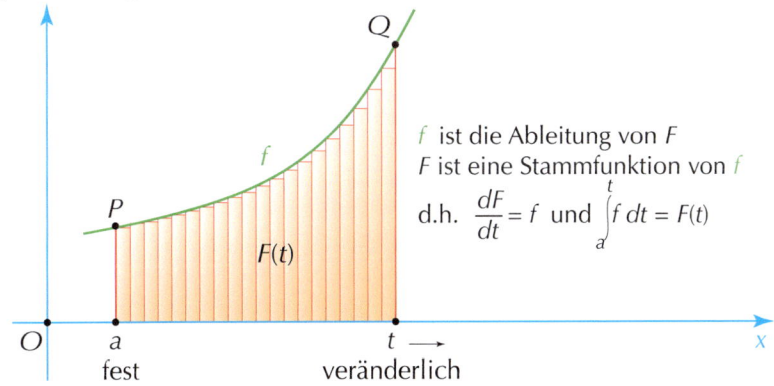

f ist die Ableitung von F
F ist eine Stammfunktion von f
d.h. $\frac{dF}{dt} = f$ und $\int_a^t f\, dt = F(t)$

Den Flächeninhalt unter dem Graphen von f über dem Intervall von P bis Q berechnet man näherungsweise mithilfe der Summe der Flächeninhalte der eingezeichneten Rechtecke von der Breite Δt. Durch ständige Verringerung der Breite erhält man immer bessere Näherungen.

So wie die Ableitung durch einen Grenzprozess mit Differenzen (Differentiale) gewonnen wird, gewinnt man das Integral durch einen Grenzprozess mit Summen, und es ergab sich, dass beiden Operationen zueinander inverse Operationen sind. Damit hatte man eine grundlegende Erkenntnis über die Differential- und Integralrechnung gewonnen. Das bedeutete nicht, dass ihre theoretischen Grundlagen bereits gesichert waren. Die Praxis, „letzte Verhältnisse" zu berechnen, mochte unleugbare Erfolge zeitigen, doch waren diese Grenzwerte *avant la lettre* noch recht vage Begriffe. Die Tatsache, dass das Verhältnis 0/0 doch konkrete Zahlwerte annehmen konnte, erntete viel Kritik. Der Bischof und Philosoph George Berkeley, Zeitgenosse Newtons, ärgerte sich über die Tatsache, dass die neuen Wissenschaften die Glaubenswahrheiten scheinbar mehr und mehr überflüssig machten. Er reagierte auf die „Fluxionsrechnung" mit der höhnischen Bemerkung, dass diese „letzten Verhältnisse" eher „den Geistern verblichener Quantitäten" glichen, deren Gültigkeit ebenso in Zweifel gezogen werden könne wie die Dogmen des christlichen Glaubens.

Newton (1642–1727) wurde zu Weihachten 1642 geboren, dem Sterbejahr Galileis. Sein Vater, ein wohlhabender Bauer, starb vor seiner Geburt. Obwohl er bereits früh Interesse an physikalischen Fragestellungen bekundete, dauerte es doch bis zu seinem 18. Lebensjahr, als er als Student am berühmten Trinity College in Cambridge zugelassen wurde, ehe er sich der Mathematik widmen sollte. Als in den Jahren 1665 und 1666 die Universität von Cambridge wegen eines Pestausbruchs zeitweilig geschlossen wurde, durchlebte er zu Hause ungewöhnlich kreative Tage. In dieser Periode legte er u.a. die Grundlagen für seine Fluxionsrechnung, die er 1671 vollenden sollte. Wegen vorhergehender schlechter Erfahrungen mit Publikationen erschien die Erstausgabe erst 1704. Das war lange nachdem Leibniz in den Jahren 1684 und 1686 seine Version der Differential- und Integralrechnung publiziert hatte. Leibniz entwickelte seine Version jedoch schon zwischen 1673 und 1676, nach Newton also. Diese Umstände gaben Anlass zu einer schmerzlichen und fruchtlosen Auseinandersetzung über die Priorität der Erfindung des „Calculus" zwischen den englischen Mathematikern, die sich hinter Newton scharten, und den Mathematikern auf dem Kontinent, die sich für Leibniz entschieden. Das hat für lange Zeit zu einer Spaltung beigetragen, die für die Entwicklung der Mathematik in England nicht vorteilhaft war. Die Sichtweise und Symbolik von Leibniz waren jedoch bequemer und offener für Verallgemeinerungen. Die vollständige Ausgabe der *Method of fluxions* selbst erschien erst 1736 nach Newtons Tod. Auch sein Hauptwerk *Philosophiae naturalis princpia mathematica* mit seinen Ergebnissen über die Gravitation hat Newton erst 1687 nach wiederholtem Drängen seines Freundes, des Astronomen Edmund Halley, veröffentlichen wollen.

Nachdem Newton im Jahre 1669 Nachfolger von Isaac Barrow wurde, der seinen Lehrstuhl an seinen genialen Schüler abtrat, sollte er noch 18 Jahre lang in Cambridge lehren. Danach wurden ihm noch verschiedene Ehrenämter zuteil. Er wurde Master of the Mint und Vorsitzender der Royal Society, der englischen Akademie der Wissenschaften. Im Jahre 1705 wurde er zum Ritter geschlagen. Er starb 84-jährig nach einer schmerzhaften und langwierigen Krankheit, verbittert durch den Streit mit Leibniz. In der Abtei von Westminster wurde er beigesetzt.

Die Physik, die wir heute „klassische Physik" nennen, trägt seinen Namen. Die mathematische Begründung der Gesetze der Dynamik, noch im Rahmen eines absoluten Raums und einer absoluten Zeit formuliert, hat das mechanistische Weltbild bestimmt. In der Metapher vom „himmlischen Uhrwerk" hat es für alle Zeit ein beispielhaftes Sinnbild erhalten, so wie es der Dichter Alexander Pope poetisch ausdrückte:

> „Nature and Nature's laws lay hid in night;
> God said 'Let Newton be' and all was light."

Gottfried Wilhelm Leibniz (1646–1716) wurde in Leipzig geboren. Als er erst sechs Jahre alt war, starb sein Vater. Durch Selbststudium wurde er zu einem der größten universalen Genies seiner Zeit. Fast noch ein Kind konnte er bereits Latein und Griechisch lesen und vor seinem 20. Lebensjahr verfügte er über die wesentlichsten Kenntnisse in Mathematik, Philosophie, Theologie und Jura. Er fühlte sich jedoch auch stark von der Diplomatie angezogen. Im Jahre 1672 verschlug es ihn so in diplomatischer Mission nach Paris, wo er Christian Huyghens begegnete, der ihm weiterführenden Unterricht in Mathematik erteilte. Das folgende Jahr verbrachte er in politischer Mission in London, wo er bekannten Mathematikern seine von ihm entwickelte Rechenmaschine vorführen durfte, die im Gegensatz zu der von Pascal auch Multiplikationen und Divisionen ausführen konnte. Später sollten Newtons Anhänger behaupten, Leibniz habe während dieses Aufenthalts Kenntnis von der Fluxionsrechnung erhalten und davon ein Plagiat angefertigt. Er war hierüber sehr verbittert, weil seine Version der Differential- und Integralrechnung ja tatsächlich sein eigenes Werk war.

1675 benutzte Leibniz in seinen Texten zum ersten Mal das moderne Symbol für die Integration, nämlich $\int$, ein langgestrecktes S, nach dem ersten Buchstaben des Wortes *Summa* (Summe). Ungefähr um dieselbe Zeit führte er die Symbole dy und dx für die Differentiale der abhängig Veränderlichen y und der unabhängig Veränderlichen x ein. Diese Symbolik erwies sich als effizienter als die Fluxionsschreibweise Newtons und wird heute noch immer allgemein verwendet.

Leibniz, der niemals an irgendeiner Universität gelehrt hat, gründete wohl eine Akademie der Wissenschaften in Berlin und versuchte dasselbe auch in Dresden, Wien und St. Petersburg. Zusammen mit Otto Mencke begründete er 1682 die berühmte und weit verbreitete Zeitschrift *Acta Eruditorum*. Als Chefredakteur publizierte er hier seine wichtigsten mathematischen Entdeckungen. Er hegte auch große Träume und verfolgte Projekte. So hoffte er eine universelle logische Sprache entwerfen zu können, eine *Characteristica Generalis*, in der jede Form von Argumentation in einer Art automatischer Berechnung verlaufen sollte. Eine Idee, die einige Jahrhunderte später in der symbolischen Logik von George Boole (1815–1864) und Anpassung an moderne Computer Gestalt gewinnen sollte. Trotz seines internationalen Ruhms und seines Ansehens war bei seiner Beerdigung nur sein treuer Sekretär anwesend.

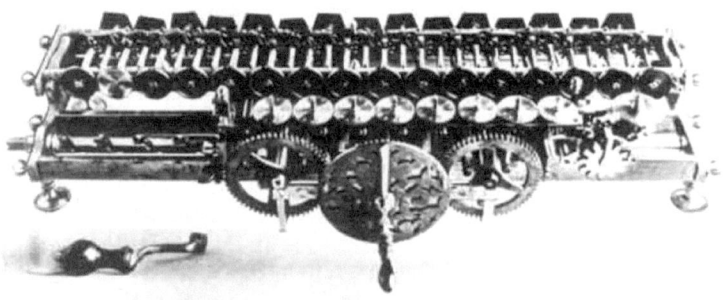

Leibniz' Rechenmaschine (1671)
Rechenmaschine von Leibniz, die er zu seinem Besuch bei der Royal Society in London mitbrachte. Dieses Gerät konnte die vier Hauptrechenarten Addition, Subtraktion, Multiplikation und Division mittels Zahnräder mechanisch ausführen.

Schlussbemerkung

Mit Newton und Leibniz erreichte die Mathematik des 17. Jahrhunderts einen Höhepunkt an Effizienz, die für eine fortdauernde Erfolgsgeschichte in der wissenschaftlichen Entwicklung gesorgt hat. Im folgenden Jahrhundert wird die Fackel dieser neuen Mathematik von ebenso legendären Persönlichkeiten weitergetragen werden, wie den Brüdern Jakob und Johann Bernoulli, Leonhard Euler, Joseph Louis Lagrange, Pierre Simon Laplace, d'Alembert, Monge und noch vielen anderen.

Unter der Schirmherrschaft aufgeklärter Kaiser und Könige, wie Friedrich II. von Preußen, Katharina von Russland, Ludwig XV. und Ludwig XVI. von Frankreich stand das wissenschaftliche Arbeiten insbesondere an den großen Akademien von St. Petersburg, Berlin und Paris in voller Blüte. Zunächst wurde die Differential- und Integralrechnung weiter ausgebaut und erfolgreich auf die Probleme der Erd- und Himmelsmechanik angewandt. Auch bei der Verbesserung des Produktionsprozesses, in der Kriegskunst und der Navigation begann die Mathematik eine entscheidendere Rolle zu spielen. Das alles führte zur Euphorie der Philosophen der Aufklärung, die der Menschheit eine rosige Zukunft vorgaukelten.

In seinem monumentalen Werk, der *Himmelsmechanik*, gab Laplace eine Synthese der Arbeiten seiner Vorgänger. Unter anderem lieferte er eine Erklärung für die Gestalt der Erdkugel, untersuchte die komplizierten Probleme der gemeinsamen Bewegung der Planeten und ihrer Satelliten und betrieb Forschungen zur Stabilität des gesamten Sonnensystems. Die damalige deterministische Weltsicht wurde von ihm übermütig in der bekannten witzigen Bemerkung formuliert: „Eine Intelligenz, die in einem bestimmten Augenblick die Kräfte und Positionen von allen Teilchen im Universum kennte, würde mit ein und derselben Formel die Bewegungen sowohl der größten Himmelskörper wie der kleinsten Partikel berechnen können und Vergangenheit, Gegenwart und Zukunft lägen diesem Intellekt klar vor Augen." Nicht verwunderlich, dass er auf die Frage Napoleon Bonapartes „warum Gott nirgendwo in seinem Buch vorkomme", antwortete „ Sire, diese Hypothese hatte ich nicht nötig".

Und während die wirkliche Welle der Industrialisierung im 19. Jahrhundert noch erst richtig in Gang kommen musste, vollzog sich im selben Jahrhundert bereits eine neue Beschleunigung in der Entwicklung der Mathematik, die im nachfolgenden Jahrhundert der Kulturgeschichte nochmals einen äußerst starken Impuls geben sollte und sie auf völlig unerwartete Wege führen sollte.

4 Eintritt in die Moderne

Nach der explosionsartigen Entfaltung der Mathematik im 17. Jahrhundert und 18. Jahrhundert unter dem Einfluss der Blüte der Naturwissenschaften beginnt im 19. Jahrhundert eine Zeit, in der die Mathematik sich mehr zu sich selbst zurückentwickelt. Allmählich befreit sie sich aus dem bis dahin zwar fruchtbaren Rahmen der Mechanik und Astronomie, um sich der theoretischen Vertiefung und reinen Abstraktion zu öffnen. Dieser Prozess wird in einer fundamentalen Grundlagenforschung münden, deren philosophische Aspekte zu unterschiedlichen Standpunkten hinsichtlich der Sicht auf die mathematische Methode geführt haben. Hierbei fand die Beziehung zwischen Mathematik und Logik eine besondere Beachtung. Die Schlussweisen des Aristoteles, die in den 23 Jahrhunderten ihrer Verwendung in der Forschung kaum Änderungen erfahren hatten, sollten durch die Arbeiten von George Boole und Gottlob Frege eine einfache arithmetische Struktur erhalten, genauso, wie es Leibniz mit seiner *Characteristica Generalis* sich erhofft hatte. Obwohl damit die theoretische Basis für eine algorithmische Verarbeitung von Information vorhanden war, sollte es doch noch bis zur zweiten Hälfte des 20 Jahrhunderts dauern, bis die technologischen Voraussetzungen für ihre Verwirklichung in Gestalt der modernen Computer erfüllt waren. So erleben wir heute gut anderthalb Jahrhunderte nach der esoterischen Denkleistung genialer Geister noch jeden Tag den erstaunlichen Vormarsch der automatisierten Informations- und Kommunikationskultur.

4.1 Der abstrakte Sprung in eine nichteuklidische Geometrie

Durch die Jahrhunderte wurde das logische Gebäude der *Elemente* Euklids als Archetyp für die Deduktion mathematischer Wahrheit angesehen. Trotz des hypothetischen „Wenn … dann"-Charakters der geometrischen Lehrsätze, bestand kein Zweifel an der Richtigkeit der Postulate, auf denen die Beweise aufbauten. Die Verbindung mit der Wirklichkeit wurde als evident und unbezweifelbar angesehen.

Dennoch hatten mehrmals kritische Geister schon Bedenken über die unklaren Formulierungen einiger Grundbegriffe und Postulate geäußert. Spezifischer im Zusammenhang mit dem fünften Postulat, das behauptet: „Wenn eine Gerade zwei andere Geraden schneidet und die inneren Winkel, die sich auf derselben Seite dieser Geraden bilden, eine Summe bilden, die kleiner ist als zwei rechte, dann schneiden sich die beiden anderen Geraden in einem Punkt auf derselben Seite, an der die inneren Winkel liegen." Dieses Postulat ist äquivalent mit der Aussage: „Durch einen Punkt außerhalb einer Geraden gibt es genau eine zur gegebenen Geraden parallele Gerade." Daher der Name „Parallelenpostulat", den man diesem Axiom gegeben hat.

Viele Mathematiker haben die Meinung vertreten, dass man dieses Axiom doch als Lehrsatz aus den übrigen (einfacheren) Postulaten ableiten könne.

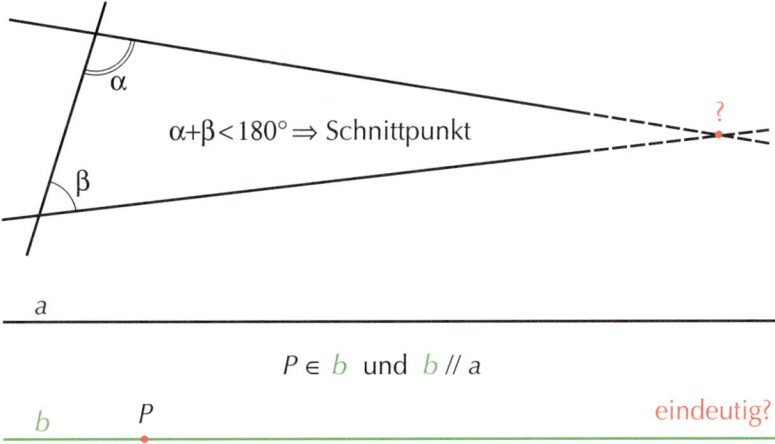

Nach fruchtlosen Versuchen und verzweifelten Kommentaren, u. a. auch von arabischen Mathematikern wie Omar Kahyyam, wurde von dem italienischen Mathematiker Girolamo Saccheri (1667 – 1733) ein beachtenswerter Beweisversuch unternommen. Er versuchte einen Widerspruchsbeweis zu entwickeln, indem er von der Verneinung des Postulats ausging. Aber so weit er auch in seinen Ableitungen ging, auf einen Widerspruch ist er nicht gestoßen. So befasste er sich eigentlich damit, einen Ansatz für eine nichteuklidische Geometrie zu liefern. Ungeachtet dessen hielt er an seinem Glauben von der Richtigkeit des Parallelenpostulats fest. Er konnte jedoch die Aufgabe, die er sich vorgenommen hatte, nicht lösen.

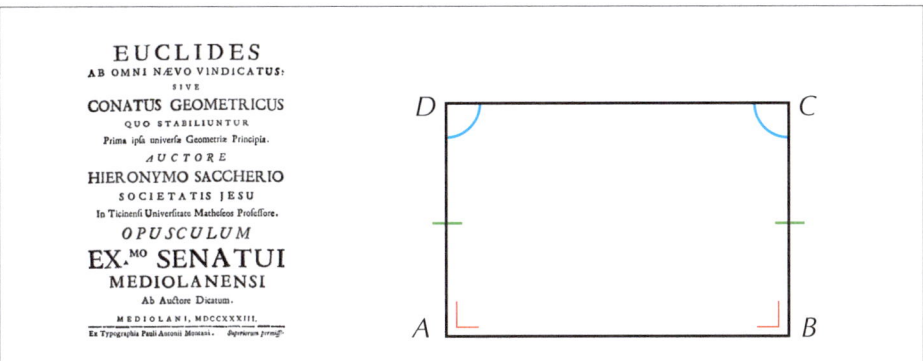

Titelblatt von Girolamo Saccheris bekanntestem Werk *Euklides ab omni naevo vindicatus* (Euklid von jedem Makel gereinigt) aus dem Jahre 1733. Hierin versuchte er die Richtigkeit des Parallelenpostulats aus den vorhergehenden Postulaten abzuleiten. Rechts das berühmte Sacccheri-Viereck, an dem sich zeigte, dass man mithilfe der rechten Winkel bei A und bei B sowie der Gleichheit von AD und BC zwar die Gleichheit der Winkel bei D und bei C ableiten konnte, aber nicht, dass sie auch rechte Winkel waren, mit anderen Worten, dass man nicht auf die Parallelität von AD und BC schließen konnte.

Zu Beginn des 19. Jahrhunderts wuchs bei den Mathematikern die Vermutung, dass das fünfte Postulat möglicherweise doch von den anderen Axiomen unabhängig war und dass es vielleicht auch möglich war, eine widerspruchsfreie Geometrie zu schaffen, in der dieses Postulat durch ein anderes ersetzt wurde. Zum Beispiel durch seine Verneinung. So sollte man dann voraussetzen können, dass beispielsweise „durch einen Punkt außerhalb einer Geraden mehrere zur gegebenen Geraden parallele Geraden existieren" oder auch „überhaupt keine". Diese alternativen Konstruktionen wurden um 1830 mehr oder weniger gleichzeitig und voneinander unabhängig von Nikolai Iwanowitsch Lobatschewski, Janos Bolyai und Carl Friedrich Gauß durchgeführt.

Nikolai Lobatschewski (1793–1856)   Janos Bolyai (1802–1860)   Carl Friedrich Gauß (1777–1855)

Anfänglich wurden diese Ideen als absurd und in jeder Beziehung nutzlos zurückgewiesen. Anrührend ist in diesem Zusammenhang die historische Anekdote, die berichtet, dass Farkas Bolyai, der Vater von Janos, selbst Mathematiker, der sich schon früher mit diesem undankbaren Thema befasst hatte, versuchte, seinen Sohn davon abzubringen, seine diesbezüglichen Entdeckungen zu publizieren. Voller Hoffnung wandte sich Janos jedoch an Gauß, um dessen Meinung über seine Ergebnisse zu hören. Zu seiner tiefen Enttäuschung teilte ihm dieser mit, dass er sich hierüber kaum lobend äußern könne, weil er sich dann selbst loben würde, da er bereits seit langem ähnliche Entdeckungen gemacht habe, aber wegen des zu erwartenden Unverständnisses dies lieber nicht an die Öffentlichkeit habe dringen lassen wollen.

Bernhard Riemann (1826–1866) hat in einer allgemeinen Theorie der Räume sowohl der euklidischen wie der nichteuklidischen Geometrie einen Platz eingeräumt. Für die neuen Geometrien wurden dann auch Modelle entworfen, deren Widerspruchsfreiheit an der der euklidischen Geometrie festgemacht wurde (s. Kapitel 1, 5). Von da an wurden sie, wenn auch noch eher zögernd, als rein theoretische Möglichkeiten anerkannt. Nach Einsteins Veröffentlichungen über die Relativitätstheorie zu Beginn des 20. Jahrhunderts zeigte sich jedoch, dass genau das Modell der nichteuklidischen Geometrie geeignet war, diese Theorie angemessen zu beschreiben. Einer der vielen Fälle von Ergebnissen der reinen Mathematik, die erst danach eine Anwendung finden.

In dieser Diskussion über die Daseinsberechtigung alternativer Geometrien wurden die Mathematiker mit Fragen konfrontiert, die dem metatheoretischen Bereich zuzurechnen sind wie:

Wie kann man beweisen, dass man etwas nicht beweisen kann?

Wie kann man beweisen, dass bestimmte Aussagen voneinander unabhängig sind?

Wie kann man sicher sein, dass ein Axiomensystem tatsächlich widerspruchsfrei ist?

...

Fragen, die schnell auch in anderen Bereichen der Mathematik auftauchen sollten und ein profundes Schürfen nach ihren Grundlagen erforderlich machten.

4.2 Die Geburt der modernen Algebra

Seit der kreativen Einführung der Zahlen in den antiken Kulturen war das Rechnen langsam durch die Kenntnis der Eigenschaften der Verknüpfungen und die Möglichkeit mit ihrer Hilfe Gleichungen zu lösen, verbessert worden. Um für bestimmte Gleichungstypen Lösungen finden zu können, wurde der Zahlbegriff notgedrungen mehrmals erweitert. So wurden nacheinander negative Zahlen, rationale Zahlen, irrationale und imaginäre Zahlen konstruiert.

Beispiele

-2 ist eine Lösung von $x + 3 = 1$ (-2 ist eine negative Zahl)

$\frac{3}{7}$ ist eine Lösung von $7x = 3$ ($\frac{3}{7}$ ist eine rationale Zahl)

$\sqrt{2}$ ist eine Lösung von $x^2 = 2$ ($\sqrt{2}$ ist eine reelle Zahl)

i ist eine Lösung von $x^2 = -1$ (i ist eine komplexe Zahl)

Obwohl der Begriff „reelle Zahl" und a fortiori der Begriff „komplexe Zahl" (als Paar reeller Zahlen) bis weit in das 19. Jahrhundert hinein noch sehr vage geblieben war, wurde mit diesen Zahlen dennoch mühelos gerechnet, wobei die Verknüpfungen ihren vertrauten Charakter behalten konnten. Sowohl die Addition wie die Multiplikation waren kommutativ und assoziativ, und die Multiplikation war distributiv hinsichtlich der Addition (s. Kapitel 1, 6). In der algebraischen Symbolik wurden sowohl für Unbekannte wie auch für Koeffizienten zwar Buchstaben verwendet, aber man dachte dabei doch immer an Zahlen. Genauso wie man mit der euklidischen Geometrie stets auf eine natürliche Weise vertraut war, so schien auch das algebraische Rechnen in einem geeigneten strukturellen Rahmen zu verlaufen. Zur allgemeinen Bestürzung wurden dann plötzlich zwischen 1843 und 1857 mathematische Objekte geschaffen wie „Quaternionen" und „Matrizen", deren Multiplikation sich als nichtkommutativ erwies.

Quaternionen sind eine Erweiterung der komplexen Zahlen und können als Quadrupel reeller Zahlen (a, b, c, d) aufgefasst werden, der Bequemlichkeit halber in der Form $a + bi + cj + dk$ geschrieben. Hierin stellen die Symbole i, j und k imaginäre Einheiten dar mit $i^2 = j^2 = k^2 = -1$ und $i \cdot j \cdot k = -1$. Sämtliche Eigenschaften der Addition und Multiplikation von Quaternionen sind die gleichen wie bei den komplexen Zahlen, mit Ausnahme der Kommutativität der Multiplikation. Sie bilden damit eine nichtkommutative Algebra.

Beispiel

Aus $i \cdot j \cdot k = -1$ folgt durch Multiplikation beider Seiten von links mit i wegen der Assoziativität von $\cdot$, dass $i^2 \cdot j \cdot k = -i$ gilt und damit
$-j \cdot k = -i$ oder $j \cdot k = i$. (1)

Auf analoge Weise können wir folgende Ergebnisse erhalten:

$j^2 \cdot k = j \cdot i$	also	$-k = j \cdot i$,		(2)
$-k \cdot i = j \cdot i^2$	also	$-k \cdot i = -j$	oder $k \cdot i = j$,	(3)
$k^2 \cdot i = k \cdot j$	also	$-i = k \cdot j$.		(4)

Aus (1) und (4) ergibt sich $j \cdot k \neq k \cdot j$.

Ebenso gilt $\quad (2+3j) \cdot (1-3k) \neq (1-3k) \cdot (2+3j)$,

denn $\quad (2+3j) \cdot (1-3k) = 2+3j-6k-9j \cdot k = 2-9i+3j-6k$,

und $\quad (1-3k) \cdot (2+3j) = 2-6k+3j-9k \cdot j = 2+9i+3j-6k$.

Die Quaternionen wurden von **William Rowan Hamilton** (1805–1865) entwickelt. An einem Oktobertag des Jahres 1843, als er längs einer Brücke in Dublin spazierte, hatte er plötzlich die Idee dieser genialen, oben beschriebenen Multiplikationsregel. Diese Brücke heißt heute „Hamilton Bridge" und trägt folgende Inschrift: „Hier hatte Sir William Rowan Hamilton am 16. Oktober 1843 bei einem Spaziergang einen genialen Einfall und entdeckte die fundamentale Formel für die Multiplikation der Quaternionen $i^2 = j^2 = k^2 = i \cdot j \cdot k = -1$, die er in einen Stein dieser Brücke einritzte."

Matrizen sind rechteckige Schemata aus Zahlen, die u.a. lineare Abbildungen definieren. Die Verknüpfung solcher linearer Transformationen ist verbunden mit dem Produkt ihrer Matrizen gemäß der Zeilen-Spalten-Regel (s. Kapitel 1, 6). Insbesondere bilden die quadratischen Matrizen eine nichtkommutative Algebra, weil ihre Multiplikation nicht kommutativ ist.

Beispiel
$$\begin{bmatrix} 1 & 3 \\ 4 & 0 \end{bmatrix} \cdot \begin{bmatrix} 2 & 0 \\ 1 & 5 \end{bmatrix} \neq \begin{bmatrix} 2 & 0 \\ 1 & 5 \end{bmatrix} \cdot \begin{bmatrix} 1 & 3 \\ 4 & 0 \end{bmatrix},$$

denn
$$\begin{bmatrix} 1 & 3 \\ 4 & 0 \end{bmatrix} \cdot \begin{bmatrix} 2 & 0 \\ 1 & 5 \end{bmatrix} = \begin{bmatrix} 1\cdot 2+3\cdot 1 & 1\cdot 0+3\cdot 5 \\ 4\cdot 2+0\cdot 1 & 4\cdot 0+0\cdot 5 \end{bmatrix} = \begin{bmatrix} 5 & 15 \\ 8 & 0 \end{bmatrix},$$

und
$$\begin{bmatrix} 2 & 0 \\ 1 & 5 \end{bmatrix} \cdot \begin{bmatrix} 1 & 3 \\ 4 & 0 \end{bmatrix} = \begin{bmatrix} 2\cdot 1+0\cdot 4 & 2\cdot 3+0\cdot 0 \\ 1\cdot 1+5\cdot 4 & 1\cdot 3+5\cdot 0 \end{bmatrix} = \begin{bmatrix} 2 & 6 \\ 21 & 3 \end{bmatrix}.$$

Nachdem Arthur Cayley (1821–1895) im Jahre 1857 seine Matrixalgebra entwickelt hatte, wurde die Tür zu abstrakten algebraischen Strukturen endgültig aufgestoßen. Mathematiker begriffen, dass Rechenvorschriften als unabhängige Axiome aufgefasst werden konnten und dass die Objekte, mit denen diese Verknüpfungen (Operationen) ausgeführt wurden, nicht notwendigerweise Zahlen sein mussten. So wurden abstrakte Strukturen ausgedacht, deren Elemente, je nach zugehörigem Kontext, als Polynome, Funktionen, Vektoren, Aussagen usw. interpretiert werden konnten. Die heutige Mathematik spielt sich seitdem dann auch meistens im Rahmen einer solchen algebraischen Struktur ab, aufgefasst als ein deduktives System, deren Grundeigenschaften die Axiome bilden, aus denen neue Behauptungen abgeleitet werden.

Eine der einfachsten, aber reichsten Strukturen der Algebra ist die „Gruppe" (s. Kapitel 1, 6). Der Vater der Gruppentheorie ist der jung verstorbene französische Mathematiker Evariste Galois (1811–1832). Er starb mit 21 Jahren bei einem Pistolenduell. Am Vorabend des Duells hatte er böse Vorahnungen und schrieb schnell den Bericht über seine Entdeckungen an einen Freund, „damit dies alles nicht für die Nachwelt verloren gehe". Dieses vollgekritzelte Dokument, das mit den dramatischen Worten „ich habe keine Zeit mehr, ich habe keine Zeit mehr" endet, wurde jedoch erst viel später richtig gewürdigt und ist die Basis für eine der fruchtbarsten mathematischen Theorien geworden, die Galoistheorie. Darin wird u.a. das allgemeine Problem untersucht, unter welchen Bedingungen man Gleichungen höheren Grades algebraisch lösen kann. Er fand das überraschende Ergebnis, dass ab dem fünften Grad eine Lösung auf der Basis des Wurzelziehens nicht mehr möglich ist. Die italienischen Mathematiker des 15. Jahrhunderts waren also auf ihrem Gebiet bis an die äußerste Grenze gegangen, wahrscheinlich ohne sich dessen bewusst zu sein.

4.3 Die eingehende Grundlegung der Analysis

Seit der Erfindung der Differential- und Integralrechnung durch Newton und Leibniz wurde von verschiedenen Seiten Kritik an der vagen Natur der infinitesimalen Größen geübt. Sowohl Bischof Berkeley als auch Bürgermeister Nieuwentyt hatten bereits jeweils Newton und Leibniz hiermit in die Enge getrieben und dem Skeptizismus hinsichtlich der Grundlagen des neuen Calculus Nahrung gegeben. Doch die unleugbaren erfolgreichen Ergebnisse bei der Anwendung der neuen Rechenart hielten an und ermutigten. Im Laufe des 18. Jahrhunderts jedoch sollten die Mathematiker beginnen, sich der paradoxen Ergebnisse bewusst zu werden, die simplifizierende und unerlaubte Manipulationen mit unendlichen Summen und Produkten mit sich bringen konnten. So erhielt selbst ein mathematisches Genie wie Euler Ergebnisse, die sich als völlig unannehmbar erwiesen.

Beispiel

Durch fortgesetzte Division erhält man die folgenden Ausdrücke:

$$\frac{1}{1+a} = 1 - a + a^2 - a^3 + a^4 - \ldots \quad (1)$$

$$\frac{1}{1-a} = 1 + a + a^2 + a^3 + a^4 + \ldots \quad (2)$$

Setzt man in (1) $a = 1$, ergibt sich $\quad \frac{1}{2} = 1 - 1 + 1 - 1 + 1 - \ldots \quad (3)$

Setzt man in (2) $a = 2$, ergibt sich $\quad -1 = 1 + 2 + 4 + 8 + 16 + \ldots \quad (4)$

Einige gingen noch waghalsiger ans Werk und schrieben (3) als:

$$\frac{1}{2} = (1-1) + (1-1) + (1-1) + \ldots = 0 \quad (???)$$

oder auch: $\quad \frac{1}{2} = 1 - (1-1) - (1-1) - \ldots = 1 \quad (???)$

Bei so vielen Widersprüchen versuchte man noch Trost in der Tatsache zu finden, dass $\frac{1}{2}$ in der Tat der Mittelwert von 0 und 1 sei.

Man war sich jedoch wohl bewusst, dass die Anomalien durch die unendliche Anzahl der Terme in den Ausdrücken entstanden. Denn beendigt man beispielsweise die Division in (2) nach dem fünften Term mit dem Quotienten, dann ergibt sich unter Berücksichtigung des Restes a^5:

$$\frac{1}{1-a} = 1 + a + a^2 + a^3 + a^4 + \frac{a^5}{1-a}$$

und das ist für jeden Wert von a korrekt z.B. für $a = 2$:

$$-1 = 1 + 2 + 4 + 8 + 16 - 32$$

Im Laufe des 19. Jahrhunderts wuchs unter den Mathematikern dann auch das Bewusstsein, dass man, um gute Ergebnisse in der Infinitesimalrechnung sicherzustellen, ihre Grundlagen glasklar definieren musste. Das waren die Verdienste von

Augustin-Louis Cauchy, (1789–1857)   Karl Weierstraß (1815–1897)   und   Richard Dedekind (1831–1916).

Dieser Prozess wurde als „Arithmetisierung der Analysis" beschrieben. Er fand seinen Niederschlag in der modernen Definition des Grenzwertbegriffs durch Cauchy, der Präzisierung des Systems der reellen Zahlen durch Dedekind und der Theorie der konvergenten Reihen durch Weierstraß. Damit wurde die Infinitesimalrechnung von ihrem anfänglich intuitiv geometrischen Rahmen befreit und konnte auf solide zahlentheoretische Axiomatik zurückgreifen. Die Behandlung unendlicher Reihen wurde mit den Bedingungen der bedingten und absoluten Konvergenz verbunden. Das Setzen von Klammern oder das Umordnen von Termen dürfen nicht nach Belieben vorgenommen werden. Auf Grund dieser Erkenntnisse wurden die paradoxen Ergebnisse beseitigt und die Anwendungen von jedem Makel gereinigt.

4.4 Die Faszination des Unendlichen

Schon bei den Griechen waren Probleme in Verbindung mit dem Unendlichen zur Sprache gekommen und diskutiert worden. Sowohl in der Mathematik wie in der Philosophie hatten die Paradoxien des Zenon die pathologischen Aspekte des Kontinuums und der unendlichen Konstruktionen anschaulich vorgeführt. Obwohl Aristoteles sich gegen eine „aktuale Unendlichkeit" ausgesprochen hatte, wollten ihm viele Mathematiker und Philosophen hierin aus verschiedenen Gründen nicht folgen. Im 17. Jahrhundert flammte die Diskussion hierüber aus Anlass der Verwendung von infinitesimalen Größen in der Differential- und Integralrechnung und den Anomalien bei den unendlichen Reihen wieder heftig auf.

Galilei war bei seinem Studium der Fallbewegung noch auf eine andere Merkwürdigkeit des Unendlichen gestoßen. Aus der Überlegung, dass jede natürliche Zahl genau ein Quadrat besitzt, schloss er, dass die Folge der Quadrate dann auch ebenso mächtig sein müsse wie die der natürlichen Zahlen, obwohl diese doch nur ein Teil von ihr sei.

Beispiel

1	2	3	4	5	6	7	8	9	...
1	4	9	16	25	36	49	64	81	...

Im Bewusstsein seiner Schwierigkeiten mit anderen evidenten Beobachtungen fand er es sicherer, die Aufmerksamkeit nicht öffentlich hierauf zu lenken. Nach ihm machte Bernard Bolzano (1781 – 1848) ähnliche Entdeckungen, indem er zeigte, dass die Anzahl der Punkte auf einer Strecke der Länge 1 offensichtlich gleich der Anzahl der Punkte auf irgendeiner Strecke von anderer Länge ist, zum Beispiel der doppelten Strecke. Auf analoge Weise kann man selbst nachweisen, dass eine (offene) Strecke gleich viel Punkte umfasst wie die gesamte Gerade, von der sie ein Teil ist. Das bedeutet auch, dass beispielsweise zwischen 0 und 1 genauso viele reelle Zahlen existieren wie insgesamt.

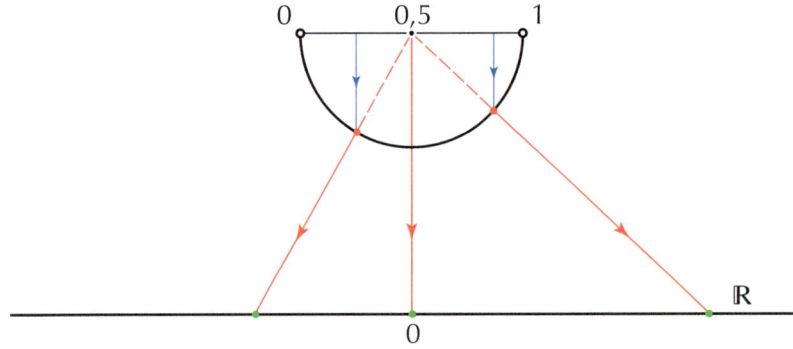

Diese merkwürdigen Ergebnisse inspirierten Dedekind, diese Eigenschaft als definierendes Merkmal für unendliche Mengen zu nehmen. Wenn es plausibel ist, dass zwei Mengen, deren Elemente in einer Eins-zu-eins-Beziehung stehen, dieselbe Fülle (Gleichmächtigkeit) zugesprochen wird, dann heißt das, eine unendliche Menge hat die Eigenschaft, zu einer ihrer echten Teilmengen gleichmächtig zu sein. Zum Beispiel ist die Menge der natürlichen Zahlen zur Menge ihrer Quadrate gleichmächtig.

Der deutsche Mathematiker Georg Cantor (1845–1918), Begründer der modernen Mengenlehre, konnte dieser Definition Dedekinds voll beipflichten. Mithilfe von Argumentationen, welche die mathematische Welt in Erstaunen und Bestürzung versetzen sollte, gelangte er zu eigenartigen Ergebnissen. Durch den Beweis einer berühmten Behauptung, die seitdem seinen Namen trägt, konnte er zeigen, dass die Menge aller Teilmengen einer Menge immer echt mächtiger ist als diese Menge und das nicht nur für endliche Mengen, sondern ebenso für unendliche Mengen (s. Kapitel 2, 2.2.3).

Beispiel

Angenommen, $V = \{a,b,c\}$, dann lautet die Menge der Teilmengen von V:

$$\mathcal{P}V = \{\{\ \},\{a\},\{b\},\{c\},\{a,b\},\{a,c\},\{b,c\},\{a,b,c\}\}$$

V enthält drei Elemente, und $\mathcal{P}V$ enthält acht Elemente und $3 < 8$.

Bezeichnen wir die Anzahl der Elemente einer Menge V mit $\#V$, dann gilt allgemein: $\#V < \#\mathcal{P}V$. Das ist der berühmte Satz von Cantor. Dieser Satz hat die unglaubliche Folge, dass verschiedene Arten von unendlichen Mengen mit unterschiedlicher Mächtigkeit existieren. Bezeichnen wir die Menge der natürlichen Zahlen mit $\mathbb{N}$, dann gilt:

$$\#\mathbb{N} < \#\mathcal{P}\mathbb{N} < \#\mathcal{P}\mathcal{P}\mathbb{N} < \#\mathcal{P}\mathcal{P}\mathcal{P}\mathbb{N} < \ldots$$

Leopold Kronecker (1823–1891), der noch der Lehrer von Cantor gewesen war, konnte sich so wie andere angesehene Mathematiker, mit derartigen Abweichungen von der mathematischen Deduktion nicht abfinden. Er betrachtete sie als eine persönliche Beleidigung seines alten Schülers, dessen weitere Laufbahn er hartnäckig behindern sollte. Andere herausragende Mathematiker wiederum sahen in der Mengenlehre ein willkommenes Mittel, verschiedene Gebiete der Mathematik eine gemeinsame Basis zu geben und diese zu einer Einheit zusammenzuführen. So ließ sich Hilbert in seiner Begeisterung zu der Äußerung hinreißen: „Aus dem Paradies, das Cantor uns geschaffen hat, soll uns niemand vertreiben können." Kurz danach jedoch zeigte es sich, dass aus Schlussfolgerungen à la Cantor und aus dem übermütigen Eifer immer größere Mengen zu schaffen, ärgerliche Paradoxien auftauchten, die für viel Zweifel und selbst Verzweiflung bei denen sorgten, die das heilige Haus der Mathematik und ihrer Anwendungen umhegt hatten.

Als sprechendes Beispiel können wir das Paradoxon von Russell heranziehen (s. auch Kapitel 1, 4.7). Die meisten Mengen, die wir uns ausdenken können, haben die Eigenschaft, nicht selbst Element dieser Menge zu sein. So ist zum Beispiel die Menge der Vokale im Alphabet selbst kein Vokal und deswegen kein Element von sich selbst. Russell wollte nun eine Menge V definieren, deren Elemente gerade die Mengen sind, welche die Eigenschaft besitzen, kein Element von sich selbst zu sein, also:

$$V = \{X \mid X \notin X\}$$

Wenn V eine Menge ist, darf mit Recht die Frage gestellt werden: „Ist V ein Element von V?"

Das wird dann der Fall sein, wenn V dem Auswahlkriterium für die Elemente genügt, d.h. $V \notin V$. Das bedeute also:

$$V \in V \Leftrightarrow V \notin V \quad \text{(Ui-ui-ui!)}$$

Wenn V jedoch kein Element von V ist, dann erfüllt es genau das Selektionskriterium und muss ganz bestimmt als Element von V aufgenommen werden, dass bedeutet dann aber auch:

$$V \notin V \Leftrightarrow V \in V$$

Das Paradoxon war also so unvermeidlich, und erschwerend kam hinzu, dass sich zeigte, dass dies kein Einzelfall war. Alle diese Paradoxien zeigten jedoch das gleiche Merkmal der Selbstbezüglichkeit, wie die vom Kreter, der sagt „Ich lüge" oder wie bei der Aussage „Dieser Satz ist nicht wahr". Welchen Wahrheitswert man auch verwendet, stets landet man bei der Verneinung dessen, was man gerade angenommen hatte.

Weil so das gesamte Gebäude der Mathematik, ebenso wie das Arsenal ihrer erfolgreichen Anwendungen, sich auf einem logischen Minenfeld zu befinden schien, mussten die Mathematiker schon an die Wurzeln ihrer Argumentationsweisen herangehen, um diese unerträglichen Antinomien auszurotten. Dabei wurde insbesondere die Beziehung zwischen Logik und Mathematik gründlich untersucht. Dadurch entstanden verschiedene konkurrierende Schulen, die jeweils nach ihren vorgeschlagenen Lösungen in Logizisten, Intuitionisten und Formalisten unterschieden wurden.

Die Logizisten mit den wichtigen Vertretern Bertrand Russell und Alfred North Whitehead, Verfasser der monumentalen *Principia Mathematica*, versuchten zu zeigen, dass die gesamte Mathematik auf die reine Logik zurückzuführen sei. Ein Versuch, von dem Kurt Gödel in seinem bereits erwähnten Aufsatz aus dem Jahre 1931 zeigen sollte, dass er nicht realisierbar ist (s. Kapitel 1, 7).

Bertrand Arthur William Russell (1872–1970)

Britischer Mathematiker, Logiker und Philosoph. Im Alter von drei Jahren verlor er seine Mutter und seine Schwester, ein Jahr später seinen Vater und wieder zwei Jahre später auch seinen Großvater. Nach seinen Logikstudien kam er in Kontakt mit Peano und Frege. Zusammen mit Alfred North Whitehead schrieb er die *Principia Mathematica*" ein Projekt, bei dem sie zu zeigen versuchten, dass Mathematik und Logik dieselbe Basis besitzen.
Im Jahre 1901 formulierte er in diesem Werk seine berühmte Paradoxie, wie oben erwähnt.

Die Intuitionisten mit Luitzen E.J. Brouwer als Bannerträger verteidigten einen Standpunkt, bei dem unendliche Konstruktionen nur als „potentiell", d.h. als eine Abfolge von aufeinander folgenden endlichen Konstruktionen, gesehen werden und nicht als „aktual", d.h. als abgeschlossener Prozess. Durch die Ablehnung des logischen Prinzips vom ausgeschlossenen Dritten schränkten sie jedoch auch noch die Spannweite der mathematischen Flügel derartig ein, dass eine Menge wertvoller Früchte der Mathematik verloren zu gehen drohten. Viele Fachkollegen waren dann auch nicht bereit, so weit zu gehen.

Das Programm der Formalisten, angeführt durch David Hilbert, bestand im Aufbau eines Axiomensystems, welches das Hantieren mit an sich bedeutungsleeren Symbolen ermöglichte. Der Hoffnung, innerhalb eines solchen Systems selbst eine Garantie der absoluten Widerspruchsfreiheit einzubauen, wurde durch die Ergebnisse von Kurt Gödel die Grundlage entzogen. Mathematiker haben seitdem mit Unentscheidbarkeit, Unvollständigkeit und Vorläufigkeit zu leben gelernt. Das hat nicht verhindert, dass die Möglichkeit einer fortwährenden und verlässlich fortschreitenden Forschung wieder hergestellt wurde.

4.5 Der Quell der Informatikflut

Im Gegensatz zu dem, was die Logizisten versucht hatten, nämlich nachzuweisen, dass Mathematik ein Teilgebiet der Logik sei, ergab sich genau das Gegenteil, nämlich die Möglichkeit, der Logik die Form einer mathematischen Struktur zu geben. In seinem Buch *The Laws of Thought* aus dem Jahre 1854 zeigte George Boole, wie die logischen Schlussweisen des Aristoteles in einen einfachen rechnerischen Kalkül umgesetzt werden konnten. Auch durch die Arbeiten von Gottlob Frege, Professor in Jena, setzte sich die Formalisierung der Logik weiter fort. Obwohl zu diesem Zeitpunkt die mathematische Basis für eine Automatisierung der Informationsverarbeitung zur Verfügung stand, sollte es doch noch bis zur zweiten Hälfte des 20. Jahrhunderts dauern, bis die technologischen Voraussetzungen für eine Verwirklichung eines vollwertigen Computers vorhanden waren.

Von dem Augenblick an, in dem der Mensch vom Stadium des Zählens auf das komplizierte Gebiet des Rechnens überwechselte, waren Hilfsmittel für das Rechnen willkommen. Das Fingerrechnen wurde durch den Abakus und eine Anzahl von Zahlsystemen ersetzt. Doch ihre Verwendung verlangte noch immer kenntnisreiches Geschick und viel Anstrengung. Im Laufe des 17. Jahrhunderts sollten verschiedene Versuche unternommen werden, mechanische Rechenmaschinen zu konstruieren. So gelang es 1624 Wilhelm Schickard, einem Freund von Kepler, eine Maschine zu bauen, die zwei Zahlen miteinander multiplizieren konnte. 1642 kam Pascal mit seiner bereits erwähnten Pascaline, die addieren und subtrahieren konnte in der Art, wie die Zahnräder in einem alten Kilometerzähler arbeiten. Leibniz brachte dann 1674 eine Rechenmaschine heraus, die fehlerlos die vier Grundrechenarten ausführen konnte, also auch multiplizieren und dividieren.

Zur selben Zeit führte er das binäre Zahlsystem ein. Von einer Automatisierung war hierbei jedoch noch keine Rede.

Nachdem der französische Weber Joseph-Marie Jacquard einen Webstuhl entworfen hatte, der mithilfe von Lochkarten (Karten mit vorprogrammierten Löchern) gesteuert werden konnte, übernahm der englische Mathematiker Charles Babbage (1792–1871) die Idee und versuchte, eine automatische Rechenmaschine zu entwerfen. Dieser Entwurf der „Analytical Machine" mit ihren Funktionen von Eingabe, Speicher, Steuerung und Ausgabe sollte die Grundlage für den modernen Computer bilden. Ungeachtet der finanziellen und moralischen Unterstützung durch seine Mitarbeiterin, Lady Ada Lovelace, Tochter des bekannten Dichters Lord Byron, sollte das Projekt wegen der Unzulänglichkeit der damaligen Technologie jedoch nicht fertig gestellt werden. Zwischen 1884 und 1890 verwendete der amerikanische Statistiker Herman Hollerith ebenfalls ein Lochkartensystem, um die Eingabe und Verarbeitung von Daten einer Volkszählung zu automatisieren. Dabei machte er Gebrauch von den Möglichkeiten der Elektrizität, indem er die mechanische Funktion der Stifte und Löcher in elektrische Impulse umsetzte. Hierdurch wurde die gigantische Rechenarbeit erheblich von zehn Jahren auf drei Jahre verkürzt. Nach wiederholten Verbesserungen konnte die Maschine auch für andere Aufgaben verwendet werden.

Der große Durchbruch der elektronischen Computer begann jedoch erst in und vor allem nach der Zeit des Zweiten Weltkriegs unter dem Druck militärischer Zwänge wie denen des Kodierens und Dekodierens von geheimen Nachrichten. Nachdem der junge englische Mathematiker Alan M. Turing 1936 ein abstraktes Modell einer allgemeinen logischen Maschine mit ihren elementaren Funktionen beschrieben hatte, die sogenannte Turingmaschine, wurde die Realisierung dieses Prinzips zusammen mit den Ideen von Babbage und Hollerith immer erfolgreicher.

Ein wichtiger Meilenstein war die Entwicklung von MARK I im Jahre 1944 durch den amerikanischen Physiker Howard Aiken an der Harvard Universität in Zusammenarbeit mit IBM (International Business Machines). Das „Gerät" wog 5 Tonnen und enthielt 3304 mechanische Relais, die noch immer durch einen programmierten Lochstreifen gesteuert wurden. Die Berechnungen erfolgten zwar bereits in Bruchteilen von Sekunden, aber man hielt dies doch noch für zu langsam.

Der erste vollwertige elektronische Computer war ENIAC (Electronic Numerical Integrator And Computer), zwischen 1943 und 1946 entwickelt von zwei amerikanischen Wissenschaftlern, John Presper Eckert und John William Mauchly an der Universität von Pennsylvania unter Verwendung von Vakuumröhren. Es war ebenfalls eine enorme Konstruktion, die 30 Tonnen wog, 18 000 Röhren enthielt und einen Saal von 10 mal 16 Meter füllte. Die Idee, Zahlen im Binärcode elektronisch darzustellen (mit Lämpchen, die ein- oder ausgeschaltet waren), ermöglichte schnellere Berechnungen (300 Multiplikationen in einer Sekunde). Es war ein elektronisches Rechenhirn der ersten Generation, das noch sehr anfällig war. Immer wieder war hier oder dort mal ein Lämpchen defekt, außerdem verbrauchten die Röhren viel Energie, was mit einer enormen Wärmeentwicklung einherging.

Vor dem Computer Eniac, Aberdeen Proving Ground, 4. April 1950 anlässlich der ersten numerischen Wettervorsage, durchgeführt mithilfe eines Computers. Von links nach rechts: H. Wexler, J. von Neumann, M. H. Frankel, J.Namias, J. C. Freeman, R. Fjortoft, F. W. Reichelderfer und J.G. Charney.

Durch dem Impuls des technologischen Fortschritts folgten jetzt schnell Computer der zweiten, dritten und vierten Generation jeweils auf der Basis von Transistoren und integrierten Schaltungen (Microchips). Das ging einher mit einer fortlaufenden Erhöhung der Rechengeschwindigkeit, einer Vergrößerung der Speicherkapazität und vor allem einer unglaublichen Miniaturisierung. Die heutigen Mikroprozessoren können selbst die Größe einer Streichholzschachtel annehmen.

Inzwischen sind die „Personal Computer", die „Taschenrechner" und „GSM" eine Selbstverständlichkeit geworden. In einer beinahe nicht zu verfolgenden, fortwährenden Zunahme an Komplexität und Verbraucherfreundlichkeit steht das gesamte Arsenal der Informations- und Kommunikationstechnologie dem kleinen Mann als Spielzeug zur Verfügung. Niemand kann die weitere spektakuläre Entwicklung der Kybernetik, der Automatisierung und der Fauna der künstlichen Intelligenz in der nahen Zukunft voraussagen. Man kann jedoch schon jetzt, täglich und überall, die Ausmaße der Auswirkungen dieses Prozesses auf unsere sich rasend schnell verändernde Kultur ermessen.

Zum Abschluss

In diesem Kapitel haben wir versucht, die Elemente der Erneuerung in der Geschichte der Mathematik darzulegen, die den beachtenswerten gesellschaftlichen und kulturellen Veränderungen zugrunde liegen. Sicherlich können diese Elemente nicht losgelöst vom gesamten Zeitgeschehen und den jeweiligen gesellschaftlichen Zusammenhängen betrachtet werden. Doch die mathematischen Aktivitäten sind eine der weniger materiellen Vorbedingungen. Denken und ein Stock, um damit notfalls in den Sand zu schreiben, erfordern nun mal keine großen Investitionen und kein Lobbying für Zuschüsse. Auch ist das mathematische Universum größtenteils esoterisch, platonisch oder sogar poetisch in dem Sinne, dass es sich durch Erfindungsreichtum und Fantasie ständig ausdehnt. Umso bemerkenswerter ist daher immer wieder seine Anwendbarkeit und Wirksamkeit.

Um die agrarischen Kulturen zu entwickeln, mussten vielfältige praktische Probleme unter Zuhilfenahme von Rechnen und Messen gelöst werden. Aber daneben besaß die Faszination der reinen Zahlenbeziehungen und die Ästhetik der abstrakten Formen genug Anziehungskraft, um sich auch rein rekreativ und kreativ ohne irgendeine Erwartung von Nutzen oder Vorteil damit zu beschäftigen.

Der Geist der Griechen war überhaupt nicht auf praktische, experimentelle Wissenschaft ausgerichtet. Nur das Streben nach Verständnis und Einsicht war hoch angesehen und fand seine Befriedigung in spekulativen, rein ideellen Modellen, die einen Rahmen für eine mögliche Erklärung der Phänomene abgaben. Mit der Realität hatte man wenig zu tun, eine kohärente Interpretation war ausreichend, sich mit der Existenz abzufinden. Und genau in dieser Kultur wurde der Grundstein gelegt für die Entwicklung unserer westlichen rationalen Haltung, frei von politischen und wirtschaftlichen Überlegungen. Es ist unsinnig, hartnäckig zu behaupten, dass die mystische Besessenheit der Pythagoreer mit ihren befreundeten Zahlen und ihrer Pentalpha-Symbolik aus den konkreten Bedürfnissen der damaligen Gesellschaft entsprungen sind, ebenso wenig wie das titanische Werk des Euklid und die intellektuelle Spielerei der diophantischen Gleichungen.

Andererseits ist es unverkennbar, dass in der Zeit des Ausklangs der Renaissance die Entwicklung der Mathematik unter dem Einfluss der Philosophen wie Francis Bacon, John Locke und David Hume ihre Inspiration aus den praktischen Problemen der Physik und Astronomie bezogen hat. Dennoch suchten sowohl Galilei und Kepler als auch Newton sogleich ein mathematisches Gerüst für ihre Entdeckungen, wodurch dem induktiven Charakter des Experiments wiederum das Aussehen einer deduktiven Kausalität gegeben wurde. Obwohl die Effizienz der Differential- und Integralrechnung auch in den darauf folgenden Jahrhunderten beim Studium fast aller Prozesse der Dynamik ihren unentbehrlichen Beitrag leistete, sollte die industrielle Revolution nach und nach sich noch für eine geraume Zeit nur am Rande dieser reinen Wissenschaft abspielen. Während dessen wurden im glühenden Eifer der Aufklärung die Gebiete der eigentlichen Mathematik wie analytische Geometrie, die Infinitesimalrechnung, die Wahrscheinlichkeitsrechnung, die projektive und darstellende Geometrie weiter entwickelt, ohne immer wieder nach einem unmittelbaren Nutzen Ausschau zu halten. Sowohl das Dreikörperproblem der gegenseitigen Anziehung von Sonne, Mond und Erde wie die Stabilität des Sonnensystem sind schöne inspirierende Probleme, die mit Sicherheit viel zum Nachdenken über die Lösung von Differentialgleichungen beigetragen haben, aber für das tägliche Leben haben sie kaum Vorteile gebracht. Und so ist es auch immer wieder das rein mathematische Interesse, das den Geist in seinen Bann zieht, bevor vielleicht ein konkreter praktischer Zweck gefunden wird.

In welchem Maße ein scheinbar esoterisches Hirngespinst manchmal Jahrhunderte später das Gesicht unserer Welt verändern kann, illustriert unsere heutige Kultur. Wer hat voraussagen können, dass durch das Nachdenken über die Frage, ob das Parallelenaxiom beweisbar ist, über die Paradoxien, die bei unendlichen Mengen auftraten und die Widerspruchsfreiheit von Axiomensystemen, die Mathematiker zu einer Grundlagenuntersuchung und ein Sicheinmischen in die Logik gezwungen wurden und so die Grundlage für das wunderbare Phänomen des Computers und seiner Verwandten gelegt wurde. Unsere sogenannte „moderne" Mathematik, auf der das alles basiert, stammt jedoch bereits aus dem 19. Jahrhundert. Ein Zeitalter, in dem die industrielle Revolution noch reichlich Vorteile aus der Wissenschaft und der Mathematik der vorhergehenden zwei Jahrhunderte ziehen konnte. Und mit der unvorstellbaren Rechengeschwindigkeit und den Möglichkeiten der Simulation durch Computer kann die Mathematik heute nochmals durch die Erkundung der wunderbaren Welt der Fraktale und des deterministischen Chaos ihre Grenzen hinausschieben. Das lässt das Licht einer neuen werdenden Wissenschaft in den Gebieten der nichtlinearen dynamischen Systeme aufleuchten.

Und so geht die Geschichte der Fackel des Verstandes, kraft der Analyse seiner eigenen Natur unzulänglich, das gesamte Universum in seiner Glut zu beleuchten, stets weiter mit dem Erhellen der Fresken in noch unbetretenen Gängen.

> „Die Theorie zieht die Praxis an so wie der Magnet Eisen anzieht"
>
> **Carl Friedrich Gauß**

Kapitel 4

Mathematik in Natur und Kunst

> „Das Leben ist komplex, es hat reelle und imaginäre Teile."
>
> **Tom Potter**

In diesem Kapitel werden wir an einigen Beispielen aufzeigen, auf welche Weise sich mathematische Aspekte und Strukturen in den Phänomenen der Natur und in den verschiedenen Bereichen der Kunst niederschlagen.

Alles, was das Universum seit dem „Big Bang" hervorgebracht hat, einschließlich der verschiedenen Lebensformen trägt einerseits die Spuren von Prozessen, die gemäß den von uns so genannten Naturgesetzen ablaufen, andererseits ist es aber auch das Ergebnis von zufällig getroffenen Wahlentscheidungen aus einer Anzahl zur Verfügung stehender kombinatorischer Möglichkeiten, die in gewissen Augenblicken der Evolution zur Verfügung standen. Es braucht uns daher nicht zu verwundern, dass die Mathematik, die sich als äußerst geeignet erwiesen hat, sowohl die Naturgesetze als auch die Wahrscheinlichkeitstheorie zu beschreiben, zu einem besseren Verständnis dessen, was sich in der Natur abspielt, beitragen kann.

> *Warum haben die Dinge die Form, die sie haben?*
>
> *Welche Rolle spielt die Symmetrie?*
>
> *Woher kommt der Hang zur Effizienz und Optimierung?*
>
> *Welche tiefere Bedeutung haben die verschiedenen Konstanten, die sich aufdrängen wie:*
>
> *die Lichtgeschwindigkeit (maximale Geschwindigkeit im Universum),*
>
> *die Plancksche Konstante (minimales elementares Wirkungsquantum),*
>
> *die Hubble-Konstante (Proportionaltätsfaktor bei der Ausdehnung der galaktischen Nebel)?*

So viele Fragen, deren Antworten etwas Licht auf die Mysterien des Kosmos und sein unentrinnbares Schicksal werfen können. Mathematik zeigt sich dann auch auf jedem Gebiet der Wirklichkeit:

- die Schattenkegel bei einer Sonnen- oder Mondfinsternis,
- der Wechsel der Jahreszeiten,
- das Wachstumsmuster einer Pflanze,
- die Form der Muscheln am Strand usw.

276　Mathematik in Natur und Kunst

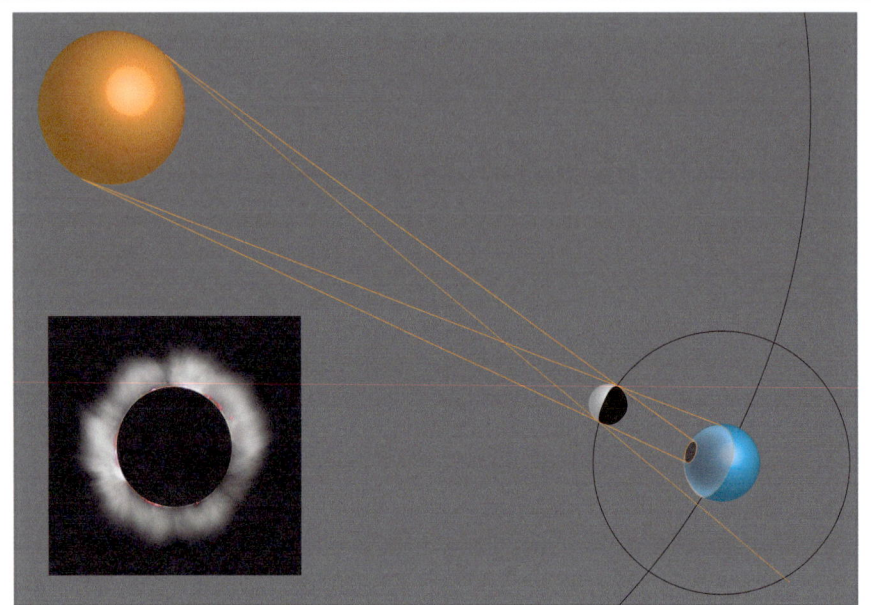

Sonnenfinsternis, die auftritt, wenn der Mond auf seiner Bahn zwischen Erde und Sonne steht. Die gemeinsamen Tangenten an Sonne und Mond bestimmen die Zonen der totalen Sonnenfinsternis und der Halbschatten.

Die Schneckenform der logarithmischen Spirale resultiert aus einem Muster für das Wachstum, das proportional ist zur Größe des Organismus. Diese Form ergibt sich aus dem goldenen Schnitt.

Wird auch das Funktionieren der Natur nicht als ein Vorgang betrachtet, der sich selbst autonom und bewusst steuert, so ist das auf künstlerischem Gebiet selbstverständlich anders. Kunst ist ein Produkt des Künstlers und das Kunstwerk ist Ausdruck seiner gesamten Persönlichkeit, manchmal innerhalb gewisser Grenzen, häufig auch rein intuitiv. Die Gefahr ist nicht von der Hand zu weisen, dass der Kunstliebhaber, ausgerüstet mit einer gefärbten Brille, in ein Kunstwerk Strukturen und Bedeutungen hineinliest, die dem Künstler völlig fremd sind. Als man Piet Mondrian, bei dem man doch leicht geneigt ist, mathematische Ausgangspunkte anzunehmen, fragte, ob er bei seinen Kompositionen immer von Basisquadraten ausgehe, antwortete er, dass er selbst überhaupt keine Quadrate in seinem Werk bemerke und dass er einzig die Absicht verfolge, den Flächeninhaltsaspekt zu zerbrechen. Hieraus darf jedoch nicht der Schluss gezogen werden, dass einem Kunstwerk nicht bestimmte Regeln zugrunde liegen, die ihren Anknüpfungspunkt u.a. auch in der Mathematik finden können. So muss sich ein Maler, der auf einer Ebene räumliche Szenen realistisch wiedergeben will, die Gesetze der Perspektive aus der projektiven Geometrie beachten. Auch ein Architekt kann sich nicht bei seinen Entwürfen auf rein ästhetische Gesichtspunkte beschränken, sondern ist durch vielerlei physikalische Bedingungen eingeschränkt, wie die der Schwerkraft, von Galilei und Newton in Gesetze gefasst. Die Form eines Gebäudes spiegelt darum auch die verborgene Schönheit der Berechnungen aller Kräfte wieder, die ihm seine Stabilität verleihen müssen.

Es ist noch keine einheitliche Definition für einen ästhetischen Maßstab formuliert worden, obwohl einige Philosophen und Kunstkritiker Versuche in dieser Richtung unternommen haben. Dennoch kann auch ein musikalisch Ungebildeter den Unterschied zwischen einem willkürlichen Geklimper auf dem Klavier und dem Klang von Musik hören, deren Partitur die Regeln der Harmonie– und Kompositionslehre beachtet, gebunden an Verhältnisse und Periodizität. Wir werden uns dann auch auf diesem Gebiet auf Beispiele beschränken, die keinen Anlass zu Kontroversen bieten können.

Das Pantheon in Rom, ursprünglich um 28 v. Chr. unter Agrippina erbaut. Nach einem Brand im Jahre 80 unter Hadrian zwischen den Jahren 118 und 125 wieder aufgebaut

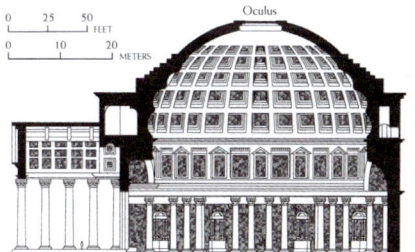

Pantheonquerschnitt. Die Kuppel besitzt oben eine Öffnung (*oculus*) von 9 Meter Breite. Der Durchmesser des Gebäudes ist gleich der Höhe und beträgt 43 Meter.

1 Mathematik in den Formen der Natur

1.1 Die Gleichungen des Kosmos

Als der primitive Mensch, noch nicht behindert durch helle Straßenbeleuchtung und Neonreklame, den dunklen Nachthimmel mit den Anordnungen von unzählbaren Lichtpunkten betrachtete, die in unveränderlichen, zusammenhängenden Bildern jeden Abend langsam den Polarstern umkreisen, ab und zu von der Bahn des zu- oder abnehmenden Mondes durchkreuzt, wird er sicher auch unter dem Eindruck der Größe dieses Schauspiels gestanden haben. Dass dieser Anblick ihn nicht dazu inspiriert haben wird, sich die Erde als eine Kugel vorzustellen, hat womöglich keinen Einfluss auf seine alltäglichen Mühen gehabt. Das tut jedoch der realen Tatsache keinen Abbruch, dass die Erde kugelförmig ist und sich sowohl um ihre eigene Achse als auch um die Sonne dreht, Bewegungen, durch die bereits viele Naturereignisse eine Erklärung finden. Seine Ergriffenheit wird dann auch nicht den Mehrwert gehabt haben, der nur aus dem Verständnis der Modellvorstellungen für die Erscheinungen hervorgeht, wie sie heute zur Verfügung stehen. Sonnenfinsternisse, Sternschnuppen, Donner und Blitz jagen uns denn auch keine Angst mehr ein, obgleich wir dennoch still vor diesen wunderbar schönen Zusammenhängen verharren: die Masse und die Nähe des Planeten Jupiter beschützen uns vor einem Regen aus allzu großen Meteoriten, die Anwesenheit des Mondes trägt zur Stabilität der Neigung der Erdachse bezüglich der Ekliptik bei und damit zur Regelmäßigkeit der Jahreszeiten usw. Die Gravitationsgesetze tun ein Übriges mit ihren eigenen präzisen Berechnungen, und wir brauchen nichts anderes zu tun, als dankbar weiter zu leben, weil alles so gut durchdacht geregelt ist. In unseren Augen ist das Weltall heute ein gigantisches in der Evolution befindliches Energiesystem.

1.1.1 Das Modell des Urknalls.

Auf der makroskopischen Ebene genießen wir das Schauspiel galaktischer Nebel, Staubwolken und Gase, mit sich neu bildenden, explodierenden oder in sich zusammenstürzenden Sternen, begleitet von einem Reigen von Planeten, Satelliten,

Der Pferdekopfnebel

im Sternbild Orion. Die dunkle Wolke besteht aus Gasmolekülen, die rote Glut besteht aus Wasserstoffgas, ionisiert durch einen nahen Stern. Solche galaktischen Nebel sind der Kreißsaal für neue Sterne.

Kometen und Meteoriten. Das alles grandios dargestellt in der allgemeinen Relativitätstheorie. In der mikroskopischen Welt verfolgen wir fassungslos die bizarren Blitze der atomaren Teilchen und das Durcheinander elektromagnetischer Erscheinungen, ihrerseits übersetzt in die Modelle der Quantentheorie. Diese beiden Ebenen werden durch die fesselnde Geschichte von einem Urknall, am Ursprung sowohl von Materie und Strahlung wie von Raum und Zeit, zusammen gebracht. Diese Geschichte wird schön in einigen mathematischen Gleichungen zusammengefasst, die nicht nur ein Modell bieten für all das, was beobachtet wird, sondern die auch Extrapolationen für die Zukunft ermöglichen.

Der Skeptiker wird einwenden, dass das Urknallmodell nur eine Hypothese ist und dass die Gleichungen doch nicht den Ereignissen vorausgingen, sondern nur ein Mittel bieten, um *post hoc* etwas Übersicht und Synthese zu schaffen. Doch seitdem Galilei wegen seines Erfolgs bei der Formulierung der Fallgesetze ausrufen sollte: „Das große Buch der Natur liegt offen vor uns. Um es lesen zu können, brauchen wir die Mathematik.", hat es inzwischen in der Folge bereits so viele überzeugende Beispiele gegeben, dass dieser Ausspruch immer zutreffender geworden zu sein scheint.

Die Urknalltheorie ist natürlich keine aus den Fingern gesogene Variante einer Schöpfungsgeschichte, sondern eine Folgerung aus Berechnungen und Beobachtungen. Die stärksten Argumente für die Brauchbarkeit des Bing Bang-Modells liegen im Bereich von drei Messungen von entscheidender Bedeutung.

1 Die Hubble-Konstante

Edwin Hubble hatte einen Zusammenhang zwischen dem Abstand, im dem sich ein Sternensystem befindet und der Geschwindigkeit, mit der es sich von uns entfernt, festgestellt. Hierzu maß er die Größenordnung der Rotverschiebung im Spektrum des Sternensystems als Folge des Dopplereffekts.

Das Hubble-Teleskop

in der Erdumlaufbahn. Kurz nach dem Abschuss im Jahre 1990 zeigte sich, dass für den Lichteinfall der Spiegel falsch eingestellt war. Der Fehler betrug 2/5 der Dicke eines Menschenhaars! 1993 wurde durch ein speziell hierfür ausgesandtes Astronautenteam der Fehler behoben. Von da an konnte das Teleskop seine verblüffenden Leistungen zeigen.

Es schien ein konstanter Faktor im Spiel zu sein, der seitdem die Hubble-Konstante genannt wird. Aus dem exakten Wert dieser Konstanten kann u.a. auch das Alter des Weltalls abgeleitet werden. Wegen der Wichtigkeit einer korrekten Messung dieser Konstanten wurde 1990 das Hubble-Teleskop in eine Umlaufbahn um die Erde geschossen, um die Beobachtungen zu verbessern. Aus dem berechneten Wert ergab sich dann für das Universum ein Alter von ungefähr fünfzehn Milliarden Jahren.

2 Die Hintergrundstrahlung und die Temperatur des Weltalls

Die kosmische Hintergrundstrahlung ist ein Überbleibsel der frei gewordenen elektromagnetischen Strahlung, die mit der enorm hohen Temperatur des Urknalls einherging. Mit der Quantentheorie kann die Wechselwirkung zwischen Materie und Strahlung beschrieben werden. Da eine umgekehrte Proportionalität zwischen der Temperatur und der Wellenlänge besteht, bei der die größte Strahlungsmenge abgegeben wird, kann mit der Messung der gegenwärtigen Hintergrundstrahlung auch die heutige Temperatur im Weltall gemessen werden. Zusätzlich wird ebenfalls eine umgekehrte Proportionalität zwischen den Abmessungen des Weltalls und seiner Temperatur beobachtet: Je größer das Weltall, umso tiefer ist seine Temperatur. Das Universum, das bei seiner Ausdehnung immer weiter abgekühlt ist, hat jetzt eine (mittlere) Temperatur von $-270{,}42$ °C, also nur wenige Grade über dem absoluten Minimum von $-273{,}15$ °C. Aus dem Spektrum der Hintergrundstrahlung, das mithilfe des Satelliten COBE beobachtet wurde, ergab sich eine Anzahl Merkmale, die alle für die Urknalltheorie positiv waren: die Isotropie (dieselbe Strahlung in alle Richtungen bis auf kleine Abweichungen), eine perfekte Übereinstimmung bei mehr als 100 Messpunkten zwischen der Kurve des Spektrums des erwarteten „Schwarzen Strahlers" (Quelle von ausschließlich thermischer Strahlung) und der Kurve des Spektrums eines Schwarzen Körpers mit einer wohlbestimmten konstanten Temperatur.

3 Die Materieverteilung im Universum

Auch für die außergewöhnliche Verteilung der Materie im Universum (72 % Wasserstoff, 26 % Helium und nur 2 % für alle anderen Elemente) bietet das Urknallmodell eine passende Erklärung, ebenso für die nachgewiesene Tatsache, dass fast doppelt so viel Strahlung (Photonen) wie Materie (Atome) existiert. Dass die beiden leichtesten Elemente, Wasserstoff und Helium, so viel häufiger vorkommen als die anderen Elemente, unter denen Eisen überwiegt, sollte sich aus den Bindungsprozessen der verfügbaren Mengen von Protonen ergeben, Neutronen und Elektronen während der ersten Augenblicke nach dem Urknall. Das quantitative Verhältnis der Strahlung zur Materie sollte sich aus der gegenseitigen Vernichtung von Materie- und Antimaterieteilchen ergeben. Für den Messwert der Materiedichte im Weltall (Verhältnis der Gesamtmaterie zum Volumen des Weltalls) gibt es jedoch einen kritischen Wert, von dem letztlich das Schicksal des Universums abhängt. Unterhalb dieses kritischen Dichtewerts dehnt sich das Universum immer schneller aus (Expansionsmodell). Oberhalb des Wertes jedoch sollte die Ausdehnung durch die globale Schwerkraft der Materie verlangsamt werden, um schließlich wieder in einem Prozess des Schrumpfens mit einem *Big Crunch* zu enden. Bei einem Wert exakt gleich der kritischen Dichte sollte sich die Ausdehnung allmählich verlangsamen und in einen stabilen Zustand übergehen (ebenes Weltall). Hierüber gibt es jedoch noch keinen endgültigen Aufschluss, weil mit der Spektralanalyse nur die Materie entdeckt werden kann, deren Licht uns erreicht. Wie viel Materie z.B. in Schwarzen Löchern oder in Sternsystemen, deren Licht uns noch nicht hat erreichen können, existiert, muss geschätzt werden und ist vorläufig nicht klar. Im Hinblick auf unsere Lebenszeit brauchen wir uns hinsichtlich der kosmischen Zeitskala vorerst keine Sorgen über ein eventuelles Katastrophenszenario zu machen.

Obwohl über die Entwicklung des Universums auch alternative Theorien im Umlauf sind, besitzt das Urknallmodell, zuerst vorgestellt von dem belgischen Physiker Georges Lemaître im Jahre 1927, mit Recht und aus gutem Grund viele Anhänger unter prominenten Physikern, die ihm dann auch bezüglich der Gültigkeit einen gleichen Status zuerkennen wie Beispielsweise der Evolutionstheorie von Darwin.

Georges Lemaître

1.1.2 Theoretische Ableitungen und Vorhersagen

Seit der Entwicklung der Naturwissenschaften im 17. Jahrhundert hat die Mathematik stets an ihrer Seite gestanden und die Instrumente für eine klarere Beschreibung der verschiedenen Forschungsbereiche zur Verfügung gestellt. Bei den Naturerscheinungen springen die Naturgesetze nicht ins Auge, denn sonst würden sie zu allen Zeiten bemerkt worden sein, ebenso wenig die Formeln und Gleichungen, durch sie ein einfaches Aussehen erhalten haben. Es ist aber doch bemerkenswert, dass auf allen Stufen, auf denen sich die Physik mathematisch verschleiert hat, Neuigkeiten zum Vorschein gekommen sind, die dort anfänglich nicht gesehen oder erwartet wurden. Mehrmals ist es vorgekommen, dass die Gleichungen und Berechnungen die Existenz von etwas verlangten, das dann auch tatsächlich existierte oder existiert hatte. Heutzutage gehen die theoretischen Physiker sogar so weit, dass sie ihren schönen Gleichungen mehr vertrauen als den Experimenten, welche die Vorhersagen manchmal als falsch erscheinen lassen. Sie gehen eher davon aus, dass das Experiment nachlässig durchgeführt worden ist, als dass sie beim erstbesten Rückschlag ihre erfolgreichen Gleichungen aufgeben. Wir werden hierfür einige historische Beispiele liefern.

1 Die parabolische Bahn eines Geschosses

Mit seinen Formeln für die Fallbewegung konnte Galilei auch die parabolische Bahn eines abgefeuerten Geschosses, das man schwerlich in seinem Flug verfolgen kann, vorhersagen. Dadurch hat die Ballistik nicht wenig an „Effizienz" gewonnen.

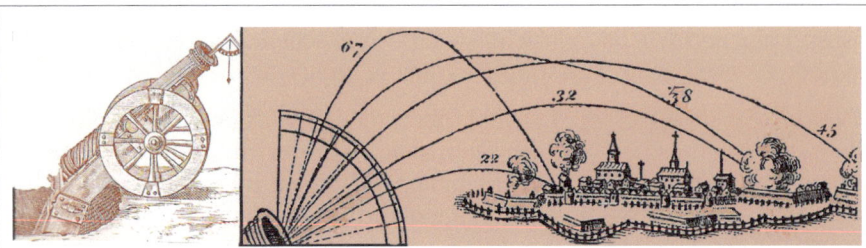

Galilei konnte aus dem Fallgesetz als erster auch die parabolische Bahn eines Geschosses ableiten. Die größte Reichweite erhält man unter einem Winkel von 45°, gleiche Entfernungen erreicht man bei Winkeln, die sich um den gleichen Betrag, sowohl positiv wie negativ, von 45° unterscheiden.

2 Die Entdeckung des Planeten Neptun

Durch Berechnungen auf der Basis des Gravitationsgesetzes von Newton und der Theorie der Planetenbahnen von Kepler wurden Planeten entdeckt, die man vorher nicht beobachtet hatte. Nach der Entdeckung des Planeten Uranus zeigte sich, dass eine Differenz zwischen der berechneten Bahn und seinem wirtlichen Standort am Himmel auftrat. Weil dieser Umstand sich immer wieder einstellte, nahmen die Astronomen an, dass es irgendwo noch einen unbekannten Planeten geben musste, der die Bahn des Uranus störte. Zwei Studenten, Adams (ein Engländer) und Le Verrier (ein Franzose) begannen unabhängig voneinander mit komplizierten Rechnungen, um die Position des unbekannten Planeten zu berechnen. Adams war als erster fertig und sandte 1845 seine Ergebnisse an das Observatorium in Greenwich mit der Bitte, diesbezügliche Beobachtungen durchzuführen. Die Arbeit des Studenten wurde jedoch nicht ernst genommen und landete in einer Schublade. Le Verrier hatte mehr Glück, sein Schreiben an den deutschen Astronom J. G. Galle hatte unmittelbare Folgen. Am 23. September 1846 fand man mit dem Fernrohr an der berechneten Stelle am Himmel in der Tat einen bis zu diesem Augenblick noch nicht beobachteten Planeten, den Neptun, nunmehr der achte Planet in unserem Sonnensystem. Auch der winzige und fernste (Zwerg)-planet Pluto hatte eine ähnliche Geschichte.

3 Der Begleiter des Sirius

F.W. Bessel

Die Parallaxen-Methode zur Bestimmung der Entfernung der Erde von einem Stern besteht darin, dass man den (halben) Winkel misst, unter dem man den Stern von zwei entgegengesetzten Punkten der Erdbahn um die Sonne sieht. Diese Methode wurde 1838 von dem deutschen Mathematiker und Astronomen F. W. Bessel ausgearbeitet. Er verfolgte während eines ganzen Jahrs u.a. die Position des Sterns Sirius bei seiner Bewegung bezüglich des Firmaments als Hintergrund. Diese Bewegung hätte gleichmäßig mit der Erdbewegung verlaufen müssen (s. Zeichnung). Er stellte jedoch fest, dass Unregelmäßigkeiten auftraten. Mal war die Bewegung langsamer als erwartet, mal schneller. Er wollte aber nicht annehmen, dass seine Berechnungen vielleicht falsch waren und zog den Schluss, dass Sirius in seiner Nachbarschaft einen Begleiter haben musste, der diese Abweichungen verursachte. Mit der Stärke der damaligen Fernrohre konnte man diesen jedoch nicht finden. Bessel starb, ohne den bewussten Stern gesehen zu haben, aber in der vollen Überzeugung, dass er existierte. 20 Jahre nach seinem Tod wurde er mit einem stärkerem Fernrohr des Yerkes-Observatoriums beobachtet, so wie es Bessel vorausgesagt hatte.

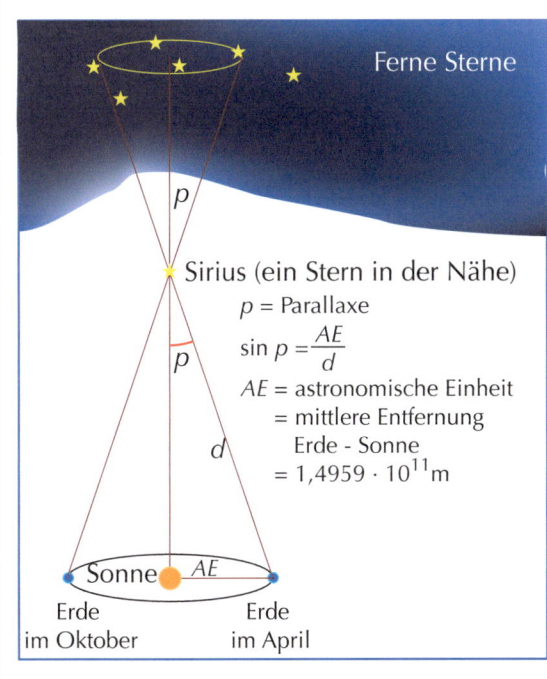

Bestimmung der Parallaxe des Sterns Sirius von den Erdpositionen im April und Oktober aus. Die kleine Ellipse gibt die scheinbare Bewegung des Sirius gegen den Hintergrund des Nachthimmels wieder. Diese ist eine Folge der Erdbewegung um die Sonne und wird daher auch im entgegengesetzten Sinn beobachtet.

4 Die Krümmung des Raums

A. Einstein

Die allgemeine Relativitätstheorie von Einstein mit ihren vielen bestürzenden Aspekten wie Krümmung des Raums in der Nachbarschaft von Gravitationsfeldern, der Zeitverkürzung bei hohen Geschwindigkeiten, einem Universum mit vier Dimensionen und nicht zuletzt der „explosiven" Beziehung zwischen Energie und Materie ($E = mc^2$) war vor allem die Frucht reiner Gedankenexperimente. Für Teleskope und Teilchenbeschleuniger zeigte er ganz und gar kein Interesse. Nachdenken und ein paar Gleichungen auf ein Stück Papier kritzeln genügten, um eine Theorie zu entwerfen, die zum Gerüst für das makroskopische Schauspiel des Kosmos wurde. Um seine Vorhersage zu testen, dass ein Lichtstrahl in der Nachbarschaft des Gravitationsfeldes der Sonne wegen der verzerrten Raumkrümmung in diesem Feld abgelenkt werden sollte, rüstete die Londoner Royal Society eine Expedition nach Príncipe vor der Küste Afrikas und nach Sobral in Brasilien aus, um während der Sonnenfinsternis am 29. Mai 1919 die geforderte Abweichung zu beobachten. Als dann anhand von Fotos (s. Abbildung) tatsächlich eine Verlagerung der Lichtpunkte von Sternen festgestellt wurde, war das für ihn eine großer Triumph, bei dem er jedoch recht gelassen blieb. Die beobachtete Positionsänderung (1,64 Bogensekunden) unterschied sich nur geringfügig von der, die von ihm zuvor berechnet worden war (1,75 Bogensekunden). Aber er hatte keinerlei Zweifel und dachte nicht daran seine Berechnungen zu wiederholen: „Sollen sie doch das nächste Mal ein bisschen besser aufpassen", war sein lakonischer Kommentar. Auch seine Voraussagen über das Schrumpfen der Zeit und leider auch die konkreten Aspekte der Formel $E = mc^2$, die Basis der verhängnisvollen Pilzform, wurden durch Experimente bestätigt.

Foto der denkwürdigen Sonnenfinsternis vom 29. Mai 1919, die Einsteins Theorie der Gravitationsfelder bestätigte. Die scheinbare Positionsveränderung als Folge der Ablenkung der Lichtstrahlen im Gravitationsfeld der Sonne wird durch die kleinen Pfeile angedeutet.

5 Die Entdeckung des Antielektrons und des Antiprotons

P. A. M. Dirac

Die Quantenmechanik ist auf der mikroskopischen Ebene das Gegenstück zur Relativitätstheorie und beschreibt die Welt des Atoms und seiner Teilchen. In diesem Miniaturkosmos sind es jedoch die elektromagnetischen Kräfte, die schwache und die starke Wechselwirkung und nicht die Schwerkraft, die den Laden zusammenhalten oder durcheinanderwirbeln. Eine wichtige Gleichung, welche die Welt der Quantenmechanik beschreibt, ist die Wellengleichung von Schrödinger, auf seinem Gebiet Einstein ebenbürtig. Auch der schottische Physiker Paul A. M. Dirac hat auf diesem Gebiet wichtige Gleichungen aufgestellt. Eine der Gleichungen beschrieb das Verhalten eines Elektrons und machte dabei die Annahme der Existenz eines Gegenstücks, nämlich eines Elektrons mit einer positiver Ladung (anstelle einer negativen), das daher auch „Antielektron" oder „Positron" genannt wird. Nachdem die unvorstellbare Idee eines „Antielektrons" in abstrakter Form aus einer Gleichung aufgetaucht war, wurde es anderthalb Jahre später von dem Physiker C. D. Anderson experimentell nachgewiesen. Das „Antiproton", dessen Existenz augrund derselben Gleichung vorhergesagt wurde, wurde erst 20 Jahre später entdeckt. Die Voraussage und die Bestätigung der Existenz von Antimaterie nannte Werner Heisenberg den größten Sprung der Physik in der heutigen Zeit.

6 Die ultimative Theorie von Allem ?

Wir werden hier nicht die Erfolge so vieler anderer zahlentheoretischer Modelle und Gleichungen erörtern, wie beispielsweise den Entwurf des periodischen System der Elemente durch Mendelejew, das sich als so fruchtbar für die Chemie erwiesen hat, oder die Maxwellschen Gleichungen, die das globale Phänomen des Elektromagnetismus so elegant beschreiben. Wir kommen jedoch nicht umhin, hier auch über das Nonplusultra der gegenwärtigen theoretischen Physik zu berichten. So wie die Relativitätstheorie bei der Erklärung der großen Strukturen und Prozesse im Universum erfolgreich ist, so ist dies auch die Quantenmechanik bei der Beschreibung der Welt des Allerkleinsten. Wo die Relativitätstheorie, die ungeachtet des Ausdrucks relativ, eigentlich im Wesen deterministisch ist, besitzt die Quantentheorie hingegen probabilistische Charakterzüge, die u.a. im Unschärfeprinzip von Heisenberg, das besagt, dass von einem Teilchen nicht gleichzeitig Geschwindigkeit und Ort gemessen werden können, zum Ausdruck kommen. Dies gab Anlass zu einem Grabspruch: „Er liegt irgendwo hier."

Dass zusätzlich der Beobachter selbst auch die Beobachtung beeinflussen können sollte, war für Einstein einer der unannehmbaren Aspekte der Quantentheorie. „Gott würfelt nicht" war sein bekannter negativer Kommentar. Am Ende seines Lebens hat er dann auch Versuche unternommen, Recht zu bekommen, ohne jedoch erfolgreich zu sein.

Seitdem werden Versuche unternommen, beide Theorien in einer Art „Theorie von Allem" zu vereinigen, welche die Wissenschaft sozusagen „von Angesicht zu Angesicht mit Gott" bringen sollte. Diese Theorie, die als rein mathematische Theorie konzipiert ist, wird „Stringtheorie", nach den neuen elementarsten Teilchen, aus denen alle anderen aufgebaut werden können, genannt. Man darf nicht hoffen, in diesem Bereich vernünftige Experimente ausführen zu können, angesichts ihrer extrem kleinen Abmessungen und der unerreichbaren Energien, die in Teilchenbeschleunigern erforderlich wären, um eine Spur von ihnen zu entdecken. Die Theorie wird also allein durch die reine Eleganz ihrer mathematischen Schlüssigkeit Anerkennung finden können und muss, ironisch genug für den Lauf der Wissenschaft, wie eine neue Art Glauben praktiziert werden. Aber so wie in der poetischen Ausdrucksweise des begeisterten Dichters oft eine tiefere Wirklichkeit durchbricht, schwingt auch unbestreitbar die Schönheit des Universums mit in der Anmut der Gleichungen des begeisterten Wissenschaftlers.

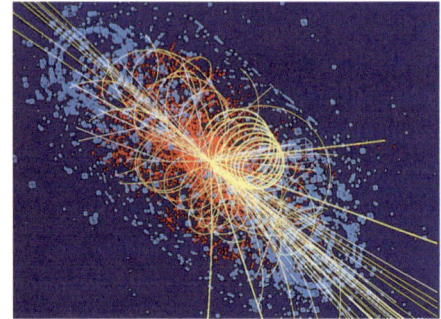

In einem Teilchenbeschleuniger, wie dem CERN in Genf, werden geladene atomare Teilchen durch Beschleunigung auf Geschwindigkeiten bis in die Nähe der Lichtgeschwindigkeit auf sehr hohe Energieniveaus gebracht. Einige kreisförmige Beschleuniger, beispielsweise Zyklotrone und Synchrotrone, können einen Durchmesser von mehreren Kilometern haben. Beim Zusammenprall spalten sich allerlei „exotische" Teilchen ab, deren Spuren fotografiert werden.

1.2 Die Formen der Dinge in unserer Nähe

So wie viele Menschen niemals Gedichte lesen, so gibt es auch viele, die sich nicht bemühen, Vergleiche anzustellen, wenn sie das Himmelsgewölbe betrachten. Wir geben daher einige konkrete Beispiele von mathematischen Mustern in der äußeren Gestalt der Dinge in unserer Umwelt.

1.2.1 Über Kaninchen und Wachstumsspiralen

L. Fibonacci

Leonardo Fibonacci (d. h. Sohn des Bonaccio) lebte zu Beginn des 13. Jahrhunderts in Pisa, daher auch sein zweiter Name: Leonardo von Pisa. Nach Reisen nach Ägypten, Sizilien, Griechenland und Syrien, wo er mit der hindu-arabischen dezimalen Rechenweise in Kontakt kam, schrieb er kurz nach seiner Rückkunft im Jahre 1202 sein bekanntes Buch *Liber Abaci*, das wir auch schon im Kapitel 3 erwähnt haben. Dieses Buch hat letztendlich die Verbreitung des Dezimalsystems in der westlichen Welt bewirkt. In ihm findet sich auch ein seitdem berühmtes Problem im Zusammenhang mit dem (theoretischen) Anwachsen einer Kaninchenpopulation, ausgehend von einem Elternpaar und einem für Kaninchen ziemlich disziplinierten Fortpflanzungsverhalten. Weil die Lösung dieses Problems jedoch Anlass zu einer bemerkenswerten Folge gegeben hat, die von der Natur offenkundig nicht als gekünstelt empfunden wird, behandeln wir es hier etwas ausführlicher.

Wie viele Kaninchenpaare erhält man nach n Monaten, wenn

  - man mit einem Elternpaar anfängt,

  - dieses Paar nach einem Monat fruchtbar wird und einen Monat später ein neues Paar zur Welt bringt,

  - dies in der Folge auch für jedes neue Paar gilt,

  - unter der Annahme, dass alle Paare die n Monate lebend überstehen?

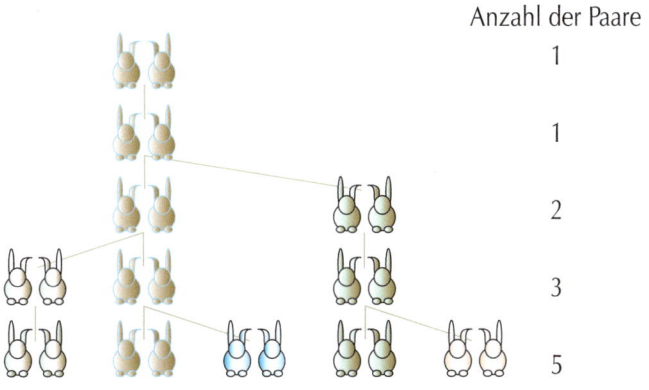

Die Analyse der Lösung führt auf eine rekursive Formel:

nach 0 Monaten : 1 Paar (das Elternpaar)

nach 1 Monat: 1 Paar (dasselbe Elternpaar, das jetzt fruchtbar ist)

nach 2 Monaten: 2 Paare (das neue Paar muss einen Monat warten, bis es selbst „aktiv" werden kann.)

nach 3 Monaten: 3 Paare (die zwei lebenden Paare aus dem vorigen Schritt und das neue Paar, gezeugt von dem fruchtbaren Paar, zwei Schritte vorher).

nach 4 Monaten: 5 Paare (die drei lebenden Paare aus dem vorigen Schritt und zwei neue Paare, gezeugt von den fruchtbar gewordenen und gebliebenen Paaren zwei Schritte zuvor).

nach 5 Monaten: 8 Paare (die fünf lebenden Paare aus dem vorigen Schritt und die drei neuen Paare, gezeugt von den fruchtbar gewordenen und gebliebenen Paaren zwei Schritte zuvor).

...

Es ist klar, wie es weiter geht: Um die Anzahl für den folgenden Monat zu erhalten, muss man die Anzahlen der beiden vorhergehenden Monate addieren, das führt auf die Fibonacci-Folge: 1, 1, 2, 3, 5, 8, 13, 21, 34, 55, 89, 144,...
Innerhalb eines Jahres sind es also insgesamt 144 Kaninchenpaare.

Bezeichnet A_n die Anzahl der Kaninchenpaare nach n Monaten, dann gilt die folgende rekursive Formel: $A_n = A_{n-1} + A_{n-2}$.

Nun besteht ein gegenseitiger inniger Zusammenhang zwischen der Fibonacci-Folge und dem „goldenen Schnitt", den wir im folgenden Abschnitt besprechen werden. Wenn wir ein Glied der Fibonacci-Folge durch das vorhergehenden Glied teilen, teilen wir in Wirklichkeit eine Summe von zwei unterschiedlichen Termen durch ihren größeren Term:

Denn $\dfrac{A_n}{A_{n-1}}$ ist gleich $\dfrac{A_{n-1}+A_{n-2}}{A_{n-1}}$.

Der Wert dieses Quotienten verändert sich beim Durchlaufen der Folge, strebt aber mehr und mehr gegen einen festen Wert, den man mit φ [phi] bezeichnet.

$$\frac{1}{1}=1\,;\ \frac{2}{1}=2\,;\ \frac{3}{2}=1{,}5\,;\ \frac{5}{3}=1{,}66...\,;\ \frac{8}{5}=1{,}6\,;\ \frac{13}{8}=1{,}625\,;\ \frac{21}{13}=1{,}615...\,;$$

$$\frac{34}{21}=1{,}619...\,;\ \frac{55}{34}=1{,}617...\,;\ \frac{89}{55}=1{,}618...\,;\ ...$$

Der geheimnisvolle Wert φ, der durch diese Quotienten immer besser angenähert wird, ist das „goldene Verhältnis" , auch „goldener Schnitt genannt.

Obwohl man nicht hoffen kann, die Zahlen der Fibonacci-Folge durch ein wirkliches Kaninchenpaar zu realisieren, gilt trotzdem die erstaunliche Tatsache, dass man die Glieder der Folge bei verschiedenen Formen in der Natur, die mit Wachstum zu tun haben, antreffen kann.

In den Blütenherzen einer Sonnenblume kann man zwei Mengen von Spiralen feststellen, die sich im und gegen den Uhrzeigersinn entwickeln. Bei bestimmten Sonnenblumen umfassen diese Mengen 21 und 34, bei anderen 34 und 55, jedes Mal aufeinander folgende Glieder der Fibonacci-Folge. Dasselbe zeigt sich bei den Schuppen eines Tannenzapfens mit fünf Spiralen in dem einen Sinn und acht im entgegengesetzten. Auch in der Rinde einer Ananasfrucht zeigen sich Spiralen in verschiedener Richtung, die solche Zahlen aufweisen, nämlich acht und 13.

Dies findet eine Erklärung in der Art des Wachstums kleiner Stücke Pflanzengewebe, die sich unter einem konstanten Winkel von 137,5° entwickeln, um damit eine maximale Besetzung des verfügbaren Raumes zu verwirklichen, wodurch eine kompakte und stabile Struktur entsteht. Der verbleibende Winkel zu einer vollständigen Umdrehung beträgt in diesem Fall 360°–137,5° = 222,5° und $\frac{222,5}{137,5} = 1,618... = \varphi$. Schlaue Natur!

Eine Wachstumsspirale besitzt ein charakteristisches Merkmal: Eine Tangente in einem beliebigen Punkt der Spirale schneidet die Gerade durch diesen Punkt und durch das Zentrum der Spirale unter einem konstanten Winkel. Alle Tangenten an die Spirale in verschiedenen Schnittpunkten der Spirale und derselben Geraden sind daher parallel. Das ist auch der Fall bei der Spiralform der Nautilusschnecke. Im untenstehenden Röntgenbild kann man den Aufbau der Kammern, deren Volumina in einem konstanten Verhältnis stehen, bewundern.

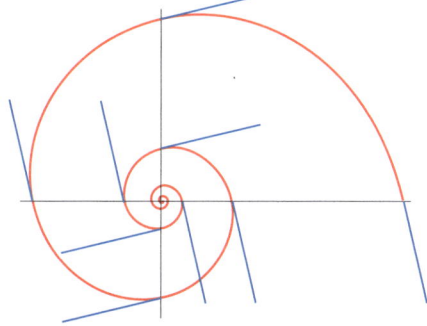

Die Wachstumsspirale bildet das Modell für das Wachstum eines Organismus proportional zur Größe dieses Organismus und wird daher auch logarithmische Spirale genannt. Sie war die Lieblingskurve von Jakob Bernoulli, weil es eine Kurve ist, die sich unter vielerlei Transformationen stets wieder reproduziert. Er ließ sie als Symbol auf seinem Grabstein anbringen mit der Inschrift „Eadem mutata resurgo" (Obwohl verwandelt, kehr ich stets als dieselbe wieder). Auch bei der Verästelung von einigen Pflanzen und ihren Blattständen findet man Zahlen aus der Fibonacci-Folge.

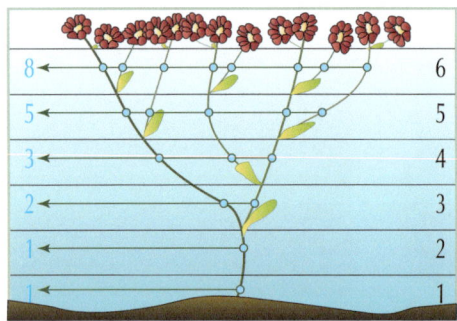

1.2.2 Der goldene Schnitt und der Nabel von Da Vinci

Wenn eine Strecke (oder auch eine andere Größe) so in zwei ungleiche Teile geteilt wird, dass die ganze Strecke sich zum größeren Teil verhält wie der größere zum kleineren, dann ist dieses Verhältnis eine spezifische Zahl, die das „goldene Verhältnis" genannt und mit dem Buchstaben φ bezeichnet wird. Man sagt auch, man habe die Strecke „nach dem mittleren und äußeren Verhältnis geteilt".

Wenn $x_1 > x_2$, dann gilt $\dfrac{x_1 + x_2}{x_1} = \dfrac{x_1}{x_2} = \varphi$. Wenn $x_1 + x_2 = a$, dann $x_2 = a - x_1$.

Aus diesen Ausdrücken können wir x_1 als Funktion von a berechnen:

$$\frac{a}{x_1} = \frac{x_1}{a - x_1} \Leftrightarrow a^2 - ax_1 = x_1^2 \Leftrightarrow x_1^2 + ax_1 - a^2 = 0 \Leftrightarrow x_1 = \frac{-a \pm \sqrt{a^2 + 4a^2}}{2}$$

$$\Leftrightarrow x_1 = \frac{-a \pm a\sqrt{5}}{2}$$

$$\Leftrightarrow x_1 = \frac{-1 \pm \sqrt{5}}{2} a$$

Weil x_1 positiv sein muss, erhalten wir dann:

$$x_1 = \frac{-1+\sqrt{5}}{2} a \quad \text{und damit} \quad \varphi = \frac{a}{\dfrac{\sqrt{5}-1}{2}a} = \frac{\sqrt{5}+1}{2} = 1{,}618\ldots$$

$$\text{und auch} \quad \frac{1}{\varphi} = \frac{\sqrt{5}-1}{2} = \varphi - 1$$

Manchmal wird der Wert $\frac{\sqrt{5}-1}{2} = 0{,}618\ldots$ das goldene Verhältnis genannt. Dann ist natürlich $\frac{\sqrt{5}+1}{2} = 1{,}618\ldots$ der Kehrwert dieses Verhältnisses. Es hängt davon ab, was man in den Zähler setzt und was in den Nenner. Beide sind jedoch über die Teilung nach dem mittleren und äußeren Verhältnis miteinander verbunden.

Nach Thomas von Aquin ist die Harmonie bestimmter Verhältnisse für unsere Sinnesorgane sehr befriedigend. Er war davon überzeugt, dass zwischen unserem Eindruck von Schönheit und der Mathematik ein zahlenmäßig nachweisbarer Zusammenhang bestehen muss. Das goldene Verhältnis scheint nun einen ausgewogenen und angenehmen ästhetischen Eindruck zu erzeugen. Das wird dann auch von vielen Künstlern bewusst oder unbewusst angewandt.

Die Natur scheint dieses Verhältnis ebenfalls sehr zu lieben. Man hat verschiedene Beispiele für den goldenen Schnitt bei vielerlei Verhältnissen bei der Physiognomie von Lebewesen nachgewiesen, in erster Linie auch beim Menschen. So soll bei einer Idealgestalt der Nabel eines Menschen dessen Größe nach dem goldenen Schnitt teilen (nachmessen, aber heimlich). Auch bei anderen Körperteilen soll dieses Verhältnis (näherungsweise) auftreten: die Länge der Hand zu ihrer Breite, die Länge des Unterarms (einschließlich der Hand) zum Oberarm usw. Beschließen Sie aber nicht zu schnell, dass Sie zum Heer der „Abweichler" gehören. Irgendwo an Ihrem Körper wird hier oder dort auch „Gold" zu finden sein.

Es war Leonardo da Vinci, der in einigen seiner Zeichnungen dieses Verhältnis unterstellte, u.a. bei den verschiedenen Abmessungen eines Gesichtsprofils (womöglich seines eigenen).

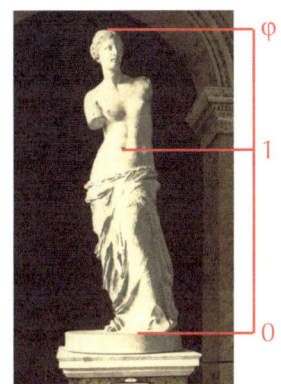
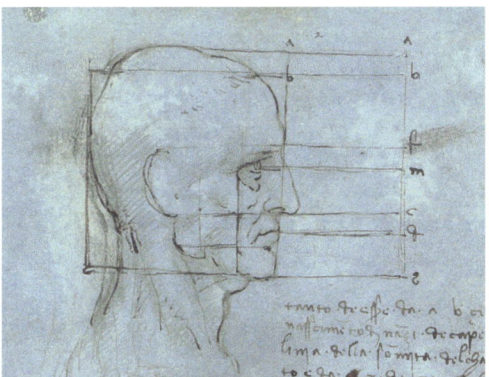

Venus von Milo
(Louvre, Paris)

Skizze eines Gesichtsprofils
von Leonardo da Vinci

1.2.3 Goldene Figuren

Das goldene Verhältnis findet sich bei einer Reihe besonderer geometrischer Figuren, die man auf einfache Weise mit Zirkel und Lineal konstruieren kann, u.a. bei goldenen Rechtecken, bei goldenen Dreiecken, bei regelmäßigen Fünf- und Zehnecken usw.

1 Goldene Rechtecke

Bei einem *goldenen Rechteck* ist das Verhältnis der Länge zur Breite gleich φ. Die Konstruktion eines solchen Rechtecks kann man ausgehend von einem Quadrat auf folgende Weise durchführen:

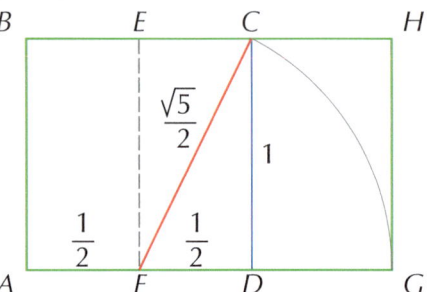

Nehmen wir der Einfachheit halber an, die Seite des Quadrats ABCD habe die Länge 1. Dann ist die Diagonale FC des Rechtecks ECDF, wenn E die Mitte von BC und F die von AD ist, wegen des Satzes des Pythagoras gleich $\sqrt{1^2+\left(\frac{1}{2}\right)^2}=\frac{\sqrt{5}}{2}$ und die Länge von AG gleich $\frac{1}{2}+\frac{\sqrt{5}}{2}=\frac{\sqrt{5}+1}{2}=\varphi$.

Das Rechteck ABHG ist dann ein goldenes Rechteck.

Ein goldenes Rechteck besitzt nun die Eigenschaft sich einfach in andere goldene Rechtecke fortzupflanzen. Wenn man von einem goldenen Rechteck ein Quadrat, dessen Seite gleich der Breite des Rechtecks ist, wegnimmt, so verbleibt ein kleineres Rechteck, das selbst wieder ein goldenes Rechteck ist. In der obigen Figur ist daher das Rechteck DCHG auch ein goldenes Rechteck. In der Tat ist das Verhältnis der Seite GH mit Länge 1 zur Breite DG, also $\frac{\sqrt{5}-1}{2}=\frac{1}{\varphi}$, gleich $\frac{1}{\frac{1}{\varphi}}=\varphi$. Diese Konstruktion können wir immer wiederholen.

Auf entsprechende Weise erhält man aus einem goldenen Rechteck ein neues größeres goldenes Rechteck, indem man ein Quadrat anfügt, dessen Seite gleich der längeren Seite des ersten Rechtecks ist.

Indem man Viertelkreise in die aufeinander folgenden Rechtecke zeichnet, kann man die Form einer Spirale erhalten, die eine gute Annäherung an die logarithmische Spirale darstellt. Eine (gut geformte) flache Hand sollte in ein goldenes Rechteck passen. Und ein menschlicher Embryo sollte sich in der Gebärmutter in der Art einer goldenen Spirale drehen.

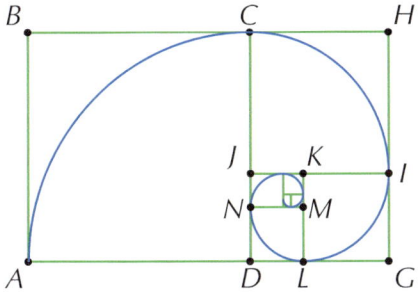
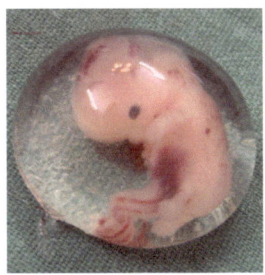

2 Goldene Dreiecke

Es gibt zwei Arten von goldenen Dreiecken:

- Ein spitzwinkliges gleichschenkliges Dreieck mit einem Winkel von 36° an der Spitze. In diesem Dreieck ist das Verhältnis von einem Schenkel zur Basis gleich φ.

- Ein stumpfwinkliges gleichschenkliges Dreieck mit einem Winkel von 108° an der Spitze. In diesem Dreieck ist das Verhältnis der Basis zu einem Schenkel gleich φ.

Ein Beweis dieser Eigenschaften stützt sich auf die Ähnlichkeit von Dreiecken. Wir beschränken uns hier jedoch auf eine kurze Berechnung der Verhältnisse:

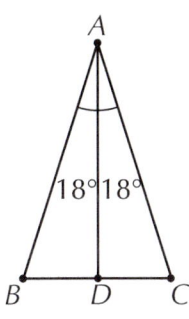

Angenommen, $AB = 1$, dann gilt

$$\frac{AB}{BC} = \varphi \iff \frac{BC}{AB} = \frac{1}{\varphi} \iff BC = \frac{1}{\varphi} = 0{,}618\ldots$$

Es gilt $\dfrac{BD}{AB} = \sin 18°$

also $BD = \sin 18°$

und $BC = 2\,BD = 2 \sin 18° = 0{,}618\ldots$

Angenommen, $AB = 1$, dann gilt

$\dfrac{BC}{AB} = \varphi \iff BC = \varphi = 1{,}618\ldots$

Es gilt $\dfrac{BD}{AB} = \sin 54°$,

also $BD = \sin 54°$

und $BC = 2BD = 2 \sin 54° = 1{,}618\ldots$

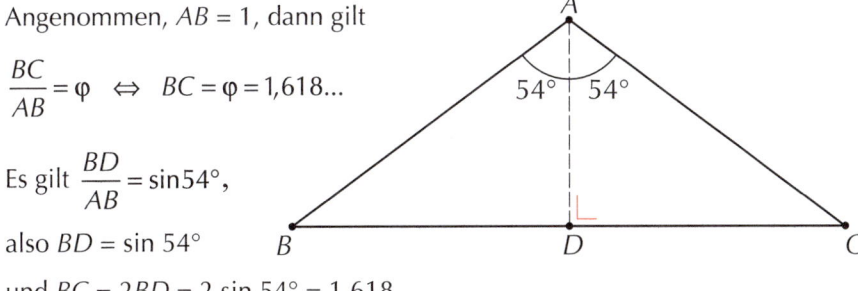

Auch diese goldenen Dreiecke lassen sich leicht reproduzieren, wie in den nachfolgenden Figuren angegeben.

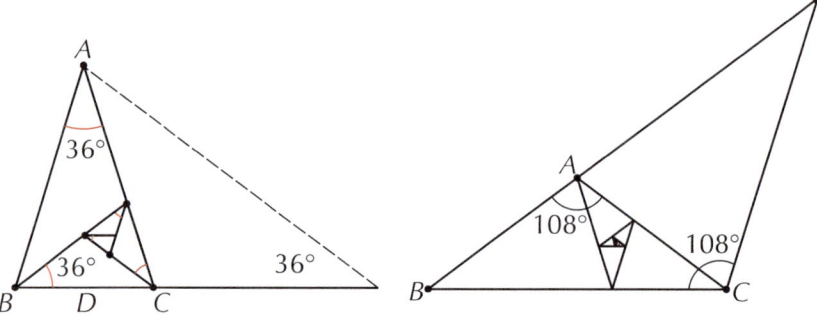

3 Regelmäßige Fünf- und Zehnecke

Weil in regelmäßigen Fünf- und Zehnecken im Zusammenhang mit den Diagonalen gleichschenklige Dreiecke mit Winkeln von 36° und 108° an der Spitze auftreten, wimmelt es in diesen Figuren von goldenen Verhältnissen.

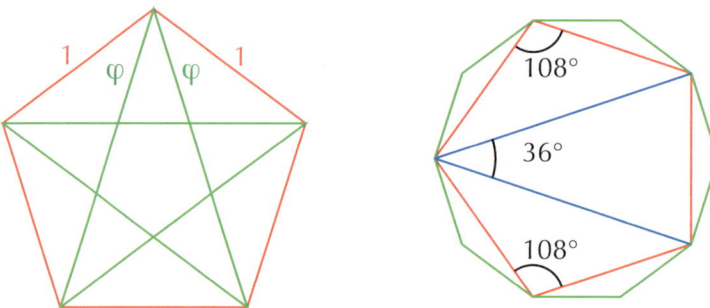

In fünfarmigen Seesternen, bei denen die Form regelmäßiger Fünfecke auftritt, findet man auch tatsächlich diese goldenen Verhältnisse.

4 Potenzen von φ und die Fibonacci-Folge

Wir kommen auf den engen Zusammenhang, der zwischen der Fibonacci-Folge und dem goldenen Schnitt besteht, zurück.

Außer der Eigenschaft, dass die Folge der Quotienten zweier aufeinander folgender Glieder der Fibonacci-Folge gegen φ konvergieren, gibt es noch einen weiteren bemerkenswerten Zusammenhang, nämlich den zwischen den aufeinander folgenden Potenzen von φ und den Gliedern der Folge, die dabei auf wunderbare Weise wieder auftauchen.

Beispiele

$$\varphi^1 = 1 \cdot \varphi$$

$$\varphi^2 = \left(\frac{\sqrt{5}+1}{2}\right)^2 = \frac{5+2\sqrt{5}+1}{4} = \frac{\sqrt{5}+1}{2} + 1 = 1 \cdot \varphi + 1$$

$$\varphi^3 = \varphi^2 \cdot \varphi = (1 \cdot \varphi + 1) \cdot \varphi = \varphi^2 + \varphi = (1 \cdot \varphi + 1) + \varphi = 2 \cdot \varphi + 1$$

$$\varphi^4 = \varphi^3 \cdot \varphi = (2 \cdot \varphi + 1) \cdot \varphi = 2 \cdot \varphi^2 + \varphi = 2 \cdot (1 \cdot \varphi + 1) + \varphi = 3 \cdot \varphi + 2$$

$$\varphi^5 = \varphi^4 \cdot \varphi = (3 \cdot \varphi + 2) \cdot \varphi = 3 \cdot \varphi^2 + 2 \cdot \varphi = 3 \cdot (1 \cdot \varphi + 1) + 2 \cdot \varphi = 5 \cdot \varphi + 3$$

...

also
$$\varphi^1 = 1 \cdot \varphi$$
$$\varphi^2 = 1 \cdot \varphi + 1$$
$$\varphi^3 = 2 \cdot \varphi + 1$$
$$\varphi^4 = 3 \cdot \varphi + 2$$
$$\varphi^5 = 5 \cdot \varphi + 3$$
...
$$\varphi^n = A_n \cdot \varphi + A_{n-1}$$

Alle Potenzen von φ können also durch eine Funktion ersten Grades von φ ausgedrückt werden, wobei die Koeffizienten aufeinander folgende Glieder der Fibonacci-Folge sind. Die Folge erscheint also auf eine doppelte Weise in diesen Ausdrücken. Obwohl die Folge der Potenzen von φ auch bei Verhältnissen am menschlichen Körper auftreten, sind diese Werte jedoch weniger unmittelbar erkennbar als der goldene Schnitt selbst. Es bleibt die seltsame Tatsache, dass die Fibonacci-Folge und der goldene Schnitt gegenseitig aufeinander verweisen. Vielleicht ist das die *Play-Boy*-Seite der ungezogenen Kaninchen!

1.2.4 Symmetrie und eine „Superformel"

Symmetrie kommt in der Natur in vielen Formen vor und ist unbezweifelbar auch ein Element der Schönheit dieser Formen. Ein Experiment, bei dem man eine sehr heterogene Gruppe von Testpersonen aufforderte, das anziehendste Gesicht aus einer Vielfalt von Fotos auszuwählen, ergab, dass alle dasjenige auswählten, das einer perfekten Symmetrie am nächsten kam. Es zeigt sich aber, dass Symmetrie neben dem ästhetischen Aspekt auch eine funktionale Seite hat. Dank des Augenpaares können wir mittels Telemetrie Entfernungen abschätzen, ganz analog zur Paralaxenmethode in der Astronomie; mit zwei Ohren haben wir einen Stereoeffekt beim Hören; mit zwei Beinen können wir beim Gehen das Gleichgewicht besser halten, als wenn wir auf einem Bein hüpfen müssten; mit einem Flügel könnte man wahrscheinlich nur im Kreis fliegen, so wie beim Rudern mit nur einem Ruder usw.

Es gibt nicht nur Symmetrie in Form von Spiegelungen an einer Geraden wie bei einem Schmetterling oder an einer Ebene wie beim menschlichen oder tierischen Körperbau, sie existiert auch in der Form der Drehsymmetrie wie bei einer Blume oder in anderen Formen mathematischer Transformationen.

Wir kommen nicht umhin in diesem Zusammenhang über die „Superformel" des Botanikers Johan Gielis zu sprechen. In seinem prächtig illustrierten Buch *De uitvinding van de Cirkel* (*Die Erfindung des Kreises*, auch auf Englisch erschienen als *Inventing the Circle*) zeigt er, wie durch das Einsetzen von sechs Parameterwerten in diese Formel, ein ganzer Fächer von symmetrischen und „supersymmetrischen" Formen erzeugt werden, die nachweislich auch in de Natur auftreten. Es ist faszinierend festzustellen, wie eine einzige Formel, die man als eine Verallgemeinerung der Kreisgleichung auffassen kann, die Basis für eine unbegrenzte Variation an Mustern in der Natur bildet.

1.2.5 Parkettierung der Ebene und Raumfüllung

In der Geometrie ist die Theorie der Parkettierung der Ebene durch ganz bestimmte Vielecke und die Raumfüllung mit Polyedern derselben Art eine besondere Aufgabe. Dabei wird nicht nur untersucht, was möglich oder unmöglich ist, sondern auch ob Optimierungen hinsichtlich verschiedener Kriterien wie Stabilität, maximales Fassungsvermögen usw. existieren. Wo Mathematiker tief nachdenken müssen, um Erkenntnisse zu gewinnen, scheint die Natur erfinderisch genug zu sein, um spontan die richtige Lösung zu finden. In einem Bienenstock bauen die Summer fleißig an ihren sechseckigen Honigwaben, ohne dass ihnen zuvor jemand erklärt hat, dass dies nicht nur zu einer maximalen Füllung des Raums führt, sondern auch zu maximaler Stabilität. Auch bei der Bildung von Kristallen werden bei den Bindungsprozessen ganz bestimmte Formen gewählt, die vom mathematischen Standpunkt aus für die eine oder andere Funktion interessant sind, sei es minimale Lichtbrechung in einem Prisma oder optimale Härte der Konfiguration. Es sind nicht nur Diamanten, die funkeln und „for ever" sind.

1.2.5 Fraktale Formen

Die spielerischen Verschiedenheiten bei den meisten Formen in der Natur lassen uns nicht sofort an die perfekten idealen Figuren der euklidischen Geometrie, wie Kreis, Kugel, Dreieck oder Prisma denken. Lange Zeit blieben diese Formen denn auch außerhalb einer mathematischen Betrachtung. Wie jedoch in Kapitel 2, Abschnitt 2.7. gezeigt wurde, ist mit der Theorie der Fraktale hier jetzt eine Veränderung eingetreten. Küstenlinien, Wolken, Bäume, Schneeflocken und was auch immer können auf einem Computer mittels der Iteration einfacher Algorithmen oder durch Wiederholung elementarer Grundmuster nachgeahmt werden. Die fraktale Struktur dieser Erscheinungsformen wird so frei gelegt und ermöglicht es, auch die Komplexität dieser Formen zu verstehen.

Dendrit   Farn   Wolken

1.2.6 Die Doppelhelix des Lebens und der Vererbungscode

Das Leben auf der Erde hat seit seinem Entstehen eine unvorstellbare Vielfalt von Arten hervorgebracht, die kommen und manchmal auch gehen. Es hat bis zum Ende des 19. Jahrhunderts gedauert, bis man den Mechanismus, der die Grundlage für diese Vielfalt liefert, zu begreifen begann. Die Evolutionstheorie, formuliert von Darwin und Wallace, gibt eine glaubhafte Erklärung für den Ursprung der zahlreichen Arten von Leben. Mit der Entschlüsselung der DNS-Struktur im Jahre 1953 durch Francis Crick, einem englischen Physiker, und James Watson, einem amerikanischen Biologen, wurden die vielen Teilkenntnisse hinsichtlich Reproduktion und Vererbbarkeit. allmählich zu einer Gesamtheit zusammengefasst. Seitdem hat die Genbiologie einen Stand an Verständnis erreicht, der dem Menschen jetzt die Möglichkeit gibt, selbst in diese Prozesse einzugreifen. Das Leben hat nach einer Geschichte von Millionen Jahren, für den Preis einer niederschmetternden Verantwortung für die wissenschaftlichen Erkenntnisse, sich selbst in die Hand genommen.

Alle lebenden Organismen sind aus Zellen aufgebaut. Im Kern der Zellen befinden sich drahtförmige Strukturen, Chromosomen genannt, die paarweise auftreten. Ein Exemplar stammt von der Mutter ab, das andere vom Vater. Die Chromosomen sind die Träger der Erbinformation, welche die Eigenschaften der Zelle und den Organismus, zu dem sie gehört, bestimmen.

Dieser Erbcode ist in der Doppelspirale (Helix) der DNS (Desoxyribonukleinsäure) gespeichert, die aus einer Kombination von vier verschiedenen Basen besteht: Adenin (A), Cytosin (C), Guanin (G) und Thymin (T). Die Struktur dieser Basen wird aus den Elementen Sauerstoff (O), Stickstoff (N) und Wasserstoff (H) gebildet. Dabei haben Cytosin und Thymin genau einen Ring in der Struktur, während Guanin und Adenin zwei besitzen.

In der Doppelhelix der DNS sitzen die Basen A und T immer auf verschiedenen Strängen einander gegenüber, so wie C und G, und zwar so, dass der Abstand voneinander zwischen zwei Strängen überall aus drei Ringen besteht. Die Basen ein- und desselben Strangs sind miteinander durch eine Zucker- und Phosphatgruppe verbunden. Diese letzte Bindung ist stärker als die schwachen Wasserstoffbindungen (zwei zwischen A und T und drei zwischen C und G) der paarweise gekoppelten Basen auf den einander gegenüberliegenden Strängen. Durch Strahlung, Erhitzung oder chemische Reaktionen, die durch Enzyme in Gang gesetzt werden, können die Stränge getrennt werden (denaturieren) und durch umgekehrte Impulse sich wieder zusammenlagern (renaturieren).

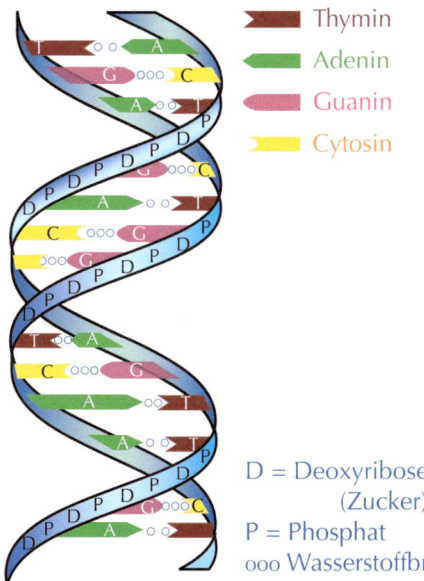

D = Deoxyribose (Zucker)
P = Phosphat
ooo Wasserstoffbrücke

Nun hat jeder lebende Organismus eine spezifische DNS, vollkommen bestimmt durch die Abfolge der aufeinander folgenden Basen A, C, G und T in einer endlosen Sequenz von Kombinationsmöglichkeiten. Gemäß der Abfolge der Basispaare in Gruppen zu drei (Codonen) bilden bestimmte Stücke der DNS Aminosäuren, welche die Bausteine von Eiweißen und Enzymen sind. Ein solches Stückchen DNS, das den Code für ein Eiweiß darstellt, heißt Gen. Jedes Gen enthält die Instruktion für die Herstellung eines Eiweißes (Proteins), das wiederum verantwortlich ist für die Codierung eines spezifischen Merkmals wie die Augenfarbe oder die Form einer Nase.

Die Gesamtheit der Gene in der DNS nennt man Genom, das ist also eine Art Blaupause des Organismus. Das menschliche Genom besteht aus ungefähr 25.000 Genen, verstreut auf einer DNS-Spirale mit einer Länge von ungefähr zwei Metern. Diese sind verteilt über 23 Paare von Chromosomen, die doppelt vorhanden sind, also insgesamt 46. Bei der Produktion von Geschlechtszellen für die Fortpflanzung wird von jedem Typ Chromosomen jedoch nur ein Exemplar ausgewählt, d.h. 23, die sich mit den 23 Chromosomen des anderen Partners verbinden. Ein Kind erbt also mittels der Gene von Mutter und Vater Eigenschaften von beiden Eltern.

Bei der normalen Zellteilung (Mitose), die für das Wachstum des Organismus erforderlich ist, macht die DNS zuerst eine Kopie von sich selbst (DNS-Replikation). Dies geschieht durch das Trennen der Doppelspirale und Hinzufügen neuer Basen nach dem Prinzip der festen Basenpaarungen A – T und C – G. Hierdurch entstehen zwei identische Doppelspiralen, die nach Zellteilung die Weitergabe der Eigenschaften der Mutterzelle an die Tochterzelle sicherstellen. So weiß eine Zelle, ob ein Elefant oder eine Mücke entstehen soll. Wenn beim Kopieren jedoch eine Abänderung der Reihenfolge der Basen in den Strängen auftritt, entsteht eine Mutation der Art. Die Verschiedenheit der lebenden Arten weist zwar eine beträchtliche Stabilität auf, ist aber gelegentlich auch von zufälligen Faktoren abhängig.

Die genetische Codierung auf der Basis der Abfolge der vier Basen A, C, G und T in den DNS-Strängen und ihrer 64 (4 · 4 · 4) Kombinationsmöglichkeiten in Codonen ist für alle Lebensformen gleich. Das bedeutet, dass die Grenzen zwischen pflanzlichem, tierischem oder menschlichem Leben überschreitbar sind, in welchem Sinne auch immer. In der sogenannten rekombinanten DNS-Technik sieht man demzufolge für die Zukunft die Möglichkeit des Austauschs von Eigenschaften zwischen Pflanzen, Tieren und Menschen. Viele sehen darin ein gefährliches Unternehmen und das wohl mit Recht: Stellen Sie dich vor, man würde die Gene eines Kängurus mit denen des Kaktus in ihrem Wohnzimmer kombinieren! Selbstverständlich denken Sie nicht im Traum daran, ein Stück herrlichen Rasens in die Familie aufzunehmen. Man braucht jedoch seiner Fantasie keinen freien Lauf zu lassen, um Vorbehalte gegen bestimmte Genmanipulationen zu haben. Natürlich eröffnen sich aber auch viele positive Möglichkeiten, wie das Beseitigen von Erbkrankheiten und das Verbessern gewünschter Eigenschaften. Warum soll nur der Zufall in der Natur eine gute Wahl getroffen haben?

Und so zeigt sich, dass dem Wunder der Fauna des Lebens und seiner Reproduktion einfache rechnerische Modelle zugrunde liegen: Atombindungen nach Regeln, die mit der Anzahl der Elektronen auf der äußersten Schale zusammenhängen (Valenzelektronen), molekulare Strukturformeln mit nur wenigen Elementen als Bausteinen, paarweise Kopplung von vier Basen gemäß den zur Verfügung stehenden Wasserstoffbrücken nach dem Prinzip der Ringbildung, kombinatorische Anordnung in Codonen, welche die Gene als Träger von Eigenschaften bestimmen, die unbegrenzten Möglichkeiten der sequentiellen Anordnung von Genen in der doppelten DNS-Spirale. Das Leben als eine Symphonie von Akkorden, komponiert aus den vier Tönen A, C, G und T.

Schlussbemerkung

In der Natur sind physikalische Gesetze wirksam, die unverkennbar einen mathematischen Hintergrund haben. Sie verleihen einer Fülle vielfältiger Formen Gestalt, deren Komplexität, ebenso wie die ins Auge springende Ordnung uns ein Gefühl des Staunens und des Glücks schenken. In einem Geist, der genau auf die Analyse solcher Ordnungsstrukturen ausgerichtet ist, wecken diese Beispiele aus der Natur dann auch die Inspiration und den Antrieb, diese Formen in den verschiedenen Gebieten der Kunst zu transzendieren.

Der Romanesco ist in seiner äußeren Erscheinung wie der Brokkoli sowohl Blume wie Kohl. In seinen Spiralen treten die Zahlen der Fibonaccifolge Hand in Hand mit dem goldenen Schnitt auf.
In der Selbstähnlichkeit der kleiner werdenden türmchenförmigen Röschen, in der sich das globale Muster immer wiederholt, offenbart sich auch seine fraktale Struktur. Die Schönheit der Natur ist unverkennbar mit mathematischen Fingern gezeichnet. Wir wissen gar nicht, wie viel mathematisches Raffinement wir aufessen, wenn der Koch uns mal wieder einen Schmuckteller zubereitet hat.

2 Mathematische Strukturen in der Kunst

Es ist vielleicht überflüssig, eine Position zu verteidigen, die nachweist, dass in den verschiedenen Bereichen der künstlerischen Tätigkeit oftmals mathematische Mittel und Strukturen angewendet werden. Das ist für alle offensichtlich, auch für diejenigen, die diese Hintergründe nicht immer explizit nachweisen können. Das Folgende wird also aussehen, wie das Einrennen offener Türen. Weil seit den allerprimitivsten Kulturen immer ein Hang bestand, das tägliche Leben durch Kunst- und Schmuckgegenstände zu verschönern, oftmals mit keinem anderen Ziel als die Sinne zu erfreuen oder die eigene Gemütslage zum Ausdruck zu bringen, ist das historische Erbe, das wir Kunst zu nennen pflegen, ins Unermessliche gestiegen. Es ist unmöglich, den Bestand auch nur näherungsweise überzeugend abzuschätzen. Die folgenden Beispiele haben dann auch nur das Ziel den einen oder anderen Aspekt dieser mathematischen Hintergründe zu illustrieren, ohne jeweils das betreffende Kunstwerk in all seinen Facetten analysieren zu wollen.

2.1 Die Formen und Techniken der Baukunst

Die Baukunst unterscheidet sich von den anderen bildenden Künsten durch die unentrinnbaren Forderungen an Stabilität und ihre zielgerichtete Funktionalität. Die Struktur eines Gebäudes hängt also nicht nur von der ästhetischen Gestaltung ab, sondern auch vom Zusammenspiel der wirkenden Kräfte und den verfügbaren Materialien, welche die Kräfte im Gleichgewicht halten. Daneben hat ein Gebäude auch eine Funktion bürgerlicher, militärischer oder religiöser Art, wie beispielsweise eine Wohnung, ein Konzertgebäude, ein Sportstadion, eine befestigte Burg oder eine Kathedrale. Der Architekt ist daher neben Designer notgedrungen auch Ingenieur. Sowohl die Entwicklung der Technik wie die Fortschritte der Mathematik haben denn auch im Laufe der Geschichte das Gesicht der herrschenden Baustile mitbestimmt. Wir werden daher zu Beginn die charakteristischen Merkmale der Baustile durchgehen, die zeitbedingt bestimmten Beschränkungen aufgrund der verfügbaren Materialien und der Beherrschung der komplizierten Berechnungen unterworfen waren.

2.1.1 Die aufeinander folgenden Baustile

Seit den allerersten Versuchen, die in den antiken Kulturen unternommen wurden, bauliche Strukturen zu errichten, seien es Wohnungen, seien es religiöse oder mythische Monumente, wurden dazu anfänglich einfache geometrische Formen gewählt: die Hütten in Afrika haben die Form von Zylindern mit einem kegelförmigen Dach, die Lehmhäuschen im Kempenland haben die Form eines Quaders mit aufgesetztem, dreiseitigem Prisma, die Gräber der Pharaonen in Ägypten haben die Form einer vierseitigen Pyramide.

Im Banne der Mathematik   303

Entsprechend der Zunahme an technischen Kenntnissen und der Verschiedenheit der Materialien konnten sich Fantasie und Erfindungsgabe mehr und mehr ausleben, wie sich aus aufeinander folgenden Baustilen ergibt, welche die Baukunst unterscheidet. Wir beschränken uns auf die auffallendsten Charakteristika, die in den folgenden Illustrationen zu sehen sind.

1 Die Baukunst der Antike

In der antiken Baukunst herrschte eine Vorliebe für einfache Formen und Monumentalität, wie man sie bei den ägyptischen Pyramiden und den babylonischen Zikkurats sehen kann. Beide Völker verfügten über eine hinreichend entwickelte Mathematik, um die erforderlichen Berechnungen durchführen zu können. In den Bauwerken findet man zahlreiche spezifische Verhältnisse, in denen sie ihre mystischen Deutungen des Kosmos zum Ausdruck brachten. Die verwandten Materialien waren von der unmittelbaren Umgebung abhängig. Bei den Ägyptern war das geschnittener Stein, bei den Babyloniern von der Sonne getrockneter Lehm. Die Abmessungen der Steinblöcke für die Pyramiden wurden so berechnet, dass sie ohne Maurerarbeit (Mörtel) zueinander passten. Die Lehmklötze konnten beim Trocknen einfach zusammenkleben.

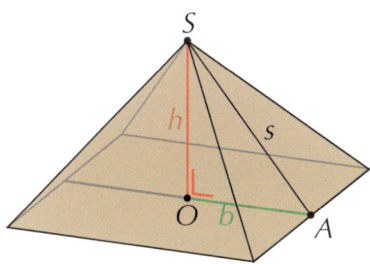

In der Cheopspyramide finden wir in den Querschnittsabmessungen (Cheopsschnitt) das goldene Verhältnis, nämlich $SA/OA = 1{,}618$ (abgerundet).

Die stufenweise aufgebaute Zikkurat von Babylon mit abnehmenden Verhältnissen der aufsteigenden Stockwerke, bekannt als der biblische Turm von Babel.

2 Die klassische Baukunst der Griechen

In der klassischen Baukunst der Griechen erkennen wir bei den Tempeln eine Vorliebe für rechteckige Figuren. Viel Aufmerksamkeit wird auf intelligente Verhältnisse und allerlei optische Korrekturen verwandt, wie die Schwellung (*Entasis*) der Säule und ihre Platzierung um den stets wechselnden Lichteinfall auf dem Marmor zu optimieren.

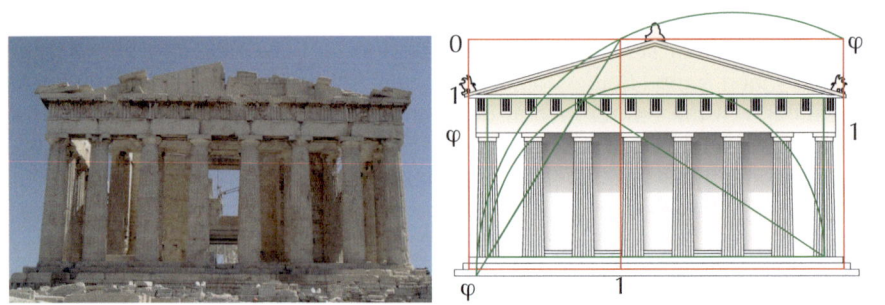

Die Vorderfront des Parthenons in Athen passt exakt in ein goldenes Rechteck. Auch bei einer Vielzahl anderer Verhältnisse, wie die der Höhe der Säulen und des Giebelfeldes, findet man φ.

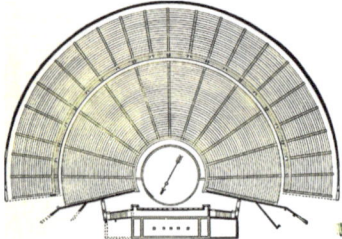

Das Theater von Epidauros hat zwei getrennte Blöcke von Sitzbankkreisen. Einen mit 34 und einen mit 21 Reihen, zwei aufeinander folgenden Gliedern der Fibonaccifolge, in denen sich der goldene Schnitt wiederfindet.

3 Die römische Baukunst

Die römische Baukunst erweitert den griechischen Stil durch vielfältige Anwendung von runden Formen. Bogen, Gewölbe und Kuppeln halten ihren Einzug. Das Gewicht von Überdachungen wird u.a. durch die Verwendung von Hohlziegeln verringert. Später wird im oströmischen Reich die Kuppelform ein charakteristisches Merkmal der byzantinischen Kirchen und Basiliken werden. Der römische Architekt Vitruv beschreibt in seinen *Zehn Büchern über Architektur* die Grundregeln für eine Reihe von Verhältnissen, inspiriert von denen des menschlichen Körpers, die später auch Leonardo da Vinci beeinflussten.

Der Titus-Bogen in Rom basiert auf dem Cheops-Schnitt und damit auf dem goldenen Schnitt.

Die runde Kuppel der Hagia Sophia (Heilige Weisheit) in Istanbul stützt sich selbst auf zwei weitere Halbkuppeln und vier Pendentifs und Säulen.

4 Der romanische Stil

Für die romanischen Kirchen des Mittelalters sind die schweren Mauern und kleinen Fenster charakteristisch, um die alles bestimmenden Gewölbe tragen zu können. Die imposanten Strukturen verlangten viel Baumaterial und Arbeit. Die hohen Kosten zwangen dann auch oft zu bescheidenen Abmessungen.

Die Bogen des Triforiums in der Kathedrale von Rochester in England sind Halbkreise, deren Flächen in einem schönen Verhältnis stehen. Die Fläche der verbleibenden Sichel beträgt genau die Hälfte des großen Halbkreises, und ist somit gleich der Summe der beiden kleinen Halbkreise.

Das Rosettenfenster der Kirche in Patrixbourne in England stellt eine symmetrische Rotationsgruppe mit acht Elementen dar.

5 Die Gotik

Die leichteren Konstruktionen der Gotik führten zu höheren Gewölben, die mittels eines Netzes von Ogiven und Spitzbogen das Gewicht auf Säulen lasten ließen. Die Verwendung von Strebepfeilern entlastete die Mauern und ermöglichte große Glasfenster. Die Einzelheiten ordneten sich der Harmonie des Ganzen unter.

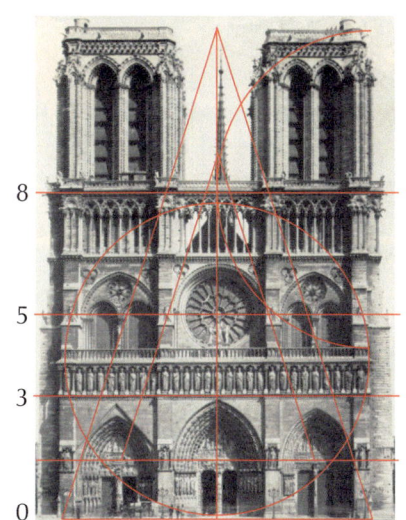

Notre Dame in Paris ist in ein goldenes Dreieck konstruiert mit einem Winkel von 36° an der Spitze.

Die Säule des Doms St. Blasius zu Braunschweig ist ein Strang äquidistanter (gleichen Abstand haltend) Helices.

6 Renaissance und Barock

In der Renaissance kommt es unter dem Impuls der Wiederbelebung der klassischen Bildhauerkunst und der Erneuerung der Kunst der Malerei auch in der Baukunst zur Synthese neuer Baustile und klassischer Auffassungen. In den bürgerlichen Projekten wird den Verzierungen große Aufmerksamkeit gewidmet, was in dem darauf folgenden Barock mit seinen überschwänglichen Palästen seinen Höhepunkt erreichte.

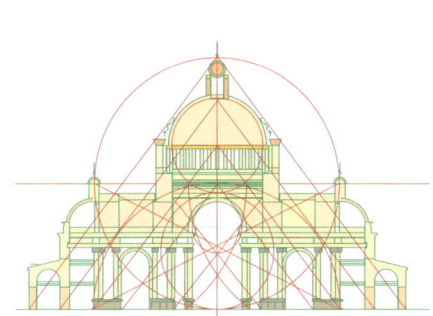

Der Petersdom ist gebaut nach einem Schema verschiedener Cheops-Schnitte.

Die doppelte Wendeltreppe im Schloss Chambord, entworfen von Leonardo da Vinci, beruht auf räumlichen Spiralen.

7 Moderne Zeiten

In der modernen Zeit kommen neue Materialien auf, wie Gusseisen, Stahl und Beton, die zu verschiedenen neuen Stilen inspirieren wie dem Jugendstil, dem Kubismus, der Kunstbewegung *De Stijl* und dem Rationalismus der amerikanischen Architektur. Es entsteht eine Form des organischen Bauens mit der Montage von vorgefertigten Bauteilen und einfachen Modulen.

Der Eiffelturm in Paris ist ein Flechtwerk aus Eisen und Stahl, das auf einer Fülle von mathematischen Kurven und Formen aufbaut.

Die Treppe im Treppenhaus des Hotels Tassel in Brüssel, entworfen von Victor Horta, ist eine spielerische Variante seiner Peitschenhiebkurve.

Das Opernhaus im australischen Sydney hat muschelförmige Dachelemente, deren Formen mithilfe von Integralen berechnet wurden.

Im Banne der Mathematik

Das Guggenheim-Museum in New York ist innen wie außen nach einer doppelten Raumspirale aufgebaut.

Ein Haus von Le Corbusier in der Umgebung von Paris, das bewusst nach den Verhältnissen seines Maßsystems „Modulor" entworfen wurde. Das ganze Gebäude, die Fenster und die Terrassenöffnungen beruhen auf goldenen Rechtecken.

Das Seagram Building von Mies van der Rohe in New York ist von einer transparenten Einfachheit und eine rein modulare Anhäufung von Stahl-, Beton- und Glaselementen.

Der „Modulor" ist ein Proportionssystem von Le Corbusier, das zwei Maßsysteme enthält, die auf dem goldenen Schnitt und seinen Potenzen beruhen. Das erste (rote) Maßsystem geht aus von der Größe eines Durchschnittsmannes, nämlich 183 cm mit einer Nabelhöhe nach dem goldenen Schnitt von 113 cm, dies führt auf die Folge: 183; 113; 70; 43; 27; 16,5; 10; ... Der zweite (blaue) Maßstab geht aus von der Größe desselben Mannes mit erhobenem Arm. Diese Größe erwies sich genau als das Doppelte der Nabelhöhe, nämlich 226 cm. Auf die gleiche Weise erhält er hieraus eine zweite Folge: 226; 140; 86; 53; 33; 20; ...

Verschiebt man den Index in der ersten Folge um eins nach rechts, sind die Glieder der zweiten Folge jeweils das Doppelte der Glieder der ersten. Le Corbusier wies diese Maßstäbe an einer Reihe von Verhältnissen des Körpers nach. Diese Verhältnisse verwandte er dann bewusst beim Entwurf seiner Gebäude.

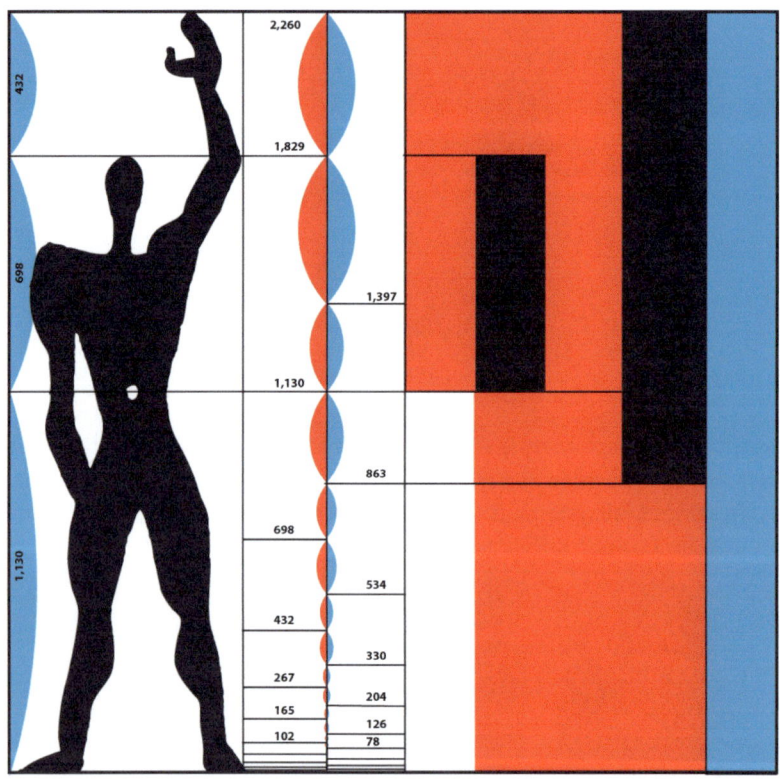

2.1.2 Die Dynamik der geometrischen Transformationen

Neben der Eleganz ganz bestimmter Verhältnisse bewirkt auch die Methode der Wiederholung und Variation, die von verschiedenen geometrischen Transformationen wie Symmetrie, Verschiebung, Rotation, Kongruenz und Ähnlichkeit Gebrauch macht, einen starken ästhetischen Eindruck. So wie der gleichzeitige Beinschwung einer Gruppe von Tänzerinnen die Bewegungen einer einzigen Ballerina akzentuieren und ihr repetitiver Charakter unseren sinnlichen Eindruck verstärkt, bringen diese geometrischen Transformationen auch Rhythmik in die Physiognomie von Gebäuden.

1 Symmetrie

Der Taj Mahal in Agra (Indien) ist das weltberühmte Mausoleum, das Shah Jahan für seine Lieblingsfrau Mumtaz Mahal errichten ließ. Es wurde zwischen 1630 und 1652 gebaut und ist ein Juwel an perfekter Symmetrie, Kongruenz und Ähnlichkeit. Die Dynamik der Transformationen ist ein Genuss für das Auge.

2 Verschiebungen

In der Mezquita von Córdoba ist die Position der Säulen ein Spiel der Verknüpfung von Verschiebungen in zwei Richtungen.

3 Schubspiegelungen

Eine Schubspiegelung ist die Verknüpfung einer Verschiebung mit einer Spiegelung, deren Achse in dieselbe Richtung weist wie die der Verschiebung. Durch eine Schubspiegelung wird beispielsweise ein M in ein W transformiert und in der Folge wieder in ein M, sodass das Quadrat einer Schubspiegelung wieder eine Verschiebung ist. Diese Transformation wird vielfältig beim Entwurf von Friesen verwendet, wie in dem nachfolgenden Beispiel in der griechischen Kunst.

4 Rotationen

In dem farbigen Rundfenster an der Nordseite der Kathedrale von Chartres sieht man das Ergebnis einer Rotationsgruppe der Ordnung zwölf.

5 Kongruenzen

Die Kongruenzen in den verschiedenen Fenstern, Erkern, Bogen und Blendflächen von Schloss Chenonceau am Cher (Nebenfluss der Loire) verleihen dem Gebäude eine majestätische Ruhe.

6 Ähnlichkeiten

Die ähnlichen nach oben hin abnehmenden Moduln der beeindruckenden Kuppel des Pantheons in Rom verstärken ihre gebogene Form und vertiefen ihre Dimension.

Hiermit ist das Arsenal der geometrischen Abbildungen keineswegs ausgeschöpft. Auch Projektionen, Dilatationen, Schraubungen usw. finden bei ornamentalen Aspekten der Architektur Anwendung, die wir jedoch hier nicht alle behandeln können.

Im Banne der Mathematik   315

2.1.3 Regelflächen

Eine Regelfläche ist eine räumliche Fläche, die ausschließlich mithilfe von Geraden gebildet wird. Zumeist erhält man sie, wenn man eine Gerade eine Bewegung ausführen lässt, z.B. eine Drehung um eine Achse oder eine Bewegung längs einer oder mehrerer Leitkurven, auf denen die erzeugende Gerade sich stützt. Einfache Beispiele von Regelflächen sind dann auch Rotationskörper wie Zylinder und Kegel. Kompliziertere sind beispielsweise die Wellplatte (deren Leitkurve eine Wellenlinie ist) oder ein Konoid (mit einer Geraden und einer ebenen Kurve als Leitkurve).

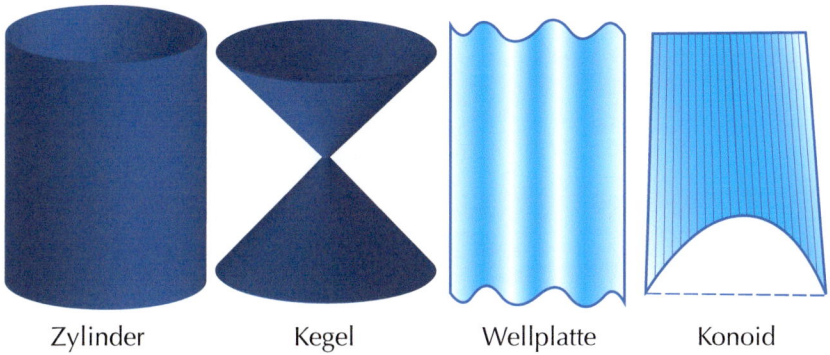

Zylinder   Kegel   Wellplatte   Konoid

Diese Figuren werden in der Architektur nicht nur aus ästhetischen Aspekten verwendet, sondern auch aus funktionalen Gründen wie Stabilität und Starrheit. Sie werden vielfach angewandt bei tragenden Konstruktionen und solchen mit Spannkabeln, ebenso bei Shell- und Hängedächern. Dabei handelt es sich um Dachformen, die nicht auf Pfeilern oder Säulen ruhen, sondern mittels Kabel aufgehängt werden.

1 Zylinderformen

Die Ausstellungshalle im Stadtteil *La Défense* in Paris besitzt ein Dach, das aus drei ineinander verarbeiteten Zylindersegmenten mit einem gleichseitigen Dreieck als Basis besteht.

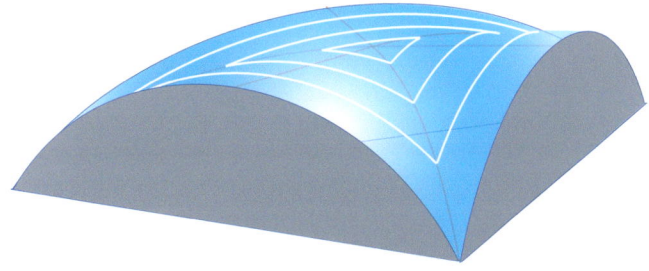

2 Parabolische Zylinder

Der Bahnhof *Gare Satolas* in Lyon besitzt ein Dach, das den gespreizten Flügeln eines aufsteigenden Vogels gleicht. Jeder Flügel hat die Form eines parabolischen Zylinders, d. h. einer Regelfläche mit einer Parabel als Leitkurve.

3 Konoide

Die Wände der Kirche von Atlántida in Uruguay haben die Form eines Konoids. Die Leitkurven sind eine Gerade auf Bodenniveau und eine Wellenlinie in einer horizontalen Ebene in einer Höhe von sieben Metern.

4 Hyperboloide

Das einschalige Hyperboloid ist eine Regelfläche, die man erhält, wenn die erzeugende Gerade windschief ist zu einer anderen Gerade, um die man sie rotieren lässt. Es ist eine Form, die wir schon mal bei Wasser- und Kühltürmen antreffen.

 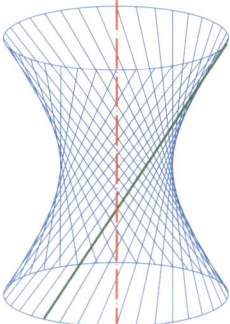

Die Lichtöffnungen der Basilika *Sagrada Familia* in Barcelona, entworfen von Gaudi, basieren auf ineinander verarbeiteten Hyperboloiden.

2.1.4 Minimalflächen

Minimalflächen sind dreidimensionale Flächen, die aus Prozessen mit optimaler Krümmung und dem Streben nach minimaler Oberflächenspannung entstehen. Realisiert werden sie durch die Natur in Seifenhäutchen, die man erhält, wenn man eine Drahtschlinge in Seifenlauge taucht. So wie eine normale Seifenblase Kugelform annimmt, um den Zustand minimaler potentieller Energie zu erreichen, streben bizarre Seifenhäute aus dem gleichen Grund danach eine Minimalfläche anzunehmen. In der Architektur bietet eine Minimalfläche natürlich den Vorteil eines Minimums an Baumaterial und damit des geringeren Gewichts und niedrigerer Kosten.

Der deutsche Architekt Frei Otto hat diese Formen zur Konstruktion von (Zelt)-Dächern verwendet. Die dünnen Eisendrähte der Modelle mit Seifenhäutchen werden durch ein Netzwerk von Stahlkabeln nachgebildet und die Seifenlauge durch Membranen von synthetischem Material.

Beispiele

Das Dach des Olympiastadions von München ist eine Minimalfläche.

Beim Entwurf der Gewölbe für den neuen Bahnhof in Stuttgart ist Frei Otto ebenfalls vom Seifenhäutchenmodell ausgegangen. Die untenstehende Abbildung zeigt das Netzwerk aus Drahtkabeln, welches das Seifenhäutchenmodell imitiert.

Schlussbemerkung

Die Baukunst ist durch ihre vielseitigen Aspekte unzweifelhaft die Mutter aller bildenden Künste. Sie bedient sich des gesamten Arsenals mathematischer Mittel, sowohl für die Gestaltung als auch für die erforderlichen Berechnungen. Gebäude besitzen daher in ihrem Aussehen auch eine innere Logik, die Teil der angestrebten Gesamtharmonie ausmacht.

2.2 Bildende Künste

Es ist offensichtlich, dass in vielen Formen der bildenden Kunst Mathematik nicht immer so nachdrücklich ins Auge springt wie in der Architektur, deshalb haben wir sie auch gesondert behandelt. Wenn man auch vielleicht in den meisten Ausstellungsstücken der Museen keine direkten Anhaltspunkte für mathematische Hintergründe finden kann, so ist es aber auch nicht schwierig, auf den Gebieten der grafischen Kunst, der Malerei, der Plastik und Bildhauerkunst, der Assemblage- und Collagekunst Beispiele zu finden, bei denen dies doch der Fall ist. Vor allem in den Formen der modernen Kunst ist die Unterscheidung zwischen dem Künstlerischen und dem rein Mathematischen manchmal schwierig zu treffen.

2.2.1 Nochmal die harmonischen Verhältnisse

Auch bei Skulpturen und Bildern wird beim Aufbau oft von den Regeln der harmonischen Verhältnisse wie goldener Schnitt, goldenen Dreiecken und Cheops-Schnitten ausgegangen.

Beispiele

1   Auf dem Bild *Die Geburt der Venus* von Botticelli ist der Nabel in der *goldenen Höhe*. Dazu ist die Gruppe der Winde (links) und die Figur der Grazie in goldene Rechtecke einbeschrieben, AEGD und FBCH.

2   Das Gemälde *Der Frühling* von Botticelli ist in der Breite auf zwei goldenen Dreiecken AED und BFC aufgebaut mit einem Winkel von 36° an der Spitze.

3   Auch Leonardo da Vinci war dem goldenen Schnitt verfallen. In der Zeichnung *Der vitruvianische Mensch* befindet sich nicht nur der Nabel in guter Höhe, sondern es sind auch noch eine Menge goldener Rechtecke zu erkennen. Die *Mona Lisa* wimmelt sozusagen von goldenen Rechtecken, denen das Gesamtbild, ihr Antlitz, ihre Stirn und andere Teile ihres Körpers einbeschrieben sind.

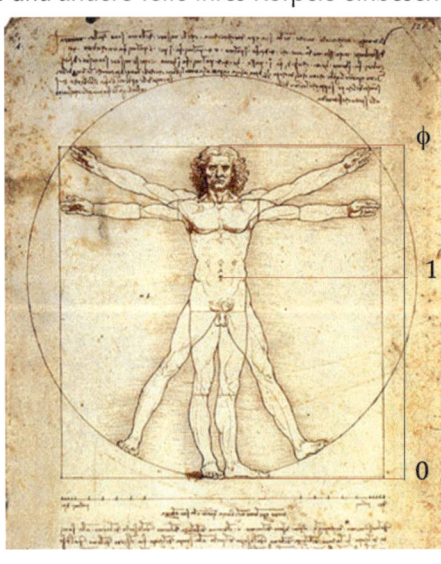

Auch im *Letzten Abendmahl* kann man goldene Proportionen entdecken, in den Einteilungen der Tischhöhe, den Fensterrahmen und der Gesamthöhe, ebenso im Verhältnis des Mittelstück des Tisches zur Gesamtbreite und des mittleren Fensters zu den beiden anderen.

4   Fra Luca Pacioli schrieb 1509 ein Werk über den goldenen Schnitt, *Divina Proportione* (*Das göttliche Verhältnis*). Im folgenden Gemälde ist er als Unterrichtender über … den goldenen Schnitt abgebildet! Im Werk selbst wird dieses Verhältnis am Zeigefinger der linken Hand demonstriert.

5   Seit dem Mittelalter ist ein goldener Zirkel bei grafischen Arbeiten vielfältig in Gebrauch. Weil das Scharnier dieses Zirkels die Beine nach dem goldenen Schnitt teilt, ist wegen der Ähnlichkeit der Dreiecke das Verhältnis der beiden Öffnungen bei jedem Stand gleich dem des goldenen Schnitts.

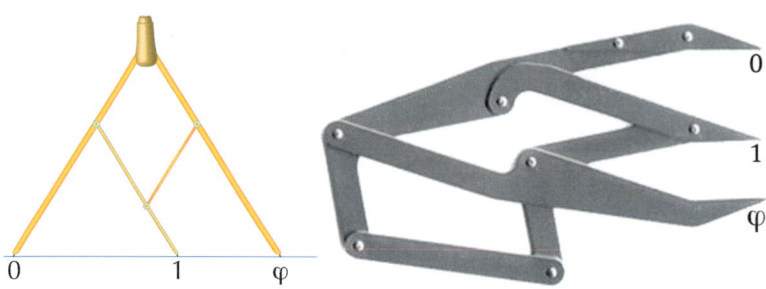

2.2.2 Die Gesetze der Perspektive

Bis zur Einführung der Methode der Perspektive in der Renaissance hatten bildende Künstler stets Schwierigkeiten, räumliche Szenen auf einer ebenen Fläche realistisch wiederzugeben. Viele mittelalterliche Gemälde sind in diesem Punkt rührend naiv. Mit den Gesetzen der Zentralprojektion aus der projektiven Geometrie konnte jedoch dieses Problem befriedigend gelöst werden. Von einem (einfachen) Augenpunkt des Betrachters aus verlaufen die stürzenden Linien, welche die verschiedenen Punkte eines Objekts abbilden, auf einer ebenen Fläche. Hierbei werden die Verhältnisse zwischen ihnen so wiedergegeben, wie das Auge sie sieht. Die wichtigste Linie ist die Horizontlinie, auf der die sogenannten *Fluchtpunkte* liegen. Von ihnen aus laufen die Linien, die Parallelen wiedergeben, so, wie wir die zusammenlaufenden Schienen einer Eisenbahnstrecke sehen. Vertikalen und Horizontalen behalten dabei ihre Richtung, aber die Längen schrumpfen nach Maßgabe der Entfernung der Gegenstände vom Betrachter. So sehen wir das beim Betrachten der Schwellen und der Telegrafenmasten einer Eisenbahnstrecke, wenn wir uns zwischen die Schienen stellen.

Wenn ein Kreis nicht parallel zu der Ebene ist, auf die er abgebildet wird, dann ist sein Bild bei der Zentralprojektion ein anderer Kegelschnitt, eine Ellipse, eine Parabel oder eine Hyperbel. Das ist abhängig von der Lage des Kreises zu dieser Ebene, mit anderen Worten von der Art und Weise wie diese Ebene den Betrachterkegel schneidet. Diese verschiedenen Fälle können einfach mithilfe einer Lampe, deren Schirm die Form eines Kegelstumpfes hat, nachgestellt werden, indem man diese in verschiedenen Stellungen auf eine Wand scheinen lässt.

Beispiele

1   In der nachstehenden Abbildung sehen wir, wie Albrecht Dürer die Methode der Perspektive mithilfe eines Rasters anwendet, das zwischen dem Künstler und dem abzubildenden Objekt (eine liegende Frau) aufgestellt ist.

In der folgenden Zeichnung wird das Auge des Betrachters vertreten durch eine Schrauböse (in der Wand), von der aus ein Draht zu einem Detail des Objekts (eine Laute) gespannt ist, deren Position dann durch Messung auf der (drehenden) Leinwand angegeben wird.

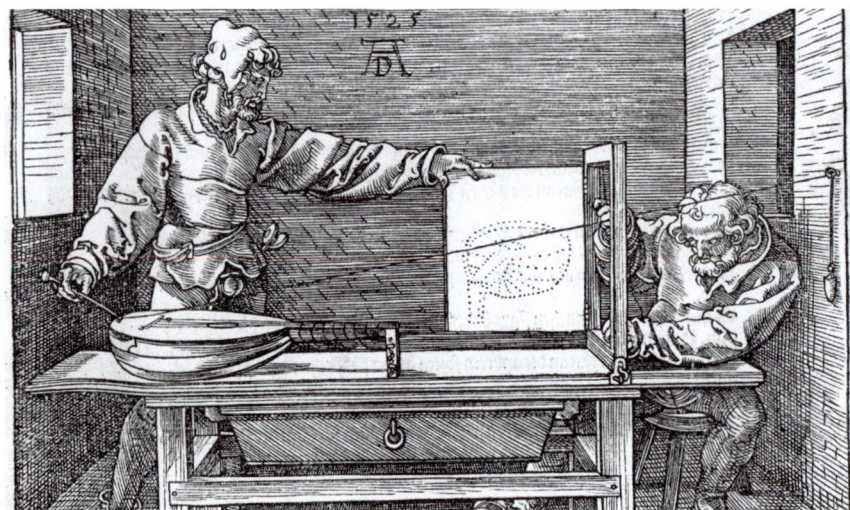

2   Auf dem Gemälde *Canale Grande e Santa Maria della Salute* von Canaletto kann man den Fluchtpunkt leicht festlegen, indem man den Schnittpunkt der Grundlinien des Kais an den Treppen und der Häuser auf der gegenüberliegenden Seite bestimmt. Von diesem Punkt gehen anderen Linien aus, welche die Illusion der Perspektive im Bild erzeugen.

3  Auf dem Gemälde *Die Vermählung Mariä* von Raffael sehen wir den Schrumpfeffekt bei den Bodenmotiven und bei der Größe der Personen und Säulen, je weiter sie vom Betrachter entfernt sind.

4   Auf dem Fresko im Büro des vatikanischen Staatssekretariats sind die Halbkreisbogen perspektivisch als halbe Ellipsen dargestellt, deren Achsen mit der Tiefe abnehmen.

2.2.3 Widersprüchliche Zeichnungen

Beim Betrachten perspektivischer Zeichnungen spielt die visuelle Interpretation der angewandten Gesetze eine ausschlaggebende Rolle. Schließlich bleibt die Darstellung zweidimensional, während der Bildgegenstand dennoch als dreidimensional gesehen wird. Das dies auf der Basis der Erfahrung und der optischen Ausrüstung unseres Sehvermögens für unser Gehirn typisch ist, zeigt sich an den Schwierigkeiten, die wir haben, wenn wir die Abbildung vierdimensionaler Objekte in eine Ebene auf analoge Weise verarbeiten wollen. Für eine Dimension höher können wir zwar Abbildungsregeln gedanklich aufstellen, aber unser Vorstellungsvermögen und unsere Intuition lassen uns bei ihrer Interpretation mangels geeigneter Erfahrung im Stich. In den folgenden Beispielen zeigen wir, wie mit der Technik der Perspektive falsche und widersprüchliche Eindrücke entstehen können. Künstler haben diesen Seiten der Perspektive in ironischer Weise Ausdruck verliehen, wie die folgenden Beispiele illustrieren.

1   In der Lithografie *Treppauf und treppab* von M. C. Escher (1898–1972) steigen die Männer auf der inneren Seite stets die Treppe hinunter um, was widersinnig ist, letztlich wieder an ihrem Ausgangspunkt anzukommen. Die Männer auf der äußeren Seite machen dasselbe, nur dass sie die Treppe ständig hinaufsteigen.

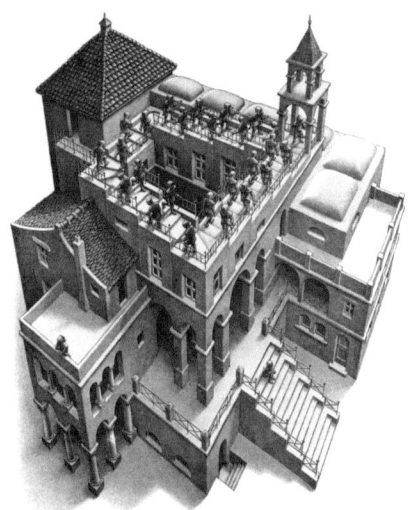

2   In dem folgenden wiedergegebenen Druck von William Hogarth aus dem Jahre 1754 kommen verschiedene Irreführungen in Verbindung mit der jeweiligen Entfernung der dargestellten Details der Szene vor. Die Frau steckt aus dem Fenster heraus ohne Schwierigkeiten die Pfeife des Mannes weiter oben auf dem Hügel an. Die Angelschnur des Mannes im Vordergrund hängt ganz klar noch vor dem benachbarten Aushängeschild. Das Schild selbst scheint aber noch hinter den Bäumen auf dem Hügel zu hängen, ragt aber dennoch halbwegs über den Teich hinter dem Haus. Das Vieh und die Bäume scheinen immerzu größer zu werden, je weiter sie vom Betrachter entfernt sind, usw.

2.2.4 Wohnungsdekoration mittels Symmetriegruppen

Eine Symmetriegruppe ist eine Menge von geometrischen Transformationen, die Verknüpfungen von Spiegelungen sind. In der Ebene erzeugen Verknüpfungen von Geradenspiegelungen u.a. auch Verschiebungen (Translationen), Drehungen um einen Punkt und Punktspiegelungen (Drehungen um 180°). Diese Transformationen sind längen- und winkeltreu, bilden daher Figuren wieder auf kongruente Figuren ab. Man nennt sie daher auch *Isometrien*. Das Gesamtbild einer Figur unter allen Elementen einer solchen Symmetriegruppe ist dann eine symmetrische Figur, welche diese Gruppe repräsentiert. Viele Wohnungsdekorationen mithilfe von Fliesen, Arabesken und anderen Motiven basieren auf solchen Symmetriegruppen. Im Raum erzeugen die Ebenenspiegelungen die verschiedenen Isometrien, darunter Translationen, Drehungen um eine Gerade und Schraubungen. Man findet diese Symmetriegruppen u.a. bei Kristallformen.

1 Friese

Friese oder Bordüren mit einem sich wiederholenden Motiv entstehen meistens durch eine Verschiebung in einer festen Richtung oder aus ihrer Zusammenstellung mit einer Spiegelung, deren Achse dieselbe Richtung wie die Verschiebung hat oder auf ihr senkrecht steht. Auch Punktspiegelungen können hiermit kombiniert werden. Manchmal kann das Motiv selbst bereits solche Symmetrieformen zeigen, wodurch es möglich wird, die Basisfigur auf eine elementare Form zurückzuführen. Auf Grund der verfügbaren Transformationen können solche Friese in sieben Typen eingeteilt werden. Wir illustrieren diese Typen ausgehend von einem einfachen (nicht spiegelsymmetrischen) Motiv, nämlich **L**.

Typ 1   mit einer Translation
         L   L   L   L   L

Typ 2   mit einer horizontalen Spiegelung und einer Translation
         ⊏   ⊏   ⊏   ⊏   ⊏

Typ 3   mit einer vertikalen Spiegelung und einer Translation
         ⊥   ⊥   ⊥   ⊥   ⊥

Typ 4   mit einer Punktspiegelung und einer Translation
         ℸ   ℸ   ℸ   ℸ   ℸ

Typ 5   mit einer horizontalen und vertikalen Spiegelung und einer Translation
         I   I   I   I   I

Typ 6   mit einer Gleitspiegelung, d.h. der Verknüpfung einer Translation
        und einer horizontalen Spiegelung
         L   ⌈   L   ⌈   L

Typ 7   mit einer vertikalen Spiegelung und einer Gleitspiegelung
         ⊥   T   ⊥   T   ⊥

In den folgenden Bordüren finden sich diese Typen wieder;

2 Parkettierungen

Auch Kachelungen (Parkettierungen) können mit solchen Isometrien beschrieben werden. Je nachdem, welche Beschränkungen für die Form und die Verschiedenheit der Kacheln vorgegeben werden, können ebenfalls Klassifikationen der möglichen Variationen angegeben werden. Müssen z.B. alle Kacheln die Form ein und desselben regelmäßigen Vielecks besitzen, dann zeigt sich, dass nur drei Typen existieren können, nämlich die mit gleichseitigen Dreiecken, mit Quadraten und regelmäßigen Sechsecken, weil die Summe der Winkel in jedem gemeinsamen Eckpunkt gleich 360° sein muss. Beispielsweise beträgt der Winkel in einem regelmäßigen Fünfeck 108°, und das ist kein Teiler von 360°. Es ist daher nicht möglich allein mit regelmäßigen Fünfecken einen Boden zu kacheln. In Verbindung mit anderen Formen geht es natürlich schon. Man kann zeigen, dass mit den verfügbaren Symmetriegruppen in der Ebene exakt 17 symmetrische Muster beschrieben werden können. Weil bei Rotationssymmetrien nur Winkel von 180°, 120, 90° und 60° auftreten können, sind die Muster daher alle vom axialen, dreieckigen, quadratischen oder sechseckigen Typ.

Wir illustrieren die 17 möglichen Fälle durch die folgenden Figuren:

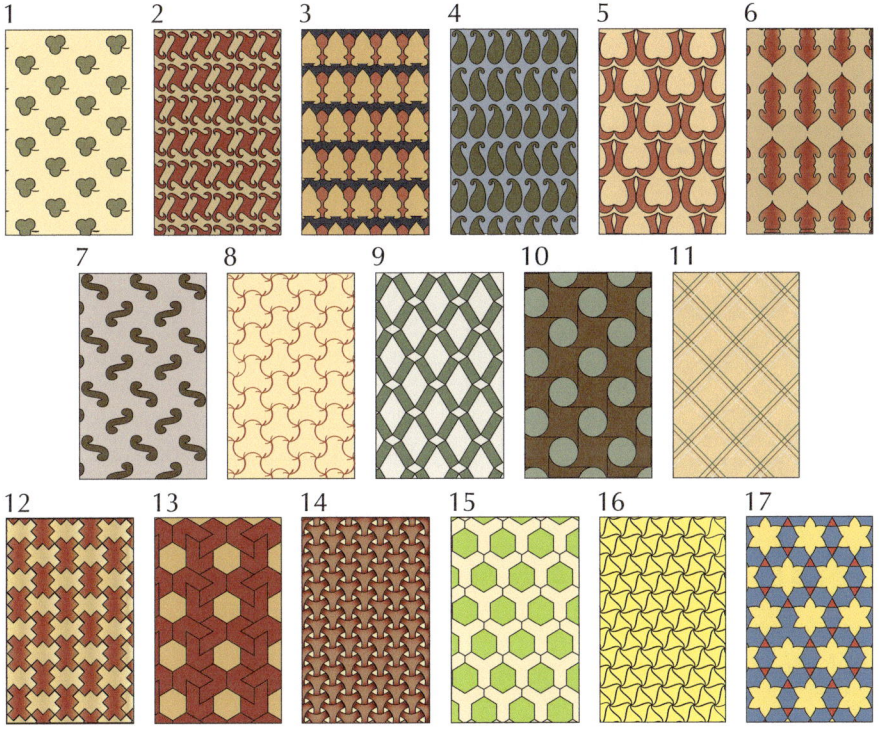

Der Schweizer Mathematiker Andreas Speiser entdeckte 1923 bei seiner Analyse ägyptischer Grabbilder, dass die Ägypter es geschafft haben, alle diese möglichen Fälle in ihren Darstellungen zu realisieren. Auch in der islamischen Kunst, abstrakte Kunst par excellence, entdeckte er solche Strukturen.

Beispiele

1   Die folgende ägyptische Grabdekoration aus Theben wird durch ein Gruppe von acht Elementen erzeugt, nämlich vier Drehungen und vier Geradenspiegelungen. Es handelt sich um die Symmetrien eines Quadrats (Quadratgitter). Das Zentrum der Drehungen finden wir in der Mitte eines Kringels. Mittels Translationen in zwei zueinander senkrechten Richtungen wird dann das Quadratmuster wiederholt.

2   In dem nebenstehend abgebildeten Fenster einer Moschee in Kairo wurden verschiedene Dekorationstechniken benutzt. Das innerste geniale Flechtwerk basiert auf einer der Symmetrieformen, wie man sie in einem regelmäßigen Sechseck antrifft (hexagonales Gitter). In einem hexagonalen Gitter gibt es rhombische Zellen und Teildreiecke. Je nach den auftretenden Symmetrien in diesen Teilfiguren unterscheidet man bei einem hexagonalen Gitter fünf verschiedene Typen. Das Flechtwerk repräsentiert einen diesen Typen. Durch den Rahmen wird nur ein Stück des globalen Motivs abgeschnitten, das sich ebenso durch Translationen in zwei Richtungen ausbreitet.

3   Für die folgende Skizze nach M. C. Escher eignen sich abstrakte Eidechsen gemäß einer Variante der Symmetriemuster eines Quadratgitters. Die Punkte, an denen die beiden weißen und die beiden schwarzen Füße sich berühren, sind Zentren einer vierelementigen Rotationsgruppe mit Winkeln von jeweils 0°, 90°, 180° und 270°. Die Punkte, an denen sich die beiden Mäuler von der gleichen Farbe berühren, sind Zentren von Punktsymmetrien. Es existieren keine Geradenspiegelungen. Diese Muster finden wir auch bei der Hakenkreuzfigur.

4   Die Wandkachelung in der Alhambra von Granada ist eine Symphonie von Symmetriegruppen, bei denen verschiedene Muster kombiniert werden. Es sind u.a. diese Formen, die das grafische Werk von Escher so stark inspiriert haben.

2.2.5 Grenzwerte und Fraktale

Durch Wiederholung von ein und demselben Muster mit abnehmendem Maßstab entstehen selbstähnliche Figuren, die einen Grenzwertcharakter in sich tragen und oft die Form eines Fraktals annehmen. In der nebenstehenden Abbildung *Kreisgrenze* von M. C. Escher finden sich beide Aspekte.

2.2.6 Computerkunst

Durch die ganze Kunstgeschichte hindurch haben die Künstler nicht gezögert, alles was ihnen zur Verfügung stand, als Darstellungsmittel zu verwenden. Neben Pinsel und Meißel ist dann auch eine enorme Vielfalt von Instrumenten, die mehrmals neue Stile zum Leben erweckt haben, in Künstlerhände gefallen. Funk Art, Pop Art, Performance Art, Fluxus, Minimalismus, Konzeptkunst, Body-Art, Installationen, Film- und Videokunst, alle haben Existenzberechtigung innerhalb des Kunstuniversums erworben. Kann dann nicht auch der Computer als ein künstlerisches Arbeitsmittel angesehen werden? Auf den ersten Blick scheint es abwegig zu sein, einen deterministischen Apparat mit Fantasie und Kreativität in Zusammenhang zu bringen. Doch ist es der Programmierer, der bestimmt, welche Algorithmen eingegeben werden, um ein vorher festgelegtes Resultat zu erreichen. In diesem Sinne ist auch der Computer nur als ein Medium aufzufassen. Es ist unvorstellbar, welch faszinierende plastische Formen beispielsweise mit der Technik der Variationsrechnung oder der Fraktale erzeugt werden. Wir bringen für beides ein Beispiel.

Schlussbemerkung

Auch in anderen bildenden Künsten außerhalb der Architektur kann man oft mathematische Hintergründe oder Ausgangspunkte aufweisen, die dem Kunstwerk eine tiefere Struktur geben und damit zu einer bewussteren ästhetischen Erfahrung beitragen. In bestimmten Stilrichtungen, insbesondere der modernen Kunst, wie dem Kubismus (Picasso, Braque,...), dem Futurismus (Marinetti, Cara,...), dem Suprematismus (Malewitsch, Rodtschenko,...), dem Konstruktivismus (Tatlin, Lissitzky,...), der Kunstrichtung De Stijl (Mondrian, van Doesburg,...), dem Jugendstil (Mackintosh, Hoffmann,...), Op-Art (Vasarely, Riley,...), dem Minimalismus (Judd, André,...) sind geometrische Formen Legion. Wir haben jedoch diese Beispiele wegen ihrer evidenten mathematischen Bezüge (s. z.B. die unterstehenden Bilder) in diesem Abschnitt nicht in den Vordergrund stellen wollen.

Natürlich findet sich in den meisten Kunstwerken immer irgendeine bestimmte Struktur, die darum aber noch nicht notwendigerweise mithilfe von geometrischen Standardformen oder Zahlenverhältnissen ausgedrückt werden muss. Obwohl auch in allgemeineren Strukturen eine rationale und damit mathematische Spur gefunden werden kann, haben wir dennoch aus diesem Gebiet keine kontroversen Beispiele aufnehmen wollen.

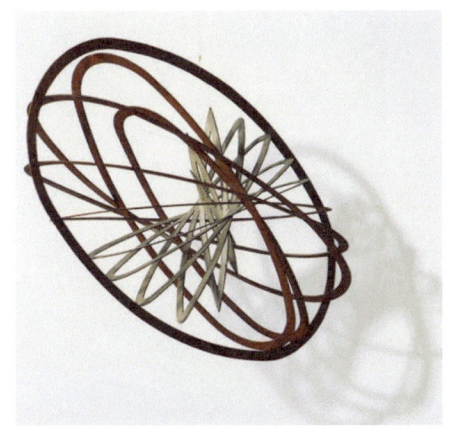

Ovale hängende Raumkonstruktion von Alexander Rodtschenko, Vertreter der russischen Avantgarde.

Komposition in Rot, Gelb und Blau von Piet Mondrian, Mitglied von *De Stijl*, einer Künstlergruppe um Theo van Doesburg, die einen formalen Modernismus anstrebte.

2.3 Mathematik und Musik

Bereits im Altertum stellte man einen starken Zusammenhang zwischen Musik und Mathematik fest. Die Entdeckung der harmonischen Verhältnisse, wie der Oktave, der Quinte, der Terz und der Quarte auf Basis der ganzen Zahlen versetzten die Pythagoreer so in Verzückung, dass sie an eine himmlische Musik der Sphärenharmonie glaubten. Diese durch Zahlen bestimmte Sicht auf den Kosmos hat noch lange Zeit bis in das Mittelalter mit der Gestalt von Kepler die Astronomie beeinflusst.

Obwohl Musik, vielleicht mehr noch als die anderen Kunstformen, mit Gemütsstimmungen und Emotionen in Zusammenhang gebracht wird, besteht dennoch keine eindeutige Beziehung zwischen klanglichen Sinneswahrnehmungen des Ohres und den Eindrücken, die diese mithilfe der Fantasie in uns hervorrufen. Es gibt zwar so etwas wie das Weber-Fechnersche Gesetz über Sinneseindrücke, gültig für alle Sinnesorgane, das folgendes besagt: Nimmt die Stärke der Reize gemäß einer geometrischen Folge zu, so nehmen die zugehörigen Sinneseindrücke gemäß einer arithmetischen Folge zu. Mit anderen Worten es gib einen linearen Zusammenhang zwischen der Stärke der Sinneseindrücke und dem Logarithmus der Reizstärke. Dabei geht es jedoch um die Intensität und nicht um die Art der Emotionen, die man durchlebt. Sind Ausüben und Hören von Musik Tätigkeiten, die in einem frühen Stadium noch spontan und intuitiv ausgeführt worden, so hat sich doch allmählich auch eine Musikwissenschaft entwickelt, die sowohl in ihrer Theorie wie in ihrer Symbolik, ebenso wie die Mathematik, sehr abstrakt geworden ist.

Pythagoras am Saiteninstrument. Am Monochord hat er den Zusammenhang zwischen der Saitenlänge und den erzeugten harmonischen Tönen entdeckt.

Pythagoras mit Tetraeder, über seinem Kopf die Tetraktys mit den Zahlen 1, 2, 3 und 4 (zusammen 10), die den Verhältnissen der musikalischen Harmonie zu Grunde liegen.

Musik ist in erster Linie Schall und daher ein physikalisches Phänomen mit seinen eigenen Gesetzmäßigkeiten. So wie andere physikalische Phänomene kann auch Schall erfolgreich mit mathematischen Mitteln beschrieben werden. So wie weißes Licht aus einer Zusammensetzung von verschiedenen monochromatischen Farben besteht, so ist jeder Klang aus unterschiedlichen einfachen Tönen zusammengesetzt. Licht und Schall werden durch eine Wellentheorie beschrieben. Ein Schallwelle, bestehend aus Luftschwingungen, ist periodisch und durch ihre Wellenlänge (Länge einer Periode) und ihre Amplitude (Größe der Auslenkung) bestimmt. Die Anzahl der Wellenlängen je Sekunde ist die Frequenz. Die Form der Welle hängt mit der spezifischen Klangfarbe (Timbre) der Schallquelle zusammen und ergibt sich aus dem Zusammenklang verwandter Töne.

Beispiel

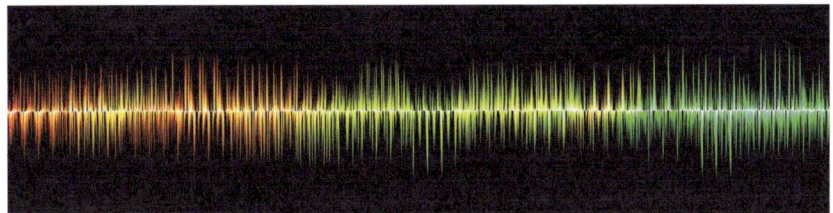

grafische Darstellung einer Tonschwingung

Die Tonsysteme haben also eine physikalische Basis, die in mathematischer Form ausgedrückt wird. Musikalische Klänge entwickeln sich in unterschiedlichen Dimensionen, wobei vor allem die Zeit eine wichtige Rolle spielt. Eine musikalische Komposition nimmt somit nicht nur durch verschiedene Tonhöhen auf den Notenlinien Gestalt an, sondern verfügt über unendlich viele Kombinations- und Variationsmöglichkeiten u.a. durch Verwendung von Akkorden, Melodien, Rhythmus, Kadenz, Tempo, Lautstärke, Timbre und periodische Wiederholungen. Durch die Zufügung verändernder Elemente und allerhand Transformationen wie Wiederholungen, Crescendi, Diminuendi und Transpositionen entsteht schließlich die komplexe Struktur eines musikalischen Werks. Der Genuss eines Musikliebhabers besteht gerade im Analysieren der lokalen und globalen Struktur einer Komposition und im Erkennen der angewandten Techniken während des zeitlichen Ablaufs. Der harmonische Zusammenklang von Instrumenten und Stimmen gehorcht dabei unstrittigen Gesetzen, deren Übertretung in einer schmerzhaften Kakophonie münden. Eine theoretische musikalische Ausbildung ist hierzu nicht erforderlich (obwohl dies das eine oder andere sicherlich vereinfachen kann), ein geübtes Ohr ist ausreichend. Die Tatsache, dass man bei bestimmten Stilrichtungen ein Gefühl für den Verlauf von Weisen und Melodien zu entwickeln lernt, zeugt von einer intuitiven Analyse der angewendeten Figuren. Es gibt keinen Zweifel darüber, dass die Struktur, die gehört wird, sich auch in der symbolischen Wiedergabe durch die Partitur wiederfindet und umgekehrt auch jede Komposition durch die Anwendung gebräuchlicher Muster entsteht. Wir versuchen, das konkret zu erklären.

2.3.1 Harmonische Verhältnisse in unterschiedlichen Tonsystemen

Ein musikalischer Klang ist eine Luftschwingung, die sich als periodische Wellenfunktion darstellen lässt.

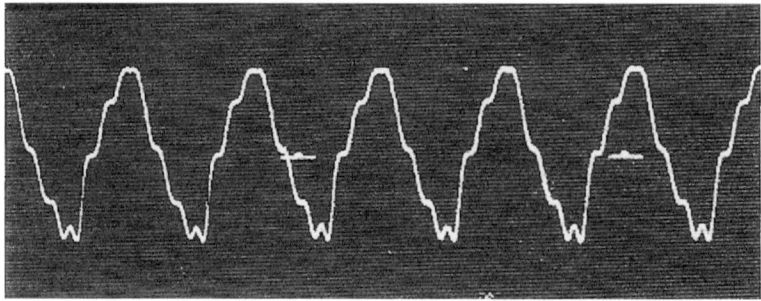

Grafische Darstellung eines Klarinettentons C mit 258 Hz. Die Markierungen zeigen Zeitintervalle von 0,01 Sekunden an. Die Periodizität ist hier deutlich zu erkennen.

Mit der Methode der sogenannten Fourier-Analyse kann man diese Wellenfunktion als Summe einfacher (sinusförmiger) Wellenfunktionen schreiben. Auf diese Weise kann ein beliebiger Klang als Zusammenklang der reinen Töne einer Stimmgabel aufgefasst werden. Ein reiner Ton erzeugt in der Luft eine Anzahl Schwingungen pro Sekunde. Diese Anzahl ist die *Frequenz* v des Tons und wird in Hertz (Hz) gemessen. Das menschliche Ohr hört (im Mittel) Frequenzen zwischen 16 Hz und 20 000 Hz. Von diesem Kontinuum hörbarer Töne verwendet die Musik nur ganz bestimmte diskrete Werte zwischen ungefähr 30 Hz und 4000 Hz, die in unterschiedlichen Tonsystemen erfasst werden können. Bei einem Vergleich der quantitativen Verhältnisse von Frequenzen bestimmter Töne sind die der sogenannten *konsonanten Intervalle*, die auf eine natürliche Weise als harmonisch empfunden werden, wesentlich für die Bildung unterschiedlicher Tonsysteme. Es sind die Verhältnisse, die u.a. von Pythagoras bei seinen Experimenten mit dem Monochord entdeckt wurden, bei denen der Zusammenhang zwischen der Länge der schwingenden Saite und den dabei erzeugten Tönen untersucht wurde. Die Entdeckung, dass die angenehmsten und wohlklingendsten Akkorde exakt durch einfache Verhältnisse von ganzen Zahlen bestimmt wurden, wie 1/2 (Oktave), 2/3 (Quinte) und 3/4 (Quarte) hat nicht nur die westliche Musiktheorie für immer beeinflusst, sondern auch spekulative kosmische Ansichten genährt.

1 Grundtöne und Nebentöne

Ist A ein Ton mit der Frequenz ν dann nennen wir jeden Ton, dessen Frequenz ein ganzzahliges Vielfaches von ν ist, also von der Form $n\nu$ mit $n \in \mathbb{N}$ einen *Oberton* von A, er selbst wird *Grundton* dieser Folge genannt. Zwischen den Frequenzen zweier Obertöne ein und desselben Grundtons besteht infolgedessen eine Beziehung, die stets durch eine rationale Zahl (Bruch) als Faktor beschrieben werden kann.

Beispiel

Hat A die Frequenz ν dann hat der dritte Oberton von A die Frequenz 3ν und der vierte Oberton von A die Frequenz 4ν. Nun gilt $(3/4)(4\nu) = 3\nu$. Die Frequenz des dritten Obertons von A beträgt also drei Viertel des vierten Obertons von A. Die Beziehung ist somit die zwischen einem Ton und seiner Quarte.

Die Folge von Grundton und seinen Obertönen wird *harmonische Obertonreihe* des Grundtons genannt. Der Zusammenklang zweier Töne aus dieser Reihe wird, unabhängig von dem Faktor, der die Verwandtschaft zwischen den Frequenzen beschreibt, als mehr oder weniger angenehm empfunden. Die wichtigsten harmonischen Akkorde sind die mit folgenden Verhältnissen:

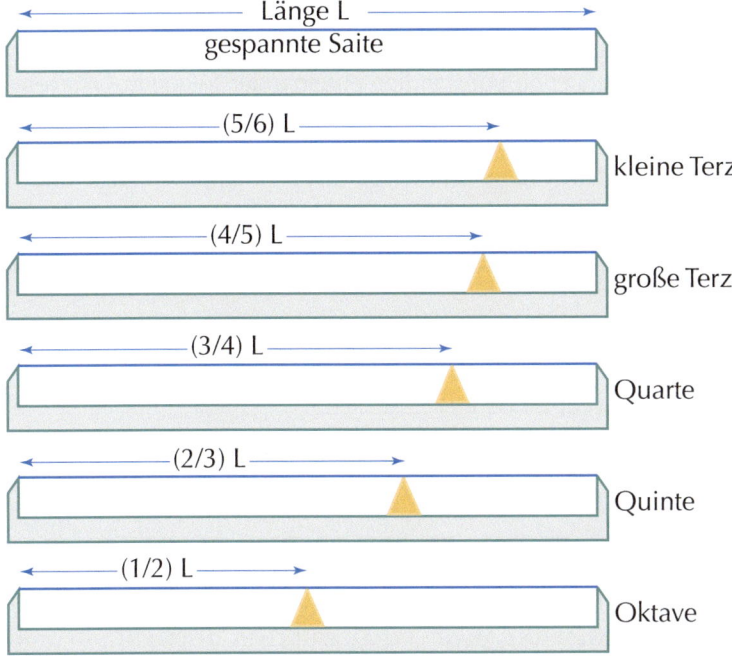

Jeder Ton, der durch ein Musikinstrument oder die menschliche Stimme erzeugt wird, ist in Wirklichkeit ein Zusammenklang aus einem Grundton und einigen seiner Obertöne. Das spezifische Obertönegemisch liefert das typische Timbre (Klangfarbe) dieses Instruments oder dieser Stimme.

2 Oktavreihe

Angenommen, ν ist die Frequenz eines bestimmtem Tons, z.B. A, dann nennt man den Ton mit der Frequenz 2ν den (ersten) oberen *Oktavton* von A und den Ton mit der Frequenz $(1/2)\nu$ den (ersten) unteren Oktavton von A. Diese Verwandtschaft kann auf jeden Ton mit einer Frequenz $(2^z)\nu$ verallgemeinert werden, wobei z eine positive oder negative ganze Zahl ist. So ist der Ton mit der Frequenz $(2^3)\nu = 8\nu$ der dritte obere Oktavton von A und der Ton mit der Frequenz $(2^{-4})\nu = (1/16)\nu$ der vierte untere Oktavton von A. Die aufeinander folgenden Oktaven bilden die *Oktavreihe* des Tons A.

Lässt man einen Ton zusammen mit einem seiner Oktavtöne erklingen, dann werden sie als ein einziger Ton wahrgenommen. Ihre Verwandtschaft ist also die harmonischste, die zwischen Tönen besteht. Das Intervall zwischen der Frequenz eines Tones und der seines ersten Oktavtons wird daher auch als Maßeinheit für die Einteilung der Töne in einem Tonsystem genommen. Der Übergang von einem Ton zu einem Oktavton wird *Transposition* genannt. Auf der Basis der Oktavtransformationen kann die Menge der Töne mithilfe einer Äquivalenzrelation in Äquivalenzklassen eingeteilt werden, die dann in jeder Oktave einen Repräsentanten besitzen.

Jedes Tonsystem besteht aus einer Anzahl Töne mit diskreten Frequenzwerten innerhalb des kontinuierlichen Intervalls einer Oktave. Töne, die sich um eine Oktave unterscheiden, werden darum auch mit demselben Namen angegeben. Ein modernes Piano umfasst meistens sieben vollständige aufeinander folgende Oktaven, die an der periodischen Lage von weißen und schwarzen Tasten zu erkennen sind. Links die tiefen und rechts die hohen Töne. Der Name Oktave rührt von der konkreten Tatsache her, dass sie auf dem Klavier acht weiße Tasten umfasst, Anfangs- und Endtaste mit eingerechnet (*octo* = acht).

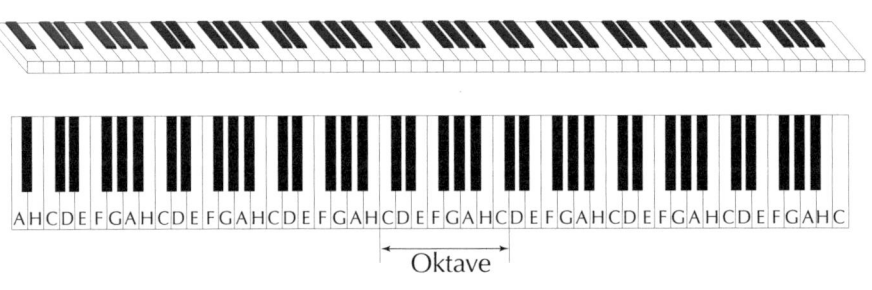

Eine vollständige Klaviatur. Der Doppelpfeil gibt einen Oktavabstand an, hier zwischen den beiden Tönen C.

3 Die gleichstufige Zwölftonstimmung

Seit Beginn des 19. Jahrhunderts werden Klaviere meistens in der sogenannten gleichstufigen Zwölftonstimmung gestimmt. Hierbei wird die Oktave in zwölf Intervalle so eingeteilt, dass die Frequenzen der Teilpunkte eine geometrische Folge mit dem Faktor $\sqrt[12]{2} = 2^{(1/12)}$ bilden. Ausgehend von einem Ton mit der Frequenz v ergibt sich so eine Reihe von 13 Teilpunkten (zwölf Intervalle) mit den folgenden Frequenzen:

$$v,\ 2^{\frac{1}{12}}v,\ 2^{\frac{2}{12}}v,\ 2^{\frac{3}{12}}v,\ 2^{\frac{4}{12}}v,\ 2^{\frac{5}{12}}v,\ 2^{\frac{6}{12}}v,\ 2^{\frac{7}{12}}v,\ 2^{\frac{8}{12}}v,\ 2^{\frac{9}{12}}v,\ 2^{\frac{10}{12}}v,\ 2^{\frac{11}{12}}v,\ 2v$$

Nach dem Weber-Fechnerschen Gesetz der Sinneseindrücke empfinden wir die Reize der aufeinander folgenden Frequenzen dieser geometrischen Folge als Eindrücke mit einer steigenden Intensität, aber nach dem Gesetz gemäß den aufeinander folgenden Gliedern einer arithmetischen Folge, die man durch Logarithmieren der Glieder der geometrischen Folge erhält. Der Einfachheit halber wählen wir hierzu die Logarithmen zur Grundzahl 2. Durch die Logarithmen zur Grundzahl 2 wird die geometrische Folge mit dem Anfangsglied v und dem Faktor $2^{(1/12)}$ auf eine arithmetische Folge mit dem Anfangsglied $\log_2 v = a$ und der Differenz $1/12$ abgebildet, nämlich.

$$a, \frac{1}{12}+a, \frac{2}{12}+a, \frac{3}{12}+a, \frac{4}{12}+a, \frac{5}{12}+a, \frac{6}{12}+a$$
$$\frac{7}{12}+a, \frac{8}{12}+a, \frac{9}{12}+a, \frac{10}{12}+a, \frac{11}{12}+a, 1+a$$

Auf diese Weise werden die Verhältnisse von Frequenzen der zugehörigen Töne in die Differenzen ihrer Logarithmen umgesetzt. Der Unterschied zwischen zwei aufeinander folgenden Teilpunkten dieser Folge wird *Halbton* genannt. Eine Oktave umfasst mithin zwölf Halbtöne. Diese entsprechen den sieben weißen und fünf schwarzen Tasten des Klaviers gemäß einem Ordnungs- und Benennungssystem, das wir später besprechen werden.

Indem wir in der arithmetischen Folge den Term $-a = -\log_2 v$ addieren, erhalten wir eine arithmetische Folge, die das Intervall $[0, 1[$ in zwölf gleiche Teile teilt, und zwar

$$0,\ \frac{1}{12},\ \frac{2}{12},\ \frac{3}{12},\ \frac{4}{12},\ \frac{5}{12},\ \frac{6}{12},\ \frac{7}{12},\ \frac{8}{12},\ \frac{9}{12},\ \frac{10}{12},\ \frac{11}{12},\ 1$$

Wir können die geometrische Folge der Frequenzen unmittelbar abbilden auf diese letzte arithmetische Folge mittels der Abbildung f mit

$$f(x) = \log_2 x - \log_2 v = \log_2(x/v).$$

In einem Notensystem mit fünf Linien können elf Noten dargestellt werden, indem man sie sowohl auf den Linien als auch dazwischen, darunter oder darüber notiert. Die fünfte Note in diesem Notensystem entspricht gemäß internationaler Vereinbarung einem Ton von 440 Hz, der mit dem Buchstaben A (la) bezeichnet wird.

340   Mathematik in Natur und Kunst

Die Töne, die mit den sieben weißen Tasten eines Klaviers übereinstimmen, erhalten dann der Reihe nach von links nach rechts die Namen A (la), H (si), C (do), D (re); E (mi), F (fa) und G (sol). Weil die schwarzen Tasten einen Halbton repräsentieren, ist der Tonabstand zwischen zwei aufeinander folgenden weißen Tasten nicht überall gleich. So ist der Abstand zwischen A und H ein ganzer Ton (zwei Halbtöne) und zwischen H und C nur ein halber Ton. Höhere und tiefere Töne können durch Noten im Notensystem notfalls mithilfe von Hilfslinien dargestellt werden. Mit Hilfe von Schlüsseln wird der jeweilige Notenbereich des Notensystems um eine zentrale Note herum festgelegt. Daher rührt die Bezeichnung von Kompositionen wie „Klavierkonzert in A-Dur", Symphonie in g-Moll usw. Zwei aufeinander folgende Noten im Notensystem repräsentieren nicht unbedingt denselben Tonabstand, dieser wird durch die gleichstufige Zwölftonstimmung bestimmt (s. die Lage der Klaviertasten und ihre Bezeichnungen).

| D | E | F | G | A | H | C | D | E | F | G |
| re | mi | fa | sol | la | si | do | re | mi | fa | sol |

4 Die Quintenreihe

Nach der Oktavbeziehung mit dem Faktor 2^z ($z \in \mathbb{Z}$), erzeugt die Quintenbeziehung zwischen einem Ton und seinen Obertönen mit dem Faktor 3^z ($z \in \mathbb{Z}$) den harmonischsten Eindruck.

Beispiel

Ist A ein Ton mit der Frequenz v, dann nennen wir die Töne mit den Frequenzen

$$\ldots,\ 3^{-2}v,\ 3^{-1}v,\ v,\ 3v,\ 3^2v,\ \ldots$$ die *Quintenreihe* von A.

Das Bild eines Glieds $3^z v$ dieser Quintenreihe bei der Abbildung f aus dem vorigen Abschnitt ist dann

$$f(3^z v) = \log_2 (3^z v) - \log_2 v = (z \log_2 3 + \log_2 v) - \log_2 v = z \log_2 3 \qquad (*)$$

Durch die Oktavbeziehung sind die reine Quinte und die Quarte mit dieser Quintenreihe verbunden, denn:

$$\frac{2}{3}v = 2 \cdot \frac{1}{3}v \quad \text{und} \quad \frac{3}{4}v = \frac{1}{4} \cdot 3v$$

Eine Quinte verdankt ihren Namen dem Umstand, dass sie auf einer Klaviatur fünf weiße Tasten umfasst, Anfangs- und Endtaste einbegriffen (*quintus* = der Fünfte).

5 Tonsystemen

Musik wird mit einer begrenzten Menge von Tönen komponiert, die harmonisch zueinander passen, d.h. die aus der gleichen Menge von Obertönen gewählt werden. Dazu werden hauptsächlich die Oktav- und Quintenbeziehungen verwandt. Durch Kombination der beiden werden dann auch die Quarten von selbst mit einbezogen. Die Wahl der Anzahl von Tönen in einem Tonsystem ist historisch bedingt, kann aber allgemeiner mit der Theorie der Faktorgruppen begründet werden. Hierbei spielen die Primzahlen als erzeugende Elemente eine Hauptrolle und die Untergruppe der Oktaven, die durch den Faktor 2 erzeugt wird, bestimmt die Nebenklassen. Theoretisch sind hierbei auch Tonsysteme mit einem Ton und mit zwei Tönen möglich, aber wegen der „Eintönigkeit" und den eingeschränkten Variationsmöglichkeiten gehen wir hier darauf nicht ein. Wir beschränken uns auf die traditionellen Konstruktionen des fünftonigen, des siebentonigen und des zwölftonigen Systems als schrittweise Erweiterungen voneinander. Dies geschieht durch Stapeln von aufeinander folgenden Quinten innerhalb einer Oktave.

6 Das Fünftonsystem

Das (pentatonische) Fünftonsystem erhält man, wenn man, ausgehend von einem bestimmten Ton, beispielsweise F, vier Quinten aufeinander stapelt und die Repräsentanten der so erhaltenen Töne entsprechend ihrer Frequenz innerhalb desselben Oktavintervalls ordnet. Indem wir von der Anordnung der Tasten auf einem Klavier Gebrauch machen, erhalten wir so die Töne F, C, G, D und A.

Weil zwei aufeinander folgende Quinten zweimal fünf Tasten umspannen, wurde dadurch die Oktave von F aus, die nur acht Tasten umfasst, überschritten. Wir müssen daher den Ton G, der nach zwei Stapelungen erreicht wird, um eine Oktave zurücksetzen, um im selben Oktavintervall von F aus zu bleiben. Dasselbe machen anschließend noch einmal auch mit dem Ton A. Diesen Vorgang können wir wie folgt schematisch darstellen:

$$F \to C \to G \downarrow G \to D \to A \downarrow A$$

Nach Ordnen der Töne innerhalb der Oktave von F erhalten wir so das System F, G, A, C, D.

Beachten Sie, dass hier fünf weiße Tasten betroffen sind, die genau vor den schwarzen Tasten liegen. Indem wir alle Töne des Systems um einen halben Ton erhöhen, können wir also Fünftonmusik auf den schwarzen Tasten des Klaviers spielen. Viele ethnische Musikstücke haben pentatonische Themen und Melodien.

Auch die alte chinesische Musik ist im Wesentlichen in diesem System komponiert. Obschon einige Kompositionen der klassischen Musik sich ebenfalls auf dieses System beschränken, machen die meisten doch Gebrauch von einem umfangreicheren Tonsystem, dem Siebentonsystem.

7 Das Siebentonsystem

Das (heptatonische oder diatonische) Siebentonsystem erhält man auf analoge Weise wie das Fünftonsystem, nur dass man, ausgehend von F, anstelle von vier sechs Quinten stapelt. Das führt auf folgende Töne: F, C, G, D, A, E, H.

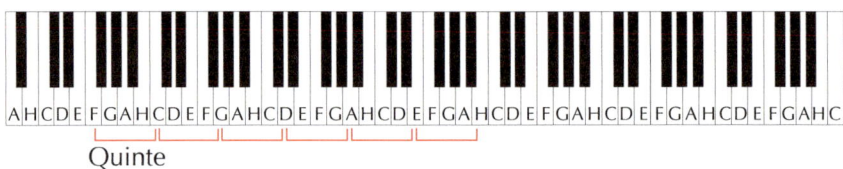

Diese müssen nun innerhalb derselben Oktav von F aus, nach demselben Vorgehen wie beim pentatonischen System beschrieben, geordnet werden:

Nach dem Ordnen erhält man das Tonsytem F, G, A, H, C, D, E, das mit den sieben aufeinander folgenden weißen Tasten auf dem Klavier übereinstimmt. Man nennt es auch das *Tonsystem des Pythagoras*.

Dies scheint alles sehr einfach, weil wir vom Klavier als etwas bereits Existierendem Gebrauch gemacht haben. Die benutzte Vorgehensweise hat somit eigentlich die Konstruktion eines Tonsysterms auf den Kopf gestellt. Das Tonsystem wird nicht aufgebaut, indem man vom Klavier als einem vom Himmel gefallenen Instrument ausgeht, sondern umgekehrt wird das Klavier genau nach dem intendierten Tonsystem gebaut. Die Abfolge von Quinten ist jedoch das Grundprinzip für die Konstruktion von Tonsystemen. Steht ein Klavier nicht zur Verfügung, dann muss man allerdings mit Frequenzen und logarithmischen Abbildungen rechnen. Wir illustrieren das am Siebentonsystem.

Wir gehen dabei von der bereits oben angegebenen, international festgelegten Frequenz $\nu = 440$ Hz aus, die durch die Funktion f aus Abschnitt 3 auf 0 abgebildet wird und der die Schreibweise A (la) entspricht. Die Funktion f bildet allgemein die Quinte von ν mit Index z, also $(3^z)\nu$, auf $z \cdot \log_2 3$ mit $z \in \mathbb{Z}$ ab (s. Abschnitt 4).

Wir wählen nun die Quinten mit den aufeinander folgenden Indizes:

$-4, -3, -2, -1, 0, 1, 2$

Die zugehörigen Frequenzen werden durch die Funktion f auf Zahlen abgebildet, deren äquivalente Repräsentanten p_z wir im Oktavintervall $[0, 1[$ bestimmen müssen. Das erreichen wir dadurch, dass wir sie um ein ganzzahliges Vielfaches der Oktavlänge verschieben, die hier gleich 1 ist, mit anderen Worten indem wir eine geeignete ganze Zahl addieren. Anschließend müssen wir die Repräsentanten pz im Intervall [0, 1[ordnen und benennen. Dann erhält man:

$(-4) \cdot \log_2 3 = -6{,}33985\ldots \to p_{-4} = -6{,}33985\ldots + 7 = 0{,}66014\ldots \in [0, 1[$

$(-3) \cdot \log_2 3 = -4{,}75488\ldots \to p_{-3} = -4{,}75488\ldots + 5 = 0{,}24511\ldots \in [0, 1[$

$(-2) \cdot \log_2 3 = -3{,}16992\ldots \to p_{-2} = -3{,}16992\ldots + 4 = 0{,}83007\ldots \in [0, 1[$

$(-1) \cdot \log_2 3 = -1{,}58496\ldots \to p_{-1} = -1{,}58496\ldots + 2 = 0{,}41503\ldots \in [0, 1[$

$0 \cdot \log_2 3 = 0 \qquad \to p_0 = 0 \qquad\qquad\qquad\qquad\qquad \in [0, 1[$

$1 \cdot \log_2 3 = 1{,}58496\ldots \to p_1 = 1{,}58496\ldots - 1 = 0{,}58496\ldots \in [0, 1[$

$2 \cdot \log_2 3 = 3{,}16992\ldots \to p_2 = 3{,}16992\ldots - 3 = 0{,}16992\ldots \in [0, 1[$

Die natürliche Anordnung dieser Zahlen p_z in diesem Intervall [0. 1[ist dann:

p_0	<	p_2	<	p_{-3}	<	p_{-1}	<	p_1	<	p_{-4}	<	p_{-2}
(la)		(si)		(do)		(re)		(mi)		(fa)		(sol)
(A)		(H)		(C)		(D)		(E)		(F)		(G)

Die Namen unter den Zahlen sind durch die Tradition festgelegt.

Beachten Sie, dass der Abstand zwischen den Zahle p_1 und p_0 0,58496... beträgt und dieser Abstand exakt eine Quinte bestimmt, denn in der Folge der geordneten Zahlen enthält das Intervall [p_0, p_1] fünf Werte.

8 Das Zwölftonsystem. Die Versetzungszeichen Kreuz (#) und Be (b)

Um die Kompositionen noch weiter zu verfeinern, wurde das Siebentonsystem später zum Zwölftonsystem (Chromatik) erweitert. Dazu wird die Quintenreihe sowohl nach oben wie nach unten weiter aufgefüllt. Für die Namen der neuen Töne geht man von den bereits bestehenden Ausdrücken aus. Man setzt ein „Kreuz" dahinter, wenn der neue Ton sieben Quinten höher liegt als der betreffende Ton und ein „Be", wenn er sieben Quinten tiefer liegt. Den zugehörigen Noten wird dann jeweils ein „#" (Kreuz) oder ein „b" (Be) vorangestellt.

Beispiel

Wenn wir der Reihe Quinten mit den Indizes –4, –3 –2, –1, 0, 1, 2 noch Quinten hinzufügen, beispielsweise mit den Indizes –6, –5 und 3, 4, 5, dann erhalten wir jeweils die Töne mi^b, si^b und fa$^\#$, do$^\#$, sol$^\#$.

Um die neuen Töne auch im Intervall [0, 1[unterzubringen und einzuordnen, müssen wir die Abbildung f aus dem vorigen Abschnitte verwenden und die geeigneten Transpositionen ausführen.

$(-6) \cdot \log_2 3 = -9{,}50977\ldots \rightarrow p_{-6} = -9{,}50977\ldots + 10 = 0{,}49022\ldots \in [0, 1[$

$(-5) \cdot \log_2 3 = -7{,}92481\ldots \rightarrow p_{-5} = -7{,}92481\ldots + 8 = 0{,}07518\ldots \in [0, 1[$

$3 \cdot \log_2 3 = 4{,}75488\ldots \rightarrow p_3 = 4{,}75488\ldots - 4 = 0{,}75488\ldots \in [0, 1[$

$4 \cdot \log_2 3 = 6{,}33985\ldots \rightarrow p_4 = 6{,}33985\ldots - 6 = 0{,}33985\ldots \in [0, 1[$

$5 \cdot \log_2 3 = 7{,}92481\ldots \rightarrow p_5 = 7{,}92481\ldots - 7 = 0{,}92481\ldots \in [0, 1[.$

Zusammen mit den früheren Werten ergibt sich folgende Anordnung:

$p_0 < p_{-5} < p_2 < p_{-3} < p_4 < p_{-1} < p_{-6} < p_1 < p_{-4} < p_3 < p_{-2} < p_5$
(la) (si^b) (si) (do) (do$^\#$) (re) (mi^b) (mi) (fa) (fa$^\#$) (sol) (sol$^\#$)

Beachten Sie, dass ein Be-Ton exakt einen halben Ton unter dem gleichnamigen Ton liegt und ein Kreuz-Ton exakt einen halben Ton über dem gleichnamigen Ton. Auf dem Klavier finden die neuen Töne ihren Platz auf den schwarzen Tasten. Will man mit der Erweiterung der Quintenreihe in der einen oder anderen Richtung noch weiter fortfahren, so kann man zwei Kreuze und zwei Bes verwenden.

9 Natürliche Tonsysteme

Eine natürliche Tonleiter ist eine Auswahl von sieben aufeinander folgenden Tönen aus der Quintenleiter. Einen dieser Töne wählt man als Grundton aus. Für die übrigen Töne werden Repräsentanten gewählt, die in einem Oktavintervall von der Länge 1 oberhalb des Grundtons liegen. Der Grundton wird dann nach dem Ordnen dieser Repräsentanten in diesem Intervall stets der erste Ton dieses Tonsystems.

Beispiel 1

Wir wählen aus der Quintenreihe die sieben aufeinander folgenden Töne mit den Indizes 0, 1, 2, 3, 4, 5 und 6 aus. Davon wählen wir den mit dem Index 1 (also den zweiten ausgewählten Ton) als Grundton. Weil dieser Ton durch die Funktion f auf $p_1 = 0{,}58496\ldots$ (s. Abschnitt 7) abgebildet wird, müssen wir für die übrigen Töne neue Repräsentanten P_i im Intervall $I = [0{,}58496\ldots; 1{,}58496\ldots[$ finden. Das ergibt mit den Werten für p_i aus Abschnitt 7 und den obenstehenden:

$p_0 = 0 \qquad \rightarrow P_0 = 0 + 1 = 1 \qquad \in I$

$p_1 = 0{,}58496\ldots \rightarrow P_1 = 0{,}58496\ldots \qquad \in I$

$p_2 = 0{,}16992\ldots \rightarrow P_2 = 0{,}16992\ldots + 1 = 1{,}16992\ldots \in I$

$p_3 = 0{,}75488\ldots \rightarrow P_3 = 0{,}75488\ldots \qquad \in I$

$p_4 = 0{,}33985\ldots \rightarrow P_4 = 0{,}33985\ldots + 1 = 1{,}33985\ldots \in I$

$p_5 = 0{,}92481\ldots \rightarrow P_5 = 0{,}92481\ldots \qquad \in I$

$p_6 = 0{,}50977\ldots \rightarrow P_6 = 0{,}50977\ldots + 1 = 1{,}50977\ldots \in I$

Nach dem Ordnen der P_i in natürlicher Reihenfolge erhalten wir:

P_1	<	P_3	<	P_5	<	P_0	<	P_2	<	P_4	<	P_6
mi		fa#		sol#		la		si		do#		re#

Diese Tonleiter nennen wir die Dur-Tonleiter mit Grundton mi.

Wählt man wie in Abschnitt 7 aus der Quintenreihe die Töne mit den Indizes -4, -3, -2, -1, 0, 1 und 2 und wählt aus ihnen den zweiten ausgewählten Ton, d.h. den mit dem Index -3 (do) und $p_{-3} = 0,24511...$ als Grundton, dann erhält man nach Ordnen der Repräsentanten im Intervall [0,24511...; 1,24511...[das Tonsystem do, re, mi, fa, sol, la, si. Dies nennt man die *Dur-Tonleiter* von do.

Beispiel 2

Wir wählen aus der Quintenreihe die sieben aufeinander folgenden Töne mit den Indizes -6, -5, -4, -3, -2, -1 und 0.

Als Grundton wählen wir den fünften ausgewählten Ton, also den mit dem Index -2 (sol).

Weil $p_{-2} = 0,83007...$ (s. Abschnitt 7), müssen wir die Repräsentanten P_i der anderen ausgewählten Töne im Intervall [0,83007...;1,83007...[ordnen. Das führt auf:

P_{-2}	<	P_0	<	P_{-5}	<	P_{-3}	<	P_{-1}	<	P_{-6}	<	P_{-4}
sol		la		si^b		do		re		mi^b		fa

Dies nennen wir die Moll-Tonleiter mit dem Grundton sol.

Wählen wir wie aus Abschnitt 7 aus der Quintenreihe die Töne mit den Indizes -4, -3, -2, -1, 0, 1 und 2 und hieraus als Grundton den fünften ausgewählten Ton, d. h. den mit Index 0 (la) und mit $p_0 = 0$, dann erhalten wir nach Ordnen der Repräsentanten im Intervall [0, 1[wieder das Tonsystem la, si, do, re, mi, fa, sol aus Abschnitt 7. Das ist die *Moll-Tonleiter* von la.

10 Abweichungen, falsche Akkorde und Schwebungen

Die Stapelungen von Oktaven und Quinten, auf denen die meisten Tonsysteme aufbauen, weisen kleine Abweichungen auf, weil die Frequenzen der Töne in der Oktavreihe und der Quintenreihe periodisch nicht überall übereinstimmen. Diese Abweichungen treten dann natürlich auch in den arithmetischen Reihen auf, die man durch die logarithmische Abbildung der Frequenzen erhält.

Diese kleinen Unterschiede geben Anlass zu Schwebungen als Folge der Interferenzen der jeweiligen Schallwellen. Die zugehörigen Akkorde werden hierbei als unangenehm empfunden und im Gegensatz zu den harmonischen Zusammenklängen als falsch abgestempelt.

Beispiel 1

Das Stapeln von sieben Oktaven von einem bestimmten Ton aus führt auf eine geometrische Folge mit dem Quotienten 2/1. Das ergibt dann beim siebten Glied einen Zuwachs mit dem Quotienten $(2/1)^7 = 128$.

Das Schichten von zwölf Quinten, ausgehend von demselben Ton, führt auf eine geometrische Folge mit dem Quotienten 3/2. Das ergibt beim zwölften Glied einen Zuwachs mit dem Quotienten $(3/2)^{12} = (1{,}5)^{12} = 129{,}746\ldots$

Die betreffenden Glieder der beiden Folgen liegen damit zwar dicht beieinander, stimmen jedoch nicht überein.

Natürlich führt das auch zu einem Unterschied bei den Gliedern der arithmetischen Folgen, die man aus den geometrischen Folgen durch Logarithmieren zur Grundzahl 2 erhält:

- das siebte Glied der ersten Folge nimmt dann um $\log_2 (2^7) = 7$ zu,
- das zwölfte Glied der zweiten Folge um $\log_2 (1{,}5)^{12} = 12 \log_2 (1{,}5) = 12 \cdot 0{,}58496\ldots = 7{,}01955\ldots$

Diese Differenz $7{,}01955\ldots - 7 = 0{,}01955\ldots$ nennt man *pythagoreisches Komma*.

Die Oktavreihe und die Quintenreihe lassen sich also nicht perfekt kombinieren. Diese Tatsache hat Anlass zu alternativen Standpunkten hinsichtlich der Konstruktion von Tonsystemen gegeben. Hierbei wurden neben Oktaven und Quinten auch reine Terzen als Bauelemente eingeschoben. Diese weisen jedoch ebenfalls geringfügige Abweichungen auf.

Beispiel 2

Eine Erhöhung um vier Quinten mit nachfolgender Erniedrigung um zwei Oktaven ergibt einen Faktor von:

$$\left(\frac{2}{3}\right)^4 \cdot \left(\frac{2}{1}\right)^2 = \frac{64}{81}$$

Das liegt sehr nahe bei $64/80 = 4/5$, dem Faktor, der die reine große Terz ergibt.

Die Differenz der logarithmischen Werte beträgt $\log_2 (4/5) - \log_2 (64/81) = 0{,}0179\ldots$

Das ist kleiner als das pythagoreische Komma, aber trotzdem noch immer eine Abweichung

Beispiel 3

Auch die gleichstufige Zwölftonstimmung, bei der die irrationale Zahl $\sqrt[12]{2}$ $\left(\log_2 \sqrt[12]{2} = \dfrac{1}{12}\right)$ als Faktor für die Verteilung innerhalb der Oktave verwendet wird, ist natürlich nicht vereinbar mit den Verhältnissen ganzer Zahlen, die in dem System von Oktaven, Quinten, großen Terzen usw. auftreten. Auch hier gibt es gute Näherungswerte durch rationale Verhältnisse, die aber dennoch weiterhin kleine Unterschiede aufweisen. In der folgenden Tabelle wurden die Faktoren als Logarithmen (zur Grundzahl 2) der natürlichen Zahlen bestimmt. Sie werden mit den Brüchen mit Nenner 12 verglichen, welche die besten Näherungswerte für die Faktoren sind:

$\log_2(1) = 0$ $0/12 = 0$

$\log_2(2) = 1$ $12/12 = 1$

$\log_2(3) = 1{,}5849\ldots$ $19/12 = 1{,}5833\ldots$

$\log_2(4) = 2$ $24/12 = 2$

$\log_2(5) = 2{,}3219\ldots$ $28/12 = 2{,}3333\ldots$

$\log_2(6) = 2{,}5849\ldots$ $31/12 = 2{,}5833\ldots$

$\log_2(7) = 2{,}8073\ldots$ $34/12 = 2{,}8333\ldots$

$\log_2(8) = 3$ $36/12 = 3$

$\log_2(9) = 3{,}1699\ldots$ $38/12 = 3{,}1666\ldots$

Die geringfügigen Unterschiede haben Einfluss auf die Wahrnehmung der zugehörigen Töne. Für den Fall, dass die Frequenzen zweier zusammenklingender Töne einen kleinen Unterschied aufweisen, treten wegen der Interferenz ihrer Wellen Schwebungen auf. Sie lassen den Akkord unangenehm falsch klingen. Daher rühren auch die Bezeichnungen als „falsche große Terz" und „falsche Quinte" anstelle von „reine große Terz" und „reine Quinte".

Die Wahrnehmung falscher Akkorde kann durch den spezifischen Obertönemix des Klangs eines Instruments oder einer Stimme und durch die Amplitude dieser Obertöne verstärkt werden. Bei einem Klavierton ist sie eingeschränkt, beim Cembalo oder einer Orgel dagegen deutlicher. Die Art der Stimmung kann daher auch für unterschiedliche Instrumente verschieden sein. Eine Orgel beispielsweise wird auf andere Weise gestimmt als ein Klavier.

2.3.2 Geometrische Modelle für periodische Tonsysteme

Die Ordnung und die Periodizität der Töne ist für jedes Tonsystem spezifisch. Die charakteristischen Merkmale können in einem geometrischen Modell veranschaulicht werden, dass der musikalischen Komposition in dem betreffenden Tonsystem eine visuelle Struktur verleiht und so das Auge als ein zweites Sinnesorgan an das Ohr koppelt.

Beispiel 1

Das pentatonische System aus 2.3.1, Abs. 6 wird, ausgehend vom Ton F (fa), durch die Stapelung von vier Quinten konstruiert. Wir erhalten so die Auswahl von fünf Tönen F (fa), C (do), G (sol), D (re) und A (la). Diese Konstruktion können wir durch das folgende Diagramm veranschaulichen:

Die Pfeile geben an wie viel weiße Tasten man auf dem Klavier nach rechts weiter rücken muss, um den folgenden Ton zu erreichen. Jeder Pfeil steht also für eine Quinte.

Wenn wir die Anzahl Oktaven, die bei dieser Konstruktion durchlaufen werden, außer Acht lassen, können wir diese Auswahl auch durch ein regelmäßiges Fünfeck in einem Kreis darstellen. Die konstanten Abstände der Punkte, welche die aufeinander folgenden Töne darstellen, stehen für die Quinten und der Umlauf auf dem Kreis für die Periodizität.

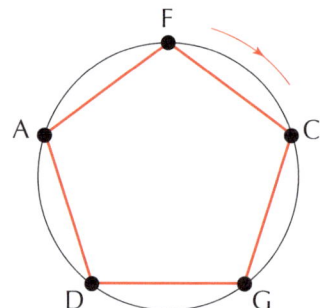

Wenn wir die Töne innerhalb einer Oktave darstellen und ordnen und diese Oktave mit dem Kreisumfang übereinstimmen lassen wollen, dann müssen wir bei der Darstellung die ungleichen Tonabstände der geordneten Töne berücksichtigen. Wir erhalten dann die Anordnung F (fa), G (sol), A (la), C (do) und D (re).

Wir messen die Tonabstände in Halbtönen, so wie wir sie auf dem Klavier an den Tasten aus 2.3.1, Abs. 6 ablesen können.

Man erhält:

Wenn wir den Kreis in zwölf gleiche Teile teilen wie das Zifferblatt einer Uhr, dann fallen die Punkte, welche die geordneten Töne darstellen, jeweils auf die Position der Zahlen 0, 2, 4, 7 und 9 Uhr. Das ergibt ein unregelmäßiges Fünfeck, bei dem die Abstände zwischen den Darstellungspunkten auf dem Kreis den Vielfachen eines Halbtons entsprechen. Der Kreisumfang selbst entspricht einer Oktave.

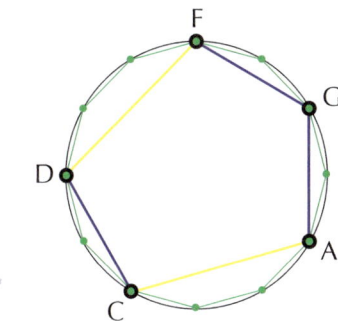

Dieses pentatonische Modell ist somit geeignet, um beispielsweise die Melodie eines Kinderlieds in den bizarren Vielecken zu verfolgen, die dadurch entstehen, dass man die Punkte aufeinander folgender Noten der Melodie verbindet. Das kann man dynamisch auf einem Computer darstellen.

Auf diese Weise kann die visuelle Struktur die auditive Struktur unterstützen und neben dem euphorischen Gefühl der Freude am Klang auch noch für etwas Schwindelgefühl sorgen.

Kinderlied

Sarah Verhulst

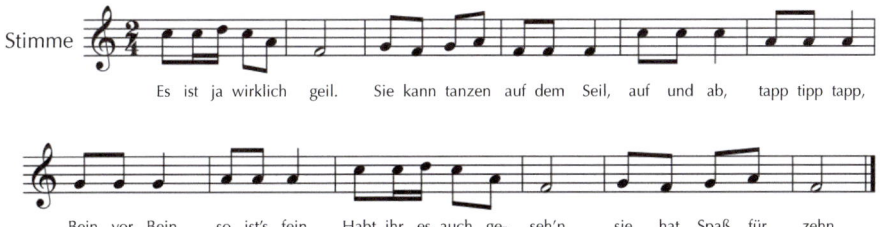

Beispiel 2

Das Fünftonsystem ist in seiner Entwicklung eindimensional, was sich im Modell der Kreislinie widerspiegelt. Das Siebentonsystem besitzt als Erweiterung des pentatonischen eine zweite Dimension, die wir ebenfalls im geometrischen Modell zum Ausdruck bringen wollen.

Durch Stapelung von sechs Quinten, ausgehend vom Ton F (fa), erhielten wir aus 2.3.1, Abs.7 die Auswahl der folgenden sieben Töne: F (fa), C (do), G (sol), D (re), A (la), E (mi) und H (si). Diese Konstruktion können wir geometrisch in dem folgenden zweidimensionalen Diagramm darstellen, das eine Ausweitung des fünftonigen System ist, das sich in der Horizontalen wiederfindet:

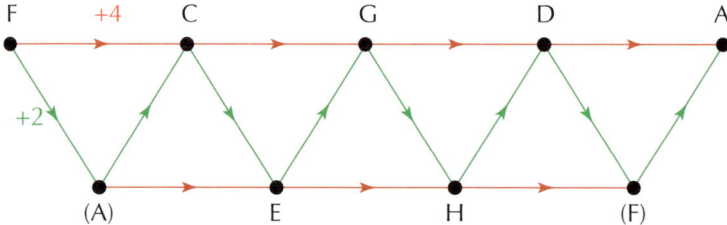

Die Pfeile geben an, wie viele weiße Tasten man auf dem Klavier nach rechts weiterrücken muss, um den folgenden Ton zu erreichen. Zusammenstellung von zwei Pfeilen „+2" ergibt dann einen „+4" Pfeil, der einem Quintensprung entspricht.

Wenn wir den Streifen im vorigen Schema so umschlagen, dass das F links oben mit dem (F) rechts unten zusammenfällt und das (A) links unten mit dem A rechts oben, dann erhalten wir ein Möbiusband. Auf den einseitigen Rand des Bandes wird dieses diatonische System periodisch abgebildet. Der Rand bildet in diesem Modell also eine einzige Linie, die kontinuierlich durchlaufen werden kann. Falls gewünscht kann man hier auch ein Modell mit den geordneten Tönen innerhalb einer Oktave bauen.

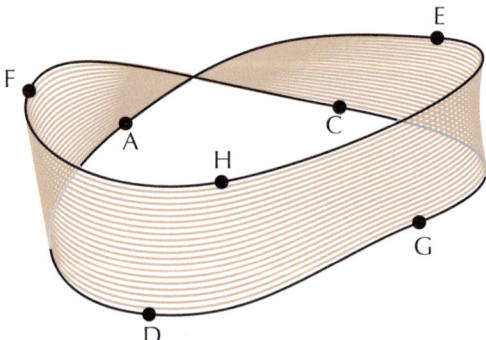

Wenn wir dieses Modell auf einem Computer implementieren und mit einem Stück siebentoniger Musik (Haydn) kombinieren, dann können wir die Melodie visuell in den wirbelnden Verbindungslinien der Punkte auf dem Rand des Möbiusbandes, die den aufeinander folgenden Noten der Melodie entsprechen, verfolgen.

London Trio II

Franz Jozeph Haydn

Beispiel 3

Im 20. Jahrhundert wurde das Siebentonsystem weiter ausgebaut und zum Zwölftonsystem verfeinert durch das Hinzufügen von Erhöhungs- und Erniedrigungszeichen (Kreuze # und/oder Bes b).

In 2.3.1, Abs. 8 konstruierten wir ein Zwölftonsystem dadurch, dass wir in der Quintenreihe die Töne mit den Indizes $-6, -5, -4, -3, -2, -1, 0, 1, 2, 3, 4$ und 5 auswählten. Das ist das System:

E^b (mi^b), H^b (si^b), F (fa), C (do), G (sol), D (re), A (la), E (mi), H (si), $F^\#$ (fa$^\#$), $C^\#$ (do$^\#$), $G^\#$ (sol$^\#$)

Auf dem Klavier entsprechen die Kreuze und Bes den schwarzen Tasten. Nach Ordnen der Töne innerhalb einer Oktave liegt ein erniedrigter Ton einen halben Ton (eine weiße oder schwarze Taste) tiefer (links davon) als der Ton mit demselben Namen und ein erhöhter Ton einen halben Ton höher (rechts davon) als der Ton mit demselben Namen.

Wir können die Konstruktion des chromatischen System in folgendem Diagramm darstellen:

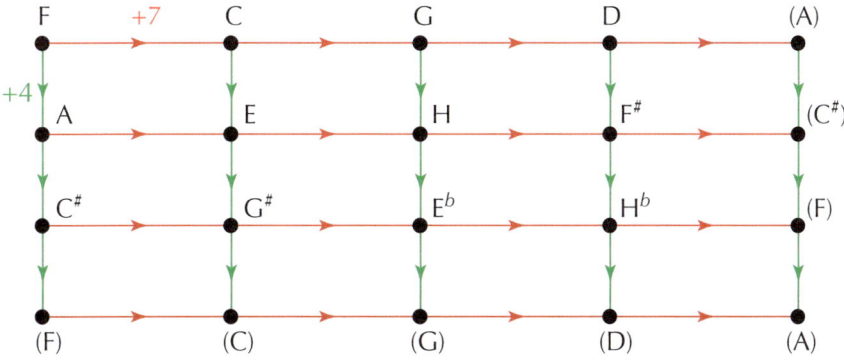

Die Pfeile geben an wie viel (weiße und schwarze) Tasten auf dem Klavier man nach rechts weiterrücken muss, um den folgenden Ton zu erreichen. Die Sprünge werden hier somit als Vielfache von Halbtönen angegeben.

Rollen wir dieses Schema sodann so auf, dass die Noten der ersten Reihe jeweils mit den gleichnamigen Noten auf der untersten Reihe zusammenfallen, dann erhalten wir einen Zylinder, auf dem die ersten drei Linien als Parallelen in gleichem Abstand voneinander liegen.

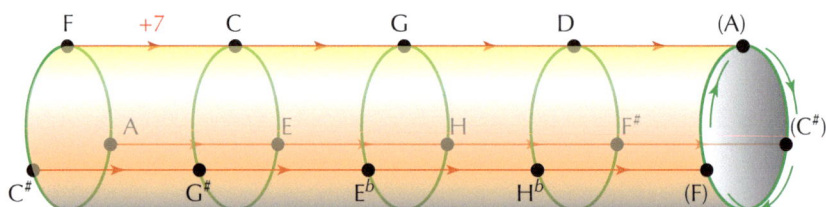

Biegen wir nun diesen Zylinder zu einem Ring um, wobei wir ihn ein klein wenig verdrehen, sodass (A) an der rechten Seite auf A an der linken Seite fällt, dann wird dabei (C♯) auf C♯ und F auf (F) fallen. Wir erhalten so die Figur eines Torus (Autoreifen), auf dem die zwölf Noten auf einer geschlossenen Kurve dargestellt werden, die sich über den Torus schlängelt und weder ein Breitenkreis noch ein Längenkreis ist.

Auf einem solchen Modell, implementiert auf einem Computer, können wir somit die Melodie eines Stücks aus der Zwölftonmusik (Proost) in einem dynamischen Netz, das aus den Verbindungslinien der aufeinander folgenden Noten der Melodie besteht, veranschaulichen.

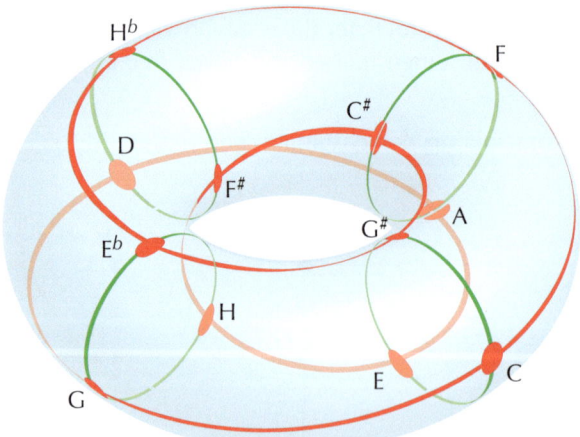

Schlussbemerkung

Komponiert man Musik gemäß den Tonsystemen, die auf Verhältnissen der Frequenzen von Schallwellen (Klängen) beruhen, wird unleugbar ein inniges Band zwischen Musik und Mathematik sichtbar. Die Muster und Strukturen, die man in diesen Kompositionen hört, können mithilfe der zugrunde liegenden Systematik mittels einer symbolischen Sprache verstanden werden. Diese Muster können darüber hinaus auch für andere Sinnesorgane wahrnehmbar gemacht werden, etwa für das Auge, nicht nur durch die abstrakten Modelle, die wir hierfür vorgestellt haben, sondern beispielsweise auch durch choreografische Tanzfiguren, als Kunstform unlösbar mit der Musik verbunden. Es war jedoch nicht die Absicht, auch auf diesem Gebiet alle möglichen „Register" zu ziehen.

2.4 Mathematik und Literatur

Auf den ersten Blick scheint es weit hergeholt, auch in der Literatur mathematische Aspekte aufzuweisen. Beim Lesen eines Epos, eines Romans, einer Novelle oder eines Gedichts richtet sich unsere Aufmerksamkeit meistens nicht auf die Form und die Struktur des Werks, sondern wir lassen uns in erster Linie von der Geschichte, dem Schicksal der Personen, der Sprache und dem Stil des Autors mitreißen. Wir geben uns nicht unmittelbar Rechenschaft darüber, inwieweit auch Formelemente zur Ausdruckskraft und kompositorischen Schönheit des Werks beitragen. In klassischen epischen Werken wie denen Homers, Vergils und Shakespeares verleihen die strengen Muster der Versfüße den Sätzen nicht nur einen feierlichen Rhythmus, sondern heben auch die Banalität der Handlung auf eine Ebene dramatischen Ernstes. Auch in der Dichtkunst sind unter Beachtung der musikalischen Aspekte von Sprache bestimmte dichterische Formen einem Metrum, Strophenregeln und Reimschemata unterworfen. Symbolische Strukturen, die dem Aufbau eines Werkes zugrunde liegen, wie die Höllenkreise, Fegefeuer und Himmel in der *Divina Commedia* von Dante, eingeteilt in dreimal 33 Gesänge verleihen dem Werk logischen Zusammenhang und Klarheit in der Entwicklung.

Dante Alighieri (1265–1321), florentinischer Dichter. In seinem berühmten Werk *La Divina Commedia*, als Ehrerweisung an seine geliebte Beatrice, schildert er in den Beschreibungen von Hölle, Fegefeuer und Himmel die Lebensumstände des mittelalterlichen Menschen. Das Werk ist sehr systematisch und symbolisch aufgebaut. Nach einem einleitenden *canto* wird jeder Teil in 33 Gesänge unterteilt, wobei die Zahl auf die Lebenszeit Christi verweist. Die Hölle wird in neun Kreisen beschrieben, der Läuterungsberg (Fegefeuer) in sieben Umgängen und der Himmel wieder in neun Kreisen. Die insgesamt 100 Gesänge bilden die perfekte heilige Zahl.

Ziel des Lesens ist Genuss und Information. Daneben gibt es jedoch noch eine andere Sicht auf die Sprache, die mit den eigentlichen Sprachstudien zu tun hat. Man denke nur an die Schwierigkeiten, die beim Entziffern ausgestorbener Sprachen überwunden werden mussten, wie der ägyptischen Hieroglyphenschrift oder der babylonischen Keilschrift, an das Decodieren von Geheimschrift in Kriegszeiten, an die Festlegung sprachwissenschaftlicher Transformationsregeln für den kreativen Sprachgebrauch, an die Charakteristika eines für den Autor typischen Stils, der daran ebenso wiedererkannt werden kann wie der Musiker an seinem Kompositionsstil.

Außerdem kann auch dramatische Entwicklung in einem Theaterstück oder in einem Roman in Strukturmodellen klassifiziert werden, mit deren Hilfe Parallelen zwischen dem Anschein nach unterschiedlichen Ereignissen gezogen werden können. Das Zusammenspiel von Protagonisten, Antagonisten, Schicksal und einem *deus ex machina* beschränkt sich nicht nur auf klassische Dramen, sondern findet sich ebenso gut beispielsweise in den populären James-Bond-Geschichten von Ian Fleming oder den Cowboy- und Indianer-Erzählungen von Karl May.

Wir illustrieren einige dieser Aspekte mit verschiedenen Beispielen aus der Literatur.

Marcel Proust (1871 - 1922)

Französischer Schriftsteller. Sein berühmter siebenteiliger Romanzyklus *A la recherche du temps perdu* ist zweifellos eins der wichtigsten und originellsten Werke des 20. Jahrhunderts. Prousts Stil ist gekennzeichnet durch einen *monologue intérieur*, der in seitenlangen Satzperioden mäandriert und sich fächerförmig ausbreitet. Die zentrale Rolle des Gedächtnisses und der emotionalen Erinnerung ist für alle Zeiten in der Szene mit dem in Tee getunkten Madeleine-Keks, dessen Geschmack ihn wieder auf die Spur verlorener Pfade im Labyrinth seiner Jugend zurückführt, beschrieben.

2.4.1 Versfüße, Versregeln und Gedichtformen

Die Lehre vom Versbau wird in der Dichtkunst *Metrik* genannt. In einem Vers ordnet der (klassische) Dichter die Wortsilben nach den Gesetzen der Prosodie (die Lehre von den Quantitäten der Silben) an, sodass im Vers durch Betonung (Hebung) und Nichtbetonung (Senkung) eine rhythmisch-musikalische Phrasierung entsteht. Diese Ordnung nimmt in der Verwendung unterschiedlicher Arten von Versfüßen Gestalt an. Ein Versfuß besteht aus einer spezifischen Abfolge von Hebungen, symbolisch angedeutet durch eine Strich — und Senkungen, symbolisch angedeutet durch eine Grube ∪.

Oft verwendete Versfüße sind:

Name	Schema	Beispiel
Amfibrachys	∪ — ∪	amicus
Amfimacer	— ∪ —	carmina
Anapäst	∪ ∪ —	affectus
Dactylus	— ∪ ∪	vincula
Jambus	∪ —	vita
Spondeus	— —	amor
Trochäus	— ∪	primus

Die einzelnen Versfüße in einem Vers werden durch einen Schrägstrich / getrennt. Um in einem längeren Vers auch noch eine Sprechpause anzudeuten wird das sogenannte Zäsurzeichen (; oder :) benutzt. Die Technik, Versfüße und Zäsuren zu markieren, nennt man skandieren. Vielleicht haben Sie in Latein- und Griechischstunden dieses „Vergnügen" auch gehabt.

Beispiel

— ∪ ∪ /— ∪ ∪ /— : — / — — / — ∪ ∪ / — —
Ar ma vir um que ca no Tro jae qui pri mus ab o ris
— ∪ ∪ / — —/ — ∪ ∪ /— : ∪ ∪ /— ∪ ∪ / — ∪
It al i am fa to pro fu gus La vi ni a que ve nit

(Anfang von Vergils *Aeneis*)

Beachten Sie, dass die vorstehenden Verse jeweils sechs Versfüße umfassen. Dies sind die Hexameter, in denen alle klassischen epischen Werke wie die *Ilias* und die *Odyssee* von Homer und die *Aeneis* von Vergil geschrieben sind. Neben dem Hexameter gibt es noch die folgenden viel verwandten Versformen:

- Alexandriner: ein Hexameter, der aus sechs Jamben besteht
- Pentameter : umfasst fünf Versfüße
- Tetrameter: besitzt vier Versfüße

Die symbolische Darstellung der Versfüße lässt stark an Morsezeichen denken (Ersetze ∪ durch einen Punkt •). Nach dieser Interpretation stimmen die Versfüße mit den Buchstaben aus diesem Alphabet überein. Beispielsweise der Daktylus mit dem Buchstaben d und der Jambus mit dem Buchstaben a. Die mathematische Kombinatorik stellt die Mittel zur Verfügung, die maximale Anzahl solcher Symbole, abhängig von der Zahl gewünschten Zeichen, zu berechnen. Die Formen derartiger Versfüße könnten auf diese Weise noch merklich ausgeweitet werden. Aber vielleicht ist das doch des Guten zu viel. Natürlich gibt es auch ametrische Dichtkunst, in der bewusst von solchen Regeln abgewichen wird. Diese Gedichtform wird *Antimetrie* genannt.

Die Verse werden zu Strophen zusammengefasst, deren Gesamtheit ein Gedicht bilden. Dabei beachtet man ebenfalls strenge numerische Muster, deren Rhythmus durch spezifische Reimschemata noch verstärkt wird.

Einige bekannte Arten von Strophen, Gedichten und Reimschemata sind:

Strophen:
- Distichon: umfasst zwei Verse
- Terzine: umfasst drei Verse
- Quartine: umfasst vier Verse
- Quintett: umfasst fünf Verse

Gedichte:
- Ballade: umfasst drei Strophen mit acht oder zehn Versen, darauf folgt ein Kehrreim mit vier oder fünf Versen
- Elegie: besteht nur aus Distichen
- Sonett: umfasst vier Strophen, und zwar zwei Quartinen (die Oktave) und zwei Terzinen (das Sextett)
- Limerick: besteht aus einem Quintett

Reimschemata:
- das Distichon: AA
- die Elegie: AA BB CC ...
- (aufeinander folgende) Terzinen: ABA BCB CDC ...
- eine Quartine: ABBA AABB ABAB AABA ...
- einen Limerick: AABBA

Beispiele

Les Correspondances

La Nature est un temple où de vivants piliers	A
Laissent parfois sortir de confuses paroles;	B
L'homme y passe à travers des forêts de symboles	B
Qui l'observent avec des regards familiers,	A
Comme de longs échos qui de loin se confondent	C
Dans une ténébreuse et profonde unité,	D
Vaste comme la nuit et comme la clarté,	D
Les parfums, les couleurs et les sons se répondent.	C
Il est des parfums frais comme des chairs d' enfants,	E
Doux comme les hautbois, verts comme les prairies,	F
—Et d'autres, corrompus, riches et triomphants,	E
Ayant l'expansion des choses infinies,	F
Comme l'ambre, le musc, le benjoin et l'encens,	G
Qui chantent les transports de l'esprit et des sens.	G

(Sonnett)

Charles Baudelaire

Da war einst ein Dichter aus Sippen,	A
der sammelte all' seine Kippen.	A
Ganz ohne Reue	B
Dreht' er draus neue,	B
und sammelte wieder die Kippen.	A

(Limerick)

nach Alex van der Heiden

Es ist offenbar, dass allein schon in der Form der traditionellen Dichtungen Zahl und Struktur eine Rolle zugewiesen wird, die zum emotionalen Charakter des Gedichts beitragen: Erzählend (Ballade), klagend (Elegie), ironisch und freudig (Limerick) usw.

2.4.2 Sprachtheorie und Stilanalyse

Ein vergleichendes Studium einer unbekannten oder ausgestorbenen Sprache mit einer bekannten oder noch lebenden Sprache versucht stets von ganz bestimmten Übereinstimmungen auszugehen: Welche Buchstabenzeichen kommen am häufigsten vor, welche Begriffe sind in einem bestimmten Zusammenhang häufig, welche Namen von Königen und anderer Herrscher stammen aus dieser Periode? Stets muss eine fortgeschrittene nummerische Analyse durchgeführt werden, ebenso eine logische Abbildungstechnik, um zu ersten Ergebnissen kommen zu können. Diese werden dann auf größere Passagen ausgedehnt um schließlich zu einer vollständigen Übertragung eines Textes zu führen. Die Geschichte der Entzifferung der ägyptischen Hieroglyphenschrift durch Jean François Champollion und Thomas Young, ebenso wie die der babylonischen Keilschrift durch Henry C. Rawlinson und George Grotefend sind hierfür treffende Beispiele.

Die Kenntnis der alten ägyptischen hieratischen (priesterlichen) und der demotischen Schrift (Volkssprache) wie die der Hieroglyphen waren im Laufe der Zeit verloren gegangen. Es war die brillante Idee von Champollion, nach Anknüpfungspunkten in der noch gut bekannten koptischen (altgriechischen) Schrift zu suchen. Nachdem auf dem „Stein von Rosette" die Kartuschen von Ptolemaios und Kleopatra entdeckt geworden waren, konnte man eine Reihe von Zeichen mit übereinstimmenden phonetischen Lauten verbinden. Später wurde auf dieser Grundlage auch der Name „Ramses" entziffert, bis schließlich das gesamte ägyptische Alphabet mit diesen Schlüsseln erschlossen wurde. Auch Rawlinson verfolgte eine analoge Methode. Er unterschied in der Keilschrift zunächst drei Kategorien, wovon er eine mittels einer ähnlichen alten persischen Sprache zu entziffern wusste.

Jean François Champollion
23. Dezember 1790 – 4. März 1832

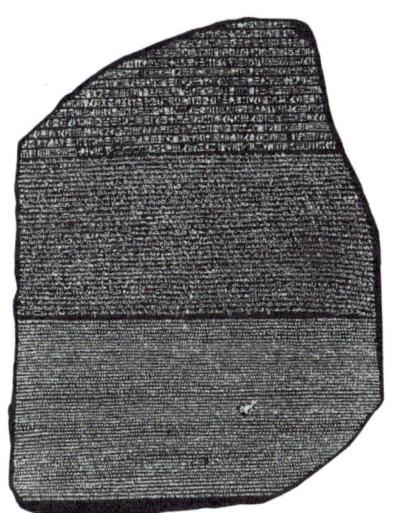

Stein von Rosette

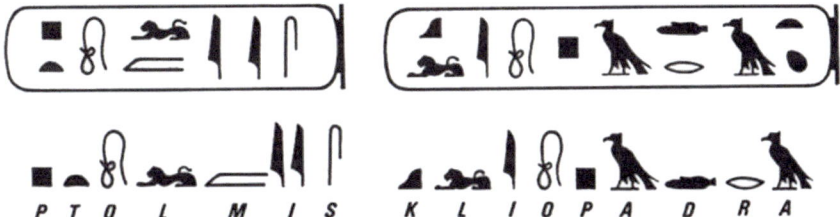

Kartuschen von Ptolemaios und Cleopatra

Noam Chomsky

Außer aus Wörtern besteht eine Sprache aus einer Grammatik, die Regeln für die korrekte Handhabung festlegt, damit akzeptable Sätze entstehen. Da es unmöglich ist, alle möglichen Sätze einer Sprache empirisch zu erlernen, müssen sprachwissenschaftliche Regeln so aufgestellt werden, dass man selbst, ausgehend von bestimmten Mustern kreativ mit der Sprache umgehen kann, um neue Sätze zu bilden, die für jeden im selben Sprachraum verständlich sind. Vor allem die generative Transformationsgrammatik hat einen solchen dynamischen Gebrauch der Sprache angestrebt. In seinem Buch „*Syntactic Structures*" aus dem Jahre 1957 hat Noam Chomsky neue Wege dorthin aufgezeigt. Es ist eine sehr mathematische Herangehensweise mithilfe von Substitutionen, Transformationen, Algorithmen, Formeln, Baumdiagrammen und Kombinatorik. Damit werden die drei wichtigsten Probleme Auswahl, Anordnung und Formenbildung gelöst und in Modellen festgelegt. Der Ansatz ist stark deduktiv und wissenschaftlich in dem Sinne, dass die vorgeschlagenen Modelle als Arbeitshypothesen angesehen werden, die getestet werden können. Dieser theoretische Zugang zur Linguistik übersteigt die Besonderheiten einer gegebenen Sprache (Oberflächenstruktur) und sucht das eigentlich Universelle einer jeden Sprache (Tiefenstruktur), wobei die Sprachgenese, nach einem Wort von Chomsky selbst, zu einer *competence* wird.

Jeder Autor hat seinen eigenen typischen Stil, der mit seiner Persönlichkeit, seiner Bildung und seinen ästhetischen Maßstäben zusammenhängt. Nach einem Wort von George-Louis Buffon: „Le style, c'est l'homme même." Doch wie erkennt man einen Autor an seinen Schriften? Erfahrung und Vertrautheit sind sicher Elemente, die zu einem *déjà-lu*-Gefühl beitragen, sind aber doch als bestimmende Elemente wohl zu vage. Eine explizite Analyse spezifischer Merkmale wird bessere Ergebnisse liefern. Welche Merkmale kommen hierfür in Betracht? In erster Linie werden Schriftsteller nach genau umschriebenen historischen Richtungen eingeteilt, wie Romantik, Realismus, magischer Realismus, Symbolismus, Modernismus, Avantgarde, Surrealismus, Existentialismus usw. Die wichtigsten Vertreter dieser Richtungen haben meist selbst, in Form von Artikeln in literarischen Zeitschriften dieser Epoche die wesentlichen Inhalte ihrer Bestrebungen dargelegt. In der essayistischen Literatur ihrer Zeit kann man dies leicht nachlesen. An zweiter Stelle ist es die Vorliebe für eine bestimmte Thematik: Soziales Engagement, Familienchronik, autobiografische Erlebnisse, Abenteuer, Fiktion usw. Es gibt nur wenige Autoren, die sich ihrem eigentlichen Interessengebiet entziehen können, das ohne ihr bewusstes Zutun doch immer wieder in den Früchten ihrer schriftstellerischen Arbeit auftaucht. Schließlich noch der eigentliche Sprachgebrauch: kurze Sätze oder lange Satzperioden in Verbindung mit einer breiten Palette von beigeordneten Nebensätzen, direkte oder indirekte Rede, Darstellung in der ersten oder dritten Person, beschreibend oder dialogisierend, wenige Adjektive oder reichlich Attribute, Bevorzugung bestimmter Wörter mit Wiederholung von Fetischwörtern oder Neigung zu erschöpfendem Überschwang. Letzteres dürfte in Doktorarbeiten vielleicht so weit gehen, Computer einzuschalten, um Zählergebnisse zu erzielen, die dann mit der einen oder anderen Schlussfolgerung verbunden werden. Zuletzt gibt es den allumfassenden moralischen und ästhetischen Aspekt: optimistisch oder pessimistisch, charmant oder schockierend, moralisierend oder urteilsfrei, schlicht oder übertrieben usw. Alle diese Kriterien bestimmen vornehmlich qualitative Kategorien, die durch ihre taxonomische Struktur hin zu einem scharfen Raster individueller Zellen führen, die dann häufig nur noch einen einzigen Schriftsteller enthalten, den man so identifizieren kann. In diesem Sinne verwendet die Stilanalyse auch allgemeine mathematische Verfahren wie Klassifizieren und Ordnen.

2.4.3 Dramaturgie und Katastrophentheorie

René Thom

Der dramatischen Ablauf einer Entwicklung in einem Theaterstück oder einem Roman kann Merkmale aufweisen, die man auch bei vielen anderen dynamischen Prozessen in unterschiedlichen Zweigen der Wissenschaften finden kann, wie bei einem Börsencrash (Ökonomie), bei einem Herzinfarkt oder bei einer Hirnblutung (Biologie), bei einem Bergrutsch (Geologie), bei der Änderung des Aggregatzustandes (Chemie) oder bei dem Einsturz einer Brücke (Physik). Hierbei geht es um einen Prozess, der scheinbar kontinuierlich von einem stabilen Zustand zu einem anderen stabilen Zustand führt, aber irgendwann eine kritische Grenze überschreitet, wodurch das ganze System in eine völlig andere Lage gerät. Im Gegensatz zu Diskontinuitäten handelt es sich um eine ungewöhnliche Beschleunigung bei einem kontinuierlich bleibenden Ablauf. Diese Phänomene werden in einer mathematischen Theorie, die den Namen *Katastrophentheorie* trägt, beschrieben und klassifiziert und die der französische Mathematiker René Thom in den 1960er Jahren entwickelt hat. Je nachdem von wie vielen Parametern der Veränderungsprozess abhängt, werden die möglichen Katastrophen in einer dreidimensionalen Welt in sieben Typen unterteilt (sozusagen für jeden Tag der Woche einen). Der Typ mit zwei Parametern, nämlich das *Spitzen-Modell*, das vor der Entwicklung der Chaostheorie u.a. auch benutzt wurde, um bestimmte Facetten der Funktionsweise von Herz und Gehirn zu erklären, soll nach E. C. Zeeman auch auf die dramatische Entwicklung eines bestimmten Romans aus der Literatur anwendbar sein. In einer Vielzahl von Vorträgen hat er über Beispiele und Analysen in diesem Zusammenhang berichtet.

Um klar zu machen, was ein Katastrophenereignis im Zusammenhang dieser Theorie bedeutet, können wir uns ein (stark vereinfachtes) physikalisches Modell ansehen, das von Zeeman zum Zwecke der Illustration erdacht worden ist. Dabei geht es um die kontinuierliche exzentrische Rotation einer Holzscheibe um eine Achse A, wobei eine elastische Schnur, befestigt in einem Punkt B der Scheibe und einem festen Punkt C außerhalb der Scheibe, sich bei der drehenden Bewegung allmählich spannt. In einer ersten Phase wird die Spannung der elastischen Schnur die Bewe-

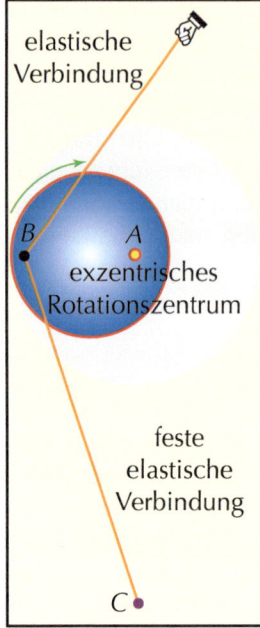 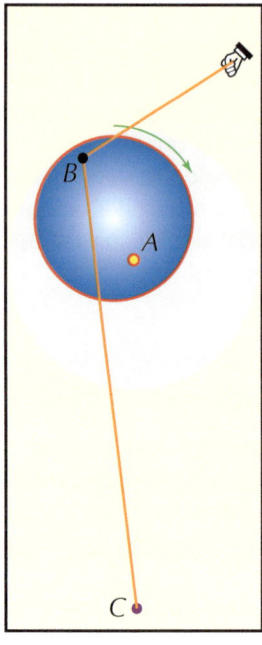 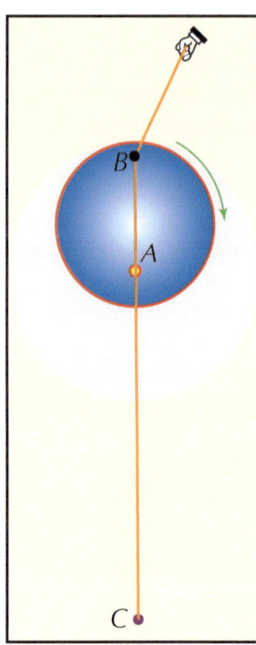

gung der Scheibe nur etwas verzögern aber doch in einem stabilen Zustand halten.

In dem Augenblick jedoch, in dem die Scheibe in die Lage kommt, bei der die Punkte B, A und C auf einer Geraden liegen und die Spannung der elastischen Schnur maximal ist, wird die Lage instabil. Die Scheibe erfährt eine plötzliche Beschleunigung, verursacht durch die zusätzliche Kraft der elastischen Schnur, und der Punkt B befindet sich abrupt in einer viel tieferen Lage als in der gleichen Zeitspanne vor dem kritischen Punkt.

Das Spitzen-Modell, das von Zeeman für die Beschreibung der dramatischen Entwicklung in verschiedenen literarischen Werken benutzt wird, besitzt neben einer typischen Gleichung in zwei Veränderlichen auch eine geometrische Darstellung, die einem gefalteten Blatt gleicht wie in der untenstehenden Abbildung.

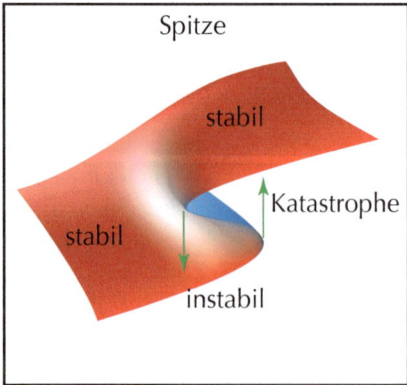

Die rote Zone gibt die stabilen Stellen an, wo ein auf der Fläche sich bewegender Punkt sich befinden kann, die blaue Zone die instabile Zone. Der Rand zwischen den beiden Gebieten bestimmt den kritischen Phasenübergang von dem einen Gebiet in das andere. Die Falte gibt an, dass hier eine ungewöhnliche Beschleunigung der Bewegung auftreten wird.

In einem Drama, wie etwa bei *Ödipus* (Sophokles), *Othello* (Shakespeare) oder *Madame Bovary* (Flaubert) kann man zwei einfache Parameter angeben, die den Zustand bestimmen, in dem die Person sich befindet, d.h. einen Parameter, der die Veränderung der äußeren Faktoren beschreibt und einen Parameter, der die inneren Spannungen angibt. Aus den Fluktuationen dieser beiden entwickelt sich dann das ganze Drama, zu Beginn scheinbar stabil, nach einem kritischen Gabelungspunkt, von dem an alles und jeder, der Teil der Handlung (System) ist, in eine Beschleunigung des Ablaufs seines eigenen unentrinnbaren Schicksal gerät. Dieser Ablauf der Handlung ist im klassischen Drama und in tragischen Romanen in der Tat Legion.

Ein Modell für die Beschreibung und Erklärung kann ein Ereignis schon besser verständlich machen, aber ist als Post-hoc-Aktivität nicht relevant für den Prozess selbst. Nur die vorausschauende Kraft eines solchen Modells verleiht ihm ein echtes wissenschaftliches Format. In diesem Punkt beggenet der Katastrophentheorie noch viel Kritik und Skepsis. Es wäre in der Tat nützlich, wenn wir aus den Symptomen der Kursentwicklung an der Börse die kritischen Momente vorhersehen könnten. Doch dafür scheinen die Gleichungen und geometrischen Darstellungen, vorläufig jedenfalls, noch keine ausreichende Klarheit zu liefern. Beim Lesen einer Geschichte würde diese Vorhersagekraft jedoch eher unerfreulich sein. Bei der Literatur ist eine Post-hoc-Modell besser angebracht.

Schlussbemerkung

Auch in der Literatur kann man sowohl, was die Form als auch was den Inhalt angeht, numerische und strukturelle Muster aufzeigen, die Teil des mathematischen Arsenals sind. Die Tatsache, dass diese Elemente natürlich nicht den wesentlichen Teil dessen ausmachen, was ein Schriftsteller ausdrücken will, ist kein Hindernis dafür, dass die Kenntnis dieser Aspekte den Lesegenuss nicht doch vergrößern kann.

Die reine Sprachwissenschaft dagegen kann in hohem Maße von mathematischen Methoden profitieren, wie das auch in anderen Wissenschaftsgebieten der Fall ist. Auch wenn keine einzige lebende Sprache einen logischen Aufbau zeigt, so befindet sie sich doch in permanenter Entwicklung, teils durch ihren Gebrauch, aber auch durch die periodischen Eingriffe der Sprachwissenschaftler. Nichts spricht dagegen, einer Sprache allmählich eine transparentere logische Struktur zu geben, die den Komfort für ihre Benutzer nur noch vergrößern kann.

Zum Abschluss

In diesem Kapitel haben wir Beispiele dafür angeführt, dass die Natur selbst disziplinierten Kräften folgt, die Gestalt in mathematischen Mustern annehmen. Sowohl in den allergrößten als auch in den allerkleinste Erscheinungsformen treten Modelle auf, die mit Mathematik erfolgreich beschrieben werden können. Auch in unserer nächsten Umwelt zeigen sich Muscheln, Blumen und Schmetterlinge in einer Gestalt, die deutlich eine mathematische Handschrift trägt. Diese Erscheinungswelten inspirieren die Künstler zu Verhaltensweisen und Strukturen, die derselben Quelle entspringen. Sowohl die Musen der bildenden Künste wie die der Musik und Literatur sehen sich nach Belieben in den suggestiven Gefilden von Zahl und Form um. Das entgeht auch dem aufmerksamen Kunstliebhaber nicht.

*„Ein Mathematiker, der nicht irgendwie ein Dichter ist,
wird nie ein vollkommener Mathematiker sein"*

Karl Weierstraß

Standbild von **James Joyce (1882–1941)**, irischer Schriftsteller und Verfasser des berühmten *Ulysses*, ohne Zweifel das außergewöhnlichste Buch des 20. Jahrhunderts. In diesem Buch werden auf unübertroffen ironische Weise Parallelen gezogen zwischen den Irrfahrten des Odysseus (Ulysses) nach dem trojanischem Krieg und der Heimkehr zu seiner treuen Penelope und den abenteuerlichen Irrgängen des Leopold Bloom am 16. Juni 1904 durch Dublin, der notgedrungen zu seiner stets ja-sagenden Molly zurückkehrt. Neben der strengen Struktur des Buches, voller Verweise auf die großen Werken der Weltliteratur und Anspielungen auf die irische Nationalgeschichte, ist die beeindruckende Sprachschöpfung voll von tieferen bedeutsamen Inhalten, die ohne sachkundige Begleitung nicht so einfach für jedermann zugänglich sind. So erklärt Joyce selbst Eugene Jolas gegenüber: "Ich kann alles mit der Sprache machen." Und auch in seiner sprachlichen Herangehensweise und den Wortspielen steckt ein System, das durch mathematische Analyse aufgedeckt werden kann.

Epilog

Wir erfahren die Welt mit den Fühlern unserer Sinnesorgane, eingeschränkt sowohl in Anzahl wie in den Fähigkeiten. Sie vermitteln uns einen Fächer kaleidoskopischer Eindrücke von der Wirklichkeit. Es ist unser Verstand, der mit den Dimensionen von Zeit und Raum in dieser Fülle von Eindrücken Ordnung schafft. Aus dieser selbst geschaffenen Ordnung erstellen wir die unentbehrlichen Karten, um an unseren täglichen Belastungen vorbei zu navigieren. So wie unsere Sinnesorgane ist dieser Verstand ein Apparat, der durch einen unermesslich langen Evolutionsprozess geschärft worden ist. Was genau sich in diesen Milliarden von neuronalen Verbindungen zwischen der Schädeldecke und dem Nervensystem abspielt, hat man noch nicht herausgefunden. Wir nehmen die Aktivitäten unseres Verstandes vorläufig nur an den Manifestationen der Sprache und der Logik wahr. Diese beiden Aspekte erreichen ihren Höhepunkt in den Abstraktionen der Mathematik. Diese natürliche Ausstattung ist nicht nur zufällig, denn keine Art erweist sich als so erfolgreich im Überlebenskampf wie der Mensch. Die Tatsache, dass dieser Verstand und diese Welt nicht in einer dualistischen Weise nebeneinander existieren, sondern Teil ein und derselben Geschichte ausmachen, muss das Vertrauen darin wecken, dass das, was in dem einen existiert auch in dem anderen zu finden ist. Ist es dann noch folgerichtig, dass wir uns so erstaunt darüber zeigen, dass auf allen Wissenschaftsgebieten, in denen mathematische Methoden herangezogen werden, Erkenntnis und Erfolg nicht ausbleiben? Das Ziel dieses Buches ist es gerade, wenn auch in einem Schwung von einiger Begeisterung, einige illustrative Beispiele für diese evidente Tatsache zu liefern. Wieso bleibt es dann aber dabei, dass viele, die durchaus finden, dass alle Kinder ihre Sinnesorgane bestens schulen, ihren Körper trainieren und Sprachen zu lernen sich bemühen sollten, damit einverstanden sind, dass die Ausbildung eines kritischen, logischen Verstandes nicht unbedingt Teil des normalen Unterrichtsplans eines jeden Schülers ausmachen muss? Warum immer wieder die strenge romantische Gegenüberstellung von Gefühl und Verstand, von Kunst und Wissenschaft aufrechterhalten? Es wäre eine schöne Belohnung, wenn dieses Buch zu einer Umkehr dieser Haltung und Mentalität beitragen könnte.

© Springer-Verlag GmbH Deutschland, ein Teil von Springer Nature 2019
R. Verhulst, *Im Banne der Mathematik*, https://doi.org/10.1007/978-3-662-58798-0

Bildnachweisen

S. VIII Paul Valéry: https://commons.wikimedia.org/wiki/File:Paul_Valéry_-_photo_Henri_Manuel.jpg

S. XII Schule von Athen Detail: https://commons.wikimedia.org/wiki/File:Sanzio_01_Euclid.jpg

S. 2 menschliches Gehirn: https://pixabay.com/nl/hersenen-anatomie-menselijke-512758/

S. 3 Wassertropfen: https://pxhere.com/nl/photo/656206

S. 5 Abälard und Heloisa: https://commons.wikimedia.org/wiki/File:Edmund_Blair_Leighton_-_Abelard_and_his_Pupil_Heloise.jpg

S. 7 Ludwig Wittgenstein: https://commons.wikimedia.org/wiki/File:Ludwig_Wittgenstein.jpg

S. 9 Schachspiel, englisch: https://www.chessbaron.co.uk/chess-BC2001.htm
deutsch: http://www.goantiques.com/embed/estatesilver/details?id=magnificent%2C-sterling-silver-46369919

S. 22 Bibendum: https://commons.wikimedia.org/wiki/File:Ludzik_Michelin_-_Bibendum_(MSP17).jpg

S. 28 Duns Scotus: https://commons.wikimedia.org/wiki/File:JohnDunsScotus_-_full.jpg

S. 31 George Boole: https://commons.wikimedia.org/wiki/File:Portrait_of_George_Boole.png

S. 34 Sanders Peirce: https://nl.wikipedia.org/wiki/Bestand:Charles-Sanders-Peirce.jpg

S. 38 chip: https://commons.wikimedia.org/wiki/File:FT232R_USB_UART_IC_(SSOP).jpg

S. 43 Achill und die Schildkröte: https://www.startpagina.nl/v/wetenschap/filosofie/vraag/532493/paradox-zeno/

S. 45 Luytzen E.J. Brouwer: https://www.jstor.org/stable/769295?seq=1#page_scan_tab_contents

S. 51 ENIAC: https://ar.m.wikipedia.org/wiki/%D9%85%D9%84%D9%81:Classic_shot_of_the_ENIAC.jpg

S. 59 Félix Klein: https://commons.wikimedia.org/wiki/File:Felix_Christian_Klein.jpg

S. 67 Evariste Galois : https://commons.wikimedia.org/wiki/File:Evariste_Galois.jpg

S. 74 Kurt Gödel : https://www.flickr.com/photos/levanrami/24246848265

S. 76 Archimedes von Syrakus, Poster Syrakus 11.- 16. April 1961, Tagung im Gedenken an Archimedes für Mathematiker, Physiker und Ingenieure

S. 77 Euklid, Elemente: Rik Verhulst 2008; mit freundlicher Genehmigung von © Garant 2018. All Rights Reserved

S. 86 Octacube: https://commons.wikimedia.org/wiki/File:OctacCrop.jpg

S. 92 Der Wasserfall von Escher: https://he.wikipedia.org/wiki/%D7%9E%D7%A4%D7%9C_%D7%9E%D7%99%D7%9D_(%D7%90%D7%A9%D7%A8)

S. 96 Nicolai Lobatschewski: https://en.wikipedia.org/wiki/File:Lobachevsky_03.jpg

S. 103 George Cantor: https://en.wikipedia.org/wiki/File:Georg_Cantor2.jpg

© Springer-Verlag GmbH Deutschland, ein Teil von Springer Nature 2019
R. Verhulst, *Im Banne der Mathematik*, https://doi.org/10.1007/978-3-662-58798-0

Im Banne der Mathematik 367

S. 110 Aleph null: https://gizmodo.com/5809689/a-brief-introduction-to-infinity
S. 113 Roulette: https://www.google.be/search?as_st=y&tbm=isch&hl=nl&as_q=roulette&as_epq=&as_oq=&as_eq=&cr=&as_sitesearch=&safe=images&tbs=sur:fc#imgrc=15lR9w8niIYAzM:
S. 116 Menschenmenge: Live, Les Mathématiques, 1963, S.130
S. 122 Lawine:
https://en.wikipedia.org/wiki/Avalanche#/media/File:Avalanche_on_Everest.JPG
S. 126 Königsberg 1: https://commons.wikimedia.org/wiki/File:Euler_rid6exp.png
  Königsberg 2: https://commons.wikimedia.org/wiki/File:7_bridges.svg
S. 141 Kreditkarten: https://commons.wikimedia.org/wiki/File:Credit-cards.jpg
S. 143 Strichcode: https://www.hetboekenschap.nl/product/barcode/
S. 144 Marsexplorer: https://en.wikipedia.org/wiki/Mars_Exploration_Rover#/media/File:NASA_Mars_Rover.jpg
S. 144 CD: https://commons.wikimedia.org/wiki/File:Cd-r-650mb-basf_hg.jpg
S. 147 Hamming-Medaille: https://ethw.org/IEEE_Richard_W._Hamming_Medal
S. 148 Enigma: https://commons.wikimedia.org/wiki/File:Enigma_(crittografia)_-_Museo_scienza_e_tecnologia_Milano.jpg
S. 150 Julia-Fractal: https://commons.wikimedia.org/w/index.php?curid=31888310, By Binette228 - Own work, CC BY-SA 3.0,
S. 150 Mandelbrot-Fractal: https://commons.wikimedia.org/wiki/File:Demm_2000_Mandelbrot_set.jpg
S. 158 Juliamengen: https://pixabay.com/nl/mandelbrotverzameling-fractal-979322/
S. 158 https://en.wikipedia.org/wiki/Mandelbrot_set#/media/File:Mandel_zoom_14_satellite_julia_island.jpg
S. 159 Mandelbrotmenge 1: https://commons.wikimedia.org/wiki/File:Mandel_zoom_00_mandelbrot_set.jpg
S. 159 Mandelbrotmenge 2: https://pixabay.com/nl/fractal-mandelbrotverzameling-74055/
S. 159 Mandelbrotmenge 3: https://pixabay.com/nl/fractal-mandelbrot-julia-veel-2993372/
S. 159 Mandelbrotmenge 4: https://commons.wikimedia.org/wiki/File:Mandel_zoom_04_seehorse_tail.jpg
S. 159 Mandelbrotmenge 5: https://commons.wikimedia.org/wiki/File:Mandel_zoom_09_satellite_head_and_shoulder.jpg
S. 159 Mandelbrotmenge 6: https://commons.wikimedia.org/wiki/File:Mandel_zoom_06_double_hook.jpg
S. 162 Lorentz attraktor: https://en.wikipedia.org/wiki/File:Lorenz_system_r28_s10_b2-6666.png
S. 163 Henri Poincaré: https://commons.wikimedia.org/wiki/File:PSM_V82_D416_Henri_Poincare.png
  Omar Al-Khayyam: https://ro.m.wikipedia.org/wiki/Fișier:Omar_Khayyam2.JPG
S. 184 Orientalisches Forschungszentrum: Live, Les Mathématiques, 1963, S.71
S. 187 Cartoons Computerparadies: https://gkvpn.nl/coppermine/displayimage.php?album=2&pid=96,
S. 187 http://www.pgm-stadskanaal.nl und Rik Verhulst 2008; mit freundlicher

Bildnachweisen

Genehmigung von © Garant 2018. All Rights Reserved

S. 190 Papyrus Rhind: https://en.wikipedia.org/wiki/Rhind_Mathematical_Papyrus#/media/File:Rhind_Mathematical_Papyrus.jpg

S. 194 Plimpton 322: https://nl.wikipedia.org/wiki/Bestand:Plimpton_322.jpg

S. 198 Allegorie der Arithmetik: https://de.wikipedia.org/wiki/Pythagoras_in_der_Schmiede#/media/File:Gregor_Reisch_-_Margarita_Philosophica_-_Arithmetica.jpg

S. 200 Lo Shu 1: https://symbolen.jouwweb.nl/het-magisch-vierkant
Lo Shu 2: http://hans.wyrdweb.eu/about-the-lo-shu-how-one-simple-3x3-magic-square-explains-everything/
Lo Shu 3: https://commons.wikimedia.org/wiki/File:Lo_Shu_3x3_magic_square.svg

S. 201 Maya-Kalender: https://www.pexels.com/photo/ancient-aztec-calendar-circle-273124/

S. 202 Maya-Zahlen: https://nl.depositphotos.com/8838726/stockillustratie-maya-talstelsel-vector-doodle.html

S. 205 Thales von Milet: https://it.wikipedia.org/wiki/Talete

S. 207 Bild des Pythagoras: https://www.flickr.com/photos/naufragio/793278893

S. 207 Pythagoras, Musik, Überarbeitung von Illustrationen: https://commons.wikimedia.org/wiki/File:Pythagoras_and_Philolaus.png
https://commons.wikimedia.org/wiki/File:Gaffurio_Pythagoras.png

S. 212 Zenon von Elea: https://commons.wikimedia.org/wiki/File:Diogenis_Laertii_De_Vitis_(1627)_-_Zenon_of_Elea_or_Zenon_of_Citium.jpg

S. 212 Achill und die Schildkröte : http://www.wiskundemagie.be/tag/paradox-achilles-en-de-schildpad/

S. 213 Platon: https://commons.wikimedia.org/wiki/File:Bust_of_Plato,_Vatican_Museum,_Rome.jpg

S 217 Mysterium cosmograficum: https://nl.m.wikipedia.org/wiki/Bestand:Kepler-solar-system-1.png

S 219 Aristoteles: https://commons.wikimedia.org/wiki/File:Aristotle_Altemps_Inv8575.jpg

S. 221 Weltbild des Ptolemäus: https://www.britannica.com/science/geocentric-system

S. 222 Euklid: https://commons.wikimedia.org/wiki/File:Euklid-von-Alexandria_1.jpg

S. 222 Euklid, Buch: https://de.wikipedia.org/wiki/Euklid

S. 227 Archimedes: https://commons.wikimedia.org/wiki/File:PSM_V78_D337_Archimedes.png

S. 229 Achilles hebt die Welt mit dem Hebel an: https://commons.wikimedia.org/wiki/File:Archimedes_lever.png

S. 232 Notre-Dame, Chartres: https://commons.wikimedia.org/wiki/File:Chartres_cathedral_(West_fa%C3%A7ade).jpg

S. 232 Notre-Dame, Chartres, nördliches Rosettenfenster: https://commons.wikimedia.org/wiki/File:Cathedrale_nd_chartres_vitraux015.jpg

S. 233 Alhambra baño de Comares: https://commons.wikimedia.org/wiki/File:Alhambra,_Granada_(7076752881).jpg

S. 233 Muqarnas-Gewölbe, Nasir al-Molk: https://www.flickr.com/photos/dynamosquito/2431828694
S. 234 Kopernikus: https://commons.wikimedia.org/wiki/File:Copernicus.jpg
S. 236 Simon Stevin: https://vls.wikipedia.org/wiki/Ofbeeldienge:Stevin.jpg
S. 241 Kepler: https://nl.m.wikipedia.org/wiki/Bestand:Johannes_Kepler_1610.jpg
S. 242 Galileo Galilei: https://commons.wikimedia.org/wiki/File:Justus_Sustermans_-_Portrait_of_Galileo_Galilei,_1636.jpg
S. 243 Tartaglia: https://it.m.wikipedia.org/wiki/File:Tartaglia-Opere-portrait.jpg
S. 245 Descartes : https://commons.wikimedia.org/wiki/File:PSM_V37_D740_Rene_Descartes.jpg
S. 246 Kristina von Schweden: https://nl.m.wikipedia.org/wiki/Bestand:Ebba_Sparre.jpg
S. 246 Blaise Pascal: https://nl.m.wikipedia.org/wiki/Bestand:Blaise_Pascal_Versailles.JPG
S. 248 Pierre de Fermat: https://fr.m.wikipedia.org/wiki/Fichier:Pierre_de_Fermat2.png
S. 249 Desargues: https://commons.wikimedia.org/wiki/File:G%C3%A9rard_Desargues.jpeg
S. 251 Cavalieri: https://nl.wikipedia.org/wiki/Bestand:Bonaventura_Cavalieri.jpg
S. 254 Newton: https://ha.wikipedia.org/wiki/File:SS-newton.jpg
S. 255 Leibniz: https://nl.wikipedia.org/wiki/Bestand:Gottfried_Wilhelm_Leibniz,_Bernhard_Christoph_Francke.jpg
S. 256 Rechenmaschine von Leibniz: http://www.staff.science.uu.nl/~doorm101/rekenmachine/htm/deel3.htm
S. 259 Saccheri: https://commons.wikimedia.org/wiki/File:Saccheri_1733_-_Euclide_Ab_Omni_Naevo_Vindicatus.gif
S. 260 Nikolai Lobatschewski: http://learn-math.info/dutch/historyDetail.htm?id=Lobachevsky
S. 260 Janos Bolyai: https://commons.wikimedia.org/wiki/File:JanosBolyai.jpg
S. 260 Carl Friedrich Gauß: https://commons.wikimedia.org/wiki/File:Carl_Friedrich_Gauss.jpg
S. 260 Bernard Riemann: https://www.flickr.com/photos/smithsonian/2551069295
S. 262 Rowan Hamilton: https://commons.wikimedia.org/wiki/File:William_Rowan_Hamilton_painting.jpg
S. 262 Rowan-Hamilton-Gedenktafel: https://en.wikiquote.org/wiki/William_Rowan_Hamilton
S. 263 Arthur Cayley: https://commons.wikimedia.org/wiki/File:Arthur_Cayley_Engraving.jpg
S.265 Augustin Louis Cauchy: https://commons.wikimedia.org/wiki/File:Cauchy_Augustin_Louis_dibner_coll_SIL14-C2-03a.jpg
S.265 Karl Weierstraß: https://www.flickr.com/photos/smithsonian/2552869153
S.265 Julius Wilhelm Richard Dedekind: https://nl.m.wikipedia.org/wiki/Bestand:Richard_Dedekind_1900s.jpg
S. 268 Bertrand Russell: https://commons.wikimedia.org/wiki/File:Bertrand_Russell,_Bestanddeelnr_909-1508.jpg
S. 271 Eniac - 50 : https://maths.ucd.ie/~plynch/eniac/

S. 274 Geigenbauer von Venedig, Altamira, letzte Seite
S. 276 Sonnenfinsternis: https://en.wikipedia.org/wiki/File:Solar_eclipse_1999_4_NR.jpg
S. 276 Muscheln : https://pxhere.com/nl/photo/819242
https://pixabay.com/nl/zee-shell-clam-oceaan-zee-schelpen-1162757/
https://nl.m.wikipedia.org/wiki/Bestand:Nautilus_species_shells.png
https://www.flickr.com/photos/44603071@N00/3041743367
https://pxhere.com/en/photo/573468
https://www.maxpixel.net/Shell-Creature-Spiral-331922
S. 277 Pantheon : https://vls.wikipedia.org/wiki/Ofbeeldienge:Pantheon_Rome_(1).jpg
S. 277 Durchschnitt: https://www.pinterest.com/pin/91057223686454622/
S. 278 Pferdekopf: https://en.wikipedia.org/wiki/File:Barnard_33.jpg
S. 279 Hubble-Teleskop: https://www.af.mil/News/Article-Display/Article/120334/46th-test-wing-integral-part-of-hubble-repair/
S. 281 Georges Lemaître: https://www.flickr.com/photos/tonynetone/14578237295
S. 282 Geschossbahn: Les Mathématiques Live, S. 109
S. 283 F.W. Bessel: https://de.wikipedia.org/wiki/Friedrich_Wilhelm_Bessel#/media/File:Friedrich_Wilhelm_Bessel.jpeg
S. 284 Einstein: https://en.wikipedia.org/wiki/File:Einstein_1921_by_F_Schmutzer_-_restoration.jpg
S. 284 Lichtablenkung 29. mai 1919: Le livre de la nature. Dr. F. Kahn, S. 141
S. 285 Paul A. M. Dirac: https://commons.wikimedia.org/wiki/File:Diracb.jpg
S. 286 Teilchenbeschleuniger, CERN: https://he.wikipedia.org/wiki/%D7%A7%D7%95%D7%91%D7%A5:CERN_LHC_Tunnel1.jpg
S. 286 Blasenkammer: https://thenewstack.io/discovering-higgs-boson-cern-integrates-openstack-kubernetes/
S. 287 L. Fibonacci: https://commons.wikimedia.org/wiki/File:Fibonacci.jpg
S. 287 Tannenzapfen: https://pixabay.com/nl/pijnappel-dennenappels-ruwe-2818203/
S. 287 Ananas: https://pxhere.com/nl/photo/599758
S. 287 Sonnenblume : https://pixabay.com/nl/zonnebloem-bloem-1537724/
S. 287 Nautilus: https://en.wikipedia.org/wiki/File:NautilusCutawayLogarithmicSpiral.jpg
S. 290 Phyllotaxis: https://www.flickr.com/photos/arenamontanus/3540498156
S. 291 Venus von Milo: https://commons.wikimedia.org/wiki/File:The_Louvre,_the_Venus_de_Milo,_Paris,_France-LCCN2001698517.jpg
S. 291 da Vinci, Kopf : Les Mathématiques Live pag. 94
S. 293 Embryo: https://commons.wikimedia.org/wiki/File:Human_Embryo.JPG
S. 294 Seestern: https://commons.wikimedia.org/wiki/File:Sea_star_bg_01.jpg
S. 296 Symmetrie: Tiger: https://www.pexels.com/photo/close-up-photography-of-tiger-792381/
S. 296 Symmetrie: Schmetterling : https://pixabay.com/nl/vlinder-png-3192713/
S. 296 Symmetrie: Menschliche Körper: https://www.pexels.com/de-de/foto/der-akt-der-madchen-portrat-schwester-207890/

S. 296 Symmetrie: Blume: https://commons.wikimedia.org/wiki/File:Iris_versicolor_3.jpg
S. 297 Inventing the Circle, Johan Gielis, Geniaal
S. 297 Honigwabe : https://pxhere.com/nl/photo/1183648
S. 297 Kristall : https://pixabay.com/nl/blauw-kleur-kristallen-kleurrijke-881074/
S. 298 Wolken: https://pixabay.com/nl/wolk-blauw-wolken-white-zomer-2354837/
S. 301 Romanesco: https://commons.wikimedia.org/wiki/File:Chou_Romanesco_au_marché.jpg
S. 302 Lehmhaus: https://inventaris.onroerenderfgoed.be/erfgoedobjecten/2538
S. 303 Cheops: eigenes Foto, Annemie Segers
S. 303 Babel https://nl.wikipedia.org/wiki/Bestand:WLANL_-_Quistnix!_-_Museum_Boijmans_van_Beuningen_-_Toren_van_Babel,_Bruegel.jpg
S. 303 Zikkurat: https://en.wikipedia.org/wiki/File:SumerianZiggurat.jpg
S. 304 Parthenon: https://www.flickr.com/photos/fruey/1372547275
S. 304 Epidauros https://commons.wikimedia.org/wiki/File:The_great_theater_of_Epidaurus,_designed_by_Polykleitos_the_Younger_in_the_4th_century_BC,_Sanctuary_of_Asklepeios_at_Epidaurus,_Greece_(14058124143).jpg
S. 304 Epidauros, Querschnitt: https://www.flickr.com/photos/126377022@N07/14741564716
S. 305 Titusbogen: https://www.flickr.com/photos/rogersg/11796861345
S. 305 Hagia Sophia: https://en.wikipedia.org/wiki/File:Hagia_Sophia_Mars_2013.jpg
S. 305 Hagia Sophia, Querschnitt: https://tr.wikipedia.org/wiki/Dosya:Hagia-Sophia-Laengsschnitt.jpg
S. 306 Triforium, Kathedrale von Rochester: Ornamenten, Alexander Spelt, Gaade, Amerongen, S. 193.
S. 306 Patrixbourne Church: https://commons.wikimedia.org/wiki/File:St_Mary,_Patrixbourne,_Kent_-_Window_-_geograph.org.uk_-_328860.jpg
S. 307 Notre-Dame, Paris: https://commons.wikimedia.org/wiki/File:Notre_Dame_de_Paris_DSC_0846w.jpg
S. 307 Säule: eigenes Foto, Dirk Van Hemeldonck
S. 307 Chambord: https://fr.wikipedia.org/wiki/Fichier:Escalier_Chambord.jpg
S. 308 Eiffelturm: https://www.pexels.com/photo/worms-view-of-eiffel-tower-during-daytime-149419/
S. 308 Hotel Tassel: https://commons.wikimedia.org/wiki/File:Tassel_House_stairway.JPG
S. 308 Opernhaus in Sidney: https://commons.wikimedia.org/wiki/File:Sydney_opera_house_side_view.jpg
S. 309 Guggenheim Museum New York: https://pixabay.com/nl/guggenheimmuseum-new-york-2707258/
S. 309 Haus von Le Corbusier: http://www.phys.tue.nl/TULO/guldensnede/architectuur.html
S. 309 Seagram Building New York: https://nl.wikipedia.org/wiki/Bestand:Seagrambuilding.JPG
S. 309 Seagram Building New York: https://www.flickr.com/photos/43391993@N03/4114889237

S. 310 Modulor von Le Corbusier: http://www.neermanfernand.com/corbu.html
S. 311 Taj Mahal: https://en.wikipedia.org/wiki/File:Taj_Mahal_(Edited).jpeg
S. 312 Säulen in der Mezquita: https://pixabay.com/nl/mezquita-kathedraal-van-c%C3%B3rdoba-2842852/
S. 313 Notre-Dame, Chartres, nördliches Rosettenfenster: https://www.flickr.com/photos/eusebius/3318918018
S. 313 Schloss von Chenonceau: https://fr.wikipedia.org/wiki/Fichier:Chateau_de_Chenonceau.JPG
S. 314 Innenraum des Pantheons: https://nl.m.wikipedia.org/wiki/Bestand:Giovanni_Paolo_Panini_-_Interior_of_the_Pantheon,_Rome_-_Google_Art_Project.jpg
S. 316 Lyon, Gare Satolas: https://www.flickr.com/photos/2613-say-yeah/3941996959/
S. 316 Cristo Obrero Kirche in Atlántida Uruguay: https://commons.wikimedia.org/wiki/File:Iglesia_Atlántida_Dieste_5.jpg
S. 317 Sagrada Familia, Barcelona: https://commons.wikimedia.org/wiki/File:Sagrada_Familia_nave_roof_detail.jpg
S. 318 Olympiastadion München: https://pixabay.com/nl/olympisch-stadion-stadion-2612223/
S. 318 Experiment Bahnhof Stuttgart: https://www.researchgate.net/figure/Experiment-by-Frei-Otto-and-team-for-the-new-high-speed-Stuttgart-train-station-Image_fig20_314116498
S. 319 Boticelli, Die Geburt der Venus: https://nl.wikipedia.org/wiki/Bestand:Botticelli_geboorte_venus.jpg
S. 320 Der Frühling, Boticelli: https://pt.wikipedia.org/wiki/Ficheiro:Primavera_(Botticelli).jpg
S. 320 Der Mensch von Vitruv, da Vinci: https://commons.wikimedia.org/wiki/File:Leonardo_da_Vinci-_Vitruvian_Man.JPG
S. 320 La Joconda (Mona Lisa) von da Vinci: https://upload.wikimedia.org/wikipedia/commons/6/6a/Mona_Lisa.jpg
S. 321 Das letzte Abendmahl, Da Vinci: https://pixabay.com/nl/het-laatste-avondmaal-1921290/
S. 321 Luca Pacioli: https://commons.wikimedia.org/wiki/File:Jacopo_de%27_Barbari_-_Portrait_of_Fra_Luca_Pacioli_and_an_Unknown_Young_Man_-_WGA1269.jpg
S. 322 Eisenbahn: https://www.pinterest.com/pin/485262928571768531/
S. 323 Albrecht Dürer, Der Zeichner des weiblichen Modells: https://www.rijksmuseum.nl/nl/collectie/RP-P-OB-1492
S. 324 Albrecht Dürer, Der Zeichner der Laute: https://commons.wikimedia.org/wiki/File:Duerer_Underweysung_der_Messung_fig_001_page_181.jpg
S. 324 Canale Grande e Santa Maria della Salute, Canaletto: https://nl.m.wikipedia.org/wiki/Bestand:Canaletto_Entrance_to_the_Grand_Canal_Venice.jpg
S. 325 Die Vermählung Mariä, Raffael: https://www.artsalonholland.nl/renaissance/rafael-de-verloving-van-maria-en-jozef
S. 325 Vatikansekretariat: *Standaard Encyclopedie*, Band 3, S.452

Im Banne der Mathematik 373

S. 326 Treppauf und treppab, Escher: https://www.alletop10lijstjes.nl/top-10-beroemde-werken-m-c-escher/
S. 327 Druck von William Hogarth: https://commons.wikimedia.org/wiki/File:The_importance_of_knowing_perspective_-_Satire_on_False_Perspective,_by_William_Hogarth_(1753).jpg
S. 331 Imitation des Wanddekorations im Mexuar Saal, Alhambra: Innenumschlag *Islam kunst en architectuur*, Könemann
S. 332 Kreisgrenze, Escher: https://static.kunstelo.nl/ckv2/bevo/vorm/rotatie1.htm
S. 332 Computerlandschaft: http://www.skytopia.com/gallery/mountains/big/mountmaroon_mouldy.jpg
S. 332 Fraktal: https://pxhere.com/nl/photo/400565
S. 333 Rodtschenko, räumliche Konstruktion: https://www.vice.com/en_au/article/mg9zd4/original-creators-constructivist-aleksandr-rodchenko
S. 333 Mondrian: https://nl.m.wikipedia.org/wiki/Bestand:Piet_Mondriaan,_1921_-_Composition_en_rouge,_jaune,_bleu_et_noir.jpg
S. 334 Pythagoras am Saiteninstrument: https://commons.wikimedia.org/wiki/File:Gaffurio_Pythagoras.png
S. 334 Pythagoras: http://www.travelingtemplar.com/2018/03/the-great-pythagoras.html
S. 335 grafische Darstellung einer Tonschwingung: https://pixabay.com/nl/geluid-golf-stem-luisteren-856770/
S. 336 grafische Darstellung eines Klarinettentons: http://www.nieuwarchief.nl/serie5/pdf/naw5-2001-02-2-136.pdf
S. 354 Dante Aleghieri: https://commons.wikimedia.org/wiki/File:Dante_Alighieri%27s_portrait_by_Sandro_Botticelli.jpg
S. 354 La Divina Commedia, Dante: https://nl.m.wikipedia.org/wiki/Bestand:Firenze,_divina_commedia,_xiv_sec.,_cod._tempi_1,_01.JPG
S. 355 Bildnis Marcel Proust: https://nl.wikipedia.org/wiki/Bestand:Jacques-Emile_Blanche_Portrait_de_Marcel_Proust_1892.jpg
S. 359 Jean-François Champollion: https://en.wikipedia.org/wiki/File:Leon_Cogniet_-_Jean-Francois_Champollion.jpg
S. 359 Der Stein von Rosette: https://nl.wikipedia.org/wiki/Bestand:Rosetta_Stone_BW.jpeg
S. 360 Foto Noam Chomsky: https://commons.wikimedia.org/wiki/File:Noam_Chomsky,_2004.jpg
S. 361 Foto René Thom: https://www.ihes.fr/en/oeuvres-mathematiques-volume-1-by-rene-thom-just-published-by-the-french-mathematical-society/
S. 364 Standbild James Joyce: https://www.flickr.com/photos/rosenkranz/294078948

Alle Zeichnungen und Grafiken sind von Ludo Vereecken, aus *In de ban van wiskunde*, 2006; mit freundlicher Genehmigung von © Garant 2018. All Rights Reserved.

Literaturverzeichnis

Diese Literaturverzeichnis ist für den Leser gedacht, der sich näher mit bestimmten Themen dieses Buches beschäftigen will. Weil die angeführten Werke aber auch selbst Literaturverzeichnisse enthalten, beschränkt sich die folgende Liste auf eine eingeschränkte Auswahl.

Kapitel 1

BIRKHOFF G. Lattice Theory. American Mathematical Society, 1948
CALVIN W. The Cerebral Symphony. Bantam Books, 1987
CHANG C.C., KEISLER H.J. Model Theory. North-Holland, 1973
COHN P.M. Algebra Volume 1. John Wiley & Sons, 1974
COMBÈS M. Fondements des Mathématiques. Presses Universitaires de France, 1971
DENNETT D. Consciousness Explained. Little, Brown and Co. 1991
GOODSTEIN R.L. Boolean Algebra. Pergamom Press, 1963
GOODSTEIN R.L. Development of Mathematical Logic. Springer Verlag, 1971
HALMOS P.R. Lectures on Boolean Algebras. Van Nostrand.
HILTON P., PEDERSEN J. Fear No More. Addison Wesley, 1982
HILTON P., HOLTON D., PEDERSEN J. Mathematical Reflections. Springer, 1998
HUME D. An Enquiry Concerning Human Understanding. Collier and Son, 1910
HUNTER G. Metalogic. University of California Press, 1973
KLEEN S.C. Introduction to Mathematical Logic. John Wiley, 1967
LAKATOS I. Proofs and Refutations. Cambridge University Press, 1976
LANG S. Algebra. Addison-Wesley, 1980
LOCKE J. An Essay Concerning Human Understanding. Mc Clintock's Essays, 1995
NAGEL E., NEWMAN J.R. Gödel's Proof. University Press, New York, 1958
PAPY G. Groups. MacMillan, London, 1964
PINKER S. How the Mind Works. Pinguin, 1998
SEARLE J. Minds, Brains and Science. Harvard University Press, 1984
TARSKI A. Introduction à la logique. Gauthier-Villars en Nauwelaerts, 1960
VAN DALEN D. Logic and Structure. Springer Verlag, 1997
VAN DALEN D. Mystic, Geometer and Intuitionist. The life of L.E.J. Brouwer. Oxford University Press, 1999
VERHULST R. The birth of bidecimal numbers. VWNL Cahier K.U.Leuven, 1982
WILDER R. An introduction to the Foundations of Mathematics. John Wiley, 1952
WITTGENSTEIN L. Tractatus logico-philosophicus. Atheneum-Polak en Van Gennep

Kapitel 2

ADLER I. Probability and Statistics for Everyman. The John Day Company, New York, 1963
BERGÉ C. Théorie des graphes et ses applications. Dunod, 1963
CHOQUET G. L'enseignement de la géometrie. Hermann, 1964
COHEN P. Set Theory and the Continuum Hypothesis. W.A. Benjamin, 1966
DIEUDONNÉ J. Algèbre lineaire et géometrie élémentaire. Herman1968

DIEUDONNÉ J. Fondements de l'Analyse Moderne. Gauthier-Villars, 1965
DIEUDONNÉ J. Pour l'honneur de l'esprit humain. Hachette, 1987
FLEGG G. Numbers. Their history and meaning. Barnes & Noble Books, 1993
HALMOS P.R. Naive Set Theory. D. Van Nostrand Company, Princeton, 1964
HARDY G.H. An introduction to the Theory of Numbers. Oxford University Press,1960
HILTON P., HOLTON D., PEDERSEN J. Mathematical Vistas. Springer, 2002
LAUWERIER H. Fractals Endlessly Repeated. Princeton Science Library, 1992
MANDELBROTT B.B. Fractals: Form, Chance and Dimension. W.H. Freedman, 1977
MANDELBROTT B.B. The fractal geometry of nature. Freedman, 1983
MARTIN G.E. The Foundations of Geometry and the Non-Euclidean Plane. Springer-Verlag, 1975
McCORD J.R., MORONEY R.M. Introduction to Probability Theory. The MacMillan Company, New York, 1964
PAPY G. Nombres Réels et Vectoriel Plan. Didier, Bruxelles, 1968
PAPY G. Mathématique Moderne. Marcel Didier, 1966
PEITGEN H.O., RICHTER P.H. The Beauty of Fractals. Springer, 1986
PRIGOGINE I., STENGERS I. Order out of Chaos. Mountain Man Graphics, Australia, 1984
SCHUSTER H.G. Deterministic Chaos, an introduction. Physik-Verlag, 1984
SINGH S. The Code Book. Simon's Shop, 2000
STEWART I. From here tot Infinity. Oxford University Press, 1996
STEWART I. Does God play dice?
VAN DALEN D., DOETS H.C. and DE SWARTH.C.M. Sets, Naive, Axiomatic and Applied. Pergamom Press, Oxford, 1978
VERHULST R. Nomograms for the calculation of Roots. Belgische Sub-Commissie ICMI, 1982

Kapitel 3

AMIR D. ACZEL Fermat's Last Theorem. Four Walls Eight Windows, New York, 1996
BELL E.T. Men of Mathematics. Simon and Schuster, 1965
Bibliothèque pour la Science. Les Mathématiciens. Pour la Science Diffusion Belin, 1996
BOCHNER S. The Role of Mathematics in the Rise of Science. Princeton University Press, 1965
CAJORI F. A History of Mathematics. Chelsea Reprint New York, 1980
DAVIS P.J., HERSH R. Descartes Dream. Viking Press, 1988
DEVREESE J.T., VANDEN BERGHE G. Magic is no Magic, The Wonderful World of Simon Stevin.
EVES H. An Introduction to the History of Mathematics. Holt, Rinehart and Winston, 1964
HILTON P., PEDERSEN J. Build Your Own Polyhedra Addison Wesley, 1988
IFRAH G. From One to Zero. Penguin Group
KLINE M. Mathematical Thought from Ancient to Modern Times. Oxford University Press, 1972
KUHN T. The structure of Scientific Revolutions. University of Chicago Press, 1962
MANKIEWICZ R. The Story of Mathematics.
MASINI G. Il Romanzo dei Numeri. Firenze, 1973

MORRISON P., E. Charles Babbage and his Calculating Engines. Dover Publications, 1961
ODIFREDDI P. The mathematical Century: the 30 Greatest Problems of the last 100 years.
POPPER K. Conjectures and Refutations: The Growth of Scientific Knowledge. Harper Torch Books, 1963
REGIS E. Who Got Einstein's Office? Addison Wesley, 1987
SINGER C. A Short History of Scientific Ideas to 1900. Oxford University Press, 1962
STRAY G. The Mayan and Other Ancient Calendars. Wooden Books, 2007
STRUIK D.J. A Concise History of Mathematics. Dover Publications, New York, 1987
VAN DALEN D. Brouwer's Cambridge Lectures on Intuitionism. Cambridge University Press, 1981
VERHULST R. The Universe of the Coloured Arrows: Papygrams. Bulletin of the Belgian Mathematical Association, 1991

Kapitel 4

ASHTON A. Harmonograph: A Visual Guide to the Mathematics of Music. Wooden Books, 2005
BENSON B.J. Music, A Mathematical Offering. Cambridge University Press, 2006
CHADWICK J. The Decipherment of Linear B. Aula Het Sectrum, 1962
COOKE D. The Language of Music. Oxford University Press, 1959
DIEUDONNÉ J. Mathematics-The music of Reason. Springer Verlag, 1992
DAWKINS R. The Selfish Gene. Oxford University Press. 1976
DYSON F. Imagined Worlds. Harvard University Press, 1997
ERNST B. The Magic Mirror of M.C. Escher. Taschen
ESCHER M.C. The Graphic Work. Taschen
GIELIS J. Inventing the Circle. Geniaal Press, 2003
GIELIS J., HAESEN S., VERSTRAELEN L. Universal Shapes: from the super eggs of Piet Hein to the cosmic egg of George Lemaître. Kragujevac Journal of Mathematics. Vol 28.
GRAHAM G. Philosophy of The Arts. Routledge Taylor and Francis. 1997
GREEN B. The Elegant Universe. Nova, 1999
GUTH A.H. The Inflationary Universe. London Vintage Publishers, 1998
HICKS J. Piet Hein Bestrides Art and Science. Life, October 1966
HOFSTADTER D. Gödel, Escher, Bach. Vintage Books, 1980
LAUWERIER H. Symmetry. Aramith, 1988
MEYER L.B. Emotion and Meaning in Music. University of Chicago Press, 1956
MONOD J. Chance and Necessity. Random House Vintage Books, 1971
SUTTON D. Islamic Design. Wooden Books, 2007
PEAT D. Superstrings and the search for the Theory of Everything. Cardinal, 1991
VERSTRAELEN L. The Geometry of Eye and Brain. Soochow J. Math. 30, 2004
WITTEN E. The end of Science. Helix Books, 1992
WADE D. Symmetry: The ordering Principle. Wooden Books, 2006
WALSER H. , PEDERSEN J. and HILTON P. The Golden section. The Mathematical Association of America, 2001

Register

A

Abbildung
  kanonische 12
  surjektive 24, 25
Abbildungsmatrix 66
Abélard, Pierre 5
Ableitung 95, 134, 149, 161, 163, 177, 182, 253
abzählbare Menge 105
Addition Modulo 1 60
affine Geometrie 86, 93, 102
affiner Raum 98, 99. *s. auch* Raum
Aleph null 105, 110
Alighieri, Dante 354
Al-Khayyam, Omar 180
analytische Geometrie 78, 88, 218, 244, 245, 248, 272
antecedens 33, 41
Antimetrie 357
Äquivalenzrelation 12, 14, 16, 17, 19, 27, 338
Archimedes 218, 227, 251
archimedische Körper 131
Aristarch 220, 234
Aristoteles 8, 27, 30, 103, 211, 219, 234, 242, 258, 265, 269
Assoziativität 38, 60, 262
Ausdruck 9, 219, 232, 235, 236, 237, 343
Aussage 29, 35, 39, 46, 52, 54, 67, 261, 263, 268. *s. auch* Propositionen; *s. auch* Behauptung

B

Behauptung 1, 29, 36, 45
Bessel, F. W. 283
Bestätigung 32. *s. auch* Propositionen
Bidezimalzahlen 19
  der ersten Art 19
  der zweiten Art 22
Bifurkation 166, 168
Bijektion 12, 104, 106, 108
bilinear 90, 92
Bindewörter 30, 32, 36, 52
Binomialkoeffizienten 247
Bolyai, János 99, 260
Boole George 31
Brahe, Tycho 234, 241

Breitenkreis 20, 22, 352
Briggs, Henri 239
Brouwer, Luitzen E.J. 45
Buffon-Experiment 122
Bürgi, Jobst 238

C

Calculus 227, 251, 254, 264
Cantor, Georg 10, 44, 103, 106, 110, 266
Cantor-Menge 151, 153, 155
Cauchy, Augustin-Louis 265
Cavalieri, Bonaventura 251
Cayley, Arthur 263
Champollion, Jean François 359
Chaostheorie 149, 160, 163, 169, 361
Chomsky, Noam 360
chromatische Zahl 132, 133
Codewort 144, 148
  nächstliegendes 146
competence 360
consequens 33, 41

D

Darstellungstheorie 54
Dedekind, Richard 265
demonstratio ex absurdo 45
Desargues, Gérard 249
Descartes, René 185, 244
diophantische Gleichungen 74, 227, 248, 272
Dirac, Paul A.M. 285
Distributivität 51

E

Einstein, Albert 91, 284
Elimination der Konjunktion 40
elliptischer Raum 100
Ereignis 116, 118, 122, 124
Escher, M.C. 92, 326, 331, 332

F

Färbungsproblem 132
Feigenbaum 164, 168
Feigenbaum-Konstante 167, 168
Fermat, Pierre de 244, 247, 248, 251
fester Punkt 64, 123, 165, 252, 253, 361. *s. auch* Fixpunkt
Fibonaccifolge 288, 289, 295, 301, 304

Fixpunkt 165
Fluxion 252, 254, 255
Formalisten 44, 268, 269
Fraktale 149, 150, 151, 153, 156, 164, 169, 273, 298, 332
fraktale Dimension 152
Frequenz 335, 336, 337, 338, 339, 340, 341, 342

G

Galilei, Galileo 234, 242, 266
Galois, Evariste 67, 263
Gauß, Carl Friedrich 99, 260, 273
Gaußsche Zahlenebene 63
Geodäte 101, 102
Gesetz von de Morgan 39
Gödel, Kurt 74
Gödelzahl 69, 71
goldener Schnitt 276, 288, 290, 291, 295, 301, 304, 305, 310, 319, 320, 321, 322. *s. auch* goldenes Verhältnis
goldenes Verhältnis 288, 290, 291, 292, 294, 303. *s. auch* goldener Schnitt
Graphentheorie 126, 130, 132
  benachbarte Knoten 132
  ebener Graph 129, 130, 131
  Eulerkreis 129, 130, 131
  Eulerweg 127, 128, 129, 130
  Grad 128, 129, 130
  Hamiltonkreis 131
  Hamiltonweg 130
  Kante 127, 128, 130, 131, 132
  Knoten 127, 128, 129, 130, 131, 132
  Weg 127, 128, 129, 131, 132
Grundbegriffe 9, 54, 57, 59, 258
Grundlage 44, 69, 74, 108, 148, 197, 218, 245, 248, 254, 258, 261, 264, 269, 273
Grundton 337, 344
Gruppe 59, 64, 67, 102, 263
  additive Gruppe 64, 66
  isomorphe Gruppen 61, 64
  kommutative Gruppe 61
  multiplikative Gruppe 66
  Rotationsgruppe 306, 313, 331
  Symmetriegruppe 327, 329, 331

H

Halbton 339, 340, 341, 344, 349, 351
Hamilton, William Rowan 262
Hamming-Code 144, 147

Hamming, Richard W. 147
harmonische Obertonreihe 337
Hollerith, Herman 270
Hubble, Edwin 275, 279, 280
hyperbolische Geometrie 55, 96, 99
hyperbolischer Raum 99, 100

I

Idempotenz 38, 51
imaginäre Einheit 63, 156
Induktionsprinzip 69
Infinitesimalrechnung 43, 245, 252, 265
Injektion 106, 107, 116
Intuitionist 44, 45, 103, 268, 269
inverses Element 61
Inzidenzraum 96, 97, 98, 99, 100
Inzidenzrelation 96, 97
irrationale Zahl 16, 197, 211, 212, 222, 243, 347
Ishango-Knochen 189
Isometrie 327
isomorphe Gruppen 61
isomorphe Strukturen 18
Isomorphismus
  bis auf einen Isomorphismus nach 18

J

Joyce, James 364
Julia, Gaston 150, 156, 158
Julia-Menge 156, 158, 159
Junktoren 30, 32, 34, 35, 36, 37, 38, 47, 51, 52, 53. *s. auch* logische Operatoren
  binäre Junktoren 32, 34, 37, 52, 53
    Äquivalenz 33, 34, 37, 39
    ausschließendes „entweder ... oder" 33, 34
    Disjunktion 33, 47
    Implikation 33, 36, 39, 40, 41, 74
    Konjunktion 30, 32, 36, 40, 41, 46
    nand 34, 37, 48, 49, 52
    nor 34, 37, 48, 49, 50, 52
    Peircesches Gesetz 34
    Sheffersches Gesetz 34
  unäre Junktoren 32
    Bestätigung 32
    Negation 32, 46
    unäre Kontradiktion 32
    unäre Tautologie 32

K

kanonische Abbildung 12
Kardinalzahl 104, 106, 108, 110, 111, 113
kartesische Gleichung 81, 84
Katastrophentheorie 361, 363
Kepler, Johannes 217, 234, 239, 240, 241, 251, 252
Klein, Felix 59
kommutative Gruppe 61
Kommutativität 38, 51, 60, 61, 262
Komplementgesetz 51
kongruent 141, 206
konnex 127
konsonante Intervalle 336
Kontinuum 43, 107, 111, 212, 213, 336
Kontinuumshypothese 111
Kontraposition 39, 41, 45, 74
Kopernikus, Nikolaus 234, 240

L

Längenkreis 22, 352
Leibniz, Gottfried Wilhelm 253, 255
Lemaître, Georges 281
lineare Transformation 65, 263
Lobatschewski, Nikolai Iwanowitsch 96, 99
logarithmische Spirale 290, 292
logische Operatoren 30, 34, 49. *s. auch* Junktoren
logisches Komplement 46
logisches Produkt 30, 46
logistische Funktion 163, 168

M

Mandelbrot, Benoît 150, 156, 158, 168
Mandelbrot-Menge 159
Mannheim, Amédée 239
Mantisse 17, 18. *s. auch* Zeiger
Matrix 66, 88, 89, 90, 92, 200, 263
  Matrixmultiplikation 66, 263
  Matrizenform 66, 88
Metrik 356
Minimalflächen 317
Mittel
  arithmetisches Mittel 171, 173, 175
  geometrisches Mittel 171, 173, 175
  harmonisches Mittel 171, 173, 175
Modulo 17, 29, 60, 139, 140, 141, 145

Modulor 310
Modus ponens 40, 42, 74
Monte-Carlo-Methode 122

N

Napier, John 235, 238
natürliche Logarithmen 238
natürliche Zahlen 8, 13, 14, 29, 45, 46, 47, 57, 60, 68, 69, 73, 103, 104, 105, 107, 109, 111, 112, 208, 209, 213, 225, 248, 249, 266, 267, 347
Negation 32, 34, 42, 46
nepersche Logarithmen 238
neutrales Element 51, 60, 61
Newton, Isaac 177, 252, 253, 254
Nomogramm 175, 176, 178, 182

O

Oberton 337
Okkasionalismus 3
Oktavreihe 338, 345, 346
Oktavton 338
Ordinalzahlen 103, 112, 113
  Ordnungstyp 113
orientierte Winkel 18, 61, 64
Orthogonalität 78, 90, 94, 95

P

Papyrus Rhind 190, 191
Parallelschaltung 49
Parametergleichungen 81
Parmenides 212
Partition 12, 23, 25, 27, 28. s. auch Zerlegung
Pascal, Blaise 246
Peirce, Charles Sanders 34
periodischer Dezimalbruch 15
periodischer Zyklus 166
periodische Trajektorie 161
Permutation 118, 119, 120
Pisa, Leonardo von 198, 235
Platon 213
Plimpton-Sammlung 194
Poincaré, Henri 160, 163
Poincaré-Schnitt 160
Primzahl 8, 70, 148, 208, 225
projektive Geometrie 102, 246, 249, 277
Propositionen 29. s. auch Behauptungen
Proust, Marcel 355

Pseudosphäre 59, 101
Pythagoras 192, 207

Q

Quadrivium 212
quasi-periodische Trajektorie 162
Quaternionen 261, 262
Quintenreihe 340, 343, 344, 345, 346, 351

R

rationale Zahl 14, 15, 57, 60, 212, 261, 337
Raum
  affiner Raum 98, 99
  elliptischer Raum 100
  hyperbolischer Raum 99, 100
rechnen Modulo n 140. *s. auch* Uhrenrechnen
Redundanz 147
reelle Zahl 15, 16, 56, 57, 261, 266
  enthauptete reelle Zahl 17, 18, 20, 21, 22, 60, 61, 64
reelle Zahlen Modulo 1 17
reflexiv 97
Regelfläche 315, 316, 317
Rekursionsformel 25, 26, 180
Richtungskoeffizient 57, 163, 177, 252
Richtungsvektor 81, 83, 84, 88, 89, 90, 93
Riemann, Bernhard 260
Rotationsgruppe 306, 313, 331
Russell, Bertrand Arthur William 44, 58, 69, 267, 268

S

Saccheri, Girolamo 259
Schraubung 20, 21
Schweden, Christina von 246
Scotus, Duns 28
seltsamer Attraktor 162
Serienschaltung 48
Skalarprodukt 87, 88, 89, 90, 92, 93, 94, 95
Spitzen-Modell 361, 362
stabile Trajektorie 161
Stellenwertsystem 194, 195, 198, 199, 203, 232, 235
Stevin, Simon 235, 236
Stifel, Michael 237
Substitutionsprinzip 41, 42
symmetrisch 90, 92, 97, 297, 306, 327, 329
System von Parametergleichungen 81

T

Tartaglia 243
Taubenschlagprinzip 25
Tautologie 32, 37, 39, 40, 41, 42, 45
Teilbarkeitslehre 225
Term 9, 10, 12, 13, 14, 15, 16, 17, 18, 19, 21, 23, 25, 27, 54, 145
Thales 205
Thom, René 361
Tonsystem des Pythagoras 342
Topologie 45, 102
Torus 22, 133, 352
transfinite Kardinalzahlen 107
Transformation 20, 22, 32, 65, 102, 263, 290, 296, 311, 312, 327, 335, 360
Transitivität 97
Transposition 338, 344
Turing, Alan M. 148, 270

U

überflüssige Information 147
Uhrenrechnen 140. *s. auch* rechnen Modulo n
unäre Kontradiktion 32
unäre Tautologie 32
uniform 115
Unvollständigkeitssatz 68, 73, 74, 75
Urteile 29. *s. auch* Behauptungen; *s. auch* Propositionen

V

Valéry, Paul VIII
Variationsrechnung 102, 332
Vektor 79, 83, 87, 88, 93, 263
Vektorgleichung 81, 82, 83, 84
Verdoppelungswasserfall 164, 168
Verschiebung 102, 170, 311, 312, 327
Vinci, Leonardo da 291

W

Wahrheitstafel 30, 32, 35, 36, 39, 41, 47
Wahrscheinlichkeitsraum 115, 116, 118, 119, 122, 124, 125
  uniformer 115
Wechselschalter 49
Weierstraß, Karl 265
Widerspruchsgesetz 40, 42
Winkelhalbierende 18, 90, 164, 165, 168, 217
Wittgenstein, Ludwig 7
wohlgeordnete Mengen 112

Art von wohlgeordneter Menge 113

Z
Zäsurzeichen 356
Zeiger 17, 18. *s. auch* Mantisse
Zenon 43, 212, 265
Zerlegung 12. *s. auch* Partition
zusammenhängend 127, 128, 158
Zylinderfläche 20

MIX
Papier aus verantwortungsvollen Quellen
Paper from responsible sources
FSC® C105338

If you have any concerns about our products,
you can contact us on
ProductSafety@springernature.com

In case Publisher is established outside the EU,
the EU authorized representative is:
Springer Nature Customer Service Center GmbH
Europaplatz 3, 69115 Heidelberg, Germany

Printed by Libri Plureos GmbH
in Hamburg, Germany